Springer-Lehrbuch

Springer

Berlin
Heidelberg
New York
Barcelona
Hongkong
London
Mailand
Paris
Singapur
Tokio

Michael Schäfer

Numerik im Maschinenbau

Springer

Prof. Dr. rer. nat. Michael Schäfer

Technische Universität Darmstadt
Institut für Numerische Berechnungsverfahren im Maschinenbau
Petersenstraße 30
64287 **Darmstadt**

ISBN 3-540-65391-0 Springer Verlag Berlin Heidelberg New York

Die Deutsche Bibliothek – CIP-Einheitsaufnahme

Schäfer, Michael:
Numerik im Maschinenbau / Michael Schäfer. - Berlin ; Heidelberg ; New York ; Barcelona ; Hongkong ;
London ; Mailand ; Paris ; Singapur ; Tokio : Springer 1999
(Springer-Lehrbuch)
ISBN 3-540-65391-0

Die Wiedergabe von Gebrauchsnamen, Handelsnamen, Warenbezeichnungen usw. in diesem Werk berech-
tigt auch ohne besondere Kennzeichnung nicht zu der Annahme, daß solche Namen im Sinne der Warenzei-
chen- und Markenschutz-Gesetzgebung als frei zu betrachten wären und daher von jedermann benutzt werden dürften.

Sollte in diesem Werk direkt oder indirekt auf Gesetze, Vorschriften oder Richtlinien (z.B. DIN, VDI, VDE)
Bezug genommen oder aus ihnen zitiert werden sein, so kann der Verlag keine Gewähr für Richtigkeit, Voll-
ständigkeit oder Aktualität übernehmen. Es empfiehlt sich, gegebenenfalls für die eigenen Arbeiten die vollständigen Vorschriften oder Richtlinien in der jeweils gültigen Fassung hinzuzuziehen.

Einbandgestaltung: design & production
Satz: Autorendaten, Computer to plate
Weiterverarbeitung: Lüderitz & Bauer, Berlin
SPIN: 10667074   68/3020 – 5 4 3 2 1 0 – Gedruckt auf säurefreiem Papier

Vorwort

Aufgrund der enormen Fortschritte im Bereich der Computertechnologie und der Berechnungsmethoden, die in den letzten Jahren erreicht wurden, gewinnt der Einsatz numerischer Simulationsverfahren in vielen Industriezweigen zunehmend an Bedeutung. Dies trifft insbesondere für nahezu alle Anwendungsbereiche des Maschinenbaus zu. Numerische Berechnungen bieten hier oft eine kostengünstige Möglichkeit zur Untersuchung und Optimierung von Produkten und Prozessen.

Neben dem Bedarf an Entwicklern entsprechender Software, gibt es einen nicht geringen Bedarf an qualifizierten Fachkräften (mit stark steigendem Trend), die in der Lage sind, numerische Simulationsverfahren effizient für komplexe industrielle Aufgabenstellungen einzusetzen. Der erfolgreiche und effiziente Einsatz der Berechnungsmethoden setzt jedoch gewisse Grundkenntnisse über die verwendeten numerischen Techniken und deren Anwendungsmöglichkeiten voraus. In der Vermittlung dieser Kenntnisse ist das Hauptanliegen des vorliegenden Buchs zu sehen.

Der Text gibt eine praxisbezogene Einführung in moderne numerische Berechnungsverfahren, wie sie typischerweise im Bereich des Maschinenbaus aber auch in anderen Ingenieurdisziplinen (z.B. im Chemie- oder Bauingenieurwesen) zum Einsatz kommen. Die weitaus häufigsten Berechnungsaufgaben stellen hierbei Wärmeübertragungsprobleme und Probleme aus der Struktur- und Strömungsmechanik dar, die daher einen thematischen Schwerpunkt bilden.

Bei der zu behandelnden Thematik hat man es mit einem stark interdisziplinären Fachgebiet zu tun (oft mit dem Begriff *Technisch-Wissenschaftliches Rechnen* beschrieben), in dem Aspekte der Numerischen Mathematik, der Naturwissenschaften, und der Informatik mit der jeweiligen Ingenieurdisziplin, aus welcher die Anwendung stammt, eng zusammenspielen. Die notwendigen Informationen finden sich daher oft in verschiedenen Lehrbüchern der Einzeldisziplinen verstreut. Im vorliegenden Text wird die Thematik fachübergreifend dargestellt, wobei auf die verschiedenen Teildisziplinen nur so weit eingegangen wird, wie dies für das allgemeine Verständnis erforderlich ist.

Es werden Grundlagen der Modellierung, Diskretisierung und Lösungsalgorithmen vermittelt, wobei stets Bezüge zu für den Maschinenbau wichtigen Anwendungsgebieten aus Wärmeübertragung, Struktur- und Strömungsmechanik hergestellt werden. Gemeinsame Aspekte der verschiedenen Berechnungstechniken werden herausgestellt und Fragen der Genauigkeit, Effizienz und Wirtschaftlichkeit, welche für die praktische Anwendung von besonderer Bedeutung sind, werden diskutiert. Im einzelnen werden die folgenden Themen behandelt:

- *Modellierung:* Einfache Feldprobleme, Wärmetransport, Strukturmechanik, Strömungsmechanik.

- *Diskretisierung:* CAD-Anbindung, numerische Gitter, Finite-Volumen-Verfahren, Finite-Elemente-Verfahren, Zeitdiskretisierung, Eigenschaften diskreter Systeme.

- *Lösungsalgorithmen:* Lineare Systeme, nichtlineare Systeme, Variablenkopplung, Mehrgitterverfahren, Parallelisierung.

- *Spezielle Anwendungen:* Finite-Element-Verfahren für elastomechanische Probleme, Finite-Volumen-Verfahren für inkompressible Strömungen, Berechnungsverfahren für turbulente Strömungen.

Die Themen werden jeweils in einführender Weise dargestellt, so daß neben Standardkenntnissen in Analysis und Linearer Algebra keine speziellen Vorkenntnisse erforderlich sind. Für weiterführende Studien ist entsprechende Literatur (mit Hinweis auf die Kapitel, für welche diese jeweils relevant ist) angegeben.

Wichtige Effekte werden anhand von Anwendungsbeispielen illustriert. Viele „per Hand" durchgeführte Beispielberechnungen sollen helfen, die beschriebenen numerischen Methoden nachzuvollziehen und zu verstehen. Die zu jedem Kapitel angegebenen Übungsaufgaben bieten die Gelegenheit die Methoden selbst nachzuvollziehen. Das Buch eignet sich damit sowohl für das Selbststudium als auch Begleitmaterial zu Vorlesungen. Es wendet sich sowohl an Studierende des Maschinenbaus und anderer ingenieurwissenschaftlicher Disziplinen als auch an Berechnungsingenieure in der Industrie.

Der Text entstand auf der Grundlage von Skripten zu verschiedenen Vorlesungen am *Fachgebiet Numerische Berechnungsverfahren im Maschinenbau* der *Technischen Universität Darmstadt.* Der Autor bedankt sich bei den Mitarbeitern des Fachgebiets für die Unterstützung bei der Erstellung des Manuskriptes. Insbesondere seien hier Frau Dipl.-Ing. Ilka Teschauer sowie die Herren Dipl.-Ing. Peter Droll, Dr.-Ing. Sebastian Meynen und Dipl.-Ing. Rolf Sieber erwähnt. Der INVENT Computing GmbH sei für die Kooperation im Zusammenhang mit dem Finite-Volumen-Berechnungsprogramm FASTEST gedankt, mit welchem viele der Anwendungsbeispiele berechnet wurden. Dem Springer-Verlag sei für die angenehme Zusammenarbeit gedankt.

Darmstadt, November 1998

Michael Schäfer

Inhaltsverzeichnis

1 Einführung

1.1 Nutzen numerischer Untersuchungen

Die Funktionalität oder Effizienz von technischen oder naturwissenschaftlichen Systemen ist stets durch gewisse Eigenschaften der Systeme bestimmt. Kenntnisse über diese Eigenschaften sind meist der Schlüssel für das Verständnis oder ein Ansatzpunkt für die Optimierung der Systeme. Hierzu ließen sich eine Vielzahl von Beispielen aus den unterschiedlichsten Disziplinen angeben. Einige wenige Beispiele aus dem technischen Bereich, die in Tabelle 1.1 angegeben sind, mögen hier zur Motivation genügen.

Tabelle 1.1. Beispiele für den Zusammenhang zwischen Eigenschaften und Funktionalität bzw. Effizienz von technischen Systemen

Eigenschaft	Funtionalität/Effizienz
Aerodynamik von Fahrzeugen	Kraftstoffverbrauch
Statik von Brücken	Tragfähigkeit
Crashverhalten von Fahrzeugen	Überlebenschancen der Insassen
Druckverteilung in Bremsleitungen	Bremswirkung
Schadstoffkonzentration in Abgasen	Umweltbelastung
Temperaturverteilung in Backöfen	Qualität der Backwaren

Im Bereich des Maschinenbaus spielen in diesem Zusammenhang insbesondere Festkörper- und Strömungseigenschaften, wie z.B.

- Deformationen oder Spannungen,
- Strömungsgeschwindigkeiten, Druck- oder Temperaturverteilungen,
- Widerstands- oder Auftriebskräfte,
- Druck- oder Energieverluste,
- Wärmeübergangs- oder Stofftransportraten,...

eine wichtige Rolle. Für Ingenieuraufgaben ist die Untersuchung solcher Eigenschaften in der Regel im Zuge von Neu- oder Weiterentwicklung von Produkten und Prozessen von Bedeutung, wobei die gewonnenen Erkenntnisse für die verschiedensten Zwecke von Nutzen sein können. Zu nennen wären hier beispielsweise:

- Steigerung der Effizienz (z.B. Wirkungsgrad von Solarzellen),
- Reduzierung des Energieverbrauchs (z.B. Stromverbrauch eines Gefrierschranks),
- Steigerung der Ausbeute (z.B. Produktion von Videobändern),
- Erhöhung der Sicherheit (z.B. Rißausbreitung in Gasleitungen, Crashverhalten von Autos),
- Verbesserung der Haltbarkeit (z.B. Materialermüdung in Brücken, Korrosion von Auspuffanlagen),
- Erhöhung der Reinheit (z.B. Miniaturisierung von Computerbausteinen),
- Schadstoffverminderung (z.B. Kraftstoffverbrennung in Triebwerken),
- Lärmreduzierung (z.B. Formgebung von Fahrzeugteilen, Material für Straßenbeläge),
- Einsparung von Rohstoffen (z.B. Herstellung von Verpackungsmaterial),
- Verständnis von Prozessen,...

Im industriellen Umfeld steht natürlich bei vielen Dingen die Frage einer Kostenreduzierung, die auf die eine oder andere Weise mit den obigen Verbesserungen einhergeht, im Vordergrund. Oftmals geht es aber auch um die Erlangung eines generellen Verständnisses von Prozessen, die beispielsweise aufgrund langjähriger Erfahrung und Ausprobierens zwar zum Funktionieren gebracht wurden, aber die eigentliche Funktionsweise nicht genau bekannt ist. Dieser Aspekt tritt insbesondere dann zu Tage und wird zum Problem, wenn Verbesserungen (z.B. wie oben angegeben) erreicht werden sollen, und der Prozeß, unter den dann mehr oder weniger veränderten Randbedingungen, nur noch eingeschränkt oder überhaupt nicht mehr funktioniert (z.B. Herstellung von Siliciumkristallen, Lärmentwicklung bei Hochgeschwindigkeitszügen).

Anwendungsbereiche für die angesprochenen Untersuchungen finden sich nahezu in allen technischen und naturwissenschaftlichen Disziplinen. Einige wichtige Beispiele hierfür sind etwa:

- Automobil-, Flugzeug- und Schiffbau,
- Motoren-, Turbinen- und Pumpenbau,
- Reaktor- und Anlagenbau,
- Ventilations-, Heizungs- und Klimatechnik,
- Beschichtungs- und Abscheidungstechnik,
- Verbrennungs- und Explosionsvorgänge,
- Herstellungsprozesse in der Halbleiterindustrie,
- Energieerzeugung und Umwelttechnik,
- Medizin, Biologie und Mikrosystemtechnik,
- Wettervorhersage und Klimamodelle,...

Wenden wir uns nun der Frage zu, welche Möglichkeiten man hat, Kenntnisse über Eigenschaften von Systemen zu gewinnen, da hier, im Vergleich zu alternativen Untersuchungsmethoden, das große Potential numerischer Berechnungsverfahren zu sehen ist. Generell lassen sich die folgenden Vorgehensweisen unterscheiden:

- theoretische Methoden,
- experimentelle Untersuchungen,
- numerische Simulationen.

Theoretische Methoden, d.h. analytische Betrachtungen der das Problem beschreibenden Gleichungen, sind bei praxisrelevanten Problemstellungen nur sehr bedingt anwendbar. Die Gleichungen, die zur realistischen Beschreibung der Prozesse herangezogen werden müssen, sind meist so komplex (in der Regel Systeme von nichtlinearen partiellen Differentialgleichungen, s. Kap. 2), daß sie nicht mehr analytisch lösbar sind. Vereinfachungen, die erforderlich wären, um eine analytische Lösung möglich zu machen, sind oft nicht zulässig und führen zu ungenauen Ergebnissen (und damit möglicherweise zu falschen Schlußfolgerungen). Allgemeiner gültige Überschlagsformeln, wie sie von Ingenieuren gerne benutzt werden, lassen sich für komplexere Systeme in der Regel nicht aus rein analytischen Betrachtungen ableiten.

Bei experimentellen Untersuchungen ist man bestrebt durch Versuche (an Modellen oder am realen Objekt) unter Einsatz von Geräten und Meßinstrumenten an die notwendigen Systeminformationen heranzukommen. Dies bereitet in vielen Fällen Probleme:

- Messungen an realen Objekten sind oft schwierig oder gar unmöglich, weil beispielsweise die Dimensionen zu klein oder zu groß sind (z.B. Mikrosystemtechnik oder Erdatmosphäre), die Vorgänge zu langsam oder zu schnell ablaufen (z.B. Korrosionsvorgänge oder Explosionen), die Objekte nicht direkt zugänglich sind (z.B. menschlicher Körper) oder der zu untersuchende Vorgang im Verlauf der Messung gestört werden muß (z.B. Quantenmechanik).
- Schlußfolgerungen aus Modellversuchen zum realen Objekt sind, beispielsweise aufgrund unterschiedlicher Randbedingungen, oft nicht direkt vollziehbar (z.B. Flugzeug im Windkanal und im realen Flug).
- Experimente verbieten sich aus Sicherheits- bzw. Umweltgründen (z.B. Folgen eines Tankerunglücks oder eines Unfalls in einem Kernreaktor).
- Experimente sind oft sehr teuer und zeitraubend (z.B. Crashversuche, Windkanalkosten, Modellanfertigung, Parametervariationen, nicht alle interessierenden Größen können gleichzeitig gemessen werden).

Neben (oder besser zwischen) theoretischen und experimentellen Vorgehensweisen, hat sich in den letzten Jahren die numerische Simulation, in diesem Zusammenhang neuerdings auch oft als *Technisch-Wissenschaftliches Rechnen* bezeichnet, als weitgehend eigenständige Wissenschaft etabliert, in deren Rahmen solche Untersuchungen mittels numerischer Berechnungsmethoden am Computer durchgeführt werden. Die Vorteile numerischer Simulationen gegenüber rein experimentell durchgeführten Untersuchungen liegen auf der Hand:

– Numerische Ergebnisse können oft schneller und mit geringerem Kostenaufwand erhalten werden.
– Parametervariationen sind am Rechner meist sehr leicht durchführbar (z.B. Aerodynamik verschiedener Autokarosserien).
– Eine Simulation liefert meist umfassendere Informationen durch globale und gleichzeitige Berechnung verschiedener problemrelevanter Größen (z.B. Temperatur, Druck, Luftfeuchtigkeit und Wind bei Wettervorhersage).

Eine wichtige Voraussetzung, diese Vorteile auch zu nutzen, ist natürlich die Zuverlässigkeit der Berechnungen. Die Möglichkeiten hierzu haben sich aufgrund der Entwicklungen in den letzten Jahren signifikant verbessert (wir werden diese im nächsten Abschnitt kurz skizzieren), was sehr zum Aufschwung numerischer Simulationstechniken beigetragen hat. Dies bedeutet jedoch *nicht*, daß experimentelle Untersuchungen überflüssig sind oder werden. Numerische Berechnungen werden Versuche und Messungen sicherlich nie ganz ersetzen können. Komplexe physikalische und chemische Vorgänge, wie z.B. Turbulenz, Verbrennung, usw., oder nichtlineare Materialeigenschaften müssen wirklichkeitsnah modelliert werden, wofür möglichst genaue und detaillierte Meßdaten unabdingbar sind. Beide Gebiete, Numerik *und* Experiment, müssen daher weiter entwickelt und, am besten in komplementärer Weise eingesetzt werden, um zu optimalen Lösungen für die unterschiedlichen Aufgabenstellungen zu gelangen.

1.2 Entwicklung numerischer Verfahren

Schon im letzten Jahrhundert wurde die Möglichkeit einer Näherungslösung von partiellen Differentialgleichungen, wie sie bei der Modellierung der hier interessierenden Problemstellungen typischerweise auftreten, durch Anwendung finiter Differenzenverfahren bekannt (die Mathematiker Gauß und Euler seien hier als Pioniere genannt). Diese Methoden konnten aber wegen der zu hohen Anzahl der notwendigen Rechenoperationen und der fehlenden Rechner nicht ausgenutzt werden. Erst mit der Entwicklung elektronischer Rechner haben die numerischen Berechnungsmethoden an Bedeutung gewonnen. Diese Entwicklung war und ist sehr rasant, was sich an der jeweils maximal möglichen Anzahl von Gleitkommaoperationen pro Sekunde (Flops) der Rechner, die in Tabelle 1.2 angegeben ist, gut ablesen läßt. Vergleichbare Steigerungsraten ergeben sich bei einer Betrachtung der verfügbaren Speicherkapazität (s. ebenfalls Tabelle 1.2).

Doch nicht nur die Fortschritte in der Computertechnologie hatten einen entscheidenden Einfluß auf die Möglichkeiten der numerischen Simulation, sondern auch die kontinuierliche Weiterentwicklung der numerischen Verfahren hat hierzu entscheidend beigetragen. Dies wird deutlich, wenn man die

Tabelle 1.2. Entwicklung der Rechenleistung und Speicherkapazität elektronischer Rechenanlagen

Jahr	Rechner	Rechenoperationen pro Sekunde (Flops)	Speicherplatz in Byte
1949	EDSAC 1	$1 \cdot 10^2$	$2 \cdot 10^3$
1964	CDC 6600	$3 \cdot 10^6$	$9 \cdot 10^5$
1976	CRAY 1	$8 \cdot 10^7$	$3 \cdot 10^7$
1985	CRAY 2	$1 \cdot 10^9$	$4 \cdot 10^9$
1997	Intel ASCI	$1 \cdot 10^{12}$	$3 \cdot 10^{11}$

Entwicklungen auf beiden Gebieten in den letzten Jahren gegenübergestellt
(s. Abb. 1.1). Auch die verbesserten Möglichkeiten hinsichtlich einer realistischen Modellierung der zu untersuchenden Vorgänge müssen in diesem Zusammenhang genannt werden. Ein Ende dieser Entwicklungen ist noch nicht
in Sicht. Die folgenden Trends zeichnen sich für die Zukunft deutlich ab:

- Die Rechner werden immer schneller (hochintegrierte Chips, hohe Taktfre-
  quenzen, Parallelrechner) und die Speicherkapazität wird immer größer.
- Die Berechnungsverfahren werden immer effizienter (z.B. durch Mehrgittermethoden oder adaptive Verfahren).
- Die Möglichkeiten einer realistischen Modellierung werden durch die Be-
  reitstellung genauerer und detaillierter Meßdaten weiter verbessert.

Es kann daher davon ausgegangen werden, daß die Leistungsfähigkeit numerischer Berechnungsverfahren künftig weiter stark anwachsen wird.

Gleichzeitig mit den erreichten Fortschritten, nimmt ferner die Anwendung in der Industrie sehr schnell zu. Es ist zu erwarten, daß sich insbesondere diese Entwicklung in den nächsten Jahren noch beschleunigt. Mit
den gesteigerten Möglichkeiten wächst naturgemäß auch der Bedarf an Simulationen immer komplexer werdender Problemstellungen, was wiederum
zur Folge hat, daß auch die Komplexität der entsprechenden numerischen
Methoden und der darauf basierenden Software weiter zunimmt. Das Gebiet
wird daher, wie dies schon in den letzten Jahren der Fall war, auf absehbare
Zeit Gegenstand sehr aktiver Forschungs- und Entwicklungsarbeiten bleiben.
Ein wichtiger Aspekt hierbei ist, Weiterentwicklungen, die häufig aus den
Universitäten kommen, möglichst schnell und effizient für die praktische An-
wendung nutzbar zu machen.

Aufgrund der angedeuteten Entwicklungen kann davon ausgegangen werden, daß künftig ein weiter stark steigender Bedarf an qualifizierten Fachkräften entsteht, die in der Lage sind, numerische Berechnungsverfahren in
effizienter Weise für komplexe Problemstellungen in der industriellen Praxis einzusetzen. Wichtig hierbei ist insbesondere auch, daß die Möglichkeiten
und Grenzen der numerischen Simulation bzw. der hierzu eingesetzten Berechnungsprogramme für die jeweilige Anwendungsdisziplin realistisch ein-
geschätzt werden können.

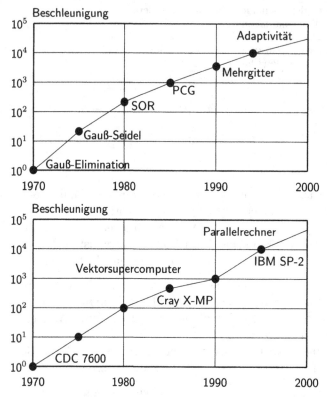

Abb. 1.1. Entwicklungen im Bereich der Rechner (unten) und der numerischen Verfahren (oben) in den letzten Jahren

1.3 Charakterisierung numerischer Verfahren

Zur Illustration der unterschiedlichen Teilaspekte, die bei der Anwendung numerischer Simulationsmethoden zur Lösung ingenieurwissenschaftlicher Problemstellungen eine Rolle spielen, ist in Abb. 1.2 die generelle Vorgehensweise schematisch dargestellt.

Der erste Schritt besteht in der geeigneten mathematischen Modellierung der zu untersuchenden Vorgänge bzw. bei Anwendung eines fertigen Programmpakets, in der Auswahl des Modells, welches dem konkreten Problem am besten angepaßt ist. Diesem Aspekt, mit dem wir uns in Kap. 2 näher befassen werden, kommt eine entscheidende Bedeutung zu, da die Berechnung in der Regel keine nutzbringenden Ergebnisse liefern wird, wenn ihr kein adäquates Modell zugrundeliegt.

Das aus der Modellierung resultierende kontinuierliche Problem, in der Regel im Rahmen der Kontinuumsmechanik abgeleitete Systeme von Differential- oder Integralgleichungen, muß anschließend durch ein geeignetes diskretes Problem approximiert werden, d.h. die zu berechnenden Größen müssen durch eine endliche Anzahl von Werten angenähert werden. Dieser

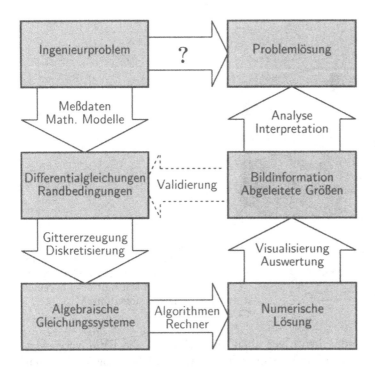

Abb. 1.2. Vorgehensweise bei der Anwendung numerischer Simulationen zur Lösung von Ingenieurproblemen

Prozeß, den man als *Diskretisierung* bezeichnet, beinhaltet im wesentlichen zwei Aufgaben:

– die Diskretisierung des Problemgebiets,
– die Diskretisierung der Gleichungen.

Die Diskretisierung des Problemgebiets, die in Kap. 3 behandelt wird, approximiert das kontinuierliche Gebiet (in Raum und Zeit) durch eine endliche Anzahl von Teilgebieten (s. Abb. 1.3), in denen dann numerische Werte der unbekannten Variablen bestimmt werden. Die Beziehungen zur Berechnung dieser Werte werden durch die Diskretisierung der Gleichungen gewonnen, welche die kontinuierlichen Systeme durch algebraische approximiert. Im Gegensatz zu einer analytischen Lösung, stellt eine numerische Lösung einen Satz von dem diskretisierten Problemgebiet zugeordneten Werten dar, aus dem dann der Verlauf der Variablen näherungsweise konstruiert werden kann.

Als Diskretisierungsverfahren stehen im wesentlichen drei unterschiedliche Ansätze zur Verfügung:

– die Finite-Differenzen-Methode (FDM),
– die Finite-Volumen-Methode (FVM),
– die Finite-Element-Methode (FEM).

Abb. 1.3. Beispiel zur Diskretisierung eines Problemgebiets (Oberflächengitter für einen Dispersionsrührer)

In der Praxis werden heute vor allem die FEM und die FVM verwendet, auf deren Grundlagen wir in Kap. 4 und 5 ausführlicher eingehen werden. Während im strukturmechanischen Bereich vorwiegend die FEM verwendet wird, ist es im strömungsmechanischen Bereich hauptsächlich die FVM. Aufgrund der Wichtigkeit dieser beiden Anwendungsgebiete in Kombination mit der jeweils dominierenden Diskretisierungsmethode werden wir uns hiermit in Kap. 9 und 10 gesondert beschäftigen. Für spezielle Aufgaben, z.B. für die Zeitdiskretisierung, das Thema des Kap. 6, oder auch für spezielle Approximationen im Rahmen der FVM und der FEM, kommt häufig auch die FDM zum Einsatz.

Der nächste Schritt im Ablauf der Simulation besteht in der Lösung der algebraischen Gleichungssyteme (die eigentliche Berechnung), wobei man es oftmals mit Gleichungen mit mehreren Millionen Unbekannten zu tun hat (je mehr, desto genauer ist in der Regel das Ergebnis). Hier kommen algorithmische Fragestellungen und natürlich die Rechner ins Spiel. Einige relevante Gesichtspunkte hierzu werden in Kap. 7 und 11 behandelt.

Die Berechnung liefert dann zunächst eine, meist riesige Menge an Zahlen, welche in der Regel nicht unmittelbar einer Interpretation zugänglich sind. Für die Auswertung der Berechnungsergebnisse ist daher insbesondere eine geeignete Visualisierung der Ergebnisse von Bedeutung, ohne die eine sinnvolle Aufbereitung der Datenflut meist nicht möglich ist. Hierzu existieren spezielle Programmpakete, die mittlerweile einen vergleichsweise hohen Standard erreicht haben. Auf diese Aspekte werden wir hier nicht näher eingehen.

Nach dem die Ergebnisse in interpretierbarer Form vorliegen, ist es notwendig diese hinsichtlich ihrer Qualität zu prüfen. Bei allen zuvor durchgeführten Schritten werden zwangsläufig Fehler gemacht, und man muß sich darüber Klarheit verschaffen, wie groß diese in etwa sind (z.B. Referenzexperimente für Modellfehler, systematische Rechnungen für numerische Fehler). Oftmals ist es nach dieser Validierung notwendig, das Modell anzupassen oder die Rechnung mit einer verbesserten Diskretisierungsgenauigkeit erneut durchzuführen. Diese für die Praxis sehr wichtigen Fragen, die auch eng mit den Eigenschaften der Diskretisierungsmethoden verknüpft sind, werden ausführlich in Kap. 8 diskutiert.

Zusammenfassend läßt sich festhalten, daß für die Entwicklung und Anwendung numerischer Berechnungsverfahren im Bereich der Ingenieurwissenschaften, insbesondere die folgenden Aufgabengebiete von besonderer Bedeutung sind:

– Mathematische Modellierung kontinuumsmechanischer Vorgänge,
– Entwicklung und Analyse numerischer Verfahren,
– Implementierung von Methoden in Computerprogramme,
– Anwendung der Berechnungsverfahren auf konkrete Problemstellungen,
– Auswertung und Interpretation der Berechnungsergebnisse.

Betrachten wir die verschiedenen angeführten Bereiche, so ist anzumerken, daß man es mit einem stark interdisziplinären Arbeitsgebiet zu tun hat, in dem Aspekte aus den Ingenieurwissenschaften, den Naturwissenschaften, der Angewandten Mathematik und der Informatik eng zusammenspielen (s. Abb. 1.4). Wichtige Voraussetzung für einen erfolgreichen und effizienten Einsatz numerischer Berechnungsmethoden ist insbesondere auch ein effizientes Zusammenwirken verschiedener untereinander wechselwirkender Teilaspekte aus den genannten Gebieten.

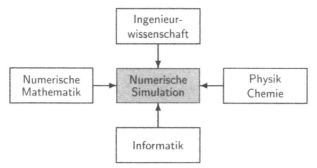

Abb. 1.4. Interdisziplinarität der numerischen Simulation von Ingenieurproblemen

2 Modellierung kontinuumsmechanischer Probleme

Ein wichtiger Aspekt bei der Anwendung numerischer Simulationen ist die „richtige" mathematische Modellierung der zu untersuchenden Vorgänge. Liegt der Berechnung kein adäquates Modell zugrunde, kann auch ein noch so genaues numerisches Verfahren keine vernünftigen Ergebnisse liefern. Oftmals ist auch durch gewisse Vereinfachungen im Modell eine enorme Reduzierung des numerischen Aufwandes möglich. Generell sollte bei der Modellierung der folgende Grundsatz gelten: *so einfach wie möglich, so komplex wie nötig*! Aufgrund der großen Bedeutung, die einer sinnvollen Modellierung im Zusammenhang mit dem praktischen Einsatz numerischer Berechnungsverfahren zukommt, wollen wir an dieser Stelle auf die wichtigsten Grundlagen zur Formulierung von typischen kontinuumsmechanischen Problemstellungen eingehen, wie sie in Anwendungen im Bereich des Maschinenbaus hauptsächlich auftreten. Auf die Kontinuumsmechanik werden wir hierbei nur insoweit zurückgreifen, wie dies für das grundlegende Verständnis der Modelle notwendig ist.

2.1 Kinematik

Für die weiteren Betrachtungen sind einige Bezeichnungskonventionen erforderlich, die wir zunächst einführen. Im euklidischen Raum R^3 betrachten wir ein kartesisches Koordinatensystem mit den Basiseinheitsvektoren $\mathbf{e}_1$, $\mathbf{e}_2$ und $\mathbf{e}_3$ (s. Abb. 2.1). Die uns interessierenden kontinuumsmechanischen Größen sind *Skalare (Tensoren 0. Stufe)*, *Vektoren (Tensoren 1. Stufe)* und *Dyaden (Tensoren 2. Stufe)*, für die wir die folgenden Schreibweisen verwenden:

- Skalare mit Buchstaben in Normalschrift: $a,b,...,A,B,...,\alpha,\beta,...$,
- Vektoren mit fett gedruckten kleinen Buchstaben: $\mathbf{a},\mathbf{b},...$
- Dyaden mit fett gedruckten großen Buchstaben: $\mathbf{A},\mathbf{B},...$

Die verschiedenen Schreibweisen für die Tensoren sind in Tabelle 2.1 zusammengestellt. Die Koordinaten von Vektoren und Dyaden bezeichnen wir hierbei jeweils mit den entsprechenden Buchstaben in Normalschrift (mit der zugehörigen Indizierung). Im vorliegenden Text wird hauptsächlich die Koordinatenschreibweise verwendet, welche im allgemeinen auch die Grundlage für die Umsetzung eines Modells in ein Berechnungsprogramm bildet.

Zur Vereinfachung der Schreibweise wird die *Einsteinsche Summenkonvention* verwendet, d.h. über doppelt auftretende Indizes muß summiert werden. Für grundlegende Begriffsbildungen der Tensorrechnung, die wir an der einen oder anderen Stelle benötigen, sei auf die entsprechende Spezialliteratur verwiesen (s. z.B. [1]).

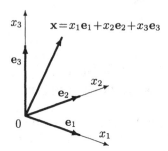

Abb. 2.1. Kartesisches Koordinatensystem mit Basiseinheitsvektoren e_1, e_2 und e_3

Tabelle 2.1. Schreibweisen kartesischer Tensoren

Stufe	Name	Schreibweise	
0	Skalar	ϕ	
1	Vektor	$\mathbf{v} = v_i \mathbf{e}_i$	(symbolisch)
		v_i	(Komponenten, Koordinaten)
2	Dyade	$\mathbf{A} = A_{ij}\mathbf{e}_i\mathbf{e}_j$	(symbolisch)
		A_{ij}	(Komponenten, Koordinaten)

Bewegungen von Körpern werden durch die Bewegung ihrer materiellen Punkte beschrieben. Zur Identifizierung der materiellen Punkte werden diese auf Punkte des R^3 abgebildet und es wird ein raumfester Bezugspunkt 0 vorgegeben. Die Lage eines materiellen Punktes ist dann zu jedem Zeitpunkt t durch seinen *Positionsvektor* (oder *Ortsvektor*) $\mathbf{x}(t)$ bestimmt. Zur Unterscheidung der materiellen Punkte wählt man eine Referenzkonfiguration zu einer Zeit t_0, zu der ein materieller Punkt den Positionsvektor $\mathbf{x}(t_0) = \mathbf{a}$ besitzt. Der Positionsvektor $\mathbf{a}$ wird dem materiellen Punkt als Marke zugeordnet. t_0 kennzeichnet normalerweise einen Ausgangszustand, dessen Veränderungen berechnet werden sollen (oft $t_0 = 0$). Mit dem bereits eingeführten kartesischen Koordinatensystem hat man die Darstellungen $\mathbf{x} = x_i\mathbf{e}_i$ und $\mathbf{a} = a_i\mathbf{e}_i$ und man erhält für die Bewegungsgleichungen des materiellen Punktes mit der Marke $\mathbf{a}$ die Beziehungen (s. auch Abb. 2.2):

$$x_i = x_i(\mathbf{a}, t) \quad \text{Bahnkurve von } \mathbf{a},$$
$$a_i = a_i(\mathbf{x}, t) \quad \text{materieller Punkt } \mathbf{a} \text{ zur Zeit } t \text{ am Ort } \mathbf{x}.$$

x_i bezeichnet man als *räumliche Koordinaten* (oder *Ortskoordinaten*) und a_i als *materielle* bzw. *substantielle Koordinaten*. Ist die Zuordnung

$$x_i(a_j, t) \Leftrightarrow a_i(x_j, t)$$

umkehrbar eindeutig, dann definiert sie eine *Konfiguration* des Körpers. Dies ist genau dann der Fall, wenn die *Jacobi-Determinante J* (oder *Funktional-determinante*) der Abbildung von Null verschieden ist, d.h.

$$J = \det\left(\frac{\partial x_i}{\partial a_j}\right) \neq 0\,,$$

wobei die Determinante $\det(\mathbf{A})$ einer Dyade $\mathbf{A}$ definiert ist durch

$$\det(\mathbf{A}) = \epsilon_{ijk} A_{i1} A_{j2} A_{k3}$$

mit dem *Levi-Civita-Symbol (Permutationssymbol)*

$$\epsilon_{ijk} = \begin{cases} 1 & \text{für} \quad (i,j,k) = (1,2,3), (2,3,1), (3,1,2)\,, \\ -1 & \text{für} \quad (i,j,k) = (1,3,2), (3,2,1), (2,1,3)\,, \\ 0 & \text{für} \quad i = j \text{ oder } i = k \text{ oder } j = k\,. \end{cases}$$

Die Aufeinanderfolge von Konfigurationen $\mathbf{x} = \mathbf{x}(\mathbf{a}, t)$, mit der Zeit t als Parameter, bezeichnet man als *Deformation* (oder *Bewegung*) des Körpers.

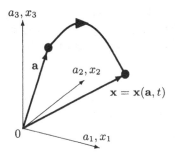

Abb. 2.2. Bahnkurve eines materiellen Punktes **a** in einem kartesischen Koordinatensystem

Zur Beschreibung der Eigenschaften materieller Punkte, die sich im allgemeinen mit deren Bewegung, d.h. mit der Zeit, ändern, unterscheidet man zwischen der *Lagrangeschen* und der *Eulerschen Betrachtungsweise*. Diese lassen sich wie folgt charakterisieren:

- *Lagrangesche Betrachtungsweise:* Formulierung der Eigenschaften als Funktionen von **a** und t. Ein Beobachter ist mit dem Teilchen verbunden und mißt die Veränderung der Eigenschaften.
- *Eulersche Betrachtungsweise:* Formulierung der Eigenschaften als Funktionen von **x** und t. Ein Beobachter befindet sich am Ort **x** und mißt Veränderungen, die sich dadurch ergeben, daß zu unterschiedlichen Zeiten unterschiedliche materielle Punkte am Ort **x** sind.

Die Lagrangesche Betrachtungsweise bezeichnet man auch als *materielle, substantielle* oder *referenzbezogene Betrachtungsweise*, während man im Zusammenhang mit der Eulerschen Betrachtungsweise auch von *räumlicher* oder *lokaler Betrachtungsweise* spricht.

In der Festkörpermechanik benutzt man meist die Lagrangesche Betrachtungsweise, da hier in der Regel ein deformierter Zustand aus einer bekannten Referenzkonfiguration zu bestimmen ist, was durch die Verfolgung materieller Punkte von der Referenz- in die Momentankonfiguration erfolgen kann. In der Strömungsmechanik wird meist die Eulersche Betrachtungsweise verwendet, da hier in der Regel die physikalischen Eigenschaften (z.B. Druck, Geschwindigkeit, usw.) an einer bestimmten Stelle des Problemgebiets von Interesse sind.

Entsprechend den beiden verschiedenen Betrachtungsweisen definiert man zwei unterschiedliche Zeitableitungen: die *lokale Zeitableitung*

$$\frac{\partial \phi}{\partial t} = \frac{\partial \phi(\mathbf{x}, t)}{\partial t}\bigg|_{\mathbf{x} \text{ fest}},$$

die der zeitlichen Änderung von ϕ entspricht, die ein Beobachter am festen Ort $\mathbf{x}$ mißt, und die *materielle Zeitableitung*

$$\frac{D\phi}{Dt} = \frac{\partial \phi(\mathbf{a}, t)}{\partial t}\bigg|_{\mathbf{a} \text{ fest}},$$

die der zeitlichen Änderung von ϕ entspricht, die ein mit dem Punkt $\mathbf{a}$ verbundener Beobachter mißt. Die materielle Zeitableitung wird in der Literatur oft auch mit $\dot{\phi}$ bezeichnet. Zwischen den beiden Zeitableitungen gilt folgender Zusammenhang:

$$\underbrace{\frac{D\phi}{Dt}}_{\text{materiell}} = \underbrace{\frac{\partial \phi}{\partial t}\bigg|_{\mathbf{x} \text{ fest}}}_{\text{lokal}} + \underbrace{v_i \frac{\partial \phi}{\partial x_i}\bigg|_{\mathbf{a} \text{ fest}}}_{\text{konvektiv}}, \tag{2.1}$$

wobei

$$v_i = \frac{Dx_i}{Dt}$$

die (kartesischen) Koordinaten des *Geschwindigkeitsvektors* $\mathbf{v}$ sind.

In der Festkörpermechanik arbeitet man üblicherweise mit Verschiebungen anstatt mit Deformationen. Die Verschiebung $\mathbf{u} = u_i \mathbf{e}_i$ ist (in Lagrangescher Betrachtungsweise) definiert durch

$$u_i(\mathbf{a}, t) = x_i(\mathbf{a}, t) - a_i. \tag{2.2}$$

Unter Verwendung der Verschiebung werden Verzerrungstensoren als Maß für die Formänderung (Verzerrung oder Dehnung) eines Körpers eingeführt, welches die Abweichungen einer Deformation eines verformbaren Körpers von der eines starren Körpers quantifiziert. Zur Definition solcher Tensoren gibt es verschiedene Möglichkeiten. Wir verwenden hier den gebräuchlichsten, den sogenannten *Green-Lagrangeschen Verzerrungstensor* **G** mit den Koordinaten (in Lagrangescher Darstellung):

$$G_{ij} = \frac{1}{2}\left(\frac{\partial u_i}{\partial a_j} + \frac{\partial u_j}{\partial a_i} + \frac{\partial u_k}{\partial a_i}\frac{\partial u_k}{\partial a_j}\right).$$

Diese Definition von **G** ist der Ansatzpunkt für eine häufig verwendete *geometrische Linearisierung* der kinematischen Gleichungen, welche im Falle „kleiner" Verschiebungen, d.h.

$$\left|\frac{\partial u_i}{\partial a_j}\right| = \sqrt{\frac{\partial u_i}{\partial a_j}\frac{\partial u_j}{\partial a_i}} \ll 1\,, \tag{2.3}$$

zulässig ist (Details hierzu findet man z.B. in [1]). In diesem Fall wird der nichtlineare Anteil in **G** vernachlässigt, was auf einen linearisierten Verzerrungstensor führt, der als *Green-Cauchyscher* (oder auch *linearer* bzw. *infinitesimaler*) *Verzerrungstensor* bezeichnet wird:

$$\varepsilon_{ij} = \frac{1}{2}\left(\frac{\partial u_i}{\partial a_j} + \frac{\partial u_j}{\partial a_i}\right). \tag{2.4}$$

In einer geometrisch linearen Theorie muß nicht zwischen Lagrangescher und Eulerscher Betrachtungsweise unterschieden werden. Aufgrund der Annahme (2.3) hat man

$$\frac{\partial u_i}{\partial a_j} = \frac{\partial x_i}{\partial a_j} - \delta_{ij} \approx 0\,,$$

wobei

$$\delta_{ij} = \begin{cases} 1 & \text{für } i = j\,, \\ 0 & \text{für } i \neq j \end{cases}$$

das *Kronecker-Symbol* bezeichnet. Es gilt daher

$$\frac{\partial x_i}{\partial a_j} \approx \delta_{ij} \quad \text{bzw.} \quad \frac{\partial}{\partial a_i} \approx \frac{\partial}{\partial x_i}\,.$$

Es besteht in diesem Fall also keine Notwendigkeit zwischen den Ableitungen nach **a** und **x** zu unterscheiden.

2.2 Grundlegende Erhaltungsgleichungen

Die mathematischen Modelle, auf denen Berechnungsverfahren basieren, leiten sich aus den fundamentalen Erhaltungsgleichungen der Kontinuumsmechanik für Masse, Impuls, Drehimpuls und Energie ab. Zusammen mit verschiedenen Materialgesetzen ergeben diese die Grundgleichungen (Differential- oder Integralgleichungen), die unter Berücksichtung von geeigneten problemspezifischen Anfangs- und Randbedingungen numerisch gelöst werden können. Nachfolgend werden die Erhaltungsgleichungen kurz dargestellt, wobei auch unterschiedliche Formulierungen der Gleichungen diskutiert werden, wie sie als Ausgangspunkt für die verschiedenen Diskretisierungsverfahren Verwendung finden. Auf die Materialtheorie wird nicht explizit eingegangen. Vielmehr werden in den Abschn. 2.3, 2.4 und 2.5 konkrete Materialgesetze für eine Reihe häufig verwendeter Modelle angegeben. Für eine eingehende Darstellung der kontinuumsmechanischen Grundlagen der Formulierungen sei auf die einschlägige Literatur verwiesen (z.B. [1],[20]).

Kontinuumsmechanische Erhaltungsgrößen eines Körpers, bezeichnen wir sie allgemein mit $\psi = \psi(t)$, können als (räumliche) Integrale einer Feldgröße $\phi = \phi(\mathbf{x}, t)$ über das (zeitlich veränderliche) Volumen $V = V(t)$, das der Körper in der Momentankonfiguration zur Zeit t einnimmt, definiert werden:

$$\psi(t) = \int_{V(t)} \phi(\mathbf{x}, t)\, \mathrm{d}V.$$

Hierbei kann ψ sowohl über den Integranden ϕ als auch über den Integrationsbereich V von der Zeit abhängen. Wichtig für die Herleitung der Bilanzgleichungen ist daher die folgende Beziehung für die zeitliche Änderung materieller Volumenintegrale über einen zeitlich veränderlichen räumlichen Integrationsbereich (s. z.B. [20]):

$$\frac{D}{Dt} \int_{V(t)} \phi(\mathbf{x}, t)\, \mathrm{d}V = \int_{V(t)} \left[\frac{D\phi(\mathbf{x}, t)}{Dt} + \phi(\mathbf{x}, t) \frac{\partial v_i(\mathbf{x}, t)}{\partial x_i} \right] \mathrm{d}V. \tag{2.5}$$

Aufgrund des durch Gl. (2.1) gegebenen Zusammenhangs zwischen materieller und lokaler Zeitableitung gilt ferner die Beziehung:

$$\int_V \left(\frac{D\phi}{Dt} + \phi \frac{\partial v_i}{\partial x_i} \right) \mathrm{d}V = \int_V \left[\frac{\partial \phi}{\partial t} + \frac{\partial(\phi v_i)}{\partial x_i} \right] \mathrm{d}V. \tag{2.6}$$

Zur kompakteren Schreibweise haben wir, wie auch meist im folgenden, die jeweilige Abhängigkeit der Größen vom Ort und der Zeit nicht mehr explizit mit angegeben. Gleichung (2.5) (manchmal auch Gl. (2.6)) wird als *Reynoldssches Transporttheorem* bezeichnet.

2.2.1 Massenerhaltung

Die *Masse m* eines beliebigen Volumens V ist definiert durch

$$m = \int_V \rho(\mathbf{x}, t)\, \mathrm{d}V$$

mit der *Dichte* ρ. Der Massenerhaltungssatz besagt, daß, falls keine Massenquellen oder -senken vorhanden sind, die Gesamtmasse eines Körpers für alle Zeiten konstant bleibt:

$$\frac{D}{Dt} \int\limits_V \rho \, dV = 0 \,. \tag{2.7}$$

Für die Masse vor und nach einer Deformation gilt:

$$\int\limits_{V_0} \rho_0(\mathbf{a}, t) \, dV_0 = \int\limits_V \rho(\mathbf{x}, t) \, dV \,,$$

wobei ρ_0 und V_0 die Dichte und das Volumen vor der Deformation (Referenzkonfiguration) bezeichnen. Bei einer Deformation können sich also Volumen und Dichte ändern, nicht aber die Masse. Es gelten die Beziehungen

$$\frac{dV}{dV_0} = \frac{\rho_0}{\rho} = \det\left(\frac{\partial x_i}{\partial a_j}\right) \,.$$

Durch Verwendung der Beziehungen (2.5) und (2.6) und anschließender Anwendung des Gaußschen Integralsatzes (s. z.B. [1]) erhält man aus Gl. (2.7):

$$\int\limits_V \frac{\partial \rho}{\partial t} \, dV + \int\limits_S \rho v_i n_i \, dS = 0 \,,$$

wobei $\mathbf{n} = n_i \mathbf{e}_i$ den nach außen gerichteten Normaleneinheitsvektor auf der geschlossenen Oberfläche S des Volumens V bezeichnet (s. Abb. 2.3). Diese Darstellung der Massenerhaltung erlaubt die Interpretation, daß die zeitliche Änderung der im Volumen V enthaltenen Masse gleich der über die Oberfläche ein- bzw. ausfließenden Masse ist. In differentieller (konservativer) Form lautet die Massenbilanz:

$$\frac{\partial \rho}{\partial t} + \frac{\partial (\rho v_i)}{\partial x_i} = 0 \,. \tag{2.8}$$

Diese Gleichung wird auch als *Kontinuitätsgleichung* bezeichnet.

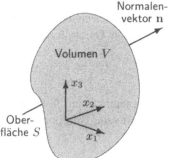

Abb. 2.3. Bezeichnungen für die Anwendung des Gaußschen Integralsatzes

Für ein inkompressibles (dichtebeständiges) Medium gilt:

$$\det\left(\frac{\partial x_i}{\partial a_j}\right) = 1 \quad \text{und} \quad \frac{D\rho}{Dt} = \frac{\partial v_i}{\partial x_i} = 0,$$

d.h. das Geschwindigkeitsfeld ist in diesem Fall divergenzfrei (quellenfrei).

2.2.2 Impulserhaltung

Der *Impulsvektor* $\mathbf{p} = p_i\mathbf{e}_i$ eines Körpers ist definiert durch

$$p_i(\mathbf{x}, t) = \int_V \rho(\mathbf{x}, t)v_i(\mathbf{x}, t)\,\mathrm{d}V.$$

Der Impulserhaltungssatz besagt, daß die zeitliche Änderung des Impulses eines Körpers gleich der Summe aller auf den Körper wirkenden Oberflächen- und Volumenkräfte ist. In Eulerscher Darstellung läßt sich dies wie folgt ausdrücken:

$$\underbrace{\frac{D}{Dt}\int_V \rho v_i\,\mathrm{d}V}_{\text{Impulsänderung}} = \underbrace{\int_S T_{ij}n_j\,\mathrm{d}S}_{\text{Oberflächenkräfte}} + \underbrace{\int_V \rho f_i\,\mathrm{d}V}_{\text{Volumenkräfte}}, \tag{2.9}$$

wobei $\mathbf{f} = f_i\mathbf{e}_i$ die Volumenkräfte pro Masseneinheit bezeichnen. T_{ij} sind die Komponenten des *Cauchyschen Spannungstensors* $\mathbf{T}$, der den Spannungszustand des Körpers in jedem Punkt beschreibt (ein Maß für die innere Kraft im Körper). Die Komponenten mit $i = j$ nennt man *Normalspannungen* und die Komponenten mit $i \neq j$ *Schubspannungen*. (Im Rahmen der Strukturmechanik wird $\mathbf{T}$ üblicherweise mit σ bezeichnet.)

Durch Anwendung des Gaußschen Integralsatzes auf das Oberflächenintegral in Gl. (2.9) erhält man:

$$\frac{D}{Dt}\int_V \rho v_i\,\mathrm{d}V = \int_V \frac{\partial T_{ij}}{\partial x_j}\,\mathrm{d}V + \int_V \rho f_i\,\mathrm{d}V.$$

Unter Verwendung der Beziehungen (2.5) und (2.6) ergibt sich hieraus die folgende differentielle Form der Impulsbilanz in Eulerscher Darstellung:

$$\frac{\partial(\rho v_i)}{\partial t} + \frac{\partial(\rho v_i v_j)}{\partial x_j} = \frac{\partial T_{ij}}{\partial x_j} + \rho f_i. \tag{2.10}$$

Zur Lagrangeschen Darstellung der Impulsbilanz benutzt man üblicherweise den *2. Piola-Kirchhoffschen Spannungstensor* $\mathbf{P}$, dessen Komponenten gegeben sind durch:

$$P_{ij} = \frac{\rho_0}{\rho}\frac{\partial a_i}{\partial x_k}T_{kl}\frac{\partial a_j}{\partial x_l}.$$

Damit lautet die Lagrangesche Formulierung der Impulsbilanz in differentieller Form:

$$\rho_0 \frac{D^2 x_i}{Dt^2} = \frac{\partial}{\partial a_j} \left(P_{jk} \frac{\partial x_i}{\partial a_k} \right) + \rho f_i \,.$$

2.2.3 Drehimpulserhaltung

Der *Drehimpulsvektor* $\mathbf{d} = d_i \mathbf{e}_i$ eines Körpers ist definiert durch

$$\mathbf{d}(\mathbf{x}, t) = \int\limits_V \mathbf{x} \times \rho(\mathbf{x}, t) \mathbf{v}(\mathbf{x}, t) \, dV \,,$$

wobei „$\times$" das übliche Vektorprodukt zwischen zwei Vektoren bezeichnet (s. z.B. [1]). Der Drehimpulserhaltungssatz besagt, daß die zeitliche Änderung des Gesamtdrehimpulses eines Körpers gleich dem Gesamtmoment aller auf den Körper wirkenden Oberflächen- und Volumenkräfte ist. Dies läßt sich in Eulerscher Darstellung wie folgt ausdrücken:

$$\underbrace{\frac{D}{Dt} \int\limits_V (\mathbf{x} \times \rho \mathbf{v}) \, dV}_{\text{Drehimpulsänderung}} = \underbrace{\int\limits_V (\mathbf{x} \times \rho \mathbf{f}) \, dV}_{\substack{\text{Moment der} \\ \text{Volumenkräfte}}} + \underbrace{\int\limits_S (\mathbf{x} \times \mathbf{Tn}) \, dS.}_{\substack{\text{Moment der} \\ \text{Oberflächenkräfte}}} \qquad (2.11)$$

Durch Anwendung des Gaußschen Integralsatzes läßt sich die Drehimpulsbilanz unter Verwendung der Massen- und Impulserhaltung sowie der Beziehungen (2.5) und (2.6) in folgende einfache Form bringen (Übung 2.3):

$$T_{ij} = T_{ji} \,,$$

d.h. die Erhaltung des Drehimpulses wird durch die Symmetrie des Cauchyschen Spannungstensors ausgedrückt.

2.2.4 Energieerhaltung

Die *Gesamtenergie* W eines Körpers ist definiert durch

$$W = \underbrace{\int\limits_V \rho e \, dV}_{\substack{\text{innere} \\ \text{Energie}}} + \underbrace{\frac{1}{2} \int\limits_V \rho v_i v_i \, dV}_{\substack{\text{kinetische} \\ \text{Energie}}}$$

mit der *spezifischen inneren Energie* e. Die *Leistung äußerer Kräfte* P_a (Oberflächen- und Volumenkräfte) ist gegeben durch

$$P_a = \underbrace{\int_S T_{ij}v_j n_i \, \mathrm{d}S}_{\substack{\text{Leistung von} \\ \text{Oberfächenkräften}}} + \underbrace{\int_V \rho f_i v_i \, \mathrm{d}V}_{\substack{\text{Leistung von} \\ \text{Volumenkräften}}}$$

und für die *Wärmezufuhrleistung* Q, d.h. für die Geschwindigkeit der Wärmezufuhr, hat man

$$Q = \underbrace{\int_V \rho q \, \mathrm{d}V}_{\substack{\text{Wärme-} \\ \text{quellen}}} - \underbrace{\int_S h_i n_i \, \mathrm{d}S}_{\substack{\text{Oberflächen-} \\ \text{zufuhr}}} \; ,$$

wobei q (skalare) Wärmequellen und $\mathbf{h} = h_i \mathbf{e}_i$ den Wärmestromvektor pro Einheitsfläche bezeichnet. Der Energieerhaltungssatz besagt nun, daß die zeitliche Änderung der Gesamtenergie W gleich der gesamten äußeren Energiezufuhr $P_a + Q$ ist, d.h. es muß gelten:

$$\frac{DW}{Dt} = P_a + Q \, .$$

Diesen Satz bezeichnet man auch als *1. Hauptsatz der Thermodynamik.*

Unter Verwendung obiger Definitionen läßt sich der Energieerhaltungssatz wie folgt schreiben:

$$\frac{D}{Dt} \int_V \rho (e + \frac{1}{2} v_i v_i) \, \mathrm{d}V = \int_S (T_{ij}v_j - h_i)n_i \, \mathrm{d}S + \int_V \rho (f_i v_i + q) \, \mathrm{d}V \, . \quad (2.12)$$

Nach einigen Umformungen (unter Berücksichtigung der Gl. (2.5) und (2.6)), Anwendung des Gaußschen Integralsatzes und Verwendung des Impulserhaltungssatzes (2.10) erhält man für den Energieerhaltungssatz die folgende differentielle Form (Übung 2.4):

$$\frac{\partial(\rho e)}{\partial t} + \frac{\partial(\rho v_i e)}{\partial x_i} = T_{ij}\frac{\partial v_j}{\partial x_i} - \frac{\partial h_i}{\partial x_i} + \rho q \, . \qquad (2.13)$$

2.2.5 Materialgesetze

Die in den Bilanzgleichungen auftretenden unbekannten physikalischen Größen sind in Tabelle 2.2 der Anzahl der Gleichungen, die zu deren Berechnung zur Verfügung stehen, gegenübergestellt. Man erkennt, daß man mehr Unbekannte als Gleichungen hat. Es müssen daher zusätzliche Gleichungen, die man als Konstitutiv- bzw. Materialgleichungen bezeichnet, aufgestellt werden, welche die Unbekannten in geeigneter Form zueinander in Beziehung setzen. Dies können algebraische Beziehungen, Differentialgleichungen oder Integralgleichungen sein. Wie bereits erwähnt, werden wir auf die zugehörige

Materialtheorie hier nicht näher eingehen, sondern in den nächsten Abschnitten eine Reihe von wichtigen kontinuumsmechanischen Problemformulierungen angeben, wie sie aus speziellen Materialgesetzen resultieren.

Tabelle 2.2. Unbekannte physikalische Größen und Bilanzgleichungen

Unbekannte	Anz.	Gleichungen	Anz.
Dichte ρ	1	Massenerhaltung	1
Geschwindigkeit v_i	3	Impulserhaltung	3
Spannungstensor T_{ij}	9	Drehimpulserhaltung	3
Innere Energie e	1	Energieerhaltung	1
Wärmestrom h_i	3		
Summe	17	Summe	8

2.3 Skalare Probleme

Eine Reihe von praktisch relevanten Aufgaben im Bereich des Maschinenbaus lassen sich durch eine einzige skalare (partielle) Differentialgleichung beschreiben. Wir wollen im folgenden hierzu einige repräsentative Beispiele angeben, die auch häufig in der Praxis auftreten.

2.3.1 Einfache Feldprobleme

Einige einfachere kontinuumsmechanische Problemstellungen können durch eine Differentialgleichung der Form

$$-\frac{\partial}{\partial x_i}\left(a\frac{\partial \phi}{\partial x_i}\right) = g \tag{2.14}$$

beschrieben werden, welche im Problemgebiet V gelten muß. Gesucht ist die unbekannte skalare Größe $\phi = \phi(\mathbf{x})$. Die Koeffizientenfunktion $a = a(\mathbf{x})$ und die rechte Seite $g = g(\mathbf{x})$ sind vorgegeben. Im Falle $a = 1$ wird Gl. (2.14) als *Poisson-Gleichung* bezeichnet. Ist zusätzlich $g = 0$, spricht man von einer *Laplace-Gleichung*.

Um ein durch Gl. (2.14) beschriebenes Problem vollständig zu definieren, müssen auf dem gesamten Rand S des Problemgebiets V für ϕ noch Randbedingungen vorgegeben werden. Hierbei hat man es in der Regel mit den folgenden Typen von Randvorgaben zu tun:

− Dirichletsche Bedingung: $\phi = \phi_S$,

− Neumannsche Bedingung: $a\dfrac{\partial \phi}{\partial x_i} n_i = b_S$,

− Cauchysche Bedingung: $c_S \phi + a\dfrac{\partial \phi}{\partial x_i} n_i = b_S$.

ϕ_S, b_S und c_S sind vorgegebene Funktionen auf dem Rand S und n_i sind die Komponenten des nach außen gerichteten Normaleneinheitsvektors an S. Die verschiedenen Randbedingungstypen können für ein Problem auf verschiedenen Teilen des Randes auftreten (gemischte Randwertprobleme).

Die durch Gl. (2.14) beschriebenen Aufgabenstellungen enthalten keine Zeitabhängigkeit. Man spricht daher von *stationären* Feldproblemen. Im zeitabhängigen (instationären) Fall können alle Größen neben der Abhängigkeit von der Ortskoordinate **x** auch von der Zeit t abhängen. Die entsprechende Differentialgleichung zur Beschreibung instationärer Feldprobleme lautet:

$$\frac{\partial \phi}{\partial t} - \frac{\partial}{\partial x_i}\left(a\frac{\partial \phi}{\partial x_i}\right) = g \qquad (2.15)$$

für die unbekannte skalare Größe $\phi = \phi(\mathbf{x}, t)$. Für instationäre Probleme muß, zusätzlich zu den Randbedingungen (die in diesem Fall auch von der Zeit abhängen können), noch eine Anfangsbedingung $\phi(\mathbf{x}, t_0) = \phi_0(\mathbf{x})$ zur vollständigen Problemdefinition vorgegeben werden.

Beispiele von physikalischen Problemstellungen, die durch Gleichungen des Typs (2.14) bzw. (2.15) beschrieben werden, sind:

− Temperatur bei Wärmeleitungsproblemen,
− elektrische Feldstärke in elektrostatischen Feldern,
− Druck bei Sickerströmungen in porösen Medien,
− Spannungsfunktion bei Torsionsproblemen,
− Geschwindigkeitspotential wirbelfreier Strömungsfelder,
− Seillinie bei durchhängenden Seilen,
− Auslenkung elastischer Saiten oder Membranen.

Im folgenden werden wir zwei Beispiele für Anwendungen angeben, bei denen dieser Typ von Gleichung auftritt. Es wird jeweils nur auf das stationäre Problem eingegangen. Die entsprechenden instationären Problemstellungen erhält man analog zum Übergang von Gl. (2.14) auf Gl. (2.15).

Intepretiert man ϕ als Auslenkung u einer homogenen *elastischen Membran*, dann beschreibt Gl. (2.14) deren Deformation unter einer äußeren Belastung ($i = 1, 2$):

$$-\frac{\partial}{\partial x_i}\left(\tau\frac{\partial u}{\partial x_i}\right) = f \qquad (2.16)$$

mit der *Steifigkeit* τ und der *Kraftdichte* f (s. Abb. 2.4). Gleichung (2.16) läßt sich unter bestimmten Voraussetzungen, auf die wir hier nicht näher eingehen werden, aus dem Impulserhaltungssatz (2.10) ableiten.

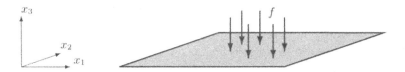

Abb. 2.4. Deformation einer elastischen Membran unter äußerer Belastung.

Als Randbedingungen kommen Dirichletsche oder Neumannsche Bedingungen in Betracht. Diese haben hier die folgende Bedeutung:

– Vorgegebene Auslenkung (Dirichletsche Bedingung): $u = u_S$,

– Vorgegebene Spannung (Neumannsche Bedingung): $\tau \dfrac{\partial u}{\partial x_i} n_i = t_S$.

Als zweites Beispiel betrachten wir *inkompressible Potentialströmungen*. Für eine rotationsfreie Strömung, d.h. falls die Strömungsgeschwindigkeit die Beziehungen

$$\frac{\partial v_j}{\partial x_i} \epsilon_{ijk} = 0$$

erfüllen, existiert ein Geschwindigkeitspotential ψ, welches durch

$$v_i = \frac{\partial \psi}{\partial x_i} \tag{2.17}$$

definiert ist. Setzt man die Beziehung (2.17) in die Massenerhaltungsgleichung (2.8) ein, dann erhält man unter der zusätzlichen Annahme einer inkompressiblen Strömung (d.h. $D\rho/Dt = 0$) die folgende Bestimmungsgleichung für ψ:

$$\frac{\partial^2 \psi}{\partial x_i \partial x_i} = 0 \tag{2.18}$$

Diese Gleichung, die sich aus Gl. (2.14) mit $f = 0$ und $a = 1$ ergibt, beschreibt sowohl stationäre als auch instationäre inkompressible Potentialströmungen.

Die Annahmen einer Potentialströmung werden häufig bei der Untersuchung der Umströmung von Körpern angewandt, z.B. für aerodynamische Untersuchungen an Kraftfahrzeugen oder Flugzeugen. Im Falle von Fluiden mit kleiner Viskosität (z.B. Luft) die sich mit relativ hohen Geschwindigkeiten bewegen, sind die Annahmen gerechtfertigt. In Regionen, in denen die Strömung beschleunigt, erhält man damit (außerhalb von Grenzschichten) eine relativ gute Näherung für die tatsächlichen Strömungsverhältnisse. Als Beispiel für eine Potentialströmung sind in Abb. 2.5 die Stromlinien (d.h. Linien mit $\psi = konst.$) für die Strömung um einen Kreiszylinder dargestellt.

Als Randbedingungen am Körper hat man die folgende Neumannsche Bedingung (kinematische Randbedingung):

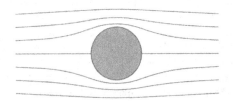

Abb. 2.5. Stromlinien für Potential-strömung um einen Kreiszylinder

$$\frac{\partial \psi}{\partial x_i} n_i = v_{Si} n_i \,,$$

wobei $\mathbf{v}_S = v_{Si} \mathbf{e}_i$ die Geschwindigkeit ist, mit der sich der Körper bewegt. Hat man ψ auf diese Weise berechnet, erhält man v_i aus Gl. (2.17). Der Druck p, der nur bis auf eine additive Konstante C eindeutig bestimmt ist, kann dann aus der *Bernoullischen Gleichung*

$$p = C - \rho \frac{\partial \psi}{\partial t} - \frac{1}{2} \rho v_i v_i$$

berechnet werden (s. [20]).

2.3.2 Wärmetransportprobleme

Eine für Anwendungen im Maschinenbau sehr wichtige Problemklasse bilden Wärmetransportprobleme in Festkörpern oder Fluiden. Bei diesen geht es im allgemeinen um die Bestimmung von Temperaturverteilungen, die sich aufgrund von diffusiven und/oder konvektiven Tranportvorgängen unter bestimmten Randbedingungen ergeben. In einfachen Fällen lassen sich derartige Probleme durch eine skalare Transportgleichung für die Temperatur T beschreiben (Diffusion in Festkörpern, Diffusion und Konvektion in Fluiden). Wir wenden uns zunächst dem allgemeineren Fall des Wärmetransports in einem Fluid zu. Die Wärmeleitung in Festkörpern ergibt sich daraus dann als Spezialfall. Wir wollen an dieser Stelle nicht auf Details der Herleitung der entsprechenden Differentialgleichung eingehen. Diese läßt sich unter gewissen Annahmen aus der Energieerhaltungsgleichung (2.13) gewinnen.

Wir betrachten ein Fluid, daß sich mit der (bekannten) Geschwindigkeit $\mathbf{v} = v_i \mathbf{e}_i$ bewegt. Als Materialgleichung für den Wärmestromvektor verwenden wir das Fouriersche Gesetz (für isotrope Materialien)

$$h_i = -\kappa \frac{\partial T}{\partial x_i} \tag{2.19}$$

mit der *Wärmeleitfähigkeit* κ. Diese Annahme ist für nahezu alle relevanten Anwendungen zulässig. Setzt man weiter voraus, daß die spezifische Wärmekapazität des Fluids konstant ist, kann man unter Vernachlässigung der Arbeit, die durch Druck- und Reibungskräfte geleistet wird, aus der Energiegleichung (2.13) die folgende Konvektions-Diffusions-Gleichung für die Temperatur T ableiten (s. auch Abschn. 2.5.1):

$$\frac{\partial(\rho c_p T)}{\partial t} + \frac{\partial}{\partial x_i}\left(\rho c_p v_i T - \kappa \frac{\partial T}{\partial x_i}\right) = \rho q \qquad (2.20)$$

mit eventuell vorhandenen Wärmequellen -oder senken q und der spezifischen Wärmekapazität c_p (bei konstantem Druck).

Die am häufigsten auftretenden Randbedingungen sind wieder vom Dirichletschen, Neumannschen oder Cauchyschen Typ. Diese haben in diesem Fall die folgende Bedeutung:

– Vorgegebene Temperatur: $T = T_S$,

– Vorgegebener Wärmefluß: $\kappa \dfrac{\partial T}{\partial x_i} n_i = h_S$,

– Wärmefluß proportional zu Wärmetransport: $\kappa \dfrac{\partial T}{\partial x_i} n_i = \tilde{\alpha}(T_S - T)$.

Hierbei sind T_S bzw. h_S auf dem Rand S vorgegebene Werte für die Temperatur bzw. den Wärmefluß in Normalenrichtung und $\tilde{\alpha}$ ist der *Wärmeübergangskoeffizient*. Als typisches Beispiel für ein Wärmetransportproblem ist in Abb. 2.6 die Konfiguration eines Plattenwärmetauschers mit den zugehörigen Randbedingungen angegeben.

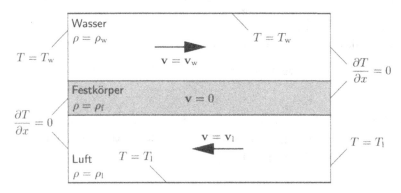

Abb. 2.6. Wärmetransportproblem in einem Plattenwärmetauscher mit zugehörigen Randbedingungen

Als Spezialfall von Gl. (2.20) für $v_i = 0$ (nur Diffusion) erhalten wir die Wärmeleitungsgleichung in einem ruhenden Medium (Fluid oder Festkörper):

$$\frac{\partial(\rho c_p T)}{\partial t} - \frac{\partial}{\partial x_i}\left(\kappa \frac{\partial T}{\partial x_i}\right) = \rho q \qquad (2.21)$$

Die entsprechenden Gleichungen für den stationären Wärmetransport erhält man aus den Gl. (2.20) und (2.21) durch Weglassen des Zeitableitungsterms.

Eine zu Gl. (2.20) völlig analoge Gleichung läßt sich für den Stofftransport in einem inkompressiblen Fluid herleiten. Anstelle der Temperatur hat man in diesem Fall die *Konzentration c* als unbekannte Variable. Der Wärme-leitfähigkeit entspricht der Diffusionskoeffizient D und die Wärmequelle q ist durch eine Massenquelle R zu ersetzen. Das dem Fourierschen Gesetz (2.19) entsprechende Materialgesetz

$$j_i = -D\frac{\partial c}{\partial x_i}$$

für den Massenstrom $\mathbf{j} = j_i\mathbf{e}_i$ wird als *Ficksches Gesetz* bezeichnet. Die entsprechende Gleichung für den Stofftransport lautet damit:

$$\frac{\partial(\rho c)}{\partial t} + \frac{\partial}{\partial x_i}\left(\rho v_i c - D\frac{\partial c}{\partial x_i}\right) = R. \tag{2.22}$$

Die Randbedingungstypen und deren Bedeutung für Stofftransportprobleme sind analog zu denjenigen für den Wärmetransport. In Tabelle 2.3 ist die Analogie zwischen Wärme- und Stofftransport in einer Übersicht zusammen-gestellt.

Tabelle 2.3. Analogie zwischen Wärme- und Stofftransport

Wärmetransport	Stofftransport
Temperatur T	Konzentration c
Wärmeleitfähigkeit κ	Diffusionskoeffizient D
Wärmestrom $\mathbf{h}$	Massenstrom $\mathbf{j}$
Wärmequelle q	Massenquelle R

Eine Gleichung des Typs (2.20) bzw. (2.22) werden wir für unterschiedli-che Zwecke im folgenden des öfteren als exemplarische Modellgleichung her-anziehen. Wir verwenden hierzu die allgemeine Form

$$\frac{\partial(\rho\phi)}{\partial t} + \frac{\partial}{\partial x_i}\left(\rho v_i\phi - \alpha\frac{\partial\phi}{\partial x_i}\right) = f, \tag{2.23}$$

die als *allgemeine skalare Transportgleichung* bezeichnet wird.

2.4 Strukturmechanische Probleme

Bei Problemen der Strukturmechanik geht es im allgemeinen darum, De-formationen von Körpern zu bestimmen, welche durch die Einwirkung von Kräften unterschiedlicher Art hervorgerufen werden. Daraus lassen sich dann beispielsweise Spannungen im Körper ermitteln, die für viele Anwendungen von besonderer Bedeutung sind. (Es können auch direkt Gleichungen für die Spannungen aufgestellt werden, worauf wir jedoch nicht eingehen werden.)

Für die verschiedenen Materialeigenschaften gibt es eine Vielzahl von Materialgesetzen, die zusammen mit den Bilanzgleichungen (Abschn. 2.2), zu unterschiedlich komplexen Gleichungssystemen zur Bestimmung von Deformationen (oder Verschiebungen) führen.

Generell unterscheidet man bei derartigen Problemen zwischen linearen und nichtlinearen Modellen, wobei die Nichtlinearität geometrischer und/oder physikalischer Natur sein kann. Geometrisch lineare Probleme sind durch die linearisierten Verzerrungs-Verschiebungsgleichungen

$$\varepsilon_{ij} = \frac{1}{2} \left(\frac{\partial u_i}{\partial x_j} + \frac{\partial u_j}{\partial x_i} \right) \tag{2.24}$$

charakterisiert (s. Abschn. 2.1), während physikalisch linearen Problemen ein Materialgesetz zugrunde liegt, welches einen linearen Zusammenhang zwischen Verzerrungen und Spannungen herstellt. In Tabelle 2.4 sind die verschiedenen Modellklassen zusammengestellt.

Tabelle 2.4. Modellklassen für strukturmechanische Probleme

	geometrisch linear	geometrisch nichtlinear
physikalisch linear	kleine Verschiebungen kleine Verzerrungen	große Verschiebungen kleine Verzerrungen
physikalisch nichtlinear	kleine Verschiebungen große Verzerrungen	große Verschiebungen große Verzerrungen

Wir beschränken uns hier auf die Formulierung der Gleichungen für zwei einfachere lineare Modellklassen, die lineare Elastizitätstheorie und die lineare Thermoelastizität, die für viele typische Anwendungen im Maschinenbau verwendet werden können. Außerdem gehen wir kurz auf die Hyperelastizität als Beispiel für eine nichtlineare Modellklasse ein.

2.4.1 Lineare Elastizitätstheorie

Bei der linearen Elastizitätstheorie handelt es sich um eine geometrisch und physikalisch lineare Theorie. Wie bereits erwähnt muß bei einer geometrisch linearen Theorie keine Unterscheidung zwischen Eulerscher und Lagrangescher Betrachtungsweise getroffen werden (s. Abschn. 2.1). Wir bezeichnen die Ortskoordinaten im folgenden mit x_i.

Die Gleichungen der linearen Elastizitätstheorie erhält man aus den linearisierten Verzerrungs-Verschiebungsgleichungen (2.24), dem für Verschiebungen formulierten Impulserhaltungssatz (2.10) (im Rahmen der Strukturmechanik wird dieser oft auch als *Bewegungsgleichung* bezeichnet)

$$\rho \frac{D^2 u_i}{Dt^2} = \frac{\partial T_{ij}}{\partial x_j} + \rho f_i, \tag{2.25}$$

und der Annahme eines linear elastischen Materialverhaltens, welches durch die Konstitutivgleichung

$$T_{ij} = \lambda \varepsilon_{kk} \delta_{ij} + 2\mu \varepsilon_{ij} \tag{2.26}$$

charakterisiert ist. Gleichung (2.26) ist als *Hookesches Gesetz* bekannt. Dabei sind λ und μ die *Laméschen Konstanten*, die vom jeweiligen Material abhängen. Oftmals werden anstelle dieser Konstanten der *Elastizitätsmodul* E und die *Querkontraktionszahl* (oder *Poissonsche Zahl*) ν verwendet. Die Beziehungen zwischen den Größen lauten:

$$\lambda = \frac{E\nu}{(1+\nu)(1-2\nu)} \quad \text{und} \quad \mu = \frac{E}{2(1+\nu)} \,. \tag{2.27}$$

Das Hookesche Materialgesetz (2.26) ist für eine Vielzahl von Anwendungen für die unterschiedlichsten Materialien (z.B. Stahl, Glas, Stein, Holz,...) verwendbar. Voraussetzung ist jedoch, daß die Spannungen nicht „zu groß" sind und man sich im Bereich elastischer Deformation befindet. Das Materialgesetz für den Spannungstensor wird häufig auch in folgender Notation angegeben:

$$\begin{bmatrix} T_{11} \\ T_{22} \\ T_{33} \\ T_{12} \\ T_{13} \\ T_{23} \end{bmatrix} = \frac{E}{(1+\nu)(1-2\nu)} \underbrace{\begin{bmatrix} 1-\nu & \nu & \nu & 0 & 0 & 0 \\ \nu & 1-\nu & \nu & 0 & 0 & 0 \\ \nu & \nu & 1-\nu & 0 & 0 & 0 \\ 0 & 0 & 0 & 1-2\nu & 0 & 0 \\ 0 & 0 & 0 & 0 & 1-2\nu & 0 \\ 0 & 0 & 0 & 0 & 0 & 1-2\nu \end{bmatrix}}_{\mathbf{C}} \begin{bmatrix} \varepsilon_{11} \\ \varepsilon_{22} \\ \varepsilon_{33} \\ \varepsilon_{12} \\ \varepsilon_{13} \\ \varepsilon_{23} \end{bmatrix} .$$

Aufgrund des Drehimpulserhaltungssatzes muß $\mathbf{T}$ symmetrisch sein, so daß man nur die angegebenen 6 Komponenten benötigt, um $\mathbf{T}$ vollständig zu beschreiben. Die Matrix $\mathbf{C}$ wird als *Materialmatrix* bezeichnet. Schreibt man das Materialgesetz allgemein in der Form

$$T_{ij} = E_{ijkl} \varepsilon_{kl} \,,$$

so wird der Tensor 4. Stufe $\mathbf{E}$ mit den Komponenten E_{ijkl} als *Elastizitätstensor* bezeichnet (die Einträge in der Matrix $\mathbf{C}$ und die entsprechenden Komponenten von $\mathbf{E}$ stimmen natürlich überein).

Man erhält schließlich aus den Gleichungen (2.24), (2.25) und (2.26) durch Elimination von ε_{ij} und T_{ij} das folgende Differentialgleichungssystem für die Verschiebungen u_i:

$$\rho \frac{D^2 u_i}{Dt^2} = (\lambda + \mu) \frac{\partial^2 u_j}{\partial x_i \partial x_j} + \mu \frac{\partial^2 u_i}{\partial x_j \partial x_j} + \rho f_i \,. \tag{2.28}$$

Diese Gleichungen bezeichnet man als (instationäre) *Navier-Cauchysche Glei-chungen der linearen Elastizitätstheorie.* Für stationäre Probleme hat man entsprechend:

$$(\lambda + \mu)\frac{\partial^2 u_j}{\partial x_i \partial x_j} + \mu\frac{\partial^2 u_i}{\partial x_j \partial x_j} + \rho f_i = 0\,. \tag{2.29}$$

Mögliche Randbedingungen für derartige Probleme sind:

- Vorgegebene Verschiebungen: $u_i = u_{Si}$ auf S,

- Vorgegebene Spannungen: $T_{ij}n_j = t_{Si}$ auf S.

Die beiden Randbedingungstypen können für ein Problem auch zusammen auftreten, d.h. für einen Teil des Randes S_1 sind Verschiebungen und für einen anderen Teil S_2 sind Spannungen vorgegeben. Insgesamt muß jedoch für jeden Punkt des Randes eine Bedingung vorhanden sein, d.h. es muß $S_1 \cup S_2 = S$ gelten.

Neben der durch Gl. (2.28) bzw. (2.29) gegebenen Formulierung als Sy-stem partieller Differentialgleichung gibt es weitere äquivalente Formulierun-gen für lineare Elastizitätsprobleme. Wir wollen hier zwei weitere Formulie-rungen angeben, die im Zusammenhang mit unterschiedlichen Berechnungs-methoden von Bedeutung sind. Wir beschränken uns hierbei auf den statio-nären Fall.

Durch (skalare) Multiplikation des Differentialgleichungssystems (2.29) mit einer Testfunktion $\boldsymbol{\varphi} = \varphi_i\mathbf{e}_i$, die auf dem Randstück S_1 verschwindet, und anschließender Integration über das Problemgebiet V erhält man:

$$\int\limits_V \left[(\lambda+\mu)\frac{\partial^2 u_j}{\partial x_i \partial x_j} + \mu\frac{\partial^2 u_i}{\partial x_j \partial x_j}\right]\varphi_i\,\mathrm{d}V + \int\limits_V \rho f_i\varphi_i\,\mathrm{d}V = 0\,. \tag{2.30}$$

Durch Anwendung partieller Integration (Produktregel und Gaußscher Inte-gralsatz) auf das erste Integral in Gl. (2.30) ergibt sich:

$$\int\limits_V \left[(\lambda+\mu)\frac{\partial u_j}{\partial x_i} + \mu\frac{\partial u_i}{\partial x_j}\right]\frac{\partial \varphi_i}{\partial x_j}\,\mathrm{d}V = \int\limits_S T_{ij}n_j\varphi_i\,\mathrm{d}S + \int\limits_V \rho f_i\varphi_i\,\mathrm{d}V\,. \tag{2.31}$$

Da auf dem Randstück S_1 für die Testfunktion $\varphi_i = 0$ gilt, verschwindet im Oberflächenintegral in Gl. (2.31) der entsprechende Anteil und im verbleiben-den Anteil über S_2 kann für $T_{ij}n_j$ die vorgegebene Spannung t_{Si} eingesetzt werden. Man erhält also:

$$\int\limits_V \left[(\lambda+\mu)\frac{\partial u_j}{\partial x_i} + \mu\frac{\partial u_i}{\partial x_j}\right]\frac{\partial \varphi_i}{\partial x_j}\,\mathrm{d}V = \int\limits_{S_2} t_{Si}\varphi_i\,\mathrm{d}S + \int\limits_V \rho f_i\varphi_i\,\mathrm{d}V\,. \tag{2.32}$$

Durch die Forderung, daß Gl. (2.32) für eine geeignete Klasse von Test-funktionen (diese sei mit $\mathcal{H}$ bezeichnet) erfüllt ist, ergibt sich eine Formulie-rung des linearen Elastizitätsproblems als Variationsaufgabe:

Finde $\mathbf{u} = u_i \mathbf{e}_i$ mit $u_i = u_{Si}$ auf S_1, so daß

$$\int_V \left[(\lambda+\mu)\frac{\partial u_j}{\partial x_i} + \mu\frac{\partial u_i}{\partial x_j} \right] \frac{\partial \varphi_i}{\partial x_j}\, \mathrm{d}V = \int_V \rho f_i \varphi_i\, \mathrm{d}V + \int_{S_2} t_{Si}\varphi_i\, \mathrm{d}S \quad (2.33)$$

für alle $\boldsymbol{\varphi} = \varphi_i \mathbf{e}_i$ in $\mathcal{H}$.

Es bleibt zu klären, welche Funktionen in $\mathcal{H}$ enthalten sein sollen. Da wir dies im weiteren nicht benötigen, wollen wir auf eine exakte Definition verzichten. Wichtig ist, daß die Testfunktionen φ auf dem Randstück S_1 verschwinden. Die weiteren Anforderungen betreffen im wesentlichen die Integrierbarkeits- und Differenzierbarkeitseigenschaften der Funktionen (alle auftretenden Terme müssen definiert sein).

Für die Formulierung (2.33) wird häufig der Begriff *schwache Formulierung* verwendet. Der Begriff „schwach" bezieht sich hierbei auf die Differenzierbarkeit der Funktionen (es treten nur erste Ableitungen auf, im Gegensatz zu den zweiten Ableitungen in den Differentialgleichungen (2.29)). Oftmals (hauptsächlich in der Ingenieurliteratur) wird die Formulierung (2.33) auch als *Prinzip der virtuellen Arbeit* (oder auch *Prinzip der virtuellen Verrückungen*) bezeichnet. Die Testfunktionen nennt man in diesem Zusammenhang *virtuelle Verschiebungen*.

Eine weitere alternative Formulierung des linearen Elastizitätsproblems erhält man ausgehend von der Beziehung für die potentielle Energie $P = P(\mathbf{u})$ des Körpers (in Abhängigkeit von der Verschiebung):

$$P(\mathbf{u}) \;=\; \frac{1}{2}\int_V \left[(\lambda+\mu)\frac{\partial u_j}{\partial x_i} + \mu\frac{\partial u_i}{\partial x_j} \right] \frac{\partial u_i}{\partial x_j}\, \mathrm{d}V \quad (2.34)$$

$$- \int_V \rho f_i u_i\, \mathrm{d}V - \int_{S_2} t_{Si} u_i\, \mathrm{d}S\,.$$

Die Lösung erhält man, indem unter allen möglichen Verschiebungen die die Randbedingung $u_i = u_{Si}$ auf S_1) erfüllen, diejenige gesucht wird, für die die potentielle Energie ihr Minimum annimmt. Den Zusammenhang dieser Formulierung, die als *Prinzip des Minimums der potentielle Energie* bezeichnet wird, mit der schwachen Formulierung (2.33) erhält man, wenn man die Ableitung von P nach $\mathbf{u}$ (in einem geeigneten Sinne) betrachtet. Das Minimum der potentiellen Energie wird angenommen, wenn die *erste Variation* von P (eine Ableitung im funktionalanalytischen Sinne) verschwindet (analog zur üblichen Differentialrechnung), was gerade der Gültigkeit von Gl. (2.32) entspricht.

Im Gegensatz zur differentiellen Formulierung geht die Spannungsrandbedingung $T_{ij}n_j = t_{Si}$ auf S_2 in die schwache Formulierung (2.33) und die Energieformulierung (2.34) nicht explizit ein, sondern steckt implizit im jeweiligen Randintegral über S_2. Die Lösungen erfüllen diese Randbedingungen automatisch. Dies kann als Vorteil dieser Formulierungen im Hinblick auf die Konstruktion eines numerischen Berechnungsverfahrens angesehen werden, da nur die (einfacheren) Verschiebungsrandbedingungen $u_i = u_{Si}$ auf S_1 explizit berücksichtigt werden müssen. Aufgrund dieser Tatsache werden Spannungsrandbedingungen auch als *natürliche Randbedingungen* bezeichnet, während man im Falle von Verschiebungsrandbedingungen von *wesentlichen* oder *geometrischen Randbedingungen* spricht.

Es sei nochmals ausdrücklich darauf hingewiesen, daß die verschiedenen Formulierungen alle das gleiche Problem beschreiben, lediglich die Sichtweise ist jeweils eine andere. Der Nachweis, daß die Probleme aus mathematischer Sicht tatsächlich äquivalent sind (bzw. welche Voraussetzung hierzu erfüllt sein müssen), erfordert weitergehende funktionalanalytische Methoden und ist relativ schwierig. Da wir dies nicht weiter benötigen, gehen wir hierauf nicht näher ein.

Bisher haben wir die allgemeinen Gleichungen für dreidimensionale Probleme betrachtet. Oftmals lassen sich diese durch geeignete problemspezifische Annahmen, insbesondere bzgl. der Raumdimension, vereinfachen. Wir wollen auf einige dieser Spezialfälle, die man in Anwendungen häufiger findet, im folgenden eingehen.

2.4.2 Stäbe und Balken

Der einfachste Spezialfall eines linearen Elastizitätsproblems ergibt sich für den sogenannten *Zug-* oder *Dehnstab*. Wir betrachten einen Stab der Länge L mit der Querschnittsfläche $A = A(x_1)$, wie in Abb. 2.7 dargestellt.

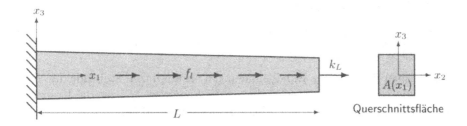

Abb. 2.7. Zugstab unter Belastung in Längsrichtung

Die Gleichungen für den Zugstab können zur Problembeschreibung herangezogen werden, falls die folgenden Annahmen zutreffen:

– es wirken nur Kräfte in x_1-Richtung,
– der Querschnitt bleibt eben und verschiebt sich nur in x_1-Richtung.

Unter diesen Voraussetzungen gilt

$$u_2 = u_3 = 0$$

und die gesuchte Verschiebung u_1 hängt nur von x_1 ab:

$$u_1 = u_1(x_1) \, .$$

Im Verzerrungstensor ist nur die Komponente

$$\varepsilon_{11} = \frac{\partial u_1}{\partial x_1}$$

von Null verschieden. Weiterhin wirkt nur die Normalspannung in x_1-Richtung, so daß im Spannungstensor nur die Komponente T_{11} ungleich Null ist. Die Bewegungsgleichung für den Stab lautet

$$\frac{\partial(A T_{11})}{\partial x_1} + f_1 = 0 \, , \tag{2.35}$$

wobei $f_1 = f_1(x_1)$ die kontinuierliche Längsbelastung des Stabes in x_1-Richtung bezeichnet. Soll beispielsweise das Eigengewicht des Stabes berücksichtigt werden, falls die Erdbeschleunigung g in x_1-Richtung wirkt, so ist $f_1 = \rho A g$. Die Herleitung von Gl. (2.35) kann über die integrale Impulsbilanz erfolgen (durch Ausführen der Integration in x_2- und x_3-Richtung erscheint die Querschnittsfläche A). Das Hookesche Gesetz ergibt sich zu:

$$T_{11} = E \varepsilon_{11} \, . \tag{2.36}$$

Insgesamt hat man es also nur mit einem eindimensionalen Problem zu tun. Zur Vermeidung überflüssiger Indizes schreiben wir $u = u_1$ und $x = x_1$. Durch Einsetzen des Materialgesetzes (2.36) in die Bewegungsgleichung (2.35) ergibt sich schließlich die folgende (gewöhnliche) Differentialgleichung für die gesuchte Verschiebung u:

$$\frac{\partial}{\partial x} \left(E A \frac{\partial u}{\partial x} \right) + f_1 = 0 \, . \tag{2.37}$$

Als Beispiel für mögliche Randbedingungen sei am linken Stabende die Verschiebung u_0 und am rechten Stabende die Spannung t_L bzw. die Kraft k_L vorgegeben. Die entsprechenden Bedingungen lauten dann:

$$u(0) = u_0 \quad \text{und} \quad E A \frac{\partial u}{\partial x}(L) = A t_L = k_L \, . \tag{2.38}$$

Um die verschiedenen Möglichkeiten der Problemformulierung nochmals an einem einfachen Beispiel zu illustrieren, wollen wir auch die Formulierung mittels der potentiellen Energie sowie die schwache Formulierung für den Zugstab mit den Randbedingungen (2.38) angeben. Das Prinzip des Minimums der potentiellen Energie lautet in diesem Fall:

$$P(u) = \frac{1}{2} \int_0^L E A \left(\frac{\partial u}{\partial x} \right)^2 \mathrm{d}x - \int_0^L f_1 u \, \mathrm{d}x - u(L) k_L \quad \rightarrow \quad \text{Minimum} \, ,$$

wobei das Minimum unter all denjenigen Verschiebungen zu suchen ist, für welche $u(0) = u_0$ gilt. Die „Ableitung" (erste Variation) der potentiellen Energie nach u ist:

$$\lim_{\alpha \to 0} \frac{dP(u + \alpha\varphi)}{d\alpha} = \int\limits_0^L EA \frac{\partial u}{\partial x} \frac{\partial \varphi}{\partial x} \, dx - \int\limits_0^L f_1 \varphi \, dx - \varphi(L) k_L \,.$$

Das Prinzip der virtuellen Arbeit für den Zugstab lautet somit:

$$\int\limits_0^L EA \frac{\partial u}{\partial x} \frac{\partial \varphi}{\partial x} \, dx = \int\limits_0^L f_1 \varphi \, dx + \varphi(L) k_L \tag{2.39}$$

für alle virtuellen Verschiebungen φ mit $\varphi(0) = 0$.

Der Zusammenhang dieser schwachen Formulierung mit der differentiellen Formulierung (Gl. (2.37) mit Randbedingungen (2.38)) wird deutlich, wenn man auf das Integral auf der linken Seite in Gl. (2.39) partielle Integration anwendet. Man erhält:

$$\int\limits_0^L \frac{\partial}{\partial x} \left(EA \frac{\partial u}{\partial x} \right) \varphi \, dx + \left[EA \frac{\partial u}{\partial x} \varphi \right]_0^L - \int\limits_0^L f_1 \varphi \, dx - \varphi(L) k_L \quad =$$

$$\int\limits_0^L \left[-\frac{\partial}{\partial x} \left(EA \frac{\partial u}{\partial x} \right) - f_1 \right] \varphi \, dx + \left[EA \frac{\partial u}{\partial x}(L) - k_L \right] \varphi(L) \quad = \quad 0 \,.$$

Die letzte Gleichung ist, falls u eine Lösung der Differentialgleichung (2.37) ist, die den Randbedingungen (2.38) genügt, sicherlich für jedes φ erfüllt. Damit gilt auch das Prinzip der virtuellen Arbeit und das Prinzip vom Minimum der potentiellen Energie. Die umgekehrte Schlußweise ist nicht ganz so klar, da es Verschiebungen gibt, die das Prinzip der virtuellen Arbeit und das Prinzip vom Minimum der potentiellen Energie erfüllen, jedoch nicht die Differentialgleichung (2.37) (im klassischen Sinne). Hier sind zusätzliche Differenzierbarkeitseigenschaften der Verschiebungen erforderlich. Hierauf wollen wir jedoch nicht näher eingehen.

Ein weiterer Spezialfall der linearen Elastizitätstheorie, der durch eine eindimensionale Gleichung beschrieben werden kann, ist die Balkenbiegung (s. Abb. 2.8). Wir werden hier nur den sogenannten *schubstarren Balken* betrachten. Diese Approximation basiert auf der Annahme, daß bei der Biegung in einer Hauptrichtung ebene Querschnitte eben bleiben und daß Normale zur neutralen Achse (x_1-Achse in Abb. 2.8) auch im deformierten Zustand wieder Normale zu dieser (deformierten) Achse sind. Verzichtet man auf diese letzte Annahme erhält man den *schubweichen Balken*.

Unter den Annahmen der Theorie für den schubstarren Balken kann die Verschiebung u_1 durch die Neigung der Biegelinie u_3 (Auslenkung parallel zur x_3-Achse) dargestellt werden:

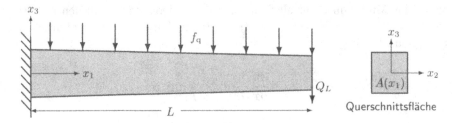

Abb. 2.8. Balken unter vertikaler Belastung

$$u_1 = -x_3 \frac{\partial u_3}{\partial x_1}.$$

Im Verzerrungstensor ist, ebenso wie beim Zugstab, nur die Komponente

$$\varepsilon_{11} = \frac{\partial u_1}{\partial x_1} = -x_3 \frac{\partial^2 u_3}{\partial x_1^2}$$

von Null verschieden. Die Bewegungsgleichung für den schubstarren Balken lautet

$$\frac{\partial^2 T_{11}}{\partial x_1^2} + f_q = 0, \qquad (2.40)$$

wobei $f_q = f_q(x_1)$ die kontinuierliche Querbelastung (Streckenlast) des Balkens in x_3-Richtung bezeichnet. Zur Berücksichtigung des Eigengewichts des Balkens hat man beispielsweise wieder $f_q = \rho A g$, wobei die Erdbeschleunigung g nun in x_3-Richtung wirkt. $A = A(x_1)$ ist die Querschnittsfläche des Balkens. Für die Normalspannung in x_1-Richtung (alle anderen Spannungen sind Null) hat man das Materialgesetz

$$T_{11} = B\varepsilon_{11}. \qquad (2.41)$$

Hierbei ist

$$B = EI \quad \text{mit} \quad I = \int_A x_3^2 \, dx_2 dx_3$$

die *Biegesteifigkeit* des Balkens. I wird als *axiales Flächenträgheitsmoment* bezeichnet. Im Falle eines rechteckigen Querschnitts mit Breite b und Höhe h gilt beispielsweise

$$I = \int_{-h/2}^{h/2} \int_{-b/2}^{b/2} x_3^2 \, dx_2 dx_3 = \frac{1}{12} bh^3.$$

Schreiben wir $w = u_3$ und $x = x_1$, so erhält man aus der Bewegungsgleichung (2.40) und dem Materialgesetz (2.41) die folgende Differentialgleichung für die gesuchte Auslenkung (Durchbiegung) $w = w(x)$ des Balkens:

$$\frac{\partial^2}{\partial x^2}\left(B\frac{\partial^2 w}{\partial x^2}\right) + f_q = 0\,. \tag{2.42}$$

Bei der Balkengleichung (2.42) hat man es also mit einer gewöhnlichen Differentialgleichung 4. Ordnung zu tun. Dies hat auch Konsequenzen hinsichtlich der vorzugebenden Randbedingungen. Es genügt hier nicht, wie bei Gleichungen 2. Ordnung, jeweils nur eine Bedingung an den Intervallenden vorzuschreiben, sondern es müssen jeweils zwei Bedingungen vorgegeben werden. Bei Problemen des oben betrachteten Typs gilt die Regel, daß die Anzahl der Randbedingungen jeweils halb so groß wie die Ordnung der Differentialgleichung sein muß.

Bezüglich der Kombination der Randbedingungen gibt es verschiedene Möglichkeiten. Man kann jeweils zwei der folgenden Größen vorschreiben: die Auslenkung, deren Ableitung, das Biegemoment

$$M = B\frac{\partial^2 w}{\partial x^2}$$

oder die Querkraft

$$Q = B\frac{\partial^3 w}{\partial x^3}\,.$$

Die Vorgabe der beiden letzteren Größen entspricht den natürlichen Randbedingungen. Ist der Balken beispielsweise am linken Ende $x = 0$ fest eingespannt und am rechten Ende $x = L$ frei hat man die Randbedingungen (s. Abb. 2.9, links)

$$w(0) = 0 \quad \text{und} \quad \frac{\partial w}{\partial x}(0) = 0 \tag{2.43}$$

sowie

$$M(L) = B\frac{\partial^2 w}{\partial x^2}(L) = 0 \quad \text{und} \quad Q(L) = B\frac{\partial^3 w}{\partial x^3}(L) = 0\,. \tag{2.44}$$

Für einen gelenkig gelagerten rechten Rand hätte man (s. Abb. 2.9, rechts):

$$w(L) = 0 \quad \text{und} \quad M(L) = B\frac{\partial^2 w}{\partial x^2}(L) = 0\,.$$

Die potentielle Energie eines schubstarren Balkens ist, beispielsweise bei fest eingespanntem linken Rand und Vorgabe von M und Q am rechten Rand, gegeben durch:

$$P(w) = \frac{B}{2}\int_0^L\left(\frac{\partial^2 w}{\partial x^2}\right)^2\mathrm{d}x - \int_0^L \rho A f_q w\,\mathrm{d}x - w(L)Q_L - \frac{\partial w}{\partial x}(L)M(L)\,. \tag{2.45}$$

Die gesuchte Auslenkung erhält man als Minimum dieser potentiellen Energie über alle Auslenkungen w, die die Randbedingungen (2.43) erfüllen.

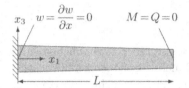
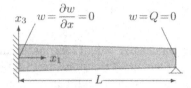

Abb. 2.9. Randbedingungen für Balken mit fest eingespanntem linken Rand und freiem (links) bzw. gelenkig gelagertem (rechts) rechten Rand

2.4.3 Scheiben und Platten

Eine weiterer Spezialfall der allgemeinen Gleichungen der linearen Elastizitätstheorie sind Probleme mit *ebenem Spannungszustand*. Die wesentlichen Annahmen für diesen Fall sind, daß die Verschiebungen, Verzerrungen und Spannungen nur von zwei Raumrichtungen abhängen (z.B. x_1 und x_2) und das Problem zweidimensional behandelt werden kann. Für dünne Scheiben, die nur durch Kräfte in ihrer Ebene belastet ist, sind diese Voraussetzungen beispielsweise in guter Näherung erfüllt (s. Abb. 2.10).

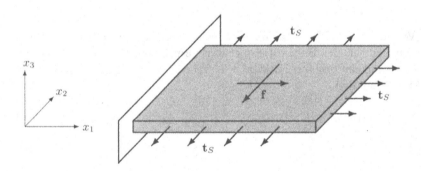

Abb. 2.10. Dünne Scheibe in ebenem Spannungszustand

Bei Problemen mit ebenem Spannungszustand gilt für die Spannungen

$$T_{13} = T_{23} = T_{33} = 0 \, .$$

Für die Verzerrungen in der x_1-x_2-Ebene erhält man aus der allgemeinen Beziehung (2.24):

$$\varepsilon_{11} = \frac{\partial u_1}{\partial x_1}, \quad \varepsilon_{22} = \frac{\partial u_2}{\partial x_2} \quad \text{und} \quad \varepsilon_{12} = \frac{1}{2} \left(\frac{\partial u_1}{\partial x_2} + \frac{\partial u_2}{\partial x_1} \right) .$$

Anstelle von Gl. (2.27) muß für λ die Beziehung

$$\lambda = \frac{E\nu}{1 - \nu^2}$$

verwendet werden (eine Begründung hierfür findet man z.B. in [23]). Damit ergeben sich nach dem Hookesche Gesetz für den ebenen Spannungszustand die folgenden Spannungs-Verzerrungs-Beziehungen (in Matrixschreibweise):

$$\begin{bmatrix} T_{11} \\ T_{22} \\ T_{12} \end{bmatrix} = \frac{E}{1 - \nu^2} \begin{bmatrix} 1 & \nu & 0 \\ \nu & 1 & 0 \\ 0 & 0 & 1 - \nu \end{bmatrix} \begin{bmatrix} \varepsilon_{11} \\ \varepsilon_{22} \\ \varepsilon_{12} \end{bmatrix}. \qquad (2.46)$$

Es sei bemerkt, daß im allgemeinen auch eine Dehnung in x_3-Richtung auftreten kann, welche durch

$$\varepsilon_{33} = -\frac{\nu}{E}(T_{11} + T_{22})$$

gegeben ist.

Aus den Spannungs-Verzerrungs-Beziehungen und den (stationären) Navier-Cauchyschen Gleichungen (2.29) ergibt sich schließlich das folgende System von Differentialgleichungen für die beiden gesuchten Verschiebungen $u_1 = u_1(x_1, x_2)$ und $u_2 = u_2(x_1, x_2)$:

$$(\lambda + \mu) \left(\frac{\partial^2 u_1}{\partial x_1^2} + \frac{\partial^2 u_2}{\partial x_1 \partial x_2} \right) + \mu \left(\frac{\partial^2 u_1}{\partial x_1^2} + \frac{\partial^2 u_1}{\partial x_2^2} \right) + \rho f_1 = 0, \qquad (2.47)$$

$$(\lambda + \mu) \left(\frac{\partial^2 u_1}{\partial x_2 \partial x_1} + \frac{\partial^2 u_2}{\partial x_2^2} \right) + \mu \left(\frac{\partial^2 u_2}{\partial x_1^2} + \frac{\partial^2 u_2}{\partial x_2^2} \right) + \rho f_2 = 0. \qquad (2.48)$$

Ist am Rand die Verschiebung vorgegeben, hat man als Randbedingungen

$$u_1 = u_{S1} \text{ und } u_2 = u_{S2} \text{ auf } S,$$

während man im Falle von vorgegebenen Spannungen die Bedingungen

$$\frac{E}{1 - \nu^2} \left(\frac{\partial u_1}{\partial x_1} + \nu \frac{\partial u_2}{\partial x_2} \right) n_1 + \frac{E}{2(1 + \nu)} \left(\frac{\partial u_1}{\partial x_2} + \frac{\partial u_2}{\partial x_1} \right) n_2 = t_{S1},$$

$$\frac{E}{2(1 + \nu)} \left(\frac{\partial u_1}{\partial x_2} + \frac{\partial u_2}{\partial x_1} \right) n_1 + \frac{E}{1 - \nu^2} \left(\nu \frac{\partial u_1}{\partial x_1} - \frac{\partial u_2}{\partial x_2} \right) n_2 = t_{S2}$$

vorzugeben hat.

Analog zur Vorgehensweise für Scheiben, kann man Problemstellungen für lange Körper, deren Geometrie und Belastung sich in Längsrichtung nicht ändert, ebenfalls auf zwei Raumdimensionen reduzieren (s. Abb. 2.11). Man spricht dann von Problemen mit *ebenem Verzerrungszustand*. Auch in diesem Fall hängen Verschiebungen, Verzerrungen und Spannungen nur von zwei Raumrichtungen ab (dies seien wiederum x_1 und x_2).

Der ebene Verzerrungszustand ist charakterisiert durch

$$\varepsilon_{13} = \varepsilon_{23} = \varepsilon_{33} = 0.$$

Die Normalspannung in x_3-Richtung T_{33} muß in diesem Fall nicht notwendigerweise verschwinden. Als einziger wesentlicher Unterschied zu Scheiben im

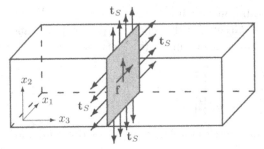

Abb. 2.11. Scheibe in ebenem Verzerrungszustand

ebenen Spannungszustand ergibt sich eine andere Verzerrungs-Spannungs-Relation. Für den ebenen Verzerrungszustand lautet diese (hier muß wieder das ursprüngliche λ aus Gl. (2.27) verwendet werden):

$$
\begin{bmatrix} T_{11} \\ T_{22} \\ T_{12} \end{bmatrix} = \frac{E}{(1+\nu)(1-2\nu)} \begin{bmatrix} 1-\nu & \nu & 0 \\ \nu & 1-\nu & 0 \\ 0 & 0 & 1-2\nu \end{bmatrix} \begin{bmatrix} \varepsilon_{11} \\ \varepsilon_{22} \\ \varepsilon_{12} \end{bmatrix}.
$$

Analog zu den Gl. (2.47) und (2.48) erhält man damit wiederum ein zweidimensionales Differentialgleichungssystem für die gesuchten Verschiebungen.

Die Deformation einer dünnen Platte, welche einer vertikalen Belastung ausgesetzt ist (s. Abb. 2.12), kann unter gewissen Annahmen ebenfalls als zweidimensionales Problem formuliert werden. Die notwendigen Voraussetzungen sind als *Kirchhoffsche Hypothesen* bekannt:

– die Dicke ist klein im Vergleich zu den Abmessungen in den anderen beiden Raumrichtungen,
– die vertikale Durchbiegung u_3 der Mittelfläche und deren Ableitungen sind klein,
– die Normalen zur Mittelebene sind auch nach der Verformung gerade und normal zur Mittelebene
– die Spannungen normal zur Mittelebene können vernachlässigt werden.

Dieser Fall wird als *schubstarre Platte* (oder auch *Kirchhoffsche Platte*) bezeichnet (ein Spezialfall einer allgemeineren Plattentheorie, auf die wir hier nicht eingehen wollen).

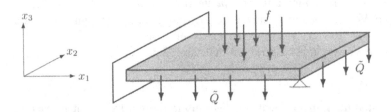

Abb. 2.12. Dünne Platte unter vertikaler Belastung

Für die Verschiebungen hat man unter obigen Voraussetzungen die folgenden Beziehungen:

$$u_1 = -x_3 \frac{\partial u_3}{\partial x_1} \quad \text{und} \quad u_2 = -x_3 \frac{\partial u_3}{\partial x_2} \, . \tag{2.49}$$

Wie im Falle der Scheibe im ebenen Verzerrungszustand, treten nur die Dehnungen x_1- und x_2-Richtung sowie die Schiebung in der x_1-x_2-Ebene auf. Die entsprechenden Komponenten des Verzerrungstensors lauten

$$\varepsilon_{11} = -x_3 \frac{\partial^2 u_3}{\partial x_1^2} \, , \quad \varepsilon_{22} = -x_3 \frac{\partial^2 u_3}{\partial x_2^2} \quad \text{und} \quad \varepsilon_{12} = -x_3 \frac{\partial^2 u_3}{\partial x_1 \partial x_2} \, .$$

Alle anderen Komponenten verschwinden. Für die Spannungen gilt

$$T_{13} = T_{23} = T_{33} = 0 \, .$$

Da angenommen wird, daß die Spannungen normal zur Mittelebene sehr klein gegenüber denen aufgrund der Biegemomente sind und somit vernachlässigt werden können, kann als Spannungs-Verschiebungs-Relation diejenige für den ebenen Spannungszustand, d.h. Gl. (2.46) verwendet werden. Dies ergibt zusammen mit der Bewegungsgleichung, nach Einführung von Schnittgrößen (für Details sei auf die Spezialliteratur verwiesen, z.B. [6]), die folgende Differentialgleichung für die gesuchte Auslenkung $w = w(x_1, x_2)$ (wir schreiben wieder $w = u_3$):

$$K \left(\frac{\partial^4 w}{\partial x_1^4} + 2 \frac{\partial^4 w}{\partial x_1^2 \partial x_2^2} + \frac{\partial^4 w}{\partial x_2^4} \right) = \rho f \, . \tag{2.50}$$

Der Koeffizient

$$K = \frac{E}{1 - \nu^2} \int\limits_{-d/2}^{d/2} x_3^2 \, dx_3 = \frac{E d^3}{12(1 - \nu^2)} \, ,$$

mit der Plattendicke d, wird als *Plattensteifigkeit* bezeichnet. Wie im Falle des Balkens, hat man es also für die Platte mit einer (allerdings partiellen) Differentialgleichung 4. Ordnung zu tun. Diese wird auch als *biharmonische Gleichung* bezeichnet.

Als Randbedingungen für Plattenprobleme hat man beispielsweise an einem fest eingespannten Rand

$$w = 0 \quad \text{und} \quad \frac{\partial w}{\partial x_1} n_1 + \frac{\partial w}{\partial x_2} n_2 = 0 \tag{2.51}$$

und an einem gelenkig gelagerter Rand

$$w = 0 \quad \text{und} \quad \frac{\partial w^2}{\partial x_1^2} + \frac{\partial w^2}{\partial x_2^2} = 0 \, . \tag{2.52}$$

An einem freien Rand müssen das Biegemoment sowie die Summe aus Querkraft und Drillmoment (Ersatzquerkraft) verschwinden (auch hier sei für Details auf die Spezialliteratur, z.B. [6], verwiesen). Die unterschiedlichen Randbedingungen können wieder auf verschiedenen Teilstücken des Randes vorgegeben sein, die zusammen den gesamten Rand S ergeben.

Hat man w mittels der Gleichung (2.50) und den zugehörigen Randbedingungen berechnet, ergeben sich die Verschiebungen u_1 und u_2 aus den Beziehungen (2.49).

2.4.4 Lineare Thermoelastizität

Eine in strukturmechanischen Anwendungen häufig auftretende Problemstellung sind Deformationen, bei denen auch thermische Effekte eine Rolle spielen. Für geometrisch und physikalisch lineare Probleme lassen sich derartige Aufgabenstellungen im Rahmen der *linearen Thermoelastizität* beschreiben. Die entsprechenden Gleichungen erhält man aus dem Impulserhaltungssatz (2.10) und der Energiegleichung (2.13) unter Verwendung der linearisierten Verzerrungs-Verschiebungsgleichungen (geometrisch lineare Theorie) und der Annahme eines einfachen linearen thermo-elastischen Materials (physikalisch lineare Theorie).

Wir wollen kurz die Herleitung der Gleichungen skizzieren (Details findet man z.B. in [1]). Hierzu führen wir zunächst die *spezifische Dissipationsfunktion* ψ ein:

$$\psi = T_{ij}\frac{D\varepsilon_{ji}}{Dt} - \rho\frac{D}{Dt}(e - Ts) + \rho s\frac{DT}{Dt}\,,$$

die ein Maß für die Energiedissipation im Kontinuum ist. Hierbei ist s die *spezifische innere Entropie*. Für ein einfaches thermo-elastisches Material hat man keine Energiedissipation, d.h. es gilt

$$T_{ij}\frac{D\varepsilon_{ji}}{Dt} - \rho\frac{D}{Dt}(e - Ts) + \rho s\frac{DT}{Dt} = 0\,. \tag{2.53}$$

Zusammen mit der Energieerhaltungsgleichung (2.13) folgt aus Gl. (2.53)

$$T\rho\frac{Ds}{Dt} = \frac{\partial h_i}{\partial x_i} + \rho q\,.$$

Unter Annahme der Gültigkeit des Fourierschen Gesetzes

$$h_i = -\kappa\frac{\partial T}{\partial x_i}$$

ergibt sich hieraus:

$$T\rho\frac{Ds}{Dt} = -\frac{\partial}{\partial x_i}\left(\kappa\frac{\partial T}{\partial x_i}\right) + \rho q\,. \tag{2.54}$$

Unter der Voraussetzung kleiner Temperaturänderungen kann man an dieser Stelle eine Linearisierung einführen, d.h. man betrachtet die Temperaturabweichung $\theta = T - \bar{T}$ von einer (mittleren) Referenztemperatur $\bar{T}$. Für ein einfaches lineares thermo-elastisches Material hat man dann weiterhin die Konstitutivgleichungen

$$T_{ij} = (\lambda \varepsilon_{kk} - \alpha\theta)\,\delta_{ij} + 2\mu\varepsilon_{ij}\,, \tag{2.55}$$

$$\rho s = \alpha\varepsilon_{ii} + c_p\theta \tag{2.56}$$

für den Spannungstensor (*Duhamel-Neumannsche Gleichung*) und für die Entropie. Hierbei ist α der Wärmeausdehnungskoeffizient. Die Materialgleichungen (2.55) und (2.56) stellen lineare Beziehungen zwischen den Spannungen, den Verzerrungen, der Temperatur und der Entropie her.

Zusammen mit der Impulserhaltungsgleichung (2.25) erhält man schließlich aus den Gl. (2.54), (2.55) und (2.56) das folgende Differentialgleichungssystem für die Verschiebungen u_i und die Temperaturänderung θ:

$$\rho\frac{D^2 u_i}{Dt^2} + \alpha\frac{\partial\theta}{\partial x_i} - (\lambda + \mu)\frac{\partial^2 u_j}{\partial x_i \partial x_j} - \mu\frac{\partial^2 u_i}{\partial x_j \partial x_j} = \rho f_i\,, \tag{2.57}$$

$$-\frac{\partial}{\partial x_i}\left(\kappa\frac{\partial\theta}{\partial x_i}\right) + c_p\bar{T}\frac{D\theta}{Dt} + \alpha\bar{T}\frac{D\varepsilon_{kk}}{Dt} = \rho q\,. \tag{2.58}$$

Für stationäre Probleme vereinfachen sich die Gleichungen zu:

$$\alpha\frac{\partial\theta}{\partial x_i} - (\lambda + \mu)\frac{\partial^2 u_j}{\partial x_i \partial x_j} - \mu\frac{\partial^2 u_i}{\partial x_j \partial x_j} = \rho f_i\,, \tag{2.59}$$

$$-\frac{\partial}{\partial x_i}\left(\kappa\frac{\partial\theta}{\partial x_i}\right) = \rho q\,. \tag{2.60}$$

Die Randbedingungen für die Verschiebungen sind analog zu denjenigen der linearen Elastizitätstheorie (s. Abschn. 2.4.1). Für die Temperaturänderungen können die gleichen Bedingungen, die wir für Wärmetransportprobleme angegeben haben, vorgegeben werden (s. Abschn. 2.3.2).

Ein Beispiel für ein thermoelastisches Problem (im ebenen Verzerrungszustand) betrachten wir eine Rohrwand, welche mit einer festen Isolierung umgeben ist und von innen mit einer Temperatur θ_F und einer Spannung t_{Fi} beaufschlagt wird (z.B. durch ein heißes Fluid). Abbildung 2.13 zeigt die Problemkonfiguration mit den zugehörigen Randbedingungen.

Die Gleichungen der linearen Elastizitätstheorie aus Abschn. 2.4.1 kann man als Spezialfall der linearen Thermoelastizität ansehen, wenn man annimmt, daß Wärmeänderungen so langsam ablaufen, so daß sie keine Trägheitskräfte bewirken. Für die in den vorangegangenen Abschnitten betrachteten Spezialfälle der linearen Elastizitätstheorie lassen sich im Rahmen der linearen Thermoelastizität Gleichungen angeben, die eine Berücksichtigung thermischer Effekte für die entsprechenden Problemklassen erlauben.

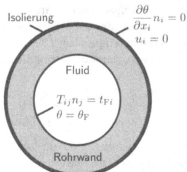

Abb. 2.13. Beispiel für ein thermoelastisches Problem ebenen Verzerrungszustand

2.4.5 Hyperelastizität

Als Beispiel für eine geometrisch und physikalisch nichtlineare Theorie, wollen wir die Gleichungen für hyperelastische Materialien angeben. Dieses Beispiel dient vor allem dazu, zu illustrieren, welch große Komplexität strukturmechanische Gleichungen annehmen können, wenn nichtlineare Effekte auftreten. Die praktische Bedeutung der Hyperelastizität liegt hauptsächlich darin, daß sich damit große Deformationen gummiartiger Materialien gut beschreiben lassen. Als Beispiel ist in Abb. 2.14 eine entsprechende Deformation eines quaderförmigen Gummiblocks unter Kompression dargestellt.

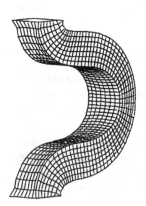

Abb. 2.14. Deformation eines Gummiblocks unter Kompression

Ein hyperelastisches Material ist dadurch charakterisiert, daß sich die Spannungen als Ableitungen einer *Verzerrungsenergiedichtefunktion* W nach dem Defomationsgradienten $F_{ij} = \partial x_i / \partial a_j$ darstellen lassen:

$$T_{ij} = T_{ij}(\mathbf{F}) = \frac{\partial W}{\partial F_{ij}}(\mathbf{F}).$$

Man hat dann eine Konstitutivgleichung für den 2. Piolaschen Spannungstensor der Form

$$P_{ij} = \rho_0(\gamma_1 \delta_{ij} + \gamma_2 G_{ij} + \gamma_3 G_{ik} G_{kj}) \qquad (2.61)$$

mit dem Green-Lagrangeschen Verzerrungstensor

$$G_{ij} = \frac{1}{2}\left(\frac{\partial u_i}{\partial a_j} + \frac{\partial u_j}{\partial a_i} + \frac{\partial u_k}{\partial a_i}\frac{\partial u_k}{\partial a_j}\right). \qquad (2.62)$$

Die Koeffizienten γ_1, γ_2 und γ_3 sind hierbei Funktionen der Invarianten von **G** (s. z.B. [1]), d.h. sie hängen in komplizierter (nichtlinearer) Weise von den Ableitungen der Verschiebungen ab.

Die Beziehungen (2.61) und (2.62) ergeben zusammen mit der Impulserhaltungsgleichung in Lagrangescher Darstellung

$$\rho_0 \frac{D^2 x_i}{Dt^2} = \frac{\partial}{\partial a_j}\left(\frac{\partial x_i}{\partial a_k}P_{kj}\right) + \rho_0 f_i$$

das Differentialgleichungssystem für die gesuchten Deformationen x_i oder die Verschiebungen $u_i = x_i - a_i$. Als Verschiebungsrandbedingungen hat man wieder

$$u_i = u_{Si}$$

und Spannungsrandbedingungen sind von der Form

$$\frac{\partial x_i}{\partial a_k}P_{kj}n_j = t_{Si}.$$

Für das in Abb. 2.14 dargestellte Problem sind beispielsweise am oberen und unteren Rand die Verschiebungen und an den seitlichen (freien) Rändern die Spannungen $t_{Si} = 0$ vorgegeben.

Im Falle der Hyperelastizität hat man es also mit einem sehr komplexen nichtlinearen System von Differentialgleichungen mit in der Regel ebenfalls nichtlinearen Randbedingungen zu tun.

2.5 Strömungsmechanische Probleme

Bei strömungsmechanischen Problemstellungen geht es generell darum, das Verhalten von Fluiden (Flüssigkeiten oder Gase) zu charakterisieren, eventuell unter zusätzlicher Berücksichtigung von Wärme- und Stofftransportvorgängen. Zur Beschreibung strömungsmechanischer Probleme wird in der Regel die Eulersche Betrachtungsweise verwendet, da man meist an den Eigenschaften der Strömung an bestimmten Stellen im Strömungsgebiet interessiert ist.

Wir beschränken uns hier auf den Fall linear-viskoser isotroper Fluide, die man als *Newtonsche Fluide* bezeichnet. Diese sind für die praktische Anwendung mit Abstand die wichtigsten. Newtonsche Fluide sind durch das folgende Materialgesetz für den Cauchyschen Spannungstensor **T** charakterisiert:

$$T_{ij} = \mu \left(\frac{\partial v_i}{\partial x_j} + \frac{\partial v_j}{\partial x_i} - \frac{2}{3} \frac{\partial v_k}{\partial x_k} \delta_{ij} \right) - p \delta_{ij} \tag{2.63}$$

mit dem *Druck p* und der *dynamischen Viskosität* μ.

Die Erhaltungssätzen für Masse, Impuls und innere Energie lauten damit:

$$\frac{\partial \rho}{\partial t} + \frac{\partial (\rho v_i)}{\partial x_i} = 0, \tag{2.64}$$

$$\frac{\partial (\rho v_i)}{\partial t} + \frac{\partial (\rho v_i v_j)}{\partial x_j} = \frac{\partial}{\partial x_j} \left[\mu \left(\frac{\partial v_i}{\partial x_j} + \frac{\partial v_j}{\partial x_i} - \frac{2}{3} \frac{\partial v_k}{\partial x_k} \delta_{ij} \right) \right] \tag{2.65}$$

$$- \frac{\partial p}{\partial x_i} + \rho f_i,$$

$$\frac{\partial (\rho e)}{\partial t} + \frac{\partial (\rho v_i e)}{\partial x_i} = \mu \left[\frac{\partial v_i}{\partial x_j} \left(\frac{\partial v_i}{\partial x_j} + \frac{\partial v_j}{\partial x_i} \right) - \frac{2}{3} \left(\frac{\partial v_i}{\partial x_i} \right)^2 \right] \tag{2.66}$$

$$- p \frac{\partial v_i}{\partial x_i} + \frac{\partial}{\partial x_i} \left(\kappa \frac{\partial T}{\partial x_i} \right) + \rho q,$$

wobei in der Energiebilanz (2.66) wieder das Fouriersche Gesetz (2.19) verwendet wurde. Gl. (2.65) bezeichnet man als *(kompressible) Navier-Stokessche Gleichung*. Oft wird auch das ganze Gleichungssystem (2.64)-(2.66) so bezeichnet. Die Unbekannten sind der Geschwindigkeitsvektor **v**, der Druck p, die Temperatur T, die Dichte ρ und die innere Energie e. Man hat also 7 Unbekannte und nur 5 Gleichungen. Das System muß daher durch zwei Zustandsgleichungen der Form

$$p = p(\rho, T) \quad \text{und} \quad e = e(\rho, T)$$

vervollständigt werden, die die thermodynamischen Eigenschaften des Fluids definieren. Man bezeichnet diese als *thermische* bzw. *kalorische Zustandsgleichung*. In vielen Fällen kann das Fluid als ein *ideales Gas* angesehen werden. Die thermische Zustandsgleichung lautet in diesem Fall:

$$p = \rho R T \tag{2.67}$$

mit der *stoffspezifischen Gaskonstante R* des Fluids. Die innere Energie ist in diesem Fall nur eine Funktion der Temperatur, so daß man eine kalorische Zustandsgleichung der Form $e = e(T)$ hat. Für ein *kalorisch ideales Gas* hat man beispielsweise

$$e = c_v T$$

mit konstanter spezifischer Wärmekapazität c_v (bei konstantem Volumen).

Oftmals ist es auch bei Strömungsproblemen nicht nötig, das Gleichungssystem in der oben angegebenen allgemeinsten Form zu lösen, d.h. es können zusätzliche Annahmen gemacht werden, die das System weiter vereinfachen. Die für praktische Anwendungen wichtigsten Annahmen sind die der *Inkompressibilität* und der *Reibungsfreiheit*, auf die wir daher nachfolgend etwas näher eingehen werden.

2.5.1 Inkompressible Strömungen

In vielen Anwendungen kann man das Fluid als näherungsweise volumenbeständig betrachten, was aufgrund der Massenerhaltungsgleichung gleichbedeutend mit der Divergenzfreiheit $\partial v_i / \partial x_i = 0$ des Geschwindigkeitsvektors ist (vgl. Abschn. 2.2.1). Man spricht daher in diesem Fall von einer *inkompressiblen Strömung*. Als Kriterium für die Zulässigkeit dieser Näherung wird normalerweise unter anderem verlangt, daß die *Mach-Zahl*

$$\text{Ma} = \frac{\bar{v}}{a}$$

kleiner als 0,3 ist. Hierbei ist $\bar{v}$ eine charakteristische Strömungsgeschwindigkeit des Problems und a die Schallgeschindigkeit im betreffenden Medium. Flüssigkeitsströmungen können in den meisten Anwendungsfällen als inkompressibel betrachtet werden, aber auch für viele Gasströmungen, die in der Praxis auftreten, ist diese Näherung zulässig.

Bei inkompressiblen Strömungen verschwindet der Divergenzterm im Materialgesetz (2.63), d.h. für den Spannungstensor gilt:

$$T_{ij} = \mu \left(\frac{\partial v_i}{\partial x_j} + \frac{\partial v_j}{\partial x_i} \right) - p\delta_{ij}. \tag{2.68}$$

Die Erhaltungsgleichungen für Masse, Impuls und Energie lauten:

$$\frac{\partial v_i}{\partial x_i} = 0, \tag{2.69}$$

$$\frac{\partial(\rho v_i)}{\partial t} + \frac{\partial(\rho v_i v_j)}{\partial x_j} = \frac{\partial}{\partial x_j} \left[\mu \left(\frac{\partial v_i}{\partial x_j} + \frac{\partial v_j}{\partial x_i} \right) \right] - \frac{\partial p}{\partial x_i} + \rho f_i, \tag{2.70}$$

$$\frac{\partial(\rho e)}{\partial t} + \frac{\partial(\rho v_i e)}{\partial x_i} = \mu \frac{\partial v_i}{\partial x_j} \left(\frac{\partial v_i}{\partial x_j} + \frac{\partial v_j}{\partial x_i} \right) + \frac{\partial}{\partial x_i} \left(\kappa \frac{\partial T}{\partial x_i} \right) + \rho q. \tag{2.71}$$

Man erkennt, daß für isotherme Vorgänge im inkompressiblen Fall die Energiegleichung nicht berücksichtigt werden muß.

Vernachlässigt man die durch den Druck- und Reibungskräfte geleistete Arbeit und nimmt ferner an, daß die spezifische Wärme konstant ist (diese Annahmen sind in vielen Fällen zulässig), so vereinfacht sich die Energiegleichung zu einer Transportgleichung für die Temperatur:

$$\frac{\partial(\rho c_p T)}{\partial t} + \frac{\partial(\rho c_p v_i T)}{\partial x_i} = \frac{\partial}{\partial x_i} \left(\kappa \frac{\partial T}{\partial x_i} \right) + \rho q.$$

Dies ist wieder die Transportgleichung, die wir bereits in Abschn. 2.3.2 im Zusammenhang mit skalaren Wärmetransportproblemen kennengelernt haben.

Das Gleichungssystem (2.69)-(2.71) muß noch durch Randbedingungen und, im instationären Fall, durch Anfangsbedingungen ergänzt werden. Für die Temperatur können die gleichen Bedingungen vorgegeben werden, die wir bereits in Abschn. 2.3.2 für Wärmetransportprobleme angegeben haben. Als Randbedingungen für die Geschwindigkeit können beispielsweise die Geschwindigkeitskomponenten explizit vorgegeben werden:

$$v_i = v_{Si} \, .$$

Hierbei kann $\mathbf{v}_S$ ein bekanntes Geschwindigkeitsprofil an einem Einstromrand sein oder, im Falle einer Wand, wo eine Haftbedingung gilt, eine vorgegebene Wandgeschwindigkeit (alle Komponenten gleich Null bei ruhender Wand). Zu beachten ist, daß die Geschwindigkeiten nicht völlig beliebig auf dem gesamten Rand S des Problemgebiets vorgegeben werden können, da das Gleichungssystem (2.69)-(2.71) nur dann eine Lösung besitzt, wenn die Bilanz

$$\int\limits_S v_{Si} n_i \, \mathrm{d}S = 0$$

erfüllt ist. Dies bedeutet, daß über den Rand genauso viel Masse in das Problemgebiet hinein- wie herausströmt, was natürlich für ein „vernünftig" formuliertes Problem physikalisch sinnvoll ist. An einem Ausstromrand, wo man die Geschwindigkeit normalerweise nicht kennt, kann eine verschwindende Normalableitung für die Geschwindigkeitskomponenten vorgegeben werden.

Sind an einem Randstück Bedingungen für die Geschwindigkeit vorgegeben, so können dort keine zusätzlichen Bedingungen für den Druck vorgegeben werden. Diese sind dann bereits durch die Differentialgleichungen und die Geschwindigkeitsrandbedingungen festgelegt. Der Druck ist dann nur bis auf eine additive Konstante eindeutig bestimmt (es treten nur Ableitungen des Drucks auf) und kann durch *eine* zusätzliche Bedingung eindeutig festgelegt werden, z.B. durch Vorgabe des Druckes in einem bestimmten Punkt des Problemgebiets oder durch eine integrale Beziehung.

In Abschn. 10.4 werden wir noch etwas genauer auf die verschiedenen Geschwindigkeitsrandbedingungen eingehen. Beispiele für inkompressible Strömungsprobleme sind in Abschn. 6.4 und 11.1.5 angegeben.

2.5.2 Reibungsfreie Strömungen

Das Verhältnis von Trägheits- und Zähigkeitskräften in einer Strömung wird durch die *Reynolds-Zahl*

$$\mathrm{Re} = \frac{\bar{v}L\rho}{\mu}$$

ausgedrückt, wobei $\bar{v}$ wieder eine charakteristische Strömungsgeschwindigkeit und L eine charakteristische Länge des Problems bezeichnen. Die Annahme der Reibungsfreiheit kann bei „großen" Reynolds-Zahlen (z.B. Re $\approx 10^7$) getroffen werden. Fern von festen Oberflächen erhält man damit eine gute Näherung, da dort der Einfluß der Viskosität sehr gering ist. Man verwendet diese Annahme häufig für kompressible Strömungen bei hohen Mach-Zahlen (z.B. bei der Umströmung von Flugzeugen oder bei Strömungen in Turbomaschinen).

Die Vernachlässigung der Reibung zieht automatisch auch die Vernachlässigung der Wärmeleitung nach sich (Wärmequellen werden ebenfalls vernachlässigt). Im reibungsfreien Fall lauten damit die Erhaltungsgleichungen für Masse, Impuls und Energie:

$$\frac{\partial \rho}{\partial t} + \frac{\partial (\rho v_i)}{\partial x_i} \;=\; 0\,, \tag{2.72}$$

$$\frac{\partial (\rho v_i)}{\partial t} + \frac{\partial (\rho v_i v_j)}{\partial x_j} \;=\; -\frac{\partial p}{\partial x_i} + \rho f_i\,, \tag{2.73}$$

$$\frac{\partial (\rho e)}{\partial t} + \frac{\partial (\rho v_i e)}{\partial x_i} \;=\; -p\frac{\partial v_i}{\partial x_i}\,. \tag{2.74}$$

Dieses Gleichungssytem bezeichnet man als *Eulersche Gleichungen*. Zur Vervollständigung des Gleichungssytems benötigt man noch eine Zustandsgleichung, die die thermodynamischen Eigenschaften des Fluids charakterisiert. Für ein ideales Gas hat man beispielsweise:

$$p = R\rho e/c_v\,.$$

Es sei bemerkt, daß die Vernachlässigung der Reibungsterme einen drastischen Wechsel in der mathematischen Formulierung bedeutet, da alle zweiten Ableitungen verschwinden und damit das Gleichungssystem von einem anderen Typ ist. Dies muß natürlich auch bei den numerischen Lösungsverfahren berücksichtigt werden. Auch die zulässigen Randbedingungen ändern sich, da für ein System erster Ordnung weniger Randbedingungen vorgegeben werden können. Beispielsweise kann an einer Wand nur die Normalkomponente der Geschwindigkeit vorgegeben werden, die Tangentialkomponente ergibt sich dann automatisch. Für Details zu dieser Thematik sei auf [13] verwiesen.

Die weitere Annahme der Rotationsfreiheit führt für reibungsfreie Strömungen auf die Potentialgleichung, die wir bereits in Abschn. 2.3.1 eingeführt haben.

Übungsaufgaben zu Kap. 2

Übung 2.1. Gegeben sei die Deformation

$$\mathbf{x}(\mathbf{a}, t) = (a_1/4, e^t(a_2+a_3) + e^{-t}(a_2-a_3), e^t(a_2+a_3) - e^{-t}(a_2-a_3))\,.$$

(i) Zeige, daß für die Bewegungsgleichung $\mathbf{x} = \mathbf{x}(\mathbf{a}, t)$ die Jacobi-Determinante von Null verschieden ist und formuliere die Gleichung $\mathbf{a} = \mathbf{a}(\mathbf{x}, t)$. (ii) Bestimme die Verschiebungen und Geschwindigkeitskomponenten in Eulerscher und Lagrangescher Betrachtungsweise. (iii) Berechne den Green-Lagrangeschen und den Green-Cauchyschen Verzerrungstensor.

Übung 2.2. Zeige, daß die Drehimpulsbilanz (2.11) durch die Symmetrie des Cauchyschen Spannungstensors ausgedrückt werden kann (s. Abschn. 2.2.3).

Übung 2.3. Leite aus der integralen Bilanzgleichung (2.12) die differentielle Form (2.13) des Energieerhaltungssatzes her (s. Abschn. 2.2.4).

3 Diskretisierung des Problemgebiets

Liegt das mathematische Modell zur Beschreibung des zu berechnenden Problems in Form von Differential- oder Integralgleichungen mit den zugehörigen Rand- und/oder Anfangsbedingungen fest, besteht der nächste Schritt bei der Anwendung eines numerischen Berechnungsverfahrens darin, das kontinuierliche Gebiet (Raum und Zeit) durch eine endliche Anzahl von Teilgebieten zu approximieren, in denen dann numerische Werte der unbekannten Variablen bestimmt werden. Die diskreten Stellen werden üblicherweise in Form eines Gitters über das Lösungsgebiet verteilt, so daß die räumliche Diskretisierung des Problemgebiets oft auch als *Gittergenerierung* bezeichnet wird. Die Gittergenerierung kann bei praktischen Anwendungen, bei denen man es häufig mit sehr komplexen Geometrien zu tun hat (z.B. Flugzeug, Motorblock, Turbine,...), eine sehr zeitintensive Aufgabe darstellen. Für die praktische Anwendung ist neben der Frage der effizienten Erzeugung insbesondere auch die Struktur der Gitter von Bedeutung. Wir werden in diesem Kapitel auf die in diesem Zusammenhang wichtigsten Aspekte eingehen.

Aus Gründen der einfacheren Darstellung werden wir uns bei den Betrachtungen weitgehend auf den zweidimensionalen Fall beschränken. Die Methoden sind jedoch, falls nichts Gegenteiliges bemerkt ist, in der Regel ohne größere prinzipielle Schwierigkeiten auf den dreidimensionalen Fall übertragbar (jedoch meist mit einem stark erhöhtem „technischen" Aufwand).

3.1 Beschreibung der Problemgeometrie

Ein wichtiger Aspekt bei der Anwendung eines Berechnungsverfahrens auf ein konkretes Problem, welcher noch vor der eigentlichen Gittererzeugung in Betracht gezogen werden muß, ist die Schnittstelle des Berechnungsprogramms zur Problemgeometrie, d.h. wie wird diese eindeutig definiert und wie werden die Geometriedaten konkret im Rechner dargestellt. Für komplexe dreidimensionale Anwendungen ist dies durchaus kein triviales Problem. Es würde an dieser Stelle zu weit führen detaillierter auf diese Problematik einzugehen, doch sollen einige wichtige grundlegenden Ideen zumindest kurz angedeutet werden. Ausführliche Informationen zu diesem Thema findet man in der einschlägigen CAD-Literatur (beispielsweise in [7]).

In der Praxis liegen die Geometrieinformationen meist in einem standardisierten Datenformat vor, welches mit einem CAD-System erzeugt wurde (z.B. IGES, STEP,...) und die Schnittstelle zum Gittererzeugungsprogramm bildet. Zur Geometriebeschreibung werden hierbei vorwiegend die folgenden Techniken benutzt:

– Volumenmodellierung,
– Randmodellierung.

Die Volumenmodellierung basiert im wesentlichen auf der Definition einer Reihe von einfachen Objekten (z.B. Quader, Zylinder, Kugel,...), welche durch Boolsche Operationen miteinander verknüpft werden können. So kann beispielsweise ein Quadrat mit einem kreisförmigen Loch durch die Boolsche Summe des Quadrats und dem negativen einer Kreisscheibe dargestellt werden (s. Abb. 3.1). In der Praxis ist die Volumenmodellierung momentan noch nicht sehr weit verbreitet.

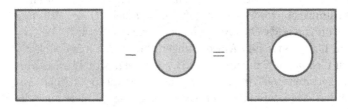

Abb. 3.1. Volumenmodellierung eines zweidimensionalen Problemgebiets

Die am häufigsten verwendete Geometriebeschreibung ist die Darstellung über Randflächen (im dreidimensionalen Fall) bzw. Randkurven (im zweidimensionalen Fall). Eine solche Beschreibung besteht aus einer Zusammensetzung gekrümmter Oberflächen bzw. Kurven mit denen der Rand des Problemgebiets dargestellt wird (s. Abb. 3.2). Man spricht hierbei von einer Randrepräsentation des Gebiets.

Gekrümmte Kurven werden in der Regel durch mehrdimensionale *B-Spline-Funktionen* oder durch *Bezier-Kurven* dargestellt. Eine Bezier-Kurve $\mathbf{x} = \mathbf{x}(s)$ vom Grade n über dem Parameterbereich $a \leq s \leq b$ ist beispielsweise definiert durch

$$\mathbf{x}(s) = \sum_{i=0}^{n} \mathbf{b}_i B_i^n(s) \tag{3.1}$$

mit den $n+1$ *Kontrollpunkten* (oder *Bezier-Punkten*) $\mathbf{b}_i$ und den sogenannten *Bernstein-Polynomen*

$$B_i^n(s) = \frac{1}{(b-a)^n} \binom{n}{i} (s-a)^i (b-s)^{n-i}.$$

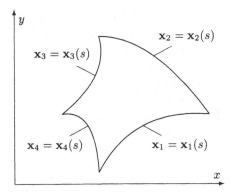

Abb. 3.2. Randmodellierung eines zweidimensionalen Problemgebiets

In Abb. 3.3 ist als Beispiel eine Bezier-Kurve der Ordnung 4 mit den zugehörigen Kontrollpunkten dargestellt.

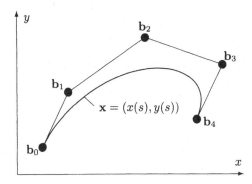

Abb. 3.3. Bezier-Kurve der Ordnung 4 mit Kontrollpunkten

Die Punkte auf einer Bezier-Kurve lassen sich in numerisch stabiler Weise mittels eines relativ einfachen (rekursiven) Algorithmus (*de Casteljau-Algorithmus*) aus den vorgegebenen Kontrollpunkten ermitteln. Ferner besitzen derartige Kurvendarstellungen eine Reihe sehr nützlicher Eigenschaften für die geometrische Datenverarbeitung, auf die wir hier jedoch nicht näher eingehen wollen (s. z.B. [7]).

Analog zu Gl. (3.1) lassen sich durch einfache Tensorproduktbildung auch *Bezier-Flächen* $\mathbf{x} = \mathbf{x}(s,t)$ definieren:

$$\mathbf{x}(s,t) = \sum_{i=0}^{n} \sum_{k=0}^{m} \mathbf{b}_{i,k} B_i^n(s) B_k^m(t) \tag{3.2}$$

mit einem zweidimensionalen (rechteckigen) Parameterbereich $a_1 \leq s \leq b_1$, $a_2 \leq t \leq b_2$.

Da dies in der Praxis oft Probleme bereitet, sei erwähnt, daß die aus CAD-Systemen resultierenden Randdarstellungen häufig Lücken, Unstetigkeiten oder Überlappungen zwischen benachbarten Oberflächen bzw. Kurven aufweisen. Oftmals ist es auf der Basis einer solcher Darstellung nicht möglich ein „vernünftiges" Oberflächengitter zu generieren. Es ist dann nötig die Eingabegeometrie zunächst geeignet zu modifizieren (s. Abb. 3.4), wofür kommerzielle Gittergeneratoren meist spezielle Hilfen anbieten. Oberflächendarstellungen der Form (3.2) bilden für eine solche Korrektur eine gute Grundlage, da es damit relativ einfach ist, glatte Übergänge (Stetigkeit der 1. und 2. Ableitungen) zwischen benachbarten Flächenstücken zu erreichen (durch einfache Bedingungen für Kontrollpunkte in der Nähe des Randes).

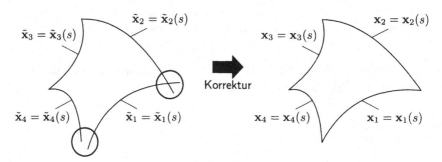

Abb. 3.4. Beispiel zur Problematik ungenauer Randdarstellungen aus CAD-Systemen und deren Korrektur

3.2 Numerische Gitter

Alle Diskretisierungsmethoden, die in den folgenden Kapiteln besprochen werden, erfordern zunächst eine Diskretisierung des räumlichen Problemgebiets. Diese erfolgt in der Regel durch die Definition einer geeigneten Gitterstruktur, welche das Gebiet überdeckt. In der Praxis ist diese Gittererzeugung für komplexere Problemgeometrien oftmals der aufwendigste Teil einer numerischen Untersuchung. Es gilt hierbei einerseits die Geometrie möglichst exakt zu modellieren und andererseits ein „gutes" Gitter im Hinblick auf eine effiziente Berechnung zu erzeugen. Hierbei ist zu berücksichtigen, daß eine enge Wechselwirkung zwischen der Geometriediskretisierung, der Diskretisierung der Gleichungen und dem Lösungsverfahren besteht (s. hierzu auch die Eigenschaften der Diskretisierungsmethoden in Abschn. 8.1).

Grundsätzlich kann der Zusammenhang zwischen dem numerischen Lösungsverfahren und der Gitterstruktur folgendendermaßen charakterisiert werden:

Je regelmäßiger ein Gitter ist, desto effizienter sind die Lösungsalgorithmen für die Berechnung, desto unflexibler ist es aber im Hinblick auf die Modellierung komplexer Geometrien.

In der Praxis ist es notwendig, hier einen vernünftigen Kompromiß zu finden, wobei zusätzlich auch die Frage nach der erforderlichen Genauigkeit der Berechnung eine Rolle spielt. Außerdem sollte sich der Rechenaufwand zur Bestimmung des Gitters (im Vergleich zur eigentlichen Berechnung) in einem vertretbaren Rahmen bewegen. Letzteres gilt insbesondere, wenn es beispielsweise aufgrund eines zeitlich veränderlichen Problemgebiets erforderlich ist, das Gitter während der Berechnung mehrfach zu modifizieren bzw. vollständig neu zu bestimmen.

Wir werden in den nächsten Abschnitten auf eine Reihe von Fragen im Zusammenhang mit der Erzeugung numerischer Gitter eingehen, die insbesondere im Hinblick auf die oben erwähnten Gesichtspunkte für die praktische Anwendung von Bedeutung sind.

3.2.1 Gittertypen

Der Typ eines Gitters steht in enger Wechselwirkung mit dem für die Berechnung verwendeten Diskretisierungs- und Lösungsverfahren. Es lassen sich eine Reihe verschiedener Unterscheidungsmerkmale der Gitter ausmachen, denen in diesem Zusammenhang eine Bedeutung zukommt.

Neben der Unterscheidung nach der Topologie der Gitterzellen (meist Dreiecke oder Vierecke bzw. Tetraeder, Hexaeder oder Prismen, seltener allgemeinere Polygone bzw. Polyeder), welche auch krummlinige Berandungen aufweisen können, kann man bei numerischen Gittern zunächst generell die folgenden Typen unterscheiden:

- randangepaßte Gitter,
- kartesische Gitter,
- überlappende Gitter.

Die charakteristischen Merkmale und Unterschiede dieser drei Gittertypen sind in Abb. 3.5 verdeutlicht.

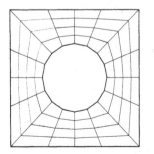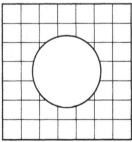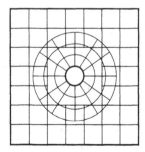

Abb. 3.5. Beispiel für ein randangepaßtes Gitter (links), ein kartesisches Gitter (mitte) und ein überlappendes (Chimera-)Gitter (rechts)

Randangepaßte Gitter sind dadurch charakterisiert, daß der Rand des Problemgebiets durch Gitterlinien approximiert wird (Randintegrität). Bei kartesischen Gittern wird das Problemgebiet durch ein reguläres Gitter überdeckt, so daß am Rand irreguläre Gitterzellen auftreten können, die einer speziellen Behandlung bedürfen. Bei überlappenden Gittern, die auch unter dem Namen *Chimera-Gitter* bekannt sind, werden unterschiedliche Bereiche des Problemgebiets weitgehend unabhängig voneinander diskretisiert, und an den Schnittstellen der Bereiche werden Überlappungszonen zugelassen, die ebenfalls speziell behandelt werden müssen.

Kartesische und überlappende Gitter sind nur für sehr spezielle Anwendungen (insbesondere im Bereich der Strömungsmechanik) von Interesse, und ihre Anwendung ist wenig verbreitet. Wir werden unsere Betrachtungen daher im folgenden auf den Fall randangepaßter Gitter beschränken.

3.2.2 Gitterstruktur

Ein für die praktische Anwendung sehr wichtiges Unterscheidungsmerkmal numerischer Gitter ist die (logische) Anordnung der Gitterzellen. Generell lassen sich die in der Praxis verwendeten Gitter diesbezüglich in zwei Klassen unterteilen:

- strukturierte Gitter,
- unstrukturierte Gitter.

In den Abb. 3.6 und 3.7 sind Beispiele für Gitter beider Klassen dargestellt.

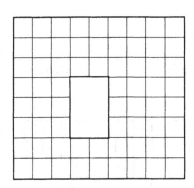 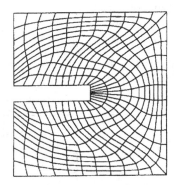

Abb. 3.6. Beispiele strukturierter Gitter

Strukturierte Gitter sind durch eine regelmäßige Anordnung der Gitterpunkte charakterisiert. Diese Gitter können dabei durchaus krummlinig sein, logisch sind sie jedoch rechteckig (bzw. quaderförmig im dreidimensionalen Fall). Dies bedeutet, daß es Richtungen gibt, entlang derer die Anzahl der Gitterpunkte gleich ist, wobei allerdings bestimmte Bereiche (Hindernisse) durch eine Maskierung „ausgeblendet" sein können (vgl. linkes Gitter in Abb 3.6).

Abb. 3.7. Beispiel eines unstrukturierten Gitters

Die regelmäßige Anordnung hat zur Folge, daß die Nachbarschaftsbeziehungen zwischen den Gitterpunkten stets einem festen Muster folgen und damit programmtechnisch relativ einfach umgesetzt werden können. Es müssen nur die Koordinaten der Gitterpunkte gespeichert werden, die Identität der Nachbarpunkte, welche für die Diskretisierung benötigt werden, ist durch die Gitterstruktur eindeutig festgelegt.

Bei unstrukturierten Gittern existiert im allgemeinen keinerlei Regelmäßigkeit in der Anordnung der Gitterpunkte. Die Möglichkeit die Gitterzellen unregelmäßig über das Problemgebiet zu verteilen, ermöglicht die größtmögliche Flexibilität zur Modellierung der Problemgeometrie, und die Gitterzellen können optimal an die Ränder des Problemgebiets angepaßt werden. Neben den Koordinaten der Gitterpunkte, müssen für derartige Gitter auch die Nachbarschaftsbeziehungen zu benachbarten Gitterzellen mittels aufwendigerer Datenstrukturen gespeichert werden.

In Tabelle 3.1 sind die wichtigsten Vor- und Nachteile strukturierter und unstrukturierter Gitter zusammengestellt. Eine einfache Schlußfolgerung für die praktische Anwendung hieraus ist, daß man zunächst versuchen sollte, das Gitter möglichst strukturiert zu wählen. Abweichungen von dieser Struktur sollten nur dann eingeführt werden, wenn dies aufgrund der Problemgeometrie erforderlich ist, um die Gitterqualität nicht zu schlecht werden zu lassen (s. Abschn. 8.3). Letzteres muß eventuell auch im Zusammenspiel mit einer aus Genauigkeitsgründen notwendigen lokalen Gitterverfeinerung gesehen werden, welche sich für unstrukturierte Gitter vergleichsweise einfach realisieren läßt (bei strukturierten Gittern ist man hier stark eingeschränkt, will man die Struktur beibehalten).

Oftmals wird die Gitterstruktur mit der Form der Gitterzellen in Verbindung gebracht. So werden Dreiecks- bzw. Tetraedergitter als unstrukturiert und Vierecks- bzw. Hexaedergitter als strukturiert bezeichnet. Die Form der Gitterzellen hat aber zunächst nichts mit der Struktur des Gitters zu tun. Es lassen sich ohne weiteres strukturierte Dreiecksgitter und unstrukturierte Vierecksgitter realisieren. Auch die Art der Diskretisierung, welche

Tabelle 3.1. Übersicht über Vor- und Nachteile strukturierter und unstrukturierter Gitter (jeweils relativ zueinander gesehen)

Eigenschaft	strukt.	unstr.
Modellierung komplexer Geometrien	−	+
Lokale (adaptive) Gitterverfeinerung	−	+
Automatisierung der Gittererzeugung	−	+
Rechenzeit zur Erzeugung des Gitters	+	−
Programmieraufwand	+	−
Datenspeicherung	+	−
Lösung des Gleichungssystems	+	−
Parallelisierung und Vektorisierung des Lösers	+	−

für ein vorgegebenes Gitter zur Approximation der Gleichungen verwendet wird, wird häufig mit der Gitterstruktur in Verbindung gebracht: Finite-Differenzen- und Finite-Volumen-Verfahren mit strukturierten Gittern und Finite-Elemente-Verfahren mit unstrukturierten Gittern. Auch dies ist nicht gerechtfertigt. Jede der Methoden kann für strukturierte oder unstrukturierte Gitter formuliert werden, wobei natürlich die spezifischen Eigenschaften der Diskretisierungsmethoden die eine oder die andere Vorgehensweise als vorteilhafter erscheinen lassen (s. die entsprechenden Ausführungen in Kap. 4 und 5).

Es gibt auch Mischformen zwischen strukturierten und unstrukturierten Gittern, deren Verwendung sich für viele Problemstellungen als sehr vorteilhaft erweist, da es damit teilweise gelingt, die Vorteile beider Ansätze zu kombinieren. Die wichtigsten Varianten solcher Gitter sind:

− blockstrukturierte Gitter,
− hierarchisch strukturierte Gitter.

Die Abbildungen 3.8 und 3.9 zeigen Beispiele für diese beiden Gittertypen.

Blockstrukturierte Gitter sind lokal innerhalb eines jeden Blocks strukturiert, aber im allgemeinen global unstrukturiert (irreguläre Blockanordnung). Sie stellen daher einen Kompromiß zwischen den geometrisch unflexiblen strukturierten Gittern und den numerisch „aufwendigen" unstrukturierten Gittern dar. Mit blockstrukturierten Gittern ist eine adäquate Modellierung komplexer Geometrien uneingeschränkt möglich. Innerhalb der einzelnen Blöcke können effiziente „strukturierte" Lösungsverfahren eingesetzt werden, wobei jedoch besonderes Augenmerk auf die Behandlung der Blockübergänge gerichtet werden muß. Lokale Gitterverfeinerungen sind nur blockweise möglich, wobei in diesem Fall zusätzlich die Problematik sogenannter „hängender Knoten" auftreten kann (d.h. keine stetigen Gitterlinien über die Blockgrenzen), welche im Lösungsverfahren besonderer Beachtung bedarf. Eine Blockstruktur bietet ferner eine natürliche Basis für die Paral-

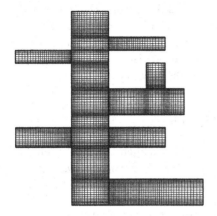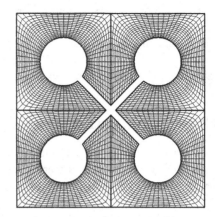

Abb. 3.8. Beispiele blockstrukturierter Gitter

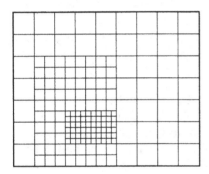

Abb. 3.9. Beispiel eines hierarchisch strukturierten Gitters

lelisierung eines Berechnungsverfahrens (hierauf werden wir in Abschn. 11.2 noch ausführlicher eingehen).

Hierarchisch strukturierte Gitter sind dadurch gekennzeichnet, daß ausgehend von einem (block-)strukturierten Gitter gewisse Bereiche des Problemgebiets wiederum in strukturierter Weise lokal verfeinert sind. Mit derartigen Gittern hat man nahezu alle Freiheiten für eine lokale adaptive Gitterverfeinerung, kann aber dennoch innerhalb der einzelnen Teilbereiche auf effiziente strukturierte Löser zurückgreifen. Solche Gitter stellen damit also hinsichtlich dieser Aspekte einen Kompromiß zwischen strukturierten und unstrukturierten Gittern dar. Auch hier sind es die Übergangszonen zwischen unterschiedlich fein diskretisierten Bereichen, die besonderer Beachtung bedürfen. Zur Zeit sind hierarchisch strukturierte Gitter in der Praxis noch relativ wenig verbreitet, da es kaum kommerzielle Berechnungsprogramme gibt, in welchen diese Vorgehensweise konsequent realisiert ist.

Für FEM-Berechnungen im Bereich der Strukturmechanik werden in der Regel unstrukturierte Gitter verwendet. Im Bereich der Strömungsmechanik, wo die Anzahl der Gitterpunkte in der Regel wesentlich größer ist (und damit die Effizienz des Lösers bedeutsamer wird), dominieren (block-)strukturierte Gitter. In den letzten Jahren wird jedoch verstärkt an der Entwicklung effizienter Lösungsalgorithmen für adaptive unstrukturierte und hierarchisch strukturierte Gitter gearbeitet, so daß zu erwarten ist, daß diese auch im Bereich der Strömungsmechanik weiter an Bedeutung gewinnen werden.

3.3 Erzeugung strukturierter Gitter

Im folgenden wollen wir uns mit den beiden gebräuchlichsten Methoden zur Erzeugung strukturierter Gitter beschäftigen, der *algebraischen Gittererzeugung* und der *elliptischen Gittererzeugung*. Wir werden uns hierbei auf den zweidimensionalen Fall beschränken. Eine Verallgemeinerung auf den dreidimensionalen Fall bereitet keine größeren Schwierigkeiten. Die Methoden können auch zur blockweisen Generierung blockstrukturierter Gitter verwendet werden, wobei zusätzlich die Problematik der Übergänge an aneinandergrenzenden Blöcken berücksichtigt werden muß (auf die wir jedoch nicht näher eingehen werden).

Die Aufgabe der Erzeugung eines strukturierten Gitters besteht allgemein darin, eine eindeutige Abbildung

$$(x,y) = (x(\xi,\eta), y(\xi,\eta)) \quad \text{bzw.} \quad (\xi,\eta) = (\xi(x,y), \eta(x,y)) \qquad (3.3)$$

zwischen gegebenen diskreten Werten $\xi = 0, 1, \dots, N$ und $\eta = 0, 1, \dots, M$ (logisches Gebiet oder Rechengebiet) und den physikalischen Problemkoordinaten (x,y) (physikalisches Gebiet oder Problemgebiet) zu finden. Das physikalische Gebiet ist im allgemeinen irregulär, während das logische Gebiet regulär ist (s. Abb. 3.10).

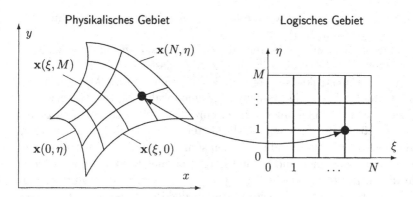

Abb. 3.10. Zusammenhang zwischen Gitterpunkten und Koordinaten im physikalischen und logischen Gebiet

Wichtige Größen zur Charakterisierung und Kontrolle der Eigenschaften eines strukturierten Gitters sind die Komponenten der Jacobi-Matrix

$$\mathbf{J} = \begin{bmatrix} \dfrac{\partial \xi}{\partial x} & \dfrac{\partial \xi}{\partial y} \\ \dfrac{\partial \eta}{\partial x} & \dfrac{\partial \eta}{\partial y} \end{bmatrix}$$

der durch die Beziehungen (3.3) definierten Abbildung. Zur Abkürzung der Schreibweise bezeichnen wir Ableitungen der physikalischen nach den logischen Koordinaten (oder umgekehrt) im folgenden mit einem entsprechenden Index, z.B. $x_\xi = \partial x/\partial \xi$ oder $\eta_x = \partial \eta/\partial x$. Diese Größen werden auch als *Metrik* des Gitters bezeichnet.

Für die geforderte Eindeutigkeit des Zusammenhangs zwischen physikalischen und logischen Koordinaten muß die Determinate J der Jacobi-Matrix $\mathbf{J}$ von Null verschieden sein, d.h. es muß gelten:

$$J = \det(\mathbf{J}) = \xi_x \eta_y - \xi_y \eta_x \neq 0 \,.$$

In den nächsten beiden Abschnitten werden wir sehen, wie eine entsprechende Koordinatentransformation mittels algebraischer Beziehungen bzw. über die Lösung einer Differentialgleichung definiert werden kann.

3.3.1 Algebraische Gittererzeugung

Ausgangspunkt für eine algebraische Gittererzeugung ist die Vorgabe der Gitterpunkte auf dem Rand des Problemgebiets (zweckmäßigerweise in physikalischen Koordinaten):

$$\mathbf{x}(\xi,0) = \mathbf{x}_\mathrm{s}(\xi) \,, \quad \mathbf{x}(\xi,M) = \mathbf{x}_\mathrm{n}(\xi) \qquad \text{für} \quad \xi = 0,\ldots,N,$$

$$\mathbf{x}(0,\eta) = \mathbf{x}_\mathrm{w}(\eta) \,, \quad \mathbf{x}(N,\eta) = \mathbf{x}_\mathrm{e}(\eta) \qquad \text{für} \quad \eta = 0,\ldots,M.$$

Bei randangepaßten Gittern liegen die vorgegebenen Gitterpunkte auf den entsprechenden Randkurven $\mathbf{x}_1,\ldots\mathbf{x}_4$. Für die Eckpunkte müssen die Kompatibilitätsbedingungen

$$\mathbf{x}_\mathrm{s}(0) = \mathbf{x}_\mathrm{w}(0) \,, \quad \mathbf{x}_\mathrm{s}(N) = \mathbf{x}_\mathrm{e}(0) \,, \quad \mathbf{x}_\mathrm{n}(0) = \mathbf{x}_\mathrm{w}(M) \,, \quad \mathbf{x}_\mathrm{n}(N) = \mathbf{x}_\mathrm{e}(M)$$

erfüllt sein (vgl. Abb. 3.11).

Bei der algebraischen Gittererzeugung werden nun die Punkte im Inneren des Gebietes durch eine Interpolationsvorschrift aus den Randpunkten ermittelt. Verwendet man hierzu eine einfache lineare Interpolation, erhält man beispielsweise die Vorschrift

$$\begin{aligned} \mathbf{x}(\xi,\eta) \;=\; & (1 - \frac{\eta}{M})\mathbf{x}_\mathrm{s}(\xi) + \frac{\eta}{M}\mathbf{x}_\mathrm{n}(\xi) + (1 - \frac{\xi}{N})\mathbf{x}_\mathrm{w}(\eta) + \frac{\xi}{N}\mathbf{x}_\mathrm{e}(\eta) \\ & - \frac{\xi}{N}\left[\frac{\eta}{M}\mathbf{x}_\mathrm{n}(M) + (1 - \frac{\eta}{M})\mathbf{x}_\mathrm{s}(M) \right] \qquad\qquad (3.4) \\ & - (1 - \frac{\xi}{N})\left[\frac{\eta}{M}\mathbf{x}_\mathrm{n}(0) + (1 - \frac{\eta}{M})\mathbf{x}_\mathrm{s}(0) \right] , \end{aligned}$$

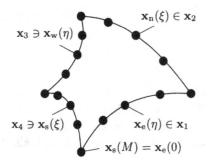

Abb. 3.11. Vorgabe von Randgitterpunkten zur algebraischen Erzeugung randangepaßter Gitter

die als *transfinite Interpolation* bezeichnet wird. Mit der Formel (3.4) können die Koordinaten aller inneren Gitterpunkte (für $\xi = 1, \ldots, N - 1$ und $\eta = 1, \ldots, M - 1$) aus den vorgegebenen Randpunkten ermittelt werden. Für das in Abb. 3.11 dargestellte Problemgebiet mit der angegebenen Vorgabe der Randgitterpunkte ergibt sich aus Gl. (3.4) das in Abb. 3.12 dargestellte Gitter. Ein weiteres mit dieser Methode erzeugtes Gitter ist in Abb. 3.14 (links) zu sehen. Verallgemeinerungen der transfiniten Interpolation, welche in verschiedene Richtungen möglich sind, ergeben sich beispielsweise durch eine vorherige Aufteilung des Problemgebiets in verschiedene Teilgebiete oder durch die Verwendung von Interpolationsvorschriften höherer Ordnung (s. z.B. [14]).

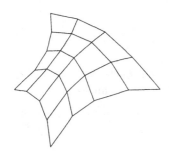

Abb. 3.12. Mit transfiniter Interpolation erzeugtes Gitter

Oft ist es wünschenswert Gitterlinien in bestimmten Bereichen des Problemgebiets zu verdichten, um dort lokal eine höhere Diskretisierungsgenauigkeit zu erreichen. In der Regel sind dies Bereiche, in denen große Gradienten der Problemvariablen auftreten (z.B. in der Nähe von Wänden bei Strömungsproblemen).

Bei Verwendung der transfiniten Interpolation kann man eine Verdichtung der Gitterlinien dadurch bewirken, daß die Punkte auf den Randkurven entsprechend konzentriert werden. Hierzu existieren eine Reihe sogenannter *„Stretching"-Funktionen*, die eine entsprechende Verteilung der Gitterpunkte ermöglichen. Eine einfache „Stretching"-Funktion zur Konzentration von

Gitterpunkten x_i ($i = 1, \ldots, N-1$), beispielsweise an der rechten Grenze des Intervalls $[x_0, x_N]$, ist gegeben durch die Vorschrift:

$$x_i = x_0 + \frac{\alpha^i - 1}{\alpha^N - 1}(x_N - x_0) \quad \text{für alle } i = 0, \ldots, N, \tag{3.5}$$

wobei der Parameter $0 < \alpha < 1$ zur Steuerung der gewünschten Verdichtung der Gitterpunkte dient. Je näher α bei Null ist, desto dichter liegen die Gitterpunkte bei x_N. In Abb. 3.13 sind als Beispiel die Verteilungen dargestellt, die man für $\alpha = 0.8$ und $\alpha = 0.5$ erhält.

Die Gl. (3.5) basiert auf der bekannten Summenformel für geometrische Reihen. Die so erzeugten Gitter besitzen die Eigenschaft, daß das Verhältnis benachbarter Gitterpunktabstände stets konstant ist, d.h. es gilt

$$\frac{x_{i+1} - x_i}{x_i - x_{i-1}} = \alpha \quad \text{für alle } i = 1, \ldots, N-1.$$

Durch eine Anwendung auf bestimmte Teilbereiche, läßt sich mit Hilfe der Formel (3.5) an beliebigen Stellen eine Konzentration von Gitterpunkten erreichen. Eine zwei- oder dreidimensionale Konzentration von Gitterpunkten erhält man durch eine entsprechende Anwendung der Formel in jeder Raumrichtung.

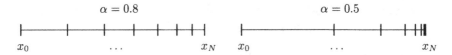

Abb. 3.13. Beispiel für die Konzentration von Gitterpunkten in Abhängigkeit des Expansionsfaktors α bei Verwendung der Vorschrift (3.5) für $N = 7$

Aus der oben beschriebenen einfachen Vorgehensweise zur algebraischen Gittererzeugung werden bereits die Vor- und Nachteile deutlich, welche derartige Techniken ganz allgemein aufweisen. Algebraische Methoden sind sehr einfach zu implementieren (einschließlich der Verdichtung von Gitterlinien), erfordern sehr wenig Rechenaufwand und besitzen für einfachere Geometrien eine ausreichende Flexibilität zur schnellen Erzeugung „vernünftiger" Gitter. Alle für die anschließende Berechnung erforderlichen Geometriegrößen können analytisch berechnet werden, so daß hier keine zusätzlichen numerischen Fehler ins Spiel kommen. Für komplexere Problemgebiete sind diese Methoden jedoch weniger gut geeignet. Irregularitäten (z.B. Knicke) in der Berandung des Problemgebiets pflanzen sich ins Innere fort und die Kontrolle der „Glattheit" und der „Verzerrung" des Gitters ist vergleichsweise schwierig.

3.3.2 Elliptische Gittererzeugung

Eine alternative Vorgehensweise zur Erzeugung strukturierter Gitter bieten Techniken, die auf der Lösung von geeigneten partiellen Differentialgleichungen basieren. Man unterscheidet in diesem Zusammenhang *hyperbolische, parabolische* und *elliptische* Methoden, entsprechend dem Typ der zugrundeliegenden Differentialgleichung. Wir werden hier nur auf die elliptische Methode eingehen, die in der Praxis am weitesten verbreitet ist.

Bei der elliptischen Gittererzeugung bestimmt man das Gitter beispielsweise über ein Differentialgleichungssytem der Form

$$\xi_{xx} + \xi_{yy} = 0,$$
$$\eta_{xx} + \eta_{yy} = 0,$$

(3.6)

welches im Problemgebiet mit vorgegebenen Gitterwerten am Rand als Randbedingung gelöst wird. Man nutzt hierbei aus, daß elliptische Differentialgleichungen, wie beispielsweise obige Laplace-Gleichung, ein Maximum-Prinzip erfüllen, d.h. Extremwerte werden stets auf dem Rand angenommen. Dieses sorgt dann dafür, daß eine monotone Vorgabe der Punkte auf dem Rand stets ein eindeutiges Gitter liefert, d.h. Überschneidungen von Gitterlinien sind dadurch automatisch ausgeschlossen.

Zur Bestimmung der Gitterkoordinaten müssen die Gleichungen (3.6) im logischen Problemgebiet gelöst werden, d.h. abhängige und unabhängige Variablen müssen vertauscht werden. Es ergeben sich auf diese Weise (unter Verwendung der Kettenregel) die folgenden Gleichungen:

$$c_1 x_{\xi\xi} - 2c_2 x_{\xi\eta} + c_3 x_{\eta\eta} = 0,$$
$$c_1 y_{\xi\xi} - 2c_2 y_{\xi\eta} + c_3 y_{\eta\eta} = 0$$

(3.7)

mit

$$c_1 = x_\eta^2 + y_\eta^2, \quad c_2 = x_\xi x_\eta + y_\xi y_\eta, \quad c_3 = x_\xi^2 + y_\xi^2.$$

Dieses Differentialgleichungssystem kann nach den physikalischen Gitterkoordinaten x und y gelöst werden. Als Gitter fungiert das logische Gitter und die notwendigen Randbedingungen sind durch die vorgegebenen Randkurven (im physikalischen Gebiet) definiert. Man beachte, daß das System (3.7) nichtlinear ist, und damit einen iterativen Lösungsprozeß erfordert (s. Abschn. 7.2). Dieser kann beispielsweise mit einem zuvor algebraisch erzeugten Gitter gestartet werden.

Durch die Hinzunahme von Quelltermen zu den Gln. (3.6) kann die Verdichtung von Gitterpunkten in bestimmten Bereichen des Problemgebiets gesteuert werden:

$$\xi_{xx} + \xi_{yy} = P(\xi, \eta),$$
$$\eta_{xx} + \eta_{yy} = Q(\xi, \eta).$$

Auf die (nicht-triviale) Frage, wie die Funktionen P und Q konkret gewählt werden müssen, um eine bestimmte Gitterpunktverdichtung zu erreichen, wollen wir nicht näher eingehen. Hierzu sei auf die Spezialliteratur verwiesen (z.B. [16]).

Zur Illustration der charakteristischen Eigenschaften von algebraisch und elliptisch erzeugten Gittern, sind in Abb. 3.14 die entsprechenden Gitter dargestellt, die man für die gleiche Problemgeometrie mit jeweils typischen Vertretern beider Ansätze erhält. Man erkennt deutlich, die wesentlich glatteren Gitterlinien, die man bei Verwendung der elliptischen Methode erhält.

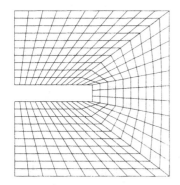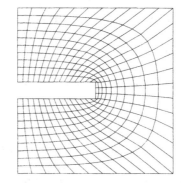

Abb. 3.14. Beispiel für die unterschiedlichen Eigenschaften eines algebraisch (links) und elliptisch (rechts) erzeugten Gitters

Zu den Vor- und Nachteilen der elliptischen Gittererzeugung kann festgehalten werden, daß diese Methoden aufgrund der notwendigen Lösung einer (wenngleich relativ einfachen) partiellen Differentialgleichung aufwendiger als algebraische Methoden sind. Ein Vorteil ist, daß auch im Falle von Randirregularitäten „glatte" Gitter im Inneren resultieren. Auch die Metrik des Gitters muß in der Regel numerisch bestimmt werden, was aber aufgrund der „Glattheit" des Gitters im allgemeinen unkritisch ist. Die Konzentration von Gitterpunkten in bestimmten Bereichen des Problemgebiets ist im Prinzip einfach, aber die „richtige" Wahl der hierzu notwendigen Funktionen P und Q kann im konkreten Fall durchaus problematisch sein.

3.4 Erzeugung unstrukturierter Gitter

Eine wesentliche Motivation zur Erzeugung unstrukturierter Gitter ist, damit den Gittergenerierungsprozeß möglichst vollständig zu automatisieren. Der Idealfall wäre, daß, ausgehend von der Beschreibung der Problemgeometrie durch Randkurven bzw. -flächen, ohne weiteren Eingriff des Anwenders ein „brauchbares" Gitter erzeugt wird. Da man diesem Idealziel mit Dreiecken bzw. Tetraedern am nächsten kommt, werden meist diese Zellentypen für unstrukturierte Gitter verwendet. In jüngster Zeit wurden jedoch auch sehr interessante Ansätze zur automatischen Erzeugung von Vierecks- bzw. Hexaedergitter für beliebige Geometrien entwickelt (vielversprechend scheint hier insbesondere die sogenannte *„Paving"-Methode*). Wir werden uns hier jedoch ausschließlich auf Dreiecksgitter konzentrieren.

Die in der Praxis gebräuchlichsten Techniken zur Erzeugung unstrukturierter Dreiecksgitter sind *Advancing-Front-Methoden* und *Delaunay-Triangulierungen*, welche in unterschiedlichsten Varianten existieren. Auch Kombinationen beider Techniken, welche versuchen die jeweiligen Vorteile zu nutzen, bzw. die Nachteile zu vermeiden, werden verwendet. Wir werden uns im folgenden darauf beschränken, die grundlegenden Ideen dieser beiden Vorgehensweisen aufzuzeigen. Hat man die hierbei angewandten Prinzipien verstanden, ist es vergleichsweise einfach, weiterführende Techniken zur Erzeugung unstrukturierter Gitter, die in der einschlägigen Fachliteratur zahlreich beschrieben sind, nachzuvollziehen.

Weitere Techniken zur Erzeugung unstrukturierter Gitter sind die Quad-Tree- (zweidimensional) und Oktree-Methode (dreidimensional), welche auf einer rekursiven Unterteilung des Problemgebiets basieren. Diese Methoden sind sehr einfach zu implementieren, benötigen sehr wenig Rechenaufwand und liefern im Inneren des Problemgebietes in der Regel sehr „gute" Gitter. Ein entscheidender Nachteil ist jedoch, daß die so erzeugten Gitter in der Nähe der Ränder des Problemgebiets oft eine irreguläre Struktur aufweisen (was insbesondere für Strömungsprobleme sehr ungünstig ist).

3.4.1 Advancing-Front-Methoden

Die Advancing-Front-Methode, deren Entwicklung Mitte der 80er Jahre begann, kann sowohl zur Erzeugung von Dreiecks- als auch von Viereckgittern (oder auch Kombinationen hieraus) verwendet werden. Ausgehend von einer Gitterpunktverteilung auf dem Rand des Problemgebiets werden in systematischer Weise sukzessive neue Gitterzellen kreiert, bis schließlich das ganze Problemgebiet vernetzt ist.

Nehmen wir zunächst an, daß auch die Verteilung der inneren Gitterpunkte vorgegeben ist, dann ist die Vorgehensweise zur Erzeugung zweidimensionaler Dreiecksgitter mit der Advancing-Front-Methode wie folgt:

(i)   Alle Kanten entlang des inneren Randes des Problemgebiets werden im Uhrzeigersinn fortlaufend numeriert (entfällt, falls keine inneren Ränder vorhanden). Die Kanten entlang des äußeren Randes werden im Gegenuhrzeigersinn fortlaufend numeriert. Alles zusammen wird nacheinander fortlaufend in einem Vektor **k** gespeichert, welcher die „Advancing-Front" definiert.

(ii) Für die letzte Kante im Vektor **k** werden alle Knoten gesucht, die auf oder innerhalb der „Advancing-Front" liegen. Von diesen (zulässigen) Knoten wird einer ausgewählt, z.B. derjenige für den die Summe der

Abstände zu den beiden Knoten der letzten Kante am geringsten ist. Mit dem ausgewählten Knoten und den beiden Knoten der letzten Kante wird ein neues Dreieck gebildet.

(iii) Die Kanten, des neuen Dreiecks, welche in **k** enthalten sind, werden gelöscht und die Numerierung der verbleibenden Kanten in **k** wird angepaßt (Komprimierung). Die Kanten des neuen Dreiecks, die nicht in **k** enthalten sind, werden an das Ende von **k** hinzugefügt.

(iv) Die Schritte (ii) und (iii) werden wiederholt, bis alle Kanten in **k** gelöscht sind.

Die beschriebene Vorgehensweise ist in Abb. 3.15 anhand eines einfachen Beispiels (ohne innere Ränder) illustriert.

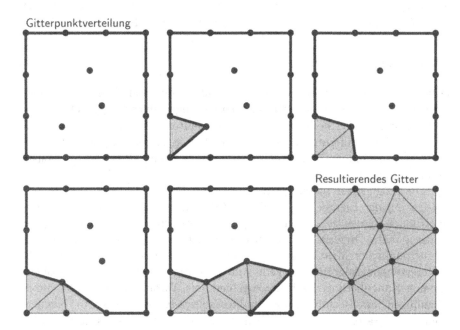

Abb. 3.15. Beispiel zur Advancing-Front-Methode zur Erzeugung unstrukturierter Gitter (die dicken Linien repräsentieren jeweils die aktuelle Advancing-Front)

Die Advancing-Front-Methode läßt sich auch ohne die Vorgabe von inneren Punkten durchführen, eine Tatsache, die den Algorithmus im Hinblick auf eine möglichst automatisierte Gittererzeugung natürlich erst interessant macht. Zu Beginn des Schrittes (ii) wird hierbei zunächst nach einer bestimmten Vorschrift ein neuer innerer Punkt erzeugt, z.B. so daß dieser mit den beiden Punkten der aktuellen Kante ein gleichseitiges Dreieck bildet. Es muß dann allerdings geprüft werden, ob der so erzeugte Punkt auch sinnvoll ist, d.h. er muß zum einen so liegen, daß das damit erzeugte Dreieck sich nicht mit anderen bereits vorhandenen Dreiecken überschneidet, und zum anderen sollte er nicht zu nahe an einem bereits vorhandenen Punkt liegen, da sonst (eventuell erst im späteren Verlauf des Algorithmus) ein sehr stark degeneriertes Dreieck entstehen würde. Ist der erzeugte Punkt nicht sinnvoll, kann stattdessen ein anderer Punkt erzeugt werden oder es wird ein bereits vorhandener Punkt auf der Advancing-Front gewählt (Kriterien wie oben).

Die Vorteile der Advancing-Front-Methode sind die einfache Möglichkeit der automatischen Generierung der inneren Punkte (bei „guter Qualität" der Dreiecke). Außerdem ist stets gewährleistet, daß der Rand des Problemgebiets (auch im nicht-konvexen Fall) durch Gitterlinien repräsentiert wird, da die Randdiskretisierung den Ausgangspunkt des Verfahrens bildet und nicht modifiziert wird.

Ein Nachteil der Methode liegt in dem vergleichsweise hohen Rechenaufwand begründet, welcher insbesondere für die Prüfroutinen zur Auswahl von sinnvollen Punkten und von noch tolerierbaren Abständen erforderlich ist.

3.4.2 Delaunay-Triangulierungen

Delaunay-Triangulierungen werden seit Anfang der 80er Jahre untersucht. Man versteht hierunter eindeutige Triangulierungen einer vorgegeben Menge von Punkten, welche bestimmten Eigenschaften genügen, d.h. unter allen möglichen Triangulierungen wird durch die Vorgabe dieser Eigenschaften eine eindeutige bestimmt. Diese Eigenschaften können benutzt werden, um solche Triangulierungen zu erzeugen.

Eine Möglichkeit bietet beispielsweise der *Bowyer-Watson-Algorithmus*, welcher auf der Eigenschaft beruht, daß der Kreis durch die drei Eckpunkte (Umkreis) eines beliebigen Dreiecks keine weiteren Punkte enthält. (Der Umkreis eines Dreiecks ist eindeutig bestimmt. Sein Mittelpunkt liegt im Schnittpunkt der Mittelsenkrechten der Dreiecksseiten.) Der entsprechende Gittererzeugungsalgorithmus geht von einer (im allgemeinen sehr groben) Anfangstriangulierung des Problemgebiets aus. Daraus werden dann durch Hinzufügen jeweils eines neuen Punktes sukzessive weitere Gitter erzeugt, wobei die Strategie hierzu auf oben genannter Umkreiseigenschaft basiert. Zunächst werden alle Dreiecke bestimmt, deren Umkreise den neuen Punkt enthalten. Diese Dreiecke werden gelöscht. Nun wird eine neue Triangulierung erzeugt, indem alle Randpunkte des Polygons, welches durch die Löschung der Dreiecke entsteht, mit dem neuen Punkt verbunden werden. Die Vorgehensweise ist in Abb. 3.16 beispielhaft dargestellt.

Falls die Stellen, an denen Gitterpunkte eingefügt werden sollen, vorgegeben sind, wird obiges Verfahren einfach solange durchgeführt, bis alle Punkte eingefügt sind. Wie schon bei der Advancing-Front-Methode kann jedoch auch der Bowyer-Watson-Algorithmus mit einer Strategie zur automatischen Generierung von Gitterpunkten kombiniert werden. Eine relativ einfache Vorgehensweise hierzu kann beispielsweise in Verbindung mit einer Prioritätsliste

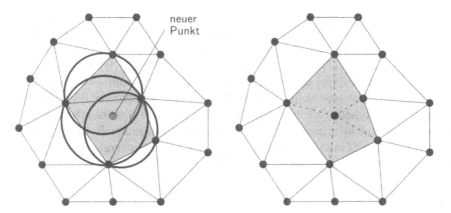

Abb. 3.16. Beispiel zur Einfügung eines neuen Gitterpunktes bei einer Delaunay-Triangulierung nach dem Bowyer-Watson-Algorithmus

auf der Basis einer bestimmten Eigenschaft der Dreiecke (z.B. der Durchmesser des Umkreises) realisiert werden. Das Dreieck mit der höchsten Priorität wird bezüglich eines Kriteriums geprüft (z.B. Durchmesser des Umkreises größer als ein vorgegebener Wert). Ist dieses Kriterium erfüllt, wird in diesem Dreieck ein neuer Punkt erzeugt (z.B. Mittelpunkt des Umkreises). Gemäß der oben beschriebenen Vorgehensweise werden neue Dreiecke in das Gitter eingefügt und in die Prioritätsliste aufgenommen. Der Algorithmus ist beendet, falls kein Dreieck mehr das gewählte Kriterium erfüllt.

Andere Methoden zur Erzeugung einer Delaunay-Triangulierung basieren auf der sogenannten *„Edge-Swapping"-Technik*, bei der jeweils Paare benachbarter Dreiecke betrachtet werden, welche eine gemeinsame Kante besitzen. Durch das „Vertauschen" der gemeinsamen Kante werden zwei andere Dreiecke erzeugt, und es kann nach einem bestimmten Kriterium entschieden werden, welche der beiden Konfigurationen gewählt werden soll (s. Abb. 3.17). Ein solches Kriterium könnte beispielsweise sein, daß der kleinste in den beiden Dreiecken auftretende Winkel maximal ist. Für das Beispiel in Abb. 3.17 würde man sich in diesem Fall also für die rechte Konfiguration entscheiden.

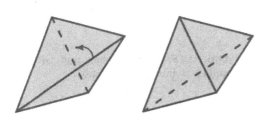

Abb. 3.17. Zur Erläuterung der „Edge-Swapping"-Technik

Methoden zur Erzeugung einer Delaunay-Triangulierung sind wesentlich weniger rechenaufwendig als Advancing-Front-Methoden, da keine aufwendigen Prüfroutinen hinsichtlich Überschneidungen und minimalen Abständen erforderlich sind. Ein wesentlicher Nachteil der Methoden ist jedoch, daß für nicht-konvexe Problemgebiete keine Randintegrität gewährleistet ist, d.h. es können Dreiecke entstehen, die außerhalb des Problemgebiets liegen. Das Gitter muß in diesem Fall durch geeignete Maßnahmen modifiziert werden, wobei es dann nicht immer möglich ist, die Umkreiseigenschaft zu erfüllen. Diese Problematik bereitet insbesondere für entsprechende Verallgemeinerungen der Methoden auf den dreidimensionalen Fall Schwierigkeiten.

Übungsaufgaben zu Kap. 3

Übung 3.1. Von einem zweidimensionalen Problemgebiet seien die Randkurven $\mathbf{x}_1 = (s,0)$, $\mathbf{x}_2 = (1+2s-2s^2, s)$, $\mathbf{x}_3 = (s, 1-3s+3s^2)$ und $\mathbf{x}_4 = (0,s)$ mit $0 \le s \le 1$ vorgegeben. (i) Bestimme die Koordinatentransformation, die sich durch Anwendung der Gl. (3.4) aus der transfiniten Interpolation ergibt. Die vorgegebenen Randpunkte seien hierbei diejenigen, die sich jeweils für $s = i/4$ mit $i = 0, \ldots, 4$ ergeben. (ii) Zeige, daß die Abbildung eindeutig ist und bestimme die Umkehrabbildung. (iii) Verwende Gl. (3.5) mit $\alpha = 2/3$ zur Verdichtung von Gitterpunkten entlang der Randkurve $\mathbf{x}_4$. (iv) Transformiere die Membrangleichung (2.16) in die Koordinaten (ξ, η).

Übung 3.2. Gegeben sei die in Abb. 3.18 dargestellte Geometrie. Erzeuge für die schwarzen Gitterpunkte ein Dreiecksgitter nach der Advancing-Front-Methode. Füge anschließend die beiden weißen Gitterpunkte nach dem Bowyer-Watson-Verfahren in das Gitter ein.

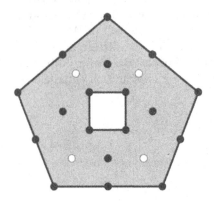

Abb. 3.18. Problemgebiet und Gitterpunktverteilung für Übung 3.2

4 Finite-Volumen-Diskretisierung

Finite-Volumen-Methoden (FVM), manchmal auch Box-Methoden genannt, werden heute hauptsächlich für die numerische Lösung von Problemen der Strömungsmechanik eingesetzt. Dort wurden sie zu Beginn der 70er Jahre von McDonald, MacCormack und Paullay eingeführt. Die Anwendungmöglichkeiten der Methode sind jedoch keineswegs auf Problemstellungen aus diesem Bereich beschränkt. Eine der wichtigsten Eigenschaften von Finite-Volumen-Methoden ist, daß die Erhaltungsprinzipien, die den mathematischen Modellen kontinuumsmechanischer Problemstellungen zugrunde liegen, per Definition auch für die diskretisierten Gleichungen erfüllt sind (Konservativität). Wir werden in diesem Kapitel auf die wichtigsten Grundlagen der Finite-Volumen-Diskretisierung zur Anwendung auf kontinuumsmechanische Problemstellungen eingehen. Zur klareren Darstellung der wesentlichen Prinzipien beschränken wir uns hierbei auf den zweidimensionalen Fall.

4.1 Allgemeine Vorgehensweise

Ausgangspunkt für eine Finite-Volumen-Diskretisierung ist eine Zerlegung des Problemgebiets (in der Regel in Form eines Gitters, welches z.B. mit einer der in Kap. 3 beschriebenen Methoden erzeugt wurde) in eine endliche Anzahl von finiten Volumen (Kontrollvolumen), deren Vereinigung das ganze Problemgebiet überdeckt. Für jedes dieser Kontrollvolumen (KV) werden die Erhaltungsgleichungen in Integralform formuliert. Diese stehen normalerweise direkt aus den entsprechenden kontinuumsmechanischen Erhaltungssätzen (angewandt auf ein KV), zur Verfügung, können aber auch durch Integration der entsprechenden Differentialgleichungen gewonnen werden.

Wir führen die FVM am Beispiel der allgemeinen zweidimensionalen stationären Transportgleichung ein, welche in Differentialform lautet ($i = 1, 2$):

$$\frac{\partial}{\partial x_i} \left(\rho v_i \phi - \alpha \frac{\partial \phi}{\partial x_i} \right) = f \, . \tag{4.1}$$

Durch Integration von Gl. (4.1) über ein beliebiges KV V erhält man unter Anwendung des Gaußschen Integralsatzes:

$$\int\limits_{S} \left(\rho v_i \phi - \alpha \frac{\partial \phi}{\partial x_i} \right) n_i \, \mathrm{d}S = \int\limits_{V} f \, \mathrm{d}V \,, \tag{4.2}$$

wobei S die Oberfläche des KV, $\mathrm{d}S$ ein Oberflächenelement und n_i die Komponenten des Einheitsnormalenvektors an der Oberfläche bezeichnen. Um bei der üblichen Terminologie der FVM zu bleiben, sprechen wir weiterhin von Volumen (und deren Oberflächen), obwohl man es im zweidimensionalen Fall eigentlich mit Flächen (und deren Randkurven) zu tun hat. Die integrale Bilanzgleichung (4.2) bildet den Ausgangspunkt für die weitere Diskretisierung des betrachteten Problems mit einem Finite-Volumen-Verfahren.

Zunächst muß festgelegt werden, an welcher Stelle die unbekannten Variablen berechnet werden sollen. Man kann hierfür beispielsweise eine ecken- oder zellenorientierte Anordnung wählen (s. Abb. 4.1). Wir werden im folgenden von einer zellenorientierten Anordnung ausgehen. Die KV entsprechen in diesem Fall den Gitterzellen.

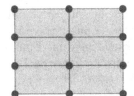 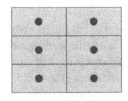

Abb. 4.1. Eckenorientierte (links) und zellenorientierte (rechts) Anordnung der Variablen für Finite-Volumen-Verfahren

Wir betrachten beispielhaft ein allgemeines viereckiges Kontrollvolumen (eine Verallgemeinerung auf allgemeine Polygone bereitet keine prinzipiellen Schwierigkeiten) mit den Bezeichnungen der ausgezeichneten Punkte (Mittelpunkt, Seitenmittelpunkte und Eckpunkte) und Normalenvektoren entsprechend den Himmelsrichtungen (Kompaßnotation) wie in Abb. 4.2 dargestellt. Die Mittelpunkte der direkten Nachbarkontrollvolumen bezeichnen wir, ebenfalls nach der Kompaßnotation mit S, SE, usw. (s. Abb. 4.3).

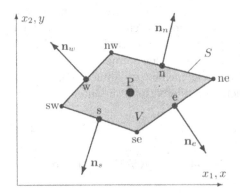

Abb. 4.2. Viereckiges Kontrollvolumen mit Bezeichnungen

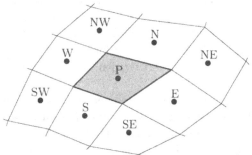

Abb. 4.3. Bezeichnungen von Nachbarkontrollvolumen

Das Oberflächenintegral in Gl. (4.2) kann in die Summe der vier Oberflächenintegrale über die vier Seiten S_c ($c = $ e, w, n, s) des KVs aufgespalten werden, so daß die Bilanzgleichung (4.2) äquivalent in der Form

$$\sum_c \int_{S_c} \left(\rho v_i \phi - \alpha \frac{\partial \phi}{\partial x_i} \right) n_{ci} \, dS_c = \int_V f \, dV \qquad (4.3)$$

geschrieben werden kann. Gleichung (4.3) stellt eine Bilanzgleichung für die konvektiven und diffusiven Flüsse F_c^C und F_c^D durch die KV-Seiten dar, mit

$$F_c^C = \int_{S_c} (\rho v_i \phi)\, n_{ci} \, dS_c \quad \text{und} \quad F_c^D = - \int_{S_c} \left(\alpha \frac{\partial \phi}{\partial x_i} \right) n_{ci} \, dS_c \, .$$

Für die Seite S_e ist beispielsweise der Normalenvektor $\mathbf{n}_e = (n_{e1}, n_{e2})$ durch die folgenden (geometrischen) Bedingungen definiert:

$$(\mathbf{x}_{ne} - \mathbf{x}_{se}) \cdot \mathbf{n}_e = 0 \quad \text{und} \quad |\mathbf{n}_e| = \sqrt{n_1^2 + n_2^2} = 1 \, .$$

Daraus erhält man die Darstellung

$$\mathbf{n}_e = \frac{(y_{ne} - y_{se})}{\delta S_e} \mathbf{e}_1 - \frac{(x_{ne} - x_{se})}{\delta S_e} \mathbf{e}_2 \, , \qquad (4.4)$$

wobei

$$\delta S_e = |\mathbf{x}_{ne} - \mathbf{x}_{se}| = \sqrt{(x_{ne} - x_{se})^2 + (y_{ne} - y_{se})^2}$$

die Länge der Seite S_e bezeichnet. Analoge Beziehungen ergeben sich für die anderen KV-Seiten.

Für benachbarte KV mit gemeinsamer Seite ist der Gesamtfluß $F_c = F_c^C + F_c^D$ durch diese Seite für beide KV betragsmäßig gleich, lediglich die Vorzeichen unterscheiden sich. Für das KV um den Punkt P ist beispielsweise der Fluß F_e gleich dem Fluß $-F_w$ für das KV um den Punkt E (wegen $(\mathbf{n}_e)_P = -(\mathbf{n}_w)_E$). Dies wird bei der Implementierung in ein Rechenprogramm ausgenutzt, um zum einen die zweifache Berechnung der Flüsse zu vermeiden, und zum anderen sicherzustellen, daß die jeweiligen Flüsse auch wirklich betragsmäßig gleich sind (wichtig für Konservativität, s. Abschn. 8.1.4). Ausgehend von einer KV-Seite am Rand des Problemgebietes kann für ein strukturiertes Gitter die Berechnung so organisiert werden, daß z.B. nur F_e und F_n gerechnet werden müssen.

Es sei darauf hingewiesen, daß wir bis zu dieser Stelle noch keinerlei Approximation eingeführt haben. Die Flußbilanz (4.3) ist immer noch exakt. Die eigentliche Diskretisierung besteht nun im wesentlichen darin, die Oberflächenintegrale und das Volumenintegral in Gl. (4.3) mit Hilfe von geeigneten Mittelwerten der jeweiligen Integranden an den KV-Seiten zu approximieren und diese in Beziehung zu den unbekannten Funktionswerten in den KV-Mittelpunkten zu setzen.

4.2 Approximation von Oberflächen- und Volumenintegralen

Beginnen wir mit der Approximation der Oberflächenintegrale in Gl. (4.3), welche man für eine zellenorientierte Variablenanordnung zweckmäßigerweise in zwei Schritten durchführt:

(1) Approximation der Oberflächenintegrale (Flüsse) durch Werte auf der KV-Seite,
(2) Approximation der Variablenwerte an der KV-Seite durch Werte in KV-Zentren.

Betrachten wir als Beispiel die Approximation des Oberflächenintegrals

$$\int_{S_e} w_i n_{ei}\, dS_e$$

über die Seite S_e eines KVs für eine allgemeine Funktion $\mathbf{w} = (w_1(\mathbf{x}), w_2(\mathbf{x}))$ (die anderen Seiten können völlig analog behandelt werden).

Das Integral kann auf unterschiedliche Weise, unter Einbeziehung von mehr oder weniger Stellen des Integranden auf der KV-Seite, approximiert werden. Die einfachste Möglichkeit ist eine Approximation durch den Wert im Mittelpunkt der Seite:

$$\int_{S_e} w_i n_{ei}\, dS_e \approx g_e\, \delta S_e\,, \tag{4.5}$$

wobei wir mit $g_e = w_{ei} n_{ei}$ die Normalkomponente von $\mathbf{w}$ an der Stelle e bezeichnen. Man erhält damit eine Approximation 2. Ordnung (bzgl. der Seitenlänge δS_e) für das Oberflächenintegral, wie man mit Hilfe einer

Taylor-Reihenentwicklung überprüfen kann (Übung 4.1). Die Integrationsformel (4.5) entspricht der aus der numerischen Integration bekannten *Mittelpunktsregel*.

Weitere gängige Integrationsformeln, welche für derartige Approximationen Verwendung finden können, sind die *Trapezregel* und die *Simpson-Regel*.
Die entsprechenden Formeln sind in Tabelle 4.1 mit der jeweiligen Fehlerordnung (bzgl. δS_e) zusammengestellt.

Tabelle 4.1. Approximationen für Oberflächenintegrale über die Seite S_e

Bezeichnung	Formel	Ord.
Mittelpunktsregel	$\delta S_e g_e$	2
Trapezregel	$\delta S_e (g_{ne} + g_{se})/2$	2
Simpsonsche Regel	$\delta S_e (g_{ne} + 4g_e + g_{se})/6$	4

Wenden wir etwa die Mittelpunktsregel zur Approximation der konvektiven und diffusiven Flüsse durch die KV-Seiten in Gl. (4.3) an, so erhalten
wir die Approximationen:

$$F_c^C \approx \underbrace{\rho v_i n_{ci} \delta S_c}_{\dot{m}_c} \phi_c \quad \text{und} \quad F_c^D \approx -\alpha n_{ci} \delta S_c \left(\frac{\partial \phi}{\partial x_i}\right)_c ,$$

wobei wir vereinfachend angenommen haben, daß v_i, ρ und α konstant sind.
Mit $\dot{m}_c$ ist der Massenfluß durch die Seite S_c bezeichnet. Durch Einsetzen
der Definition des Normalenvektors erhalten wir damit beispielsweise für den
konvektiven Fluß durch die Seite S_e die Approximation

$$F_e^C \approx \dot{m}_e \phi_e = \rho[v_1(y_{ne} - y_{se}) - v_2(x_{ne} - x_{se})] .$$

Bevor wir uns der weiteren Diskretisierung der Flüsse zuwenden, wollen
wir zunächst auf die Approximation des Volumenintegrals in Gl. (4.3) eingehen, welche normalerweise ebenfalls mittels numerischer Integration erfolgt.
Die Annahme, daß der Wert f_P von f im Mittelpunkt des KVs einen Mittelwert über das KV darstellt, führt auf die zweidimensionale Mittelpunktsregel:

$$\int_V f \, dV \approx f_P \, \delta V ,$$

wobei δV das Volumen des KVs bezeichnet, das sich für ein viereckiges KV
gemäß

$$\delta V = \frac{1}{2}|(x_{se} - x_{nw})(y_{ne} - y_{sw}) - (x_{ne} - x_{sw})(y_{se} - y_{nw})|$$

berechnet.

Eine Übersicht über die gebräuchlichsten zweidimensionalen Integrationsformeln für kartesische KV mit der jeweiligen Fehlerordnung (bzgl. δV) ist in
Abb. 4.4 angegeben, welche eine schematische Darstellung der Formeln mit
den jeweiligen Integrationsstützstellen und den zugehörigen Gewichtsfakto-
ren zeigt. Formelmäßig bedeutet dies, z.B. im Falle der Simpson-Regel, eine
Approximation der Form:

$$\int_V f \, \mathrm{d}V \approx \frac{\delta V}{36} \left(16 f_P + 4 f_e + 4 f_w + 4 f_n + 4 f_s + f_{ne} + f_{se} + f_{ne} + f_{se}\right).$$

Es sei darauf hingewiesen, daß die Formeln zur zweidimensionalen numerischen Integration benutzt werden können, um bei dreidimensionalen Anwendungen die dort auftretenden Oberflächenintegrale zu approximieren. Für
dreidimensionale Volumenintegrale lassen sich analog zum zweidimensionalen Fall Integrationsformeln herleiten.

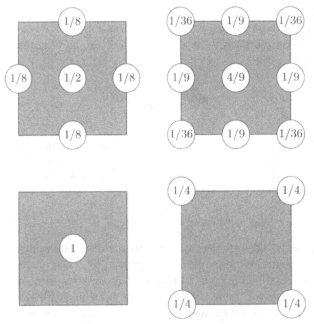

Abb. 4.4. Schematische Darstellung numerischer Integrationsformeln für zweidimensionale Volumenintegrale über ein kartesisches KV

Zusammenfassend haben wir nun z.B. unter Verwendung der Mittelpunktsregel (auf die wir uns im folgenden beschränken wollen) die folgende
Approximation für die Bilanzgleichung (4.3):

$$\underbrace{\sum_c \dot{m}_c \phi_c}_{\text{konv. Flüsse}} - \underbrace{\sum_c \alpha n_{ci}\, \delta S_c \left(\frac{\partial \phi}{\partial x_i}\right)_c}_{\text{diff. Flüsse}} = \underbrace{f_{\mathrm{P}}\, \delta V}_{\text{Quelle}} . \qquad (4.6)$$

Im nächsten Schritt müssen nun die in den Flußtermen auftretenden Funktionswerte und Ableitungen von ϕ auf der KV-Seite durch Variablenwerte in den KV-Mittelpunkten ausgedrückt werden. Da hierzu für die konvektiven und diffusiven Flüsse unterschiedliche Techniken sinnvoll sind, werden wir diese getrennt betrachten. Um die wesentlichen Prinzipien darzulegen, werden die Vorgehensweisen zunächst anhand zweidimensionaler kartesischer KV, wie in Abb. 4.5 dargestellt, erläutert. In diesem Fall hat man für die Normalenvektoren $\mathbf{n}_c$ entlang der KV-Seiten:

$$\mathbf{n}_{\mathrm{e}} = \mathbf{e}_1 \,, \quad \mathbf{n}_{\mathrm{w}} = -\mathbf{e}_1 \,, \quad \mathbf{n}_{\mathrm{n}} = \mathbf{e}_2 \,, \quad \mathbf{n}_{\mathrm{s}} = -\mathbf{e}_2$$

und die Ausdrücke für die Massenflüsse durch die KV-Seiten vereinfachen sich zu:

$$\dot{m}_{\mathrm{e}} = \rho v_1 (y_{\mathrm{n}} - y_{\mathrm{s}}) \,, \quad \dot{m}_{\mathrm{n}} = \rho v_2 (x_{\mathrm{e}} - x_{\mathrm{w}}) \,,$$
$$\dot{m}_{\mathrm{w}} = \rho v_1 (y_{\mathrm{s}} - y_{\mathrm{n}}) \,, \quad \dot{m}_{\mathrm{s}} = \rho v_2 (x_{\mathrm{w}} - x_{\mathrm{e}}) \,.$$

Auf Besonderheiten, die aufgrund nicht-kartesischer Gitter auftreten, werden wir in Abschn. 4.5 eingehen.

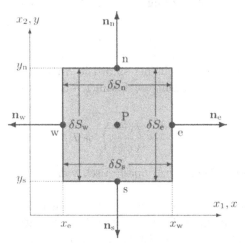

Abb. 4.5. Kartesisches Kontrollvolumen mit Bezeichnungen

4.3 Diskretisierung konvektiver Flüsse

Zur weiteren Approximation der konvektiven Flüsse F_c^{C}, muß ϕ_c durch Variablenwerte in den KV-Mittelpunkten ausgedrückt werden. Im allgemeinen wird ϕ_c mittels benachbarter Knotenwerte ϕ_{E}, ϕ_{P}, usw. approximiert.

Die hierzu am häufigsten verwendeten Approximationen werden nachfolgend erläutert, wobei wir uns auf eindimensionale Betrachtungen für die Seite S_e beschränken können, da die anderen Seiten und die zweite (oder dritte) Raumdimension völlig analog behandelt werden können. Die Approximationen werden als Differenzenverfahren bezeichnet, da sie auf analoge Formeln führen, wie sie sich bei Anwendung von Finite-Differenzen-Methoden ergeben. Eigentlich handelt es sich um Interpolationsverfahren.

4.3.1 Zentraldifferenzen

Beim *Zentraldifferenzenverfahren (Central Differencing Scheme, CDS)* wird ϕ_e durch lineare Interpolation zwischen den Werten in den benachbarten Knoten P und E berechnet (s. Abb. 4.6):

$$\phi_e \approx \phi_E \gamma_e + \phi_P (1 - \gamma_e). \tag{4.7}$$

Der Interpolationsfaktor γ_e ist hierbei definiert durch

$$\gamma_e = \frac{x_e - x_P}{x_E - x_P}.$$

Die Approximation (4.7) besitzt, sowohl für ein äquidistantes Gitter als auch für ein nicht-äquidistantes Gitter, einen Interpolationsfehler 2. Ordnung. Dies sieht man mit Hilfe einer Taylor-Reihenentwicklung von ϕ um den Punkt x_P:

$$\phi(x) = \phi_P + (x - x_P) \left(\frac{\partial \phi}{\partial x} \right)_P + \frac{(x - x_P)}{2} \left(\frac{\partial^2 \phi}{\partial x^2} \right)_P + T_H,$$

wobei mit T_H die Terme höherer Ordnung bezeichnet sind. Die Auswertung dieser Reihe an den Stellen x_e und x_E und Differenzbildung führt auf die Beziehung

$$\phi_e = \phi_E \gamma_e + \phi_P (1 - \gamma_e) - \frac{(x_e - x_P)(x_E - x_e)}{2} \left(\frac{\partial^2 \phi}{\partial x^2} \right)_P + T_H,$$

woran man erkennt, daß der führende Fehlerterm quadratisch von der Gitterweite abhängt.

Durch Einbeziehung von zusätzlichen Gitterpunkten lassen sich Zentraldifferenzenverfahren höherer Ordnung definieren. Eine Approximation 4. Ordnung für ein äquidistantes Gitter ist beispielsweise gegeben durch

$$\phi_e = \frac{1}{48} (-3\phi_{EE} + 27\phi_E + 27\phi_P - 3\phi_W),$$

wobei EE den „östlichen" Nachbarpunkt von E bezeichnet (s. Abb. 4.8). Eine Verwendung dieser Formel macht nur Sinn, wenn sie zusammen mit einer Integrationsformel von 4. Ordnung verwendet wird, also z.B. mit der Simpson-Regel. Nur dann ist die Gesamtapproximation für den konvektiven Fluß ebenfalls von 4. Ordnung.

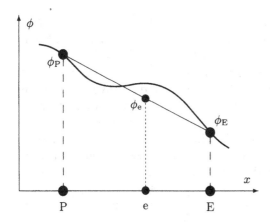

Abb. 4.6. Approximation von ϕ_e mit dem CDS-Verfahren

Bei Verwendung von Zentraldifferenzenapproximationen können numerische Oszillationen in der Lösung auftreten (auf die Ursachen dieses Problems werden wir in Abschn. 8.1 noch näher eingehen). Man verwendet daher häufig sogenannte *Upwind-Approximationen*, bei welchen dieses Problem nicht bzw. weniger ausgeprägt auftritt. Die prinzipielle Idee dieser Methoden ist es, die Interpolation abhängig von der Richtung des Geschwindigkeitsvektors zu machen. Damit nutzt man die Transporteigenschaft von Konvektions-Diffusions-Problemen aus, die besagt, daß der konvektive Transport von ϕ nur „stromabwärts" erfolgt. Auf zwei der wichtigsten Upwind-Verfahren wollen wir im folgenden eingehen.

4.3.2 Upwind-Verfahren

Das einfachste Upwind-Verfahren ergibt sich, wenn der Verlauf von ϕ durch eine Treppenfunktion approximiert wird. ϕ_e wird dabei in Abhängigkeit von der Richtung des Massenflusses wie folgt bestimmt (s. Abb. 4.7):

$$\phi_e = \phi_P, \quad \text{falls } \dot{m}_e > 0,$$
$$\phi_e = \phi_E, \quad \text{falls } \dot{m}_e < 0.$$

Das Verfahren wird als *Upwind-Differenzenverfahren (Upwind Differencing Scheme, UDS)* bezeichnet. Eine Taylor-Reihenentwicklung von ϕ um den Punkt x_P, ausgewertet an der Stelle x_e, ergibt:

$$\phi_e = \phi_P + (x_e - x_P)\left(\frac{\partial \phi}{\partial x}\right)_P + \frac{(x_e - x_P)^2}{2}\left(\frac{\partial^2 \phi}{\partial x^2}\right)_P + T_H.$$

Hieraus ergibt sich, daß das UDS-Verfahren (unabhängig vom Gitter) einen Interpolationsfehler 1. Ordnung besitzt. Der führende Fehlerterm in der resultierende Approximation des konvektiven Flusses F_e^C ergibt sich zu

$$\underbrace{\dot{m}_e(x_e - x_P)}_{\alpha_{num}}\left(\frac{\partial \phi}{\partial x}\right)_P.$$

Die hierdurch verursachten Fehler werden als *künstliche* oder *numerische Diffusion* bezeichnet, da der Term als diffusiver Fluß interpretiert werden kann. Der Koeffizient α_{num} ist ein Maß für die Größe der numerischen Diffusion. Wenn die Transportrichtung annähernd senkrecht zur KV-Seite liegt, ist die aus dem UDS-Verfahren resultierende Approximation der konvektiven Flüsse vergleichsweise gut (die Ableitung $(\partial\phi/\partial x)_{\mathrm{P}}$ ist dann klein). Andernfalls ist die Approximation sehr ungenau. Für große Massenflüsse (d.h. große Geschwindigkeiten) kann es dann notwendig sein, sehr feine Gitter (d.h. $x_{\mathrm{e}} - x_{\mathrm{P}}$ sehr klein) für die Berechnung zu verwenden, um die Lösung mit einer noch ausreichenden Genauigkeit zu bestimmen. Dem Nachteil der relativ geringen Genauigkeit, steht der große Vorteil des UDS-Verfahrens gegenüber, daß es zu einem uneingeschränkt beschränkten Lösungsalgorithmus führt. Auf diesen Aspekt werden wir in Abschn. 8.1.5 näher eingehen.

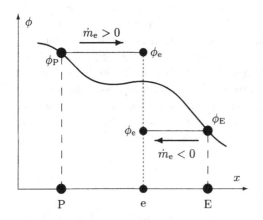

Abb. 4.7. Massenflußabhängige Approximation von ϕ_{e} mit dem UDS-Verfahren

Eine in der Praxis häufig verwendete Upwind-Approximation ist das Verfahren der quadratischen Upwind-Interpolation, welches in der Literatur als QUICK-Verfahren (Quadratic Upwind Interpolation for Convective Kinematics) bekannt ist. Hierbei wird ein Polynom 2. Grades durch die zwei benachbarten Punkte P und E, und einen dritten Punkt, der stromaufwärts liegt (W oder EE, in Abhängigkeit der Strömungsrichtung) gelegt. Man erhält auf diese Weise (s. auch Abb. 4.8):

$$\phi_{\mathrm{e}} = a_1\phi_{\mathrm{E}} - a_2\phi_{\mathrm{W}} + (1 - a_1 + a_2)\phi_{\mathrm{P}}, \quad \text{falls } \dot{m}_{\mathrm{e}} > 0,$$
$$\phi_{\mathrm{e}} = b_1\phi_{\mathrm{P}} - b_2\phi_{\mathrm{EE}} + (1 - b_1 + b_2)\phi_{\mathrm{E}}, \quad \text{falls } \dot{m}_{\mathrm{e}} < 0,$$

wobei

$$a_1 = \frac{(2 - \gamma_{\mathrm{w}})\gamma_{\mathrm{e}}^2}{1 + \gamma_{\mathrm{e}} - \gamma_{\mathrm{w}}}, \qquad a_2 = \frac{(1 - \gamma_{\mathrm{e}})(1 - \gamma_{\mathrm{w}})^2}{1 + \gamma_{\mathrm{e}} - \gamma_{\mathrm{w}}},$$
$$b_1 = \frac{(1 + \gamma_{\mathrm{w}})(1 - \gamma_{\mathrm{e}})^2}{1 + \gamma_{\mathrm{ee}} - \gamma_{\mathrm{e}}}, \qquad b_2 = \frac{\gamma_{\mathrm{ee}}^2\gamma_{\mathrm{e}}}{1 + \gamma_{\mathrm{ee}} - \gamma_{\mathrm{e}}}.$$

Auf einem äquidistantem Gitter erhält man:

$$a_1 = \frac{3}{8}\,, \quad a_2 = \frac{1}{8}\,, \quad b_1 = \frac{3}{8}\,, \quad b_2 = \frac{1}{8}\,.$$

In diesem Fall besitzt das QUICK-Verfahren einen Interpolationsfehler 3. Ordnung. Es wird jedoch meist zusammen mit einer numerischen Integration 2. Ordnung benutzt. Das Gesamtverfahren besitzt dann nur 2. Ordnung, ist jedoch etwas genauer als das CDS-Verfahren.

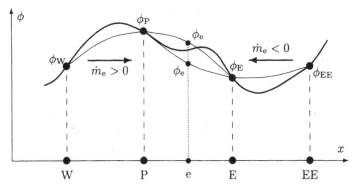

Abb. 4.8. Massenflußabhängige Approximation von ϕ_e mit dem QUICK-Verfahren

Bevor wir uns der Diskretisierung der diffusiven Flüsse zuwenden, soll noch auf eine spezielle Technik zur Behandlung konvektiver Flüsse hingewiesen werden, welche für Transportgleichungen häufig benutzt wird.

4.3.3 „Flux-Blending"-Technik

Die prinzipielle Idee des „*Flux-Blending*", welche auf Khosla und Rubin (1974) zurückgeht, besteht darin, verschiedene Approximationen für den konvektiven Fluß zu kombinieren. Damit versucht man, die Vorteile einer genauen Approximation eines Verfahrens höherer Ordnung mit denen der besseren Robustheits- und Beschränktheitseigenschaften eines Verfahrens niedrigerer Ordnung (meist das UDS-Verfahren) zu verbinden.

Zur Erläuterung der Methode betrachten wir wieder beispielhaft die Seite S_e eines KV. Die jeweiligen Approximationen für ϕ_e im konvektiven Fluß F_e^C für die beiden zu kombinierenden Verfahren seien mit ϕ_e^{VN} und ϕ_e^{VH} bezeichnet, wobei VN das Verfahren niedriger und VH das Verfahren höherer Ordnung kennzeichnet. Die Approximation für das kombinierte Verfahren lautet:

$$\phi_e \approx (1 - \beta)\phi_e^{VN} + \beta\phi_e^{VH} = \phi_e^{VN} + \underbrace{\beta(\phi_e^{VH} - \phi_e^{VN})}_{b_\beta^{\phi,e}}\,. \tag{4.8}$$

Für $\beta = 0$ ergibt sich aus Gl. (4.8) das Verfahren VN und für $\beta = 1$ resultiert das Verfahren VH. Es kann aber auch jeder andere Wert zwischen 0 und 1 für

β gewählt werden, um auf diese Weise die Anteile der jeweiligen Verfahren (je nach Problemerfordernissen) steuern zu können.

In der Regel ist $\beta < 1$ nur auf relativ groben Gittern notwendig, da dort unter Umständen mit $\beta = 1$ keine oder nur eine mit numerischen Oszillationen behaftete Lösung erzielt werden kann (s. Abschn. 8.1.5). Werte für $\beta < 1$ sollten nur dann gewählt werden, wenn $\beta = 1$ auf dem gegebenen Gitter zu keiner „vernünftigen" Lösung führt, und kein feineres Gitter (wegen Speichermangel oder Rechenzeiteinschränkungen) benutzt werden kann, oder wenn die Genauigkeitsanforderungen nicht so hoch sind.

Auch wenn $\beta = 1$ (das Verfahren höherer Ordnung) verwendet wird, lohnt es sich, eine Aufspaltung gemäß der Beziehung (4.8) zu verwenden und den Term $b_{\beta}^{\phi,\mathrm{e}}$ in Kombination mit einem iterativen Löser „explizit" zu behandeln. Dies bedeutet, daß dieser Term mit (bekannten) ϕ-Werten aus der vorangegangenen Iteration berechnet und dem Quellterm zugeschlagen wird. Dies führt zu einem stabileren iterativen Lösungsverfahren, da dieser (eventuell kritische) Term damit keinen Beitrag zur Systemmatrix liefert und diese „diagonaldominanter" wird (alle Koeffizienten positiv). Auf die konvergierte Lösung hat diese Modifikation keinen Einfluß, d.h. diese ist identisch mit der Lösung, die man direkt mit dem Verfahren VH erhalten würde. Wir werden diese Vorgehensweise am Ende des Abschn. 7.1.4 noch näher erläutern.

4.4 Diskretisierung diffusiver Flüsse

Zur Approximation des diffusiven Flusses ist es erforderlich die Werte der Normalableitung von ϕ an der KV-Seite durch die Knotenwerte auszudrücken. Für die Ostseite S_{e} des KVs, die wir wieder beispielhaft betrachten, muß (im kartesischen Fall) die Ableitung $(\partial\phi/\partial x)_{\mathrm{e}}$ approximiert werden. Hierzu können Differenzenformeln verwendet werden, wie sie auch im Rahmen der Finite-Differenzen-Methode eingesetzt werden (s. z.B. [9]).

Die einfachste Approximation erhält man durch Verwendung einer Zentraldifferenzenformel

$$\left(\frac{\partial\phi}{\partial x}\right)_{\mathrm{e}} \approx \frac{\phi_{\mathrm{E}} - \phi_{\mathrm{P}}}{x_{\mathrm{E}} - x_{\mathrm{P}}}, \tag{4.9}$$

welche der Annahme entspricht, daß ϕ zwischen den Punkten x_{P} und x_{E} linear verläuft (s. Abb. 4.9). Zur Diskussion des Fehlers dieser Approximation, betrachten wir die Differenz der Taylor-Reihenentwicklungen um x_{e} an den Stellen x_{P} und x_{E}:

$$\left(\frac{\partial\phi}{\partial x}\right)_{\mathrm{e}} = \frac{\phi_{\mathrm{E}} - \phi_{\mathrm{P}}}{x_{\mathrm{E}} - x_{\mathrm{P}}} + \frac{(x_{\mathrm{e}} - x_{\mathrm{P}})^2 - (x_{\mathrm{E}} - x_{\mathrm{e}})^2}{2(x_{\mathrm{E}} - x_{\mathrm{P}})}\left(\frac{\partial^2\phi}{\partial x^2}\right)_{\mathrm{e}}$$
$$- \frac{(x_{\mathrm{e}} - x_{\mathrm{P}})^3 + (x_{\mathrm{E}} - x_{\mathrm{e}})^3}{6(x_{\mathrm{E}} - x_{\mathrm{P}})}\left(\frac{\partial^3\phi}{\partial x^3}\right)_{\mathrm{e}} + T_{\mathrm{H}}.$$

Man erkennt, daß sich für ein äquidistantes Gitter ein Fehler 2. Ordnung ergibt, da in diesem Fall der Koeffizient vor der 2. Ableitung verschwindet. Im Falle nicht-äquidistanter Gitter erhält man durch eine einfache Umformung, daß dieser führende Fehlerterm proportional zur Gitterweite und dem Expansionsverhältnis ξ_e benachbarter Gitterabstände ist:

$$\frac{(1 - \xi_e)(x_e - x_P)}{2} \left(\frac{\partial^2 \phi}{\partial x^2}\right)_e \quad \text{mit} \quad \xi_e = \frac{x_E - x_e}{x_e - x_P}.$$

Dies bedeutet, daß der Anteil des Fehlerterms 1. Ordnung um so größer wird, je mehr das Expansionsverhältnis von 1 abweicht. Diesem Aspekt sollte bei der Gittergenerierung dadurch Rechnung getragen werden, daß sich benachbarte KV in den entsprechenden Abmessungen nicht zu stark voneinander unterscheiden (s. auch Abschn. 8.3).

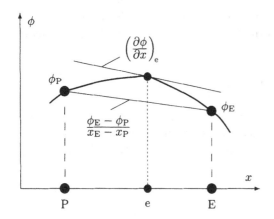

Abb. 4.9. Zentraldifferenzenformel zur Approximation der 1. Ableitung an der KV-Seite

Eine Approximation 4. Ordnung der Ableitung an der KV-Seite erhält man für ein äquidistantes Gitter durch

$$\left(\frac{\partial \phi}{\partial x}\right)_e \approx \frac{1}{24\Delta x}(\phi_W - 27\phi_P + 27\phi_E - \phi_{EE}), \qquad (4.10)$$

die man beispielsweise zusammen mit der Simpson-Regel einsetzen kann, um für den diffusiven Fluß insgesamt eine Approximation 4. Ordnung zu erhalten.

Obwohl natürlich grundsätzlich auch andere Möglichkeiten der Approximation der Ableitungen vorliegen (z.B. Vorwärts- oder Rückwärtsdifferenzenformeln), werden in der Praxis fast nur Zentraldifferenzenformeln benutzt, die für die jeweils in die Diskretisierung einbezogene Anzahl von Gitterpunkten die größte Genauigkeit besitzen. Beschränktheitsprobleme, wie bei den konvektiven Flüssen, existieren hier nicht, so daß es keinen Grund gibt, ungenauere Approximationen zu verwenden. Lediglich für KV, die am Rand des Problemgebiets liegen, kann es aufgrund fehlender Gitterpunkte in Richtung des Randes notwendig sein, Vorwärts- oder Rückwärtsdifferenzenformeln zu verwenden (s. Abschn. 4.7).

4.5 Nicht-kartesische Gitter

Die bisherigen Ausführungen zur Diskretisierung der konvektiven und diffusiven Flüsse beschränkten sich auf den Fall kartesischer Gitter. In diesem Abschnitt werden wir die notwendigen Modifikationen für allgemeine (viereckige) KV diskutieren.

Für die konvektiven Flüsse können zur Approximation von ϕ_c einfache Verallgemeinerungen der Schemata, die wir im Abschn. 4.3 eingeführt haben (z.B. UDS, CDS, QUICK,...), verwendet werden. Eine entsprechende CDS-Approximation für ϕ_e lautet beispielsweise

$$\phi_e \approx \frac{|\mathbf{x}_{\tilde{e}} - \mathbf{x}_P|}{|\mathbf{x}_E - \mathbf{x}_P|} \phi_E + \frac{|\mathbf{x}_E - \mathbf{x}_{\tilde{e}}|}{|\mathbf{x}_E - \mathbf{x}_P|} \phi_P \,, \tag{4.11}$$

wobei $\mathbf{x}_{\tilde{e}}$ der Schnittpunkt der Verbindungslinie zwischen den Punkten P und E mit der (eventuell zu verlängernden) KV-Seite S_e ist (s. Abb. 4.10). Für den konvektiven Fluß durch die Seite S_e ergibt sich damit die folgende Approximation:

$$F_e^C \approx \frac{\dot{m}_e}{|\mathbf{x}_E - \mathbf{x}_P|} \left(|\mathbf{x}_{\tilde{e}} - \mathbf{x}_P|\phi_E + |\mathbf{x}_E - \mathbf{x}_{\tilde{e}}|\phi_P\right) \,.$$

Falls das Gitter an der entsprechenden Seite einen „Knick" hat, entsteht ein zusätzlicher Fehler, da dann die Punkte $\mathbf{x}_{\tilde{e}}$ und $\mathbf{x}_e$ nicht zusammenfallen (vgl. Abb. 4.10). Auch dies sollte bei der Gittergenerierung berücksichtigt werden (s. auch Abschn. 8.3).

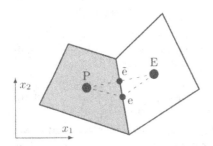

Abb. 4.10. Zentraldifferenzenapproximation konvektiver Flüsse für nicht-kartesische Kontrollvolumen

Wenden wir uns nun der Approximation der diffusiven Flüsse zu, für welche sich weiterreichende Unterschiede zum kartesischen Fall als für die konvektiven Flüsse ergeben. Zur Diskretisierung der diffusiven Flüsse ist eine Approximation der Normalableitung von ϕ in der Mitte der KV-Seite notwendig. Hierfür gibt es eine Reihe unterschiedlicher Möglichkeiten, je nachdem welche Richtungen für die Ableitungen festgelegt, an welchen Stellen die auftretenden Ableitungen ausgewertet und welche Knotenwerte zur Interpolation verwendet werden. Wir wollen hier exemplarisch eine Variante angeben, wobei wir uns wieder auf die Betrachtung der KV-Seite S_e beschränken.

Da entlang der Normalenrichtung im allgemeinen keine Gitterpunkte liegen, muß die Normalableitung durch Ableitungen nach geeigneten anderen Richtungen ausgedrückt werden. Wir verwenden hierzu die Koordinaten $\tilde{\xi}$ und $\tilde{\eta}$, die gemäß Abb. 4.11 definiert sind. Die Richtung $\tilde{\xi}$ ist bestimmt durch die Verbindungslinie zwischen P und E und die Richtung $\tilde{\eta}$ durch die Richtung der KV-Seite. Man beachte, daß $\tilde{\xi}$ und $\tilde{\eta}$ aufgrund einer Verzerrung des Gitters von den Richtungen ξ und η, welche durch die Verbindungslinien von P mit den Seitenmittelpunkten e und n definiert sind, abweichen können. Je größer diese Abweichungen sind, desto größer ist der Diskretisierungsfehler.

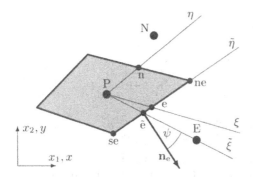

Abb. 4.11. Approximation diffusiver Flüsse für nicht-kartesische Kontrollvolumen

Eine Koordinatentransformation $(x, y) \rightarrow (\tilde{\xi}, \tilde{\eta})$ ergibt für die Normalableitung die folgende Darstellung:

$$\frac{\partial \phi}{\partial x} n_1 + \frac{\partial \phi}{\partial y} n_2 = \frac{1}{J} \left[\left(\frac{\partial y}{\partial \tilde{\eta}} n_1 - \frac{\partial x}{\partial \tilde{\eta}} n_2 \right) \frac{\partial \phi}{\partial \tilde{\xi}} + \left(\frac{\partial x}{\partial \tilde{\xi}} n_2 - \frac{\partial y}{\partial \tilde{\xi}} n_1 \right) \frac{\partial \phi}{\partial \tilde{\eta}} \right] \quad (4.12)$$

mit der Jacobi-Determinante

$$J = \frac{\partial x}{\partial \tilde{\xi}} \frac{\partial y}{\partial \tilde{\eta}} - \frac{\partial y}{\partial \tilde{\xi}} \frac{\partial x}{\partial \tilde{\eta}}.$$

Die Metrikgrößen approximieren wir in e gemäß

$$\frac{\partial \mathbf{x}}{\partial \tilde{\xi}} \approx \frac{\mathbf{x}_E - \mathbf{x}_P}{|\mathbf{x}_E - \mathbf{x}_P|} \quad \text{und} \quad \frac{\partial \mathbf{x}}{\partial \tilde{\eta}} \approx \frac{\mathbf{x}_{ne} - \mathbf{x}_{se}}{\delta S_e}. \quad (4.13)$$

Für die Jacobi-Determinante erhalten wir damit die Approximation

$$J_e \approx \frac{(x_E - x_P)(y_{ne} - y_{se}) - (y_E - y_P)(x_{ne} - x_{se})}{|\mathbf{x}_E - \mathbf{x}_P| \delta S_e} = \cos \psi,$$

wobei ψ den Winkel zwischen der Richtung $\tilde{\xi}$ und $\mathbf{n}$ bezeichnet (s. Abb. 4.11). ψ ist ein Maß für die Abweichung des Gitters von der Orthogonalität ($\psi = 0$ für orthogonales Gitter).

Die Ableitungen nach $\tilde{\xi}$ und $\tilde{\eta}$ in Gl. (4.12) können in gewohnter Weise mittels einer Finite-Differenzen-Formel approximiert werden. Die Verwendung einer Zentraldifferenz 2. Ordnung ergibt beispielsweise:

$$\frac{\partial \phi}{\partial \tilde{\xi}} \approx \frac{\phi_E - \phi_P}{|\mathbf{x}_E - \mathbf{x}_P|} \quad \text{und} \quad \frac{\partial \phi}{\partial \tilde{\eta}} \approx \frac{\phi_{ne} - \phi_{se}}{\delta S_e} . \tag{4.14}$$

Durch Einsetzen der Approximationen (4.13) und (4.14) in Gl. (4.12) erhalten wir unter Verwendung der Komponentendarstellung des Normalenvektors (4.4) schließlich für den diffusiven Fluß durch die KV-Seite S_e die folgende Approximation:

$$F_e^D \approx D_e(\phi_E - \phi_P) + N_e(\phi_{ne} - \phi_{se}) \tag{4.15}$$

mit

$$D_e = \frac{\alpha \left[(y_{ne} - y_{se})^2 + (x_{ne} - x_{se})^2 \right]}{(x_{ne} - x_{se})(y_E - y_P) - (y_{ne} - y_{se})(x_E - x_P)} , \tag{4.16}$$

$$N_e = \frac{\alpha \left[(y_{ne} - y_{se})(y_E - y_P) + (x_{ne} - x_{se})(x_E - x_P) \right]}{(y_{ne} - y_{se})(x_E - x_P) - (x_{ne} - x_{se})(y_E - y_P)} . \tag{4.17}$$

Der Koeffizient N_e repräsentiert die Anteile, die aufgrund der Nicht-Orthogonalität des Gitters hinzukommen. Ist das Gitter orthogonal, dann haben $\mathbf{n}_e$ und $\mathbf{x}_E - \mathbf{x}_P$ die gleiche Richtung und es gilt $N_e = 0$. Es sollte versucht werden, den Koeffizienten N_e (und die entsprechenden Werte für die anderen KV-Seiten) möglichst klein zu halten (s. auch Abschn. 8.3).

Die in Gl. (4.15) auftretenden Werte für ϕ_{ne} und ϕ_{se} können beispielsweise durch lineare Interpolation aus den vier benachbarten Knotenwerten berechnet werden:

$$\phi_{ne} = \frac{\gamma_P \phi_P + \gamma_E \phi_E + \gamma_N \phi_N + \gamma_{NE} \phi_{NE}}{\gamma_P + \gamma_E + \gamma_N + \gamma_{NE}}$$

mit geeigneten Interpolationsfaktoren γ_P, γ_E, γ_N und γ_{NE} (s. Abb. 4.12).

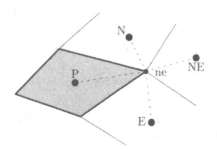

Abb. 4.12. Interpolation von Werten in KV-Ecken zur Diskretisierung diffusiver Flüsse für nicht-kartesische KV

4.6 Diskretisierte Transportgleichung

Kehren wir zunächst zurück zu unserem Beispiel der allgemeinen zweidimensionalen Transportgleichung (4.3) und wenden die in den vorangegangenen Abschnitten eingeführten Approximationstechniken hierauf an.

Wir verwenden beispielhaft die Mittelpunktsregel für die Integralapproximationen, das UDS-Verfahren für den konvektiven Fluß und das CDS-Verfahren für den diffusiven Fluß. Ferner nehmen wir an, daß für die Geschwindigkeitskomponenten $v_1, v_2 > 0$ gilt und das Gitter kartesisch ist. Man erhält damit die folgende Approximation der Bilanzgleichung (4.3):

$$\left(\rho v_1 \phi_P - \alpha \frac{\phi_E - \phi_P}{x_E - x_P} \right) (y_n - y_s)$$

$$- \left(\rho v_1 \phi_W - \alpha \frac{\phi_P - \phi_W}{x_P - x_W} \right) (y_n - y_s)$$

$$+ \left(\rho v_2 \phi_P - \alpha \frac{\phi_N - \phi_P}{y_N - y_P} \right) (x_e - x_w)$$

$$- \left(\rho v_2 \phi_S - \alpha \frac{\phi_P - \phi_S}{y_P - y_S} \right) (x_e - x_w) = f_P (y_n - y_s)(x_e - x_w) \,.$$

Eine einfache Umformung ergibt eine Beziehung der Form

$$a_P \phi_P = a_E \phi_E + a_W \phi_W + a_N \phi_N + a_S \phi_S + b_P \qquad (4.18)$$

mit den Koeffizienten

$$a_E = \frac{\alpha}{(x_E - x_P)(x_e - x_w)} \,,$$

$$a_W = \frac{\rho v_1}{x_e - x_w} + \frac{\alpha}{(x_P - x_W)(x_e - x_w)} \,,$$

$$a_N = \frac{\alpha}{(y_N - y_P)(y_n - y_s)} \,,$$

$$a_S = \frac{\rho v_2}{y_n - y_s} + \frac{\alpha}{(y_P - y_S)(y_n - y_s)} \,,$$

$$a_P = \frac{\rho v_1}{x_e - x_w} + \frac{\alpha(x_E - x_W)}{(x_P - x_W)(x_E - x_P)(x_e - x_w)} +$$
$$\frac{\rho v_2}{y_n - y_s} + \frac{\alpha(y_N - y_S)}{(y_P - y_S)(y_N - y_P)(y_n - y_s)} \,,$$

$$b_P = f_P \,.$$

Ist das Gitter in jeder Raumrichtung äquidistant (mit Gitterweiten Δx und Δy), hat man für die Koeffizienten:

$$a_E = \frac{\alpha}{\Delta x^2} \,, \quad a_W = \frac{\rho v_1}{\Delta x} + \frac{\alpha}{\Delta x^2} \,, \quad a_N = \frac{\alpha}{\Delta y^2} \,, \quad a_S = \frac{\rho v_2}{\Delta y} + \frac{\alpha}{\Delta y^2} \,,$$

$$a_P = \frac{\rho v_1}{\Delta x} + \frac{2\alpha}{\Delta x^2} + \frac{\rho v_2}{\Delta y} + \frac{2\alpha}{\Delta y^2} \,, \quad b_P = f_P \,.$$

In diesem besonderen Fall entspricht Gl. (4.18) einer Diskretisierung, die man auch mit einem entsprechenden Finite-Differenzen-Verfahren erhalten würde (für allgemeine Gitter ist dies in der Regel nicht der Fall).

Man erkennt, daß, unabhängig vom verwendeten Gitter, für die Koeffizienten in Gl. (4.18) die Beziehung

$$a_P = a_E + a_W + a_N + a_S$$

gilt. Diese ist charakteristisch für Finite-Volumen-Verfahren und drückt die Konservativität des Verfahrens aus. Wir werden auf diese Eigenschaft in Abschn. 8.1.4 zurückkommen.

Gl. (4.18) gilt in dieser Form für alle Kontrollvolumen, welche nicht am Rand des Problemgebiets liegen. Falls das KV am Rand liegt, beinhaltet Gl. (4.18) Knotenwerte, die außerhalb des Problemgebiets liegen. Randkontrollvolumen bedürfen daher, je nach vorgegebenem Randbedingungstyp, einer Sonderbehandlung, auf die wir nun eingehen werden.

4.7 Behandlung von Randbedingungen

Wir betrachten die drei Randbedingungstypen die für Probleme des betrachteten Typs am häufigsten auftreten (s. Kap. 2): bekannter Variablenwert, bekannter Fluß und Symmetrierand. Zur Erläuterung der Implementierung dieser Randbedingungen in ein Finite-Volumen-Verfahren betrachten wir als Beispiel ein kartesisches KV am Westrand (s. Abb. 4.13) für die Transportgleichung (4.3). Entsprechend modifizierte Vorgehensweisen für den nichtkartesischen Fall bzw. für andere Gleichungstypen können analog formuliert werden (s. hierzu auch Abschn. 10.4).

Beginnen wir mit dem Fall eines vorgegebenen Randwerts $\phi_w = \phi^0$. Für den konvektiven Fluß am Rand hat man:

$$F_w^C = \dot{m}_w \phi_w = \dot{m}_w \phi^0 \,.$$

Damit ist F_w^C bekannt (der Massenfluß $\dot{m}_w$ am Rand ist auch bekannt) und kann einfach in Gl. (4.6) eingesetzt werden, wodurch sich ein zusätzlicher Beitrag zum Quellterm b_P ergibt.

Der diffusive Fluß durch den Rand wird mit der gleichen Vorgehensweise wie im Inneren des Gebiets bestimmt (s. Gl. (4.18)). Analog zu Gl. (4.9) kann die Ableitung am Rand folgendermaßen ausgedrückt werden:

$$\left(\frac{\partial \phi}{\partial x} \right)_w = \frac{\phi_P - \phi_w}{x_P - x_w} = \frac{\phi_P - \phi^0}{x_P - x_w} \,. \tag{4.19}$$

Dies entspricht einer Vorwärtsdifferenzenformel 1. Ordnung. Natürlich kann auch eine (aufwendigere) Differenzenformel höherer Ordnung verwendet werden. Da jedoch der Abstand zwischen dem Randpunkt w und dem Punkt P kleiner als der Abstand zwischen zwei inneren Punkten ist (halb so groß bei äquidistantem Gitter, s. Abb. 4.13), macht sich eine niedrigere Ordnung der Approximation am Rand in der Genauigkeit nicht so stark bemerkbar.

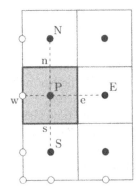

Abb. 4.13. Kartesisches Randkontrollvolumen am Westrand mit Bezeichnungen

Zusammenfassend hat man also für das betrachtete Randkontrollvolumen eine Beziehung der Form (4.18) mit den modifizierten Koeffizienten:

$$a_W = 0,$$

$$a_P = \frac{\rho v_1}{x_e - x_w} + \frac{\alpha(x_E - x_w)}{(x_P - x_w)(x_E - x_P)(x_e - x_w)} +$$
$$\frac{\rho v_2}{y_n - y_s} + \frac{\alpha(y_N - y_s)}{(y_P - y_s)(y_N - y_P)(y_n - y_s)},$$

$$b_P = f_P + \left[\frac{\rho v_1}{x_e - x_w} + \frac{\alpha}{(x_P - x_w)(x_e - x_w)}\right]\phi^0.$$

Alle anderen Koeffizienten berechnen sich wie für ein KV im Inneren des Lösungsgebiets.

Betrachten wir nun den Fall, daß der Fluß $F_w = F^0$ am Westrand vorgegeben ist. Um den Fluß durch die Seite zu berechnen, muß dann lediglich F^0 mit der Fläche (Länge) der KV-Seite multipliziert werden. Der erhaltene Wert wird in Gl. (4.6) als Gesamtfluß eingesetzt. Die modifizierten Koeffizienten für das Rand-KV lauten in diesem Fall:

$$a_W = 0,$$

$$a_P = \frac{\rho v_1}{x_e - x_w} + \frac{\alpha}{(x_E - x_P)(x_e - x_w)} +$$
$$\frac{\rho v_2}{y_n - y_s} + \frac{\alpha(y_N - y_s)}{(y_P - y_s)(y_N - y_P)(y_n - y_s)},$$

$$b_P = f_P + \frac{F^0}{x_e - x_w}.$$

Alle anderen Koeffizienten bleiben wiederum unverändert.

Oft kann man Symmetrien eines Problems ausnutzen, um das Lösungsgebiet zu verkleinern und dadurch Rechenzeit einzusparen oder bei gleichem

Rechenaufwand eine höhere Genauigkeit (durch Verwendung eines feineren Gitters) zu erreichen. In diesen Fällen treten dann am Rand des Lösungsgebietes Symmetrieebenen oder -linien auf. An einem derartigen Rand hat man als Randbedingung:

$$\frac{\partial \phi}{\partial x_i} n_i = 0 \,. \tag{4.20}$$

Aus dieser Bedingung folgt, daß der diffusive Fluß durch den Symmetrierand gleich Null ist (s. Gl. (4.18)). Da an einem Symmetrierand auch die Normalkomponente des Geschwindigkeitsvektors gleich Null sein muß (d.h. $v_i n_i = 0$), ist auch der Massenfluß und damit der konvektive Fluß durch den Rand gleich Null. In der Bilanzgleichung (4.6) kann also einfach der Gesamtfluß durch die entsprechende KV-Seite gleich Null gesetzt werden. Für das Rand-KV aus Abb. 4.13 ergeben sich die folgenden modifizierten Koeffizienten:

$$a_W = 0 \,,$$

$$a_P = \frac{\rho v_1}{x_e - x_w} + \frac{\alpha}{(x_E - x_P)(x_e - x_w)} +$$

$$\frac{\rho v_2}{y_n - y_s} + \frac{\alpha(y_N - y_S)}{(y_P - y_S)(y_N - y_P)(y_n - y_s)} \,.$$

Falls erforderlich, kann der (unbekannte) Variablenwert am Rand aus einer Differenzenapproximation der Randbedingung (4.20) bestimmt werden. Im betrachteten Fall erhält man z.B. mit einer Vorwärtsdifferenzenformel (vgl. Gl. (4.19)) einfach $\phi_w = \phi_P$.

Eine eindeutige Lösung des aus der Finite-Volumen-Diskretisierung resultierenden Gleichungssystems kann, wie bei allen Diskretisierungsverfahren, nur dann erfolgen, wenn die Randbedingungen an allen Rändern des Lösungsgebiets berücksichtigt werden (z.B. in der oben angegebenen Weise), da es sonst mehr Unbekannte als Gleichungen gäbe.

4.8 Gesamtgleichungssystem

Wie in Abschn. 4.6 anhand des Beispiels der allgemeinen skalaren Transportgleichung erläutert, ergibt eine Finite-Volumen-Diskretisierung für jedes KV allgemein eine Gleichung der Form:

$$a_P \phi_P - \sum_c a_c \phi_c = b_P \,,$$

wobei der Index c über alle Nachbarpunkte läuft, die aufgrund der Approximationsvorschrift in die Diskretisierung einbezogen sind. Global, d.h. für alle KV des numerischen Gitters ($i = 1, \ldots, N$), erhält man damit ein lineares Gleichungssystem mit N Gleichungen

$$a_{\mathrm{P}}^i \phi_{\mathrm{P}}^i - \sum_c a_c^i \phi_c^i = b_{\mathrm{P}}^i \quad \text{für alle} \quad i = 1, \dots, N \tag{4.21}$$

für die N unbekannten Knotenwerte ϕ_{P}^i in den KV-Mittelpunkten. Das Gleichungssystem (4.21) besitzt, nach Einführung einer entsprechenden Numerierung der Knotenvariablen, im Falle kartesischer Gitter eine völlig analoge Struktur, wie ein System, welches man bei Verwendung eines Finite-Differenzen-Verfahrens erhalten würde.

Betrachten wir als Beispiel zunächst den eindimensionalen Fall. Das Problemgebiet sei das Intervall $[0, L]$, welches wir zur Diskretisierung in N nicht notwendigerweise äquidistante KV (Teilintervalle) zerlegen (s. Abb. 4.14).

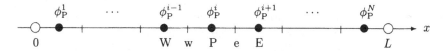

Abb. 4.14. Numerisches Gitter und Variablenzuordnung für eindimensionales Transportproblem

Für ein Zentraldifferenzenverfahren 2. Ordnung besitzen die diskreten Gleichungen beispielsweise die folgende Form:

$$a_{\mathrm{P}}^i \phi_{\mathrm{P}}^i - a_{\mathrm{E}}^i \phi_{\mathrm{E}}^i - a_{\mathrm{W}}^i \phi_{\mathrm{W}}^i = b_{\mathrm{P}}^i . \tag{4.22}$$

Bei Verwendung der üblichen lexikographischen Numerierung der Knotenvariablen, wie in Abb. 4.14 angegeben, gilt:

$$\begin{aligned}
\phi_{\mathrm{W}}^i &= \phi_{\mathrm{P}}^{i-1} \quad \text{für alle} \quad i = 2, \dots, N, \\
\phi_{\mathrm{E}}^i &= \phi_{\mathrm{P}}^{i+1} \quad \text{für alle} \quad i = 1, \dots, N-1.
\end{aligned}$$

Es resultiert damit ein lineares Gleichungssystem, welches in Matrixform folgendermaßen dargestellt werden kann:

$$\underbrace{\begin{bmatrix}
a_{\mathrm{P}}^1 & -a_{\mathrm{E}}^1 & & & & \\
-a_{\mathrm{W}}^2 & a_{\mathrm{P}}^2 & -a_{\mathrm{E}}^2 & & 0 & \\
& \ddots & \ddots & & & \\
& & -a_{\mathrm{W}}^i & a_{\mathrm{P}}^i & -a_{\mathrm{E}}^i & \\
& & & \ddots & \ddots & \ddots \\
& 0 & & & & \\
& & & & -a_{\mathrm{W}}^N & a_{\mathrm{P}}^N
\end{bmatrix}}_{\mathbf{A}}
\underbrace{\begin{bmatrix}
\phi_{\mathrm{P}}^1 \\ \cdot \\ \phi_{\mathrm{P}}^{i-1} \\ \phi_{\mathrm{P}}^i \\ \phi_{\mathrm{P}}^{i+1} \\ \cdot \\ \phi_{\mathrm{P}}^N
\end{bmatrix}}_{\boldsymbol{\phi}}
=
\underbrace{\begin{bmatrix}
b_{\mathrm{P}}^1 \\ b_{\mathrm{P}}^2 \\ \cdot \\ b_{\mathrm{P}}^i \\ \cdot \\ \cdot \\ b_{\mathrm{P}}^N
\end{bmatrix}}_{\mathbf{b}} .$$

Bei Verwendung einer QUICK-Diskretisierung oder eines Zentraldifferenzenverfahrens 4. Ordnung resultieren auch Koeffizienten für die weiter entfernten Punkte EE und WW:

$$a_P \phi_P - a_{EE} \phi_{EE} - a_E \phi_E - a_W \phi_W - a_{WW} \phi_{WW} = b_P \, , \qquad (4.23)$$

d.h. in der entsprechenden Koeffizientenmatrix $\mathbf{A}$ treten dann zwei zusätzliche Diagonalen auf.

Für den zwei- und dreidimensionalen Fall können für die Aufstellung der Gleichungssysteme völlig analoge Betrachtungen angestellt werden. Für ein zweidimensionales Rechteckgebiet mit $N \times M$ Kontrollvolumen (s. Abb. 4.15), haben wir z.B. im Falle der in Abschn. 4.6 angegebenen Diskretisierung Gleichungen der Form

$$a_P^{i,j} \phi_P^{i,j} - a_E^{i,j} \phi_E^{i,j} - a_W^{i,j} \phi_W^{i,j} - a_S^{i,j} \phi_S^{i,j} - a_N^{i,j} \phi_N^{i,j} = b_P^{i,j}$$

für $i = 1, \ldots, N$ und $j = 1, \ldots, M$. Im Falle einer lexikographischen spaltenweisen Numerierung der Gitterpunkte (Index j wird zuerst hochgezählt) und einer entsprechenden Anordnung der unbekannten Variablen $\phi_P^{i,j}$ (s. Abb. 4.15), besitzt die Systemmatrix $\mathbf{A}$ dann beispielsweise die folgende Gestalt:

$$
\begin{bmatrix}
a_P^{1,1} & -a_N^{1,1} & \cdot & 0 & \cdot & -a_E^{1,1} & & & \\
-a_S^{1,2} & \cdot & \cdot & & & & \cdot & & 0 \\
\cdot & \cdot & \cdot & \cdot & & & & \cdot & \\
0 & \cdot & \cdot & \cdot & & & & & \\
\cdot & & \cdot & \cdot & \cdot & & & -a_E^{N-1,M} & \\
-a_W^{2,1} & & & \cdot & \cdot & \cdot & & & \cdot \\
& \cdot & & & \cdot & \cdot & \cdot & & 0 \\
& & & & & & \cdot & & \cdot \\
0 & & \cdot & & & \cdot & & \cdot & -a_N^{N,M-1} \\
& & & -a_W^{N,M} & \cdot & 0 & \cdot & -a_S^{N,M} & a_P^{N,M}
\end{bmatrix}
$$

Wie in Abschn. 4.5 ausgeführt können im nicht-kartesischen Fall aufgrund der Diskretisierung der diffusiven Flüsse zusätzliche Koeffizienten auftreten, wodurch sich die Anzahl der besetzten Diagonalen in der aus der Diskretisierung resultierenden Systemmatrix erhöht. Bei Verwendung der in Abschn. 4.5 beispielhaft angegebenen Diskretisierung hätte man beispielsweise zusätzlich Abhängigkeiten mit den Punkten NE, NW, SE und SW, die benötigt werden, um die Werte von ϕ in den Ecken des Kontrollvolumens linear zu interpolieren (s. Abb. 4.16), so daß im Falle eines strukturierten Gitters eine Matrix mit 9 von Null verschiedenen Diagonalen resultiert.

Lösungsverfahren für die aus der Diskretisierung resultierenden Gleichungssysteme werden in Kap. 7.1 behandelt.

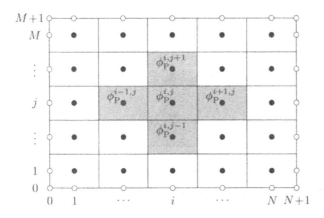

Abb. 4.15. Zweidimensionales kartesisches Gitter mit Variablenzuordnung

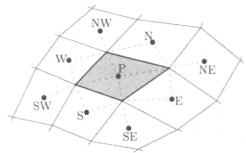

Abb. 4.16. Interpolation von KV-Eckwerten für nicht-kartesische KV

4.9 Berechnungsbeispiel

Als konkretes einfaches (zweidimensionales) Beispiel für die Anwendung der FVM betrachten wir die Berechnung der Wärmeleitung in einer trapezförmigen Platte (Dichte ρ, Wärmeleitfähigkeit κ) mit einer über die gesamte Platte konstanten Wärmequelle q. An drei Seiten sei die Temperatur und an der vierten Seite der Wärmefluß (gleich Null) vorgegeben. Die Problemdaten sind in Abb. 4.17 zusammengefaßt. Das Problem wird durch die Gleichung

$$-\kappa\frac{\partial^2 T}{\partial x^2} - \kappa\frac{\partial^2 T}{\partial y^2} = \rho q \tag{4.24}$$

mit den in Abb. 4.17 angegebenen Randbedingungen beschrieben (vgl. Abschn. 2.3.2). Zur Diskretisierung verwenden wir ein Gitter mit nur zwei KV, wie in Abb. 4.18 dargestellt. Die benötigten Koordinaten der ausgezeichneten Punkte für die beiden KV sind in Tabelle 4.2 zusammengestellt.

Die Integration von Gl. (4.24) über ein KV V und Anwendung des Gaußschen Integralsatzes liefert:

$$\sum_c F_c = -\kappa \sum_c \int_{S_c} \left(\frac{\partial T}{\partial x}n_1 + \frac{\partial T}{\partial y}n_2\right) \mathrm{d}S_c = \int_V q\,\mathrm{d}V,$$

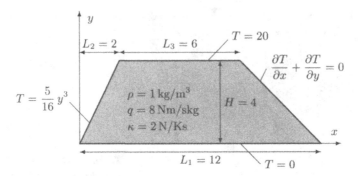

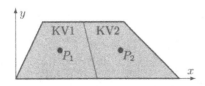

Abb. 4.17. Beispiel zur Wärmeleitung in einer trapezförmigen Platte (Temperaturen in K, Längen in m)

Abb. 4.18. Finite-Volumen-Einteilung für die trapezförmigen Platte

wobei über $c = \mathrm{s, n, w, e}$ zu summieren ist. Zur Approximation der Integrale verwenden wir die Mittelpunktsregel und für die Werte der Ableitungen an den KV-Seiten Zentraldifferenzenformeln 2. Ordnung. Die Approximationen der Flüsse berechnen sich damit für das KV1 zu:

$$F_{\mathrm{e}} = -\kappa \int\limits_{S_{\mathrm{e}}} \left(\frac{4}{\sqrt{17}} \frac{\partial T}{\partial x} + \frac{1}{\sqrt{17}} \frac{\partial T}{\partial y} \right) \mathrm{d}S_{\mathrm{e}} \approx$$

$$\approx D_{\mathrm{e}} \left(T_{\mathrm{E}} - T_{\mathrm{P}} \right) + N_{\mathrm{e}} (T_{\mathrm{ne}} - T_{\mathrm{se}}) = -\frac{17}{9} \left(T_{\mathrm{E}} - T_{\mathrm{P}} \right) - 10 \,,$$

$$F_{\mathrm{w}} = -\kappa \int\limits_{S_{\mathrm{w}}} \left(-\frac{2}{\sqrt{5}} \frac{\partial T}{\partial x} + \frac{1}{\sqrt{5}} \frac{\partial T}{\partial y} \right) \mathrm{d}S_{\mathrm{w}} =$$

$$= -\kappa \int\limits_{S_{\mathrm{w}}} \left(-\frac{2}{\sqrt{5}} \frac{120}{16} x^2 + \frac{1}{\sqrt{5}} \frac{15}{16} y^2 \right) \mathrm{d}S_{\mathrm{w}} = 60 \,,$$

$$F_{\mathrm{s}} = -\kappa \int\limits_{S_{\mathrm{s}}} \left(-\frac{\partial T}{\partial y} \right) \mathrm{d}S_{\mathrm{s}} \approx -\kappa \left(\frac{\partial T}{\partial y} \right)_{\mathrm{s}} (x_{\mathrm{se}} - x_{\mathrm{sw}}) \approx$$

$$\approx -\kappa \left(\frac{T_{\mathrm{P}} - T_{\mathrm{S}}}{y_{\mathrm{P}} - y_{\mathrm{S}}} \right) (x_{\mathrm{se}} - x_{\mathrm{sw}}) = 6 T_{\mathrm{P}} \,,$$

$$F_{\mathrm{n}} = -\kappa \int\limits_{S_{\mathrm{n}}} \frac{\partial T}{\partial y} \mathrm{d}S_{\mathrm{n}} \approx -\kappa \left(\frac{\partial T}{\partial y} \right)_{\mathrm{n}} (x_{\mathrm{ne}} - x_{\mathrm{nw}}) \approx$$

Tabelle 4.2. Koordinaten ausgezeichneter Punkte der diskretisierten trapezförmigen Platte

Punkt	KV1 x	y	KV2 x	y
P	13/4	2	31/4	2
e	11/2	2	10	2
w	1	2	11/2	2
n	7/2	4	13/2	4
s	3	0	9	0
nw	2	4	5	4
ne	5	4	8	4
se	6	0	12	0
sw	0	0	6	0
Volumen	18		18	

$$\approx \ -\kappa \left(\frac{T_N - T_P}{y_N - y_P} \right) (x_{ne} - x_{nw}) = 3T_P - 60 \,.$$

Der Fluß F_w wurde hierbei unter Verwendung der vorgegebenen Randfunktion exakt berechnet. Für das KV2 erhält man in analoger Weise:

$$F_e = 0 \,, \quad F_w \approx \frac{17}{9} (T_P - T_W) + 10 \,, \quad F_s \approx 6T_P \,, \quad F_n \approx 3T_P - 60 \,.$$

Für beide KV gilt $\delta V = 18$, so daß wir die folgenden diskreten Bilanzgleichungen erhalten:

$$\frac{98}{9} T_P - \frac{17}{9} T_E = 154 \quad \text{und} \quad \frac{98}{9} T_P - \frac{17}{9} T_W = 194 \,.$$

Für das KV1 ist $T_P = T_1$ und $T_E = T_2$, und für das KV2 ist $T_P = T_2$ und $T_W = T_1$. Es ergibt sich damit das lineare Gleichungssystem

$$98T_1 - 17T_2 = 1386 \quad \text{und} \quad 98T_2 - 17T_1 = 1746$$

für die beiden unbekannten Temperaturen T_1 und T_2, dessen Lösung sich zu $T_1 \approx 17,77$ und $T_2 \approx 20,90$ berechnet.

Übungsaufgaben zu Kap. 4

Übung 4.1. Bestimme mittels Taylor-Reihenentwicklung die führenden Fehlerterme für die eindimensionale Mittelpunkts- und Trapezregel und vergleiche die Ergebnisse.

Übung 4.2. Gegeben sei eine quadratischen Platte mit einer über das gesamte Gebiet konstanten Wärmequelle. An der Ober- und Unterseite sei die Temperatur T und an den beiden anderen Seiten der Wärmefluß vorgegeben. Die Problemdaten sind in Abb. 4.19 angegeben. Berechne die Lösung mit einem Finite-Volumen-Verfahren mit einer Zentraldifferenzendiskretisierung im Inneren und Vorwärts- bzw. Rückwärtsdifferenzen am Rand für die beiden in Abb. 4.20 gezeigten Gitter. Vergleiche die Ergebnisse mit der analytischen Lösung $T_a(x,y) = 20 - 2y^2 + x^3 y - xy^3$.

Übung 4.3. Formuliere für die Stabgleichung (2.37) ein Finite-Volumen-Verfahren 2. Ordnung für äquidistantes Gitter. Berechne damit die Verschiebung für einen Stab der Länge $L = 60\,\mathrm{m}$ unter den Randbedingungen (2.38) mit $A(x) = 1 + x/60$, $u_0 = 0$ und $k_L = 4\,\mathrm{N}$ unter Verwendung einer Diskretisierung in drei äquidistante KV.

Übung 4.4. Formuliere für die Membrangleichung (2.16) ein Finite-Volumen-Verfahren 4. Ordnung für äquidistante kartesische Gitter.

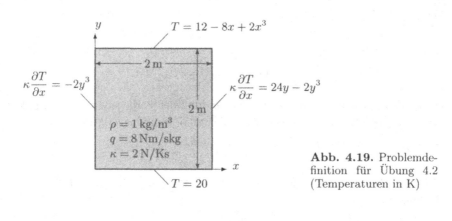

Abb. 4.19. Problemdefinition für Übung 4.2 (Temperaturen in K)

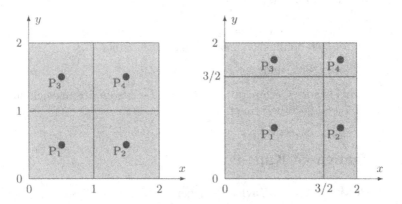

Abb. 4.20. Numerische Gitter für Übung 4.2

5 Finite-Element-Diskretisierung

Techniken, die man heute Finite-Element-Methode (FEM) nennt, gehen auf Arbeiten aus der Strukturmechanik zwischen 1940 und 1960 zurück. Der Begriff Finite-Elemente wurde von Clough (1960) eingeführt. Die FEM ist heute vor allem für numerische Berechnungen in der Strukturmechanik weit verbreitet. In den letzten Jahren wird sie aber auch verstärkt für strömungsmechanische Problemstellungen eingesetzt. Für die FEM existiert eine vergleichsweise elegante mathematische Theorie bzgl. Existenz- und Konvergenzkriterien und Fehlerabschätzungen. Auf diese Aspekte werden wir hier jedoch nicht eingehen (s. hierzu z.B. [4]).

5.1 Das Galerkinsche Verfahren

Die Grundlage für eine universelle Anwendung der Finite-Element-Methode bildet das *Galerkin-Verfahren*, welches wir anhand eines einfachen Beispiels einführen wollen. Wir betrachten hierzu die Poisson-Gleichung

$$-\frac{\partial^2 \phi}{\partial x_i \partial x_i} = f \tag{5.1}$$

für ein Problemgebiet V mit den zugehörigen Dirichletschen und Neumannschen Randbedingungen

$$\phi = \phi_S \quad \text{auf } S_1, \tag{5.2}$$

$$\frac{\partial \phi}{\partial x_i} n_i = t_S \quad \text{auf } S_2, \tag{5.3}$$

wobei die disjunkten Randstücke S_1 und S_2 zusammen den gesamten Rand S von V ergeben.

Für die gesuchte Funktion $\phi = \phi(\mathbf{x})$ machen wir einen Ansatz der Form

$$\phi(\mathbf{x}) = \varphi_0(\mathbf{x}) + \sum_{k=1}^{N} c_k \varphi_k(\mathbf{x}). \tag{5.4}$$

Die Funktion φ_0 soll hierbei die Dirichletschen Randbedingungen erfüllen, d.h. $\varphi_0 = \phi_S$ auf S_1, und für die restlichen Funktionen φ_k ($k = 1, \ldots, N$) seien

die entsprechenden homogenen Dirichletschen Randbedingungen erfüllt, d.h.
$\varphi_k = 0$ auf S_1. Insgesamt erfüllt der Ansatz damit die vorgegebenen Dirichletschen Randbedingungen (5.2) auf dem Randstück S_1. Die Neumannschen
Randbedingungen bleiben zunächst unberücksichtigt.

Setzt man den Ansatz (5.4) in die Differentialgleichung (5.1) ein, erhält
man:

$$-\frac{\partial^2 \varphi_0}{\partial x_i \partial x_i} - \sum_{k=1}^{N} c_k \frac{\partial^2 \varphi_k}{\partial x_i \partial x_i} = f \quad \text{in } V.$$

Diese Gleichung ist für beliebige c_k sicher nicht immer erfüllt. Als Maß für
den Fehler wird das *Residuum R* definiert:

$$R = -\frac{\partial^2 \varphi_0}{\partial x_i \partial x_i} - \sum_{k=1}^{N} c_k \frac{\partial^2 \varphi_k}{\partial x_i \partial x_i} - f.$$

Bedingungen zur Ermittlung einer numerischen Lösung erhält man nun, indem verlangt wird, daß die Summe der Integrale über V für die gewichteten
Residuen für N linear unabhängige Gewichtsfunktionen ω_j $(j = 1, \ldots, N)$
verschwinden, d.h. es soll gelten:

$$\int_V R \omega_j \, dV = 0 \quad \text{für alle } j = 1, \ldots, N.$$

Dieses Gleichungssystem kann zur Bestimmung der unbekannten Koeffizienten c_k benutzt werden (man hat N Gleichungen für N Unbekannte).

Für beliebige Gewichtsfunktionen nennt man diese Vorgehensweise *Verfahren der gewichteten Residuen*. Wählt man als Gewichtsfunktionen wiederum die Ansatzfunktionen φ_k $(k = 1, \ldots, N)$ spricht man vom *Galerkin-
Verfahren*. Im letzteren Fall hat man zur Bestimmung der Koeffizienten c_k
die Gleichungen

$$\int_V R \varphi_j \, dV = 0 \quad \text{für alle } j = 1, \ldots, N,$$

bzw. nach Einsetzen von R

$$-\int_V \frac{\partial^2 \varphi_0}{\partial x_i \partial x_i} \varphi_j \, dV - \int_V \sum_{k=1}^{N} c_k \frac{\partial^2 \varphi_k}{\partial x_i \partial x_i} \varphi_j \, dV = \int_V f \varphi_j \, dV. \tag{5.5}$$

Im zweiten Term auf der linken Seite kann die Reihenfolge von Summation
und Integration vertauscht werden und die Koeffizienten c_k, die nicht von
x abhängen, können vor das Integral gezogen werden. Durch anschließende
Anwendung des Gaußschen Integralsatzes auf die Integrale auf der linken
Seite läßt sich Gl. (5.5) äquivalent umschreiben zu

$$\int\limits_V \frac{\partial\varphi_0}{\partial x_i}\frac{\partial\varphi_j}{\partial x_i}\,\mathrm{d}V - \int\limits_S \frac{\partial\varphi_0}{\partial x_i}\varphi_j n_i\,\mathrm{d}S +$$

$$\sum_{k=1}^{N} c_k\left[\int\limits_V \frac{\partial\varphi_k}{\partial x_i}\frac{\partial\varphi_j}{\partial x_i}\,\mathrm{d}V - \int\limits_S \frac{\partial\varphi_k}{\partial x_i}\varphi_j n_i\,\mathrm{d}S\right] = \int\limits_V f\,\varphi_j\,\mathrm{d}V\,.$$

Da die Gewichtsfunktionen φ_j so gewählt waren, daß sie auf dem Randstück S_1 verschwinden, genügt es, die Randintegrale über S_2 anstatt über S zu integrieren. Vertauscht man noch Integration und Summation für die Randintegralterme, ergibt sich nach einigen weiteren einfachen Umformungen:

$$\int\limits_V \frac{\partial\varphi_0}{\partial x_i}\frac{\partial\varphi_j}{\partial x_i}\,\mathrm{d}V + \sum_{k=1}^{N} c_k \int\limits_V \frac{\partial\varphi_k}{\partial x_i}\frac{\partial\varphi_j}{\partial x_i}\,\mathrm{d}V$$

$$= \int\limits_V f\,\varphi_j\,\mathrm{d}V + \int\limits_{S_2} \frac{\partial}{\partial x_i}\underbrace{\left(\varphi_0 + \sum_{k=1}^{N} c_k\varphi_k\right)}_{\phi} n_i\,\varphi_j\,\mathrm{d}S\,.$$

Im Randintegral auf der rechten Seite kann nun die Neumannsche Randbedingung (5.3) für S_2 eingesetzt werden, so daß man schließlich für alle $j = 1,\ldots,N$ die folgende Beziehung erhält:

$$\int\limits_V \frac{\partial\varphi_0}{\partial x_i}\frac{\partial\varphi_j}{\partial x_i}\,\mathrm{d}V + \sum_{k=1}^{N} c_k \int\limits_V \frac{\partial\varphi_k}{\partial x_i}\frac{\partial\varphi_j}{\partial x_i}\,\mathrm{d}V = \int\limits_V f\,\varphi_j\,\mathrm{d}V + \int\limits_{S_2} t_S\,\varphi_j\,\mathrm{d}S\,. \quad (5.6)$$

Es ergibt sich also insgesamt ein lineares Gleichungssystem mit N Gleichungen und N Unbekannten für die zu bestimmenden Koeffizienten c_k:

$$\mathbf{S}\mathbf{c} = \mathbf{b} \qquad\qquad\qquad (5.7)$$

mit

$$S_{jk} = \int\limits_V \frac{\partial\varphi_k}{\partial x_i}\frac{\partial\varphi_j}{\partial x_i}\,\mathrm{d}V\,,$$

$$b_j = \int\limits_{S_2} t_S\varphi_j\,\mathrm{d}S + \int\limits_V f\,\varphi_j\,\mathrm{d}V - \int\limits_V \frac{\partial\varphi_0}{\partial x_i}\frac{\partial\varphi_j}{\partial x_i}\,\mathrm{d}V\,.$$

In Anlehnung an strukturmechanische Aufgabenstellungen wird die Matrix $\mathbf{S}$ als *Steifigkeitsmatrix* und der Vektor $\mathbf{b}$ als *Lastvektor* bezeichnet. Durch Lösung des Gleichungssystems (5.7) können die Koeffizienten c_k bestimmt werden und man hat schließlich eine Lösung des Problems gemäß der Beziehung (5.4).

Man erkennt sofort den Zusammenhang mit der schwachen Formulierung des Problems, die für unser Beispiel durch

$$\int\limits_V \frac{\partial \phi}{\partial x_i} \frac{\partial \varphi}{\partial x_i}\,\mathrm{d}V = \int\limits_V f\,\varphi\,\mathrm{d}V + \int\limits_{S_2} \frac{\partial \phi}{\partial x_i} n_i\,\varphi\,\mathrm{d}S$$

für alle Testfunktionen φ definiert ist (s. Kap. 2). Das Galerkin-Verfahren läßt sich direkt aus dieser Formulierung herleiten, indem man den Ansatz (5.4) für ϕ einsetzt und als Testfunktionen die Ansatzfunktionen φ_k heranzieht.

Das Galerkin-Verfahren ist durch die Wahl der Ansatzfunktionen φ_k bestimmt. Wählt man hierfür spezielle stückweise polynomiale Funktionen definiert dies ein Finite-Element-Verfahren. Die Finite-Element-Methode ist also ein Galerkin-Verfahren mit speziellen Ansatzfunktionen. Wir wollen uns im folgenden mit den verschiedenen Möglichkeiten zur Wahl dieser (polynomialen) Ansatzfunktionen befassen.

5.2 Finite-Element-Verfahren

Wie schon bei der Finite-Volumen-Methode benötigt man für die Anwendung eines Finite-Element-Verfahrens zunächst eine Diskretisierung des Problemgebiets. Man wählt hierzu eine nicht-überlappende Zerlegung des Gebiets in einfache Teilgebiete, die sogenannten *finiten Elemente* (s. Abb. 5.1). Abhängig von der räumlichen Problemdimension werden üblicherweise die folgenden Elementtypen verwendet:

– 1-d: Intervalle;
– 2-d: Dreiecke, Vierecke, krummlinige Elemente;
– 3-d: Tetraeder, Quader, krummlinige Elemente.

Auch eine gemischte Zerlegung, z.B. in Dreiecke und Vierecke im zweidimensionalen Fall, ist möglich (und manchmal auch sinnvoll). Krummlinige Teilgebiete werden hauptsächlich zur besseren Approximation gekrümmter Ränder verwendet (auf derartige Elemente werden wir im Rahmen dieses einführenden Textes jedoch nicht eingehen).

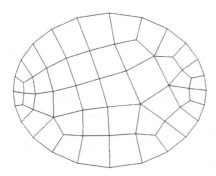

Abb. 5.1. Zerlegung des Problemgebiets in finite Elemente

Für jedes Teilgebiet (Element) e werden nun stückweise polynomiale Ansatzfunktionen für ϕ gewählt. Im zweidimensionalen Fall können dies z.B. lineare Polynome der Form

$$\phi^e(x_1, x_2) = a_1 + a_2 x_1 + a_3 x_2$$

sein. An den Elementübergängen müssen die Ansatzfunktionen gewisse (problemabhängige) Stetigkeitsbedingungen erfüllen, nicht zuletzt auch deshalb, um aus den Berechnungen eine physikalisch sinnvolle Lösung zu erhalten. Diese Forderungen können die Stetigkeit der globalen Lösung, aber auch die Stetigkeit der Ableitungen (z.B. bei Balken- und Plattenproblemen) beinhalten. Ansätze, welche die problembezogenen Stetigkeitsanforderungen erfüllen, bezeichnet man als *konform*. In der Praxis werden, insbesondere für Balken- und Plattenprobleme, auch *nicht-konforme* Ansätze verwendet, da die Erfüllung der Stetigkeitsanforderungen mit einigem Aufwand verbunden ist. Auch mit solchen Elementen lassen sich, unter gewissen Voraussetzungen, physikalisch sinnvolle numerische Lösungen erhalten. Auf diese Thematik wollen wir jedoch nicht näher eingehen.

Um die Stetigkeitsbedingungen zu erfüllen, ist es sinnvoll, die Ansätze direkt in Abhängigkeit von Funktionswerten und/oder Ableitungen auszudrücken. Die hierfür gewählten Werte bezeichnet man als *Knotenvariable* oder auch *Freiheitsgrade* eines Elements (dies können also Funktionswerte und/oder Ableitungen sein!). Ferner werden für diese Darstellung sogenannte *lokale Formfunktionen* eingeführt, mit denen es (durch einfache Umformung des Polynomansatzes) möglich ist, die Ansatzfunktion in jedem Element als Linearkombination dieser Formfunktionen mit den Knotenvariablen als Koeffizienten darzustellen. Falls nur Funktionswerte als Knotenvariable auftreten, z.B. die Werte $\phi_1, \ldots, \phi_p$ an den Stellen $\mathbf{x}_1, \ldots, \mathbf{x}_p$, erhält man damit beispielsweise für die Ansatzfunktion im Element e die Darstellung

$$\phi^e(\mathbf{x}) = \sum_{j=1}^{p} \phi_j^e N_j^e(\mathbf{x}) \,.$$

Da ϕ^e an den Knoten die Werte der Knotenvariablen ϕ_j^e annehmen muß, gelten für die lokalen Formfunktionen die Bedingungen

$$N_j^e(\mathbf{x}_i) = \begin{cases} 1 & \text{für } j = i \,, \\ 0 & \text{für } j \neq i \,. \end{cases}$$

Auf die geschilderte Weise haben wir eine elementweise Darstellung der gesuchten Funktion durch die Knotenvariablen und Formfunktionen erreicht. Numerieren wir alle Knotenvariablen fortlaufend durch ($k = 1, \ldots, N$), erhalten wir eine globale Darstellung der Finite-Element-Lösung in der Form

$$\phi(\mathbf{x}) = \sum_{k=1}^{N} \phi_k N_k(\mathbf{x}) \,,$$

wobei N_k die Zusammensetzung derjenigen Formfunktionen N_k^e ist, die im Punkt P_k mit der Knotenvariablen ϕ_k den Wert 1 besitzen. Wir werden diese Zusammenhänge im nächsten Abschnitt anhand eines Beispiels näher erläutern.

Die Funktionen N_k werden als *globale Formfunktionen* bezeichnet. Diese entsprechen also in einem Finite-Element-Verfahren gerade den Ansatzfunktionen φ_k im allgemeinen Galerkin-Verfahren, wie es im vorangegangenen Abschnitt beschrieben wurde. Eine wichtige Eigenschaft der globalen Formfunktionen ist, daß die Funktionen N_k jeweils nur in denjenigen Elementen von Null verschieden sind, die den Knotenpunkt P_k gemeinsam haben. Diese Eigenschaft sorgt dafür, daß die Systemmatrix **S** (vgl. Gl. (5.7)) nur wenige von Null verschiedene Koeffizienten besitzt (wie dies auch schon bei den entsprechenden Matrizen der FVM der Fall war).

Wir werden uns nun mit der speziellen Form der Formfunktionen für verschiedene Elementansätze beschäftigen. Insbesondere wird gezeigt, wie man damit die Beiträge in der Systemmatrix auf systematische Weise berechnen kann.

Die Frage, welcher Finite-Element-Ansatz für einen bestimmtes Problem am besten geeignet ist (Erzielung einer gewünschten Genauigkeit bei möglichst geringem Rechenaufwand), kann nicht pauschal beantwortet werden. Je höher der Grad des Polynomansatzes, desto genauer ist zwar die elementweise Approximation der Lösung, jedoch steigt gleichzeitig auch der Aufwand zur Aufstellung des Gleichungssystems und zu dessen Lösung schnell an.

Es sei bereits an dieser Stelle erwähnt, daß die zur Bestimmung der Steifigkeitsmatrix **S** und des Lastvektors **b** zu berechnenden Integrale in einem Berechnungsprogramm üblicherweise *numerisch* ausgewertet werden (wir werden hierauf in Abschn. 5.6 zurückkommen). Um die Prinzipien deutlich zu machen, werden wir jedoch im folgenden diese Integrale analytisch berechnen, was für die Ansätze, die wir betrachten werden, relativ einfach möglich ist.

5.3 Eindimensionale Elemente

Zunächst befassen wir uns mit Finite-Element-Verfahren für eindimensionale Problemstellungen. Wir betrachten als Beispiel die Differentialgleichung

$$d_1\phi^{(4)} - d_2\phi'' + d_3\phi' + d_4\phi = f, \tag{5.8}$$

welche alle charakteristischen Terme enthält, die bei den in Kap. 2 beschriebenen (eindimensionalen) Problemstellungen auftreten ($d_1, \ldots, d_4$ seien Konstante). Das Problemgebiet sei das Intervall $[a, b]$ und an den Intervallenden seien dem Problem entsprechende geometrische Randbedingungen für ϕ vorgegeben.

Zur Diskretisierung des Problemgebiets zerlegen wir das Intervall $[a, b]$ in die Elemente (Teilintervalle) $[x_i, x_{i+1}]$ für $i = 0, \ldots, I$, wobei $x_0 = a$ und $x_{I+1} = b$ (s. Abb. 5.2). Für die gesuchte Funktion ϕ machen wir den Ansatz

$$\phi(x) = \sum_{k=1}^{N} \phi_k N_k(x) \tag{5.9}$$

mit den elementweise polynomialen globalen Formfunktionen $N_k = N_k(x)$ und den Knotenvariablen ϕ_k (jeweils für $k = 1, \ldots, N$), wobei wir die Randbedingungen über entprechende Randknotenvariablen mit in den Ansatz einbeziehen. Es sei an dieser Stelle darauf hingewiesen, daß im allgemeinen die Anzahl der Elemente (hier $I + 1$) verschieden von der Anzahl der Knotenvariablen (hier N) sein kann.

Die Anwendung des Galerkin-Verfahrens für Gl. (5.8) mit dem Ansatz (5.9) führt auf die Beziehungen

$$\sum_{k=1}^{N} S_{jk} \phi_k = b_j \quad \text{für alle} \quad j = 1, \ldots, N \tag{5.10}$$

mit

$$S_{jk} = d_1 \int_a^b N_k'' N_j'' \, \mathrm{d}x + d_2 \int_a^b N_k' N_j' \, \mathrm{d}x + d_3 \int_a^b N_k' N_j \, \mathrm{d}x + d_4 \int_a^b N_k N_j \, \mathrm{d}x \, ,$$

$$b_j = \int_a^b f N_j \, \mathrm{d}x \, .$$

Im Prinzip könnten die Komponenten der Steifigkeitsmatrix S_{jk} und des Lastvektors b_j nun aus der durch Gl. (5.10) gegebenen globalen Darstellung (Integrale über das gesamte Intervall $[a, b]$) berechnet werden. Für die systematische praktische Implementierung der Finite-Element-Methode ist dies jedoch nicht zweckmäßig. Als wesentlich vorteilhafter erweist sich hierfür eine lokale elementweise Vorgehensweise, bei der die Berechnung der Integrale zunächst auf Elementebene unter Verwendung der lokalen Formfunktionen durchgeführt wird, und aus den einzelnen Elementbeiträgen dann schließlich das Gesamtsystem gebildet wird.

Für eine derartige elementweise Vorgehensweise nutzt man aus, daß sich die globalen Formfunktionen additiv aus den lokalen Formfunktionen zusammensetzen: die globale Formfunktion für die Knotenvariable ϕ_k ergibt sich als Summe der lokalen Formfunktionen, die an der Knotenvariable ϕ_k den Wert 1 besitzen.

Betrachten wir den Zusammenhang zwischen globalen und lokalen Formfunktionen anhand eines einfaches Beispiels. Für einen linearen Ansatz mit den Funktionswerten von ϕ an den Intervallenden als Knotenvariable sind die globalen Formfunktionen für $i = 0, \ldots, I + 1$ wie folgt definiert:

$$N_i(x) = \begin{cases} \dfrac{x - x_{i-1}}{x_i - x_{i-1}} & \text{für} \quad x_{i-1} < x < x_i \ \text{und} \ i \geq 1, \\[2ex] \dfrac{x_{i+1} - x}{x_{i+1} - x_i} & \text{für} \quad x_i < x < x_{i+1} \ \text{und} \ i \leq I, \\[2ex] 0 & \text{sonst}, \end{cases}$$

wobei N_0 und N_{I+1}, welche den Randpunkten zugeordnet sind, jeweils nur in einem Element von Null verschieden sind (s. Abb. 5.2). Sind die Randwerte ϕ_0 und ϕ_{I+1} vorgegeben, dann entspricht die Funktion $\phi_0 N_0 + \phi_{I+1} N_{I+1}$ der Funktion φ_0 im allgemeinen Ansatz (5.4). Die lokalen Formfunktionen für das Element $[x_i, x_{i+1}]$ sind gegeben durch

$$N_1^i(x) = \frac{x_{i+1} - x}{x_{i+1} - x_i} \quad \text{und} \quad N_2^i(x) = \frac{x - x_i}{x_{i+1} - x_i} \, .$$

Die globale Formfunktion N_i setzt sich damit wie folgt aus lokalen Formfunktionen zusammen:

$$N_i(x) = N_2^{i-1}(x) + N_1^i(x) \, .$$

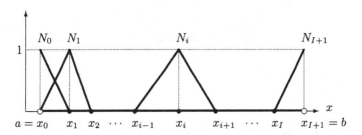

Abb. 5.2. Globale Formfunktionen für einen linearen eindimensionalen Finite-Element-Ansatz

Allgemein erfordert die Berechnung der Elementbeiträge für unser Problem (5.8) die Auswertung von Integralen der folgenden Form über die einzelnen Elemente:

$$S_{jk}^{2e} = d_1 \int_{x_i}^{x_{i+1}} (N_k^e)''(N_j^e)'' \, dx \, ,$$

$$S_{jk}^{1e} = d_2 \int_{x_i}^{x_{i+1}} (N_k^e)'(N_j^e)' \, dx \, ,$$

$$S_{jk}^{0e} = d_3 \int_{x_i}^{x_{i+1}} (N_k^e)' N_j^e \, dx \tag{5.11}$$

$$M_{jk}^e = d_4 \int_{x_i}^{x_{i+1}} N_k^e N_j^e \, \mathrm{d}x \,,$$

$$b_j^e = f^e \int_{x_i}^{x_{i+1}} N_j^e \, \mathrm{d}x \,,$$

wobei wir der Einfachheit halber angenommen haben, daß die Funktion f im Element den konstanten Wert f^e hat (falls dies nicht so ist, kann z.B. der Wert in der Mitte des Elements als Mittelwert genommen werden). N_j^e ($j = 1, \ldots, p$) sind die lokalen Formfunktionen des Elements $[x_i, x_{i+1}]$. Es gilt also

$$\phi^e(x) = \sum_{j=1}^{p} \phi_j^e N_j^e(x)$$

mit der Ansatzfunktion ϕ^e im Element $[x_i, x_{i+1}]$ und den entsprechenden Knotenvariablen ϕ_j^e. Die Matrix $\mathbf{S}^e = \mathbf{S}^{2e} + \mathbf{S}^{1e} + \mathbf{S}^{0e}$ wird als *Elementsteifigkeitsmatrix*, die Matrix $\mathbf{M}^e$ als *Elementmassenmatrix* und der Vektor $\mathbf{b}^e$ als *Elementlastvektor* bezeichnet.

Nach Berechnung der Elementbeiträge kann der Aufbau des Gesamtgleichungssystems dann systematisch elementweise erfolgen. Bevor wir ausführlicher auf diese Vorgehensweise eingehen (s. Abschn. 5.3.3 und 5.5), wollen wir uns im folgenden zunächst mit der Auswertung der Integrale (5.11) für verschiedene Elementansätze beschäftigen.

Zur einheitlichen Behandlung aller Elemente $[x_i, x_{i+1}]$ ist es sehr zweckmäßig, die Integrale zunächst mittels einer entsprechenden Variablensubstitution auf das Einheitsintervall $[0, 1]$ zu transformieren:

$$x = x_i + h\xi \quad \text{mit} \quad h = x_{i+1} - x_i \,.$$

Für beliebige Funktionen u und v hat man hierbei wegen

$$\frac{\mathrm{d}}{\mathrm{d}\xi} = \frac{\mathrm{d}}{\mathrm{d}x} \frac{\mathrm{d}x}{\mathrm{d}\xi} = h \frac{\mathrm{d}}{\mathrm{d}x}$$

die folgenden Transformationsvorschriften:

$$\int_{x_i}^{x_{i+1}} \frac{\mathrm{d}^2 u}{\mathrm{d}x^2} \frac{\mathrm{d}^2 v}{\mathrm{d}x^2} \, \mathrm{d}x = \frac{1}{h^3} \int_0^1 \frac{\mathrm{d}^2 u}{\mathrm{d}\xi^2} \frac{\mathrm{d}^2 v}{\mathrm{d}\xi^2} \, \mathrm{d}\xi \,,$$

$$\int_{x_i}^{x_{i+1}} \frac{\mathrm{d}u}{\mathrm{d}x} \frac{\mathrm{d}v}{\mathrm{d}x} \, \mathrm{d}x = \frac{1}{h} \int_0^1 \frac{\mathrm{d}u}{\mathrm{d}\xi} \frac{\mathrm{d}v}{\mathrm{d}\xi} \, \mathrm{d}\xi \,,$$

$$\int_{x_i}^{x_{i+1}} \frac{\mathrm{d}u}{\mathrm{d}x} v \, \mathrm{d}x = \int_0^1 \frac{\mathrm{d}u}{\mathrm{d}\xi} v \, \mathrm{d}\xi \,,$$

(5.12)

$$\int\limits_{x_i}^{x_{i+1}} uv \, dx \;=\; h \int\limits_0^1 uv \, d\xi \,,$$

Es genügt also, wenn wir uns nachfolgend nur mit den entsprechenden Integralen über das Einheitsintervall beschäftigen. Die Aussagen für das allgemeine Integrationsintervall erhält man dann einfach mittels obiger Transformationsvorschriften.

5.3.1 Linearer Ansatz

Als einfachsten Ansatz für eindimensionale Probleme betrachten wir für ϕ (auf dem Einheitsintervall $[0,1]$) die folgende lineare Ansatzfunktion (der Index „e" wird weggelassen):

$$\phi(\xi) = a_1 + a_2\xi \,. \tag{5.13}$$

Für Probleme, die das Integral über das Quadrat der 2. Ableitung enthalten (z.B. Balkenbiegung) macht dieser Ansatz keinen Sinn (die 2. Ableitung der Ansatzfunktion verschwindet), so daß wir das entsprechende Integral außer Betracht lassen können (d.h. wir betrachten Gl. (5.8) für den Fall $d_1 = 0$). Da eine lineare Funktion durch zwei Punkte eindeutig bestimmt ist, bieten sich als Knotenvariable die Werte $\phi(0)$ und $\phi(1)$ an den Enden des Intervalls an, die wir mit ϕ_1 und ϕ_2 bezeichnen. In strukturmechanischen Anwendungen wird das dadurch definierte Element als *Stabelement* bezeichnet.

Wir wollen nun den Zusammenhang zwischen den Knotenvariablen des Elements und den Koeffizenten a_1 und a_2 im Ansatz (5.13) ermitteln. Wie man direkt aus dem Ansatz (5.13) ableiten kann, gelten die Beziehungen:

$$\underbrace{\begin{bmatrix} \phi_1 \\ \phi_2 \end{bmatrix}}_{\phi} = \underbrace{\begin{bmatrix} 1 & 0 \\ 1 & 1 \end{bmatrix}}_{\mathbf{A}^{-1}} \underbrace{\begin{bmatrix} a_1 \\ a_2 \end{bmatrix}}_{\mathbf{a}} \quad \text{bzw.} \quad \underbrace{\begin{bmatrix} a_1 \\ a_2 \end{bmatrix}}_{\mathbf{a}} = \underbrace{\begin{bmatrix} 1 & 0 \\ -1 & 1 \end{bmatrix}}_{\mathbf{A}} \underbrace{\begin{bmatrix} \phi_1 \\ \phi_2 \end{bmatrix}}_{\phi} . \tag{5.14}$$

Hieraus lassen sich auch sofort die lokalen Formfunktionen für den betrachteten Ansatz bestimmen. Durch Einsetzen der zweiten Beziehung aus (5.14) in den Ansatz (5.13) erhält man für ϕ die Darstellung

$$\phi(\xi) = \phi_1(1 - \xi) + \phi_2\xi = \phi_1 N_1^e + \phi_2 N_2^e \tag{5.15}$$

mit den lokalen Formfunktionen (s. Abb. 5.3)

$$N_1^e = 1 - \xi \quad \text{und} \quad N_2^e = \xi \,.$$

Zur Berechnung der Elementmatrizen und des Elementlastvektors bestimmen wir zunächst die entsprechenden Integrale für das Einheitsintervall:

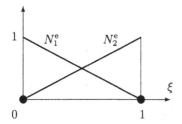

Abb. 5.3. Knotenvariable und lokale Formfunktionen für einen linearen Ansatz im eindimensionalen Fall

$$\tilde{\mathbf{S}}^{1e} = \begin{bmatrix} \displaystyle\int_0^1 \frac{dN_1^e}{d\xi}\frac{dN_1^e}{d\xi}\,d\xi & \displaystyle\int_0^1 \frac{dN_1^e}{d\xi}\frac{dN_2^e}{d\xi}\,d\xi \\ \displaystyle\int_0^1 \frac{dN_2^e}{d\xi}\frac{dN_1^e}{d\xi}\,d\xi & \displaystyle\int_0^1 \frac{dN_2^e}{d\xi}\frac{dN_2^e}{d\xi}\,d\xi \end{bmatrix} = \begin{bmatrix} 1 & -1 \\ -1 & 1 \end{bmatrix}, \quad (5.16)$$

$$\tilde{\mathbf{S}}^{0e} = \begin{bmatrix} \displaystyle\int_0^1 \frac{dN_1^e}{d\xi}N_1^e\,d\xi & \displaystyle\int_0^1 \frac{dN_2^e}{d\xi}N_1^e\,d\xi \\ \displaystyle\int_0^1 \frac{dN_1^e}{d\xi}N_2^e\,d\xi & \displaystyle\int_0^1 \frac{dN_2^e}{d\xi}N_2^e\,d\xi \end{bmatrix} = \frac{1}{2}\begin{bmatrix} -1 & 1 \\ -1 & 1 \end{bmatrix}, \quad (5.17)$$

$$\tilde{\mathbf{M}}^e = \begin{bmatrix} \displaystyle\int_0^1 N_1^e N_1^e\,d\xi & \displaystyle\int_0^1 N_1^e N_2^e\,d\xi \\ \displaystyle\int_0^1 N_2^e N_1^e\,d\xi & \displaystyle\int_0^1 N_2^e N_2^e\,d\xi \end{bmatrix} = \frac{1}{6}\begin{bmatrix} 2 & 1 \\ 1 & 2 \end{bmatrix}, \quad (5.18)$$

$$\tilde{\mathbf{b}}^e = \begin{bmatrix} \displaystyle\int_0^1 N_1^e\,d\xi \\ \displaystyle\int_0^1 N_2^e\,d\xi \end{bmatrix} = \frac{1}{2}\begin{bmatrix} 1 \\ 1 \end{bmatrix}. \quad (5.19)$$

Unter Verwendung der Transformationsvorschriften (5.12) erhalten wir damit schließlich für die Elementmatrizen und den Elementlastvektor für das Element $[x_i, x_{i+1}]$:

$$\mathbf{S}^{1e} = \frac{d_2}{h}\begin{bmatrix} 1 & -1 \\ -1 & 1 \end{bmatrix}, \quad \mathbf{S}^{0e} = \frac{d_3}{2}\begin{bmatrix} -1 & 1 \\ -1 & 1 \end{bmatrix},$$

$$\mathbf{M}^e = \frac{d_4 h}{6} \begin{bmatrix} 2 & 1 \\ 1 & 2 \end{bmatrix}, \quad \mathbf{b}^e = \frac{f^e h}{2} \begin{bmatrix} 1 \\ 1 \end{bmatrix}.$$

Man beachte, daß im Gegensatz zu den Matrizen $\mathbf{S}^{1e}$ und $\mathbf{M}^e$, die Matrix $\mathbf{S}^{0e}$ nicht symmetrisch ist. Für Probleme, die den entsprechenden Term enthalten (d.h. $d_2 \neq 0$) führt dies dazu, daß auch die Gesamtsteifigkeitsmatrix nicht symmetrisch ist (mit entsprechenden Konsequenzen für die anschließende numerische Lösung des Gleichungssystems, s. Abschn. 7.1).

Die Frage, wie man nun aus den Elementmatrizen und -vektoren das Gesamtgleichungssystem aufstellt (und weshalb man diese hierzu überhaupt bestimmt), stellen wir noch einen Augenblick zurück, da zunächst eine weitere Möglichkeit für Ansatzfunktionen betrachtet werden soll.

5.3.2 Kubischer Ansatz

Als Beispiel für ein eindimensionales Element, welches auch für die Balkenbiegung einen konformen Ansatz darstellt, betrachten wir einen kubischen Ansatz. Gleichzeitig soll dieses Element, welches auch als *Balkenelement* bezeichnet wird, als Beispiel dafür dienen, wie man vorzugehen hat, wenn als Knotenvariable auch Ableitungen der Ansatzfunktion herangezogen werden. Ein kubischer Ansatz für ϕ auf $[0, 1]$ ist:

$$\phi(\xi) = a_1 + a_2 \xi + a_3 \xi^2 + a_4 \xi^3. \tag{5.20}$$

Diese kubische Funktion ist durch vier Punkte eindeutig bestimmt. Als Knotenvariable wählen wir die Funktionswerte und die ersten Ableitungen von ϕ an den Enden des Intervalls:

$$\phi_1 = \phi(0), \quad \phi_2 = \frac{d\phi}{d\xi}(0), \quad \phi_3 = \phi(1), \quad \phi_4 = \frac{d\phi}{d\xi}(1). \tag{5.21}$$

Man erhält aus den Beziehungen (5.20) und (5.21) den folgenden Zusammenhang zwischen den Knotenvariablen und den Koeffizienten a_i ($i = 1, 2, 3$):

$$\begin{bmatrix} \phi_1 \\ \phi_2 \\ \phi_3 \\ \phi_4 \end{bmatrix} = \begin{bmatrix} 1 & 0 & 0 & 0 \\ 0 & 1 & 0 & 0 \\ 1 & 1 & 1 & 1 \\ 0 & 1 & 2 & 3 \end{bmatrix} \begin{bmatrix} a_1 \\ a_2 \\ a_3 \\ a_4 \end{bmatrix}, \quad \begin{bmatrix} a_1 \\ a_2 \\ a_3 \\ a_4 \end{bmatrix} = \begin{bmatrix} 1 & 0 & 0 & 0 \\ 0 & 1 & 0 & 0 \\ -3 & -2 & 3 & -1 \\ 2 & 1 & -2 & 1 \end{bmatrix} \begin{bmatrix} \phi_1 \\ \phi_2 \\ \phi_3 \\ \phi_4 \end{bmatrix}.$$

Durch Einsetzen in den Ansatz (5.20) erhält man damit die Darstellung

$$\phi(\xi) = \phi_1 N_1^e + \phi_2 N_2^e + \phi_3 N_3^e + \phi_4 N_4^e \tag{5.22}$$

mit den lokalen Formfunktionen

$$\begin{aligned} N_1^e(\xi) &= (1 - \xi)^2 (1 + 2\xi), & N_2^e(\xi) &= \xi(1 - \xi)^2, \\ N_3^e(\xi) &= \xi^2(3 - 2\xi), & N_4^e(\xi) &= \xi^2(\xi - 1). \end{aligned}$$

Wir beschränken uns für diesen Ansatz auf die Berechnung der Elementbeiträge $\mathbf{S}^{2e}$ und $\mathbf{b}^e$, ($\mathbf{M}^e$, $\mathbf{S}^{0e}$ und $\mathbf{S}^{1e}$ ergeben sich analog). Für die Integrale über die lokalen Formfunktionen für das Einheitsintervall erhält man:

$$\tilde{\mathbf{S}}^{2e} = \begin{bmatrix} 12 & 6 & -12 & 6 \\ 6 & 4 & -6 & 2 \\ -12 & -6 & 12 & -6 \\ 6 & 2 & -6 & 4 \end{bmatrix}, \quad \tilde{\mathbf{b}}^e = \frac{1}{12} \begin{bmatrix} 6 \\ 1 \\ 6 \\ -1 \end{bmatrix}.$$

Bei Ansätzen mit Ableitungen als Knotenvariable ist zu beachten, daß sich die Ableitungen für die auf das Einheitsintervall transformierten Integrale auf die Variable ξ beziehen. Für die spätere Kopplung mit den Nachbarelementen, ist es jedoch zweckmäßig, daß als Knotenvariable nur Ableitungen nach x auftreten, da sonst Ableitungen für benachbarte Elemente unterschiedliche Bedeutung besitzen. Dies muß bei der Transformation auf die ursprünglichen Integrale über den Zusammenhang

$$\frac{d\phi}{d\xi} = \frac{d\phi}{dx}\frac{dx}{d\xi} =: h\frac{d\phi}{dx}$$

zwischen den Ableitungen berücksichtigt werden. Unter Beachtung dieser Beziehung, erhält man für den kubischen Ansatz (5.20) die folgenden Ausdrücke für die Elementmatrix $\mathbf{S}^{2e}$ und den Elementlastvektor $\mathbf{b}^e$:

$$\mathbf{S}^{2e} = \frac{d_1}{h^3} \begin{bmatrix} 12 & 6h & -12 & 6h \\ 6h & 4h^2 & -6h & 2h^2 \\ -12 & -6h & 12 & -6h \\ 6h & 2h^2 & -6h & 4h^2 \end{bmatrix}, \quad \mathbf{b}^e = \frac{f^e h}{12} \begin{bmatrix} 6 \\ h \\ 6 \\ -h \end{bmatrix}.$$

Die zugehörigen Knotenvariablen sind:

$$\phi_1 = \phi(x_i), \quad \phi_2 = \frac{d\phi}{dx}(x_i), \quad \phi_3 = \phi(x_{i+1}), \quad \phi_4 = \frac{d\phi}{dx}(x_{i+1}).$$

Wir wenden uns nun anhand eines Beispiels der Frage zu, wie man aus den jeweiligen Elementmatrizen und Lastelementvektoren, die zunächst unabhängig von irgendwelchen Nachbarschaftsbeziehungen Element für Element bestimmt werden können, das Gesamtgleichungssystem aufstellt.

5.3.3 Berechnungsbeispiel

Als Beispiel für die konkrete Anwendung der Finite-Element-Methode im eindimensionalen Fall betrachten wir die Auslenkung eines Durchlaufträgers der Länge $L = 7\,\mathrm{m}$ mit konstantem Querschnitt, der an einem Ende eingespannt und an zwei weiteren Stellen gelenkig gelagert ist (bei $x = 3L/7$ und $x = L$). Der Träger sei durch eine kontinuierlich verteilte Last $f_q = -12\,\mathrm{N/m}$ und durch eine Einzelkraft $F = -6\,\mathrm{N}$ bei $x = 2L/7$ belastet. Die Biegesteifigkeit des Trägers sei $B = 4\,\mathrm{Nm}^2$. Gesucht ist die Auslenkung $w = w(x)$ des

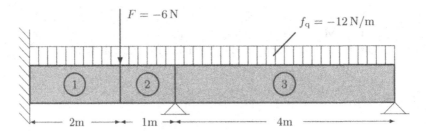

Abb. 5.4. Zweifach gelagerter, seitlich eingespannter Durchlaufträger unter vertikaler Belastung mit Elementeinteilung

Trägers (in vertikaler Richtung) für $0 \leq x \leq 7$. Abb. 5.4 zeigt eine Skizze des Problems. Zur Modellierung des Problems sei auf die Ausführungen in Abschn. 2.4.2 verwiesen.

Wir zerlegen den Balken in drei Elemente, wie in Abb. 5.4 angegeben. Die Längen der Elemente sind $h_1 = 2\,\mathrm{m}$, $h_2 = 1\,\mathrm{m}$ und $h_3 = 4\,\mathrm{m}$. Zur Approximation wollen wir den kubischen Ansatz aus dem vorangegangenen Abschnitt verwenden (wie erwähnt, machen Ansätze niedrigerer Ordnung für dieses Problem keinen Sinn). Entsprechend wählen wir als Knotenvariable jeweils den Wert und die erste Ableitung von w an den Enden der Elemente:

$$
\begin{bmatrix} \phi_1 \\ \phi_2 \\ \phi_3 \\ \phi_4 \\ \phi_5 \\ \phi_6 \\ \phi_7 \\ \phi_8 \end{bmatrix} = \begin{bmatrix} w(0) \\ w'(0) \\ w(2) \\ w'(2) \\ w(3) \\ w'(3) \\ w(7) \\ w'(7) \end{bmatrix}.
$$

Wir bestimmen zunächst die Elementsteifigkeitsmatrizen für die drei Elemente. Durch Einsetzen der konkreten Zahlenwerte in die allgemeine Elementsteifigkeitsmatrix $\mathbf{S}^{2e}$ aus Abschn. 5.3.2 ergeben sich diese zu

$$
\mathbf{S}^{2,1} = \frac{B}{4} \begin{bmatrix} 6 & 6 & -6 & 6 \\ 6 & 8 & -6 & 4 \\ -6 & -6 & 6 & -6 \\ 6 & 4 & -6 & 8 \end{bmatrix}, \quad \mathbf{S}^{2,2} = 2B \begin{bmatrix} 6 & 3 & -6 & 3 \\ 3 & 2 & -3 & 1 \\ -6 & -3 & 6 & -3 \\ 3 & 1 & -3 & 2 \end{bmatrix},
$$

$$
\mathbf{S}^{2,3} = \frac{B}{32} \begin{bmatrix} 6 & 12 & -6 & 12 \\ 12 & 32 & -12 & 16 \\ -6 & -12 & 6 & -12 \\ 12 & 16 & -12 & 32 \end{bmatrix}.
$$

Unter Berücksichtigung der Nachbarschaftsbeziehungen der Elemente (gemeinsame Knotenvariable), haben wir zur Berechnung der Gesamtsteifigkeitsmatrix die folgenden 8×8-Matrizen zu addieren:

$$
\tilde{\mathbf{S}}^{2,1} = \frac{B}{4}
\begin{bmatrix}
6 & 6 & -6 & 6 & 0 & 0 & 0 & 0 \\
6 & 8 & -6 & 4 & 0 & 0 & 0 & 0 \\
-6 & -6 & 6 & -6 & 0 & 0 & 0 & 0 \\
6 & 4 & -6 & 8 & 0 & 0 & 0 & 0 \\
0 & 0 & 0 & 0 & 0 & 0 & 0 & 0 \\
0 & 0 & 0 & 0 & 0 & 0 & 0 & 0 \\
0 & 0 & 0 & 0 & 0 & 0 & 0 & 0 \\
0 & 0 & 0 & 0 & 0 & 0 & 0 & 0
\end{bmatrix},
$$

$$
\tilde{\mathbf{S}}^{2,2} = 2B
\begin{bmatrix}
0 & 0 & 0 & 0 & 0 & 0 & 0 & 0 \\
0 & 0 & 0 & 0 & 0 & 0 & 0 & 0 \\
0 & 0 & 6 & 3 & -6 & 3 & 0 & 0 \\
0 & 0 & 3 & 2 & -3 & 1 & 0 & 0 \\
0 & 0 & -6 & -3 & 6 & -3 & 0 & 0 \\
0 & 0 & 3 & 1 & -3 & 2 & 0 & 0 \\
0 & 0 & 0 & 0 & 0 & 0 & 0 & 0 \\
0 & 0 & 0 & 0 & 0 & 0 & 0 & 0
\end{bmatrix},
$$

$$
\tilde{\mathbf{S}}^{2,3} = \frac{B}{32}
\begin{bmatrix}
0 & 0 & 0 & 0 & 0 & 0 & 0 & 0 \\
0 & 0 & 0 & 0 & 0 & 0 & 0 & 0 \\
0 & 0 & 0 & 0 & 0 & 0 & 0 & 0 \\
0 & 0 & 0 & 0 & 0 & 0 & 0 & 0 \\
0 & 0 & 0 & 0 & 6 & 12 & -6 & 12 \\
0 & 0 & 0 & 0 & 12 & 32 & -12 & 16 \\
0 & 0 & 0 & 0 & -6 & -12 & 6 & -12 \\
0 & 0 & 0 & 0 & 12 & 16 & -12 & 32
\end{bmatrix}.
$$

Die Addition dieser drei Matrizen ergibt:

$$
\mathbf{S}^2 = \frac{B}{16}
\begin{bmatrix}
24 & 24 & -24 & 24 & 0 & 0 & 0 & 0 \\
24 & 32 & -24 & 16 & 0 & 0 & 0 & 0 \\
-24 & -24 & 216 & 72 & -192 & 96 & 0 & 0 \\
24 & 16 & 72 & 96 & -96 & 32 & 0 & 0 \\
0 & 0 & -192 & -96 & 195 & -90 & -3 & 6 \\
0 & 0 & 96 & 32 & -90 & 80 & -6 & 8 \\
0 & 0 & 0 & 0 & -3 & -6 & 3 & -6 \\
0 & 0 & 0 & 0 & 6 & 8 & -6 & 16
\end{bmatrix}.
$$

Man erkennt die typische Bandstruktur der Steifigkeitsmatrix, die sich aufgrund der lokalen Elementansätze ergibt.

Für die Elementlastvektoren der drei Elemente erhält man mit $\mathbf{b}^e$ aus Abschn. 5.3.2:

$$
\mathbf{b}^1 = \frac{f_q}{6}
\begin{bmatrix} 6 \\ 2 \\ 6 \\ -2 \end{bmatrix}, \quad
\mathbf{b}^2 = \frac{f_q}{12}
\begin{bmatrix} 6 \\ 1 \\ 6 \\ -1 \end{bmatrix}, \quad
\mathbf{b}^3 = \frac{f_q}{3}
\begin{bmatrix} 6 \\ 4 \\ 6 \\ -4 \end{bmatrix}.
$$

Der Gesamtlastvektor ergibt sich damit zu:

$$
\mathbf{b} = \frac{f_q}{6}
\begin{bmatrix} 6 \\ 2 \\ 6 \\ -2 \\ 0 \\ 0 \\ 0 \end{bmatrix}
+ \frac{f_q}{12}
\begin{bmatrix} 0 \\ 0 \\ 6 \\ 1 \\ 6 \\ -1 \\ 0 \end{bmatrix}
+ \frac{f_q}{3}
\begin{bmatrix} 0 \\ 0 \\ 0 \\ 0 \\ 6 \\ 4 \\ 6 \\ -4 \end{bmatrix}
+
\begin{bmatrix} 0 \\ 0 \\ F \\ 0 \\ 0 \\ 0 \\ 0 \end{bmatrix}
=
\begin{bmatrix} -12 \\ -4 \\ -24 \\ 3 \\ -30 \\ -15 \\ -24 \\ 16 \end{bmatrix} ,
$$

wobei hierbei auch bereits die Einzelkraft berücksichtigt ist, die auf die Auslenkung bei $x = 2$, d.h. auf die Knotenvariable ϕ_3, wirkt.

Aufgrund der vorgegebenen Randbedingungen

$$
w(0) = w'(0) = w(3) = w(7) = 0
$$

muß gelten:

$$
\phi_1 = \phi_2 = \phi_5 = \phi_7 = 0 \, .
$$

Diese Knotenvariablen sind also bereits bekannt. Da jeweils der Wert 0 angenommen werden muß, können in der Steifigkeitsmatrix und im Lastvektor einfach die entsprechenden Einträge gestrichen werden (Zeilen *und* Spalten in der Steifigkeitsmatrix). Es bleibt damit das folgende Gleichungssystem zu lösen:

$$
\frac{1}{4}
\begin{bmatrix}
216 & 72 & 96 & 0 \\
72 & 96 & 32 & 0 \\
96 & 32 & 80 & 8 \\
0 & 0 & 8 & 16
\end{bmatrix}
\begin{bmatrix} \phi_3 \\ \phi_4 \\ \phi_6 \\ \phi_8 \end{bmatrix}
=
\begin{bmatrix} -24 \\ 3 \\ -15 \\ 16 \end{bmatrix}
$$

Die Auflösung dieses Systems ergibt:

$$
\phi_3 = 0,009625 \, , \quad \phi_4 = 0,611 \, , \quad \phi_6 = -1,48 \, , \quad \phi_8 = 4,74 \, .
$$

Die Auslenkung des Balkens am Angriffspunkt der Einzelkraft ergibt sich aus dieser Rechnung also etwa zu $w(2) = 0,009625$ m.

5.4 Zweidimensionale Elemente

Die Techniken, die wir für den eindimensionalen Fall kennengelernt haben, können in ähnlicher Weise zur Definition von Finiten-Elementen in zwei Raumdimensionen angewandt werden. Gleiches gilt für dreidimensionale Elemente, auf die wir jedoch im Rahmen dieses einführenden Textes nicht eingehen werden.

Zur Definition zweidimensionaler Elemente betrachten wir beispielhaft eine Poisson-Gleichung für die unbekannte Funktion $\phi = \phi(x,y)$ mit homogenen Dirichletschen Randbedingungen (d.h. $\phi = \phi_S$ auf dem Rand S).

Wie wir bereits in Abschn. 5.1 gesehen haben, führt die Anwendung des Galerkin-Verfahrens mit den globalen Formfunktionen N_k $(k = 1, \dots, N)$ als Ansatzfunktionen in diesem Fall auf das folgende lineare Gleichungssystem für die unbekannten Koeffizienten ϕ_k:

$$\sum_{k=1}^{N} \phi_k \int\limits_{V} \left(\frac{\partial N_k}{\partial x} \frac{\partial N_j}{\partial x} + \frac{\partial N_k}{\partial y} \frac{\partial N_j}{\partial y} \right) \mathrm{d}V = \int\limits_{V} f N_j \, \mathrm{d}V \quad \text{für } j = 1, \dots, N,$$

wobei wir zur Einsparung von Indizes $x = x_1$ und $y = x_2$ geschrieben haben.

Analog zum eindimensionalen Fall läßt sich die elementweise Berechnung der Beiträge für die Systemmatrix und den Lastvektor wieder auf die Auswertung von Grundintegralen über die Elemente zurückführen. Nehmen wir wieder an, daß f innerhalb eines Elements konstant ist (Wert f^e), dann müssen für unser Beispiel Integrale des folgenden Typs über die Elemente E_i $(i = 1, \dots, I)$ berechnet werden:

$$\int\limits_{E_i} \left(\frac{\partial N_k^e}{\partial x} \frac{\partial N_j^e}{\partial x} + \frac{\partial N_k^e}{\partial y} \frac{\partial N_j^e}{\partial y} \right) \mathrm{d}V \quad \text{und} \quad \int\limits_{E_i} N_j^e \, \mathrm{d}V, \tag{5.23}$$

wobei mit N_k^e die lokalen Formfunktionen im Element bezeichnet sind.

Zur Zerlegung eines zweidimensionalen Problemgebiets in die Elemente E_i werden üblicherweise (krumm- oder geradlinige) Dreiecks- oder Viereckselemente benutzt. Wir wollen uns in diesen einführenden Betrachtungen nur mit einfachen geradlinigen Dreiecks- und Parallelogrammelementen beschäftigen, die jedoch auch in der Praxis häufig verwendet werden. Zerlegungen des Problemgebiets in Dreieckselemente (Triangulierungen) werden oft bevorzugt, da sie sich auch für komplexere Problemgeometrien in relativ einfacher Weise automatisch erzeugen lassen (vgl. Abschn. 3.4). Genauere Ergebnisse liefern jedoch Parallelogrammelemente (bei Verwendung vergleichbarer Ansätze).

Wie schon im eindimensionalen Fall, wollen wir zur Berechnung der Elementbeiträge die Integrale über die einzelnen Elemente zunächst wieder auf Integrale über ein Einheitsgebiet transformieren (Einheitsdreieck bzw. -quadrat). Wie wir sehen werden, lassen sich hierbei Dreiecke und Parallelogramme weitgehend in einheitlicher Weise behandeln.

Ein geradliniges Dreieck D_i in allgemeiner Lage mit den Eckpunkten (x_1, y_1), (x_2, y_2) und (x_3, y_3) kann durch die Variablentransformation

$$\begin{aligned} x &= x_1 + (x_2 - x_1)\xi + (x_3 - x_1)\eta, \\ y &= y_1 + (y_2 - y_1)\xi + (y_3 - y_1)\eta \end{aligned} \tag{5.24}$$

eindeutig auf das gleichschenklige rechtwinklige Einheitsdreieck D_0 mit der Kantenlänge 1 abgebildet werden (s. Abb. 5.5). Die beiden Integrale in (5.23) transformieren sich gemäß der Vorschrift (Übung 5.1):

$$\int\limits_{D_i} \left(\frac{\partial N_k^e}{\partial x} \frac{\partial N_j^e}{\partial x} + \frac{\partial N_k^e}{\partial y} \frac{\partial N_j^e}{\partial y} \right) \mathrm{d}x\mathrm{d}y = k_1 \int\limits_{D_0} \frac{\partial N_k^e}{\partial \xi} \frac{\partial N_j^e}{\partial \xi} \, \mathrm{d}\xi\mathrm{d}\eta +$$

$$k_2 \int\limits_{D_0} \frac{\partial N_k^e}{\partial \eta} \frac{\partial N_j^e}{\partial \eta} \, \mathrm{d}\xi\mathrm{d}\eta + k_3 \int\limits_{D_0} \left(\frac{\partial N_k^e}{\partial \xi} \frac{\partial N_j^e}{\partial \eta} + \frac{\partial N_k^e}{\partial \eta} \frac{\partial N_j^e}{\partial \xi} \right) \mathrm{d}\xi\mathrm{d}\eta \qquad (5.25)$$

und

$$\int\limits_{D_i} N_j^e \, \mathrm{d}x\mathrm{d}y = J \int\limits_{D_0} N_j^e \, \mathrm{d}\xi\mathrm{d}\eta \,, \qquad (5.26)$$

wobei

$$\begin{aligned}
k_1 &= \left[(x_3 - x_1)^2 + (y_3 - y_1)^2 \right] / J \,, \\
k_2 &= \left[(x_2 - x_1)^2 + (y_2 - y_1)^2 \right] / J \,, \\
k_3 &= \left[(x_3 - x_1)(x_1 - x_2) + (y_3 - y_1)(y_1 - y_2) \right] / J \,.
\end{aligned}$$

Hierbei bezeichnet

$$J = (x_2 - x_1)(y_3 - y_1) - (x_3 - x_1)(y_2 - y_1)$$

die Jacobi-Determinante der Koordinatentransformation (5.24). Der Wert von J entspricht gerade der doppelten Fläche des Dreiecks D_i.

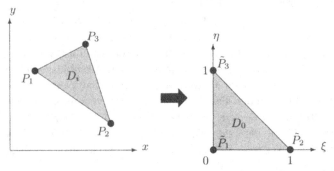

Abb. 5.5. Transformation eines Dreiecks in beliebiger Lage auf das Einheitsdreieck

Mittels der gleichen Transformation (5.24) läßt sich auch ein Parallelogramm in allgemeiner Lage auf das Einheitsquadrat Q_0 transformieren (s. Abb. 5.6). Dies sieht man sofort, wenn man das Dreieck in Abb. 5.5 zu einem Parallelogramm ergänzt. Man beachte die etwas inkonsistente Numerierung der Eckpunkte, die sich aus dieser Vorgehensweise für das Parallelogramm ergibt. Es genügt also, wenn wir im folgenden jeweils nur die entsprechenden Integrale über das Einheitsdreieck bzw. das Einheitsquadrat betrachten.

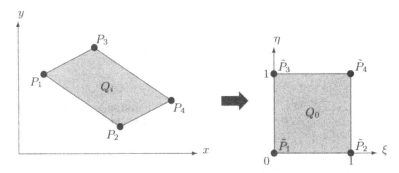

Abb. 5.6. Transformation eines Parallelogramms in beliebiger Lage auf das Einheitsquadrat

5.4.1 Dreieckselemente

Das einfachste Dreieckselement für die uns interessierenden Probleme erhält man mit folgendem linearen Ansatz für ϕ (im Einheitsdreieck):

$$\phi(\xi,\eta) = a_1 + a_2\xi + a_3\eta. \tag{5.27}$$

Diese Funktion ist im Element durch die Vorgabe der drei Funktionswerte ϕ_1, ϕ_2 und ϕ_3 an den Ecken des Dreiecks, die wir als Knotenvariable wählen, eindeutig bestimmt.

Wir wollen die Elementsteifigkeitsmatrix und den Elementlastvektor für diesen Ansatz mit Hilfe der lokalen Formfunktionen bestimmen. Es besteht der folgende Zusammenhang zwischen den Knotenvariablen und den Ansatzkoeffizienten:

$$\underbrace{\begin{bmatrix} \phi_1 \\ \phi_2 \\ \phi_3 \end{bmatrix}}_{\phi} = \underbrace{\begin{bmatrix} 1 & 0 & 0 \\ 1 & 1 & 0 \\ 1 & 0 & 1 \end{bmatrix}}_{\mathbf{A}^{-1}} \underbrace{\begin{bmatrix} a_1 \\ a_2 \\ a_3 \end{bmatrix}}_{\mathbf{a}} \quad \text{bzw.} \quad \underbrace{\begin{bmatrix} a_1 \\ a_2 \\ a_3 \end{bmatrix}}_{\mathbf{a}} = \underbrace{\begin{bmatrix} 1 & 0 & 0 \\ -1 & 1 & 0 \\ -1 & 0 & 1 \end{bmatrix}}_{\mathbf{A}} \underbrace{\begin{bmatrix} \phi_1 \\ \phi_2 \\ \phi_3 \end{bmatrix}}_{\phi}.$$

Durch Einsetzen der zweiten Beziehung in den Ansatz (5.27) erhält man für ϕ auf dem Einheitsdreieck die Darstellung

$$\phi(\xi,\eta) = \phi_1 N_1^{\mathrm{e}} + \phi_2 N_2^{\mathrm{e}} + \phi_3 N_3^{\mathrm{e}} \tag{5.28}$$

mit den zugehörigen lokalen Formfunktionen

$$N_1^{\mathrm{e}}(\xi,\eta) = 1 - \xi - \eta, \quad N_2^{\mathrm{e}}(\xi,\eta) = \xi, \quad N_3^{\mathrm{e}}(\xi,\eta) = \eta.$$

Die Formfunktion N_1^{e} ist in Abb. 5.7 dargestellt. Die anderen beiden Formfunktionen verlaufen analog (mit Wert 1 im Punkt P_2 bzw. P_3).

Für die in (5.25) und (5.26) auftretenden Integrale über das Einheitsdreieck erhält man:

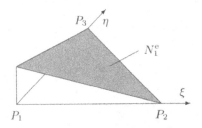

Abb. 5.7. Formfunktion N_1^e für einen linearen Ansatz im Dreieck

$$\tilde{S}_{jk}^{1e} = \int\limits_{D_0} \frac{\partial N_k^e}{\partial \xi} \frac{\partial N_j^e}{\partial \xi} \, \mathrm{d}\xi\mathrm{d}\eta = \frac{1}{2} \begin{bmatrix} 1 & -1 & 0 \\ -1 & 1 & 0 \\ 0 & 0 & 0 \end{bmatrix},$$

$$\tilde{S}_{jk}^{2e} = \int\limits_{D_0} \frac{\partial N_k^e}{\partial \eta} \frac{\partial N_j^e}{\partial \eta} \, \mathrm{d}\xi\mathrm{d}\eta = \frac{1}{2} \begin{bmatrix} 1 & 0 & -1 \\ 0 & 0 & 0 \\ -1 & 0 & 1 \end{bmatrix},$$

$$\tilde{S}_{jk}^{3e} = \int\limits_{D_0} \left(\frac{\partial N_k^e}{\partial \xi} \frac{\partial N_j^e}{\partial \eta} + \frac{\partial N_k^e}{\partial \eta} \frac{\partial N_j^e}{\partial \xi} \right) \mathrm{d}\xi\mathrm{d}\eta = \frac{1}{2} \begin{bmatrix} 2 & -1 & -1 \\ -1 & 0 & 1 \\ -1 & 1 & 0 \end{bmatrix},$$

$$\tilde{b}_j^e = \int\limits_{D_0} N_j^e \, \mathrm{d}\xi\mathrm{d}\eta = \frac{1}{6} \begin{bmatrix} 1 \\ 1 \\ 1 \end{bmatrix}.$$

Die Elementsteifigkeitsmatrix ergibt sich damit für das betrachtete Poisson-Problem zu

$$\mathbf{S}^e = k_1 \tilde{\mathbf{S}}^{1e} + k_2 \tilde{\mathbf{S}}^{2e} + k_3 \tilde{\mathbf{S}}^{3e} = \frac{1}{2} \begin{bmatrix} k_1+k_2+2k_3 & -k_1-k_3 & -k_2-k_3 \\ -k_1-k_3 & k_1 & k_3 \\ -k_2-k_3 & k_3 & k_2 \end{bmatrix}$$

mit den (elementabhängigen) Konstanten k_1, k_2 und k_3 aus Gleichung (5.25). Der Elementlastvektor ist gegeben durch:

$$\mathbf{b}^e = J\tilde{\mathbf{b}}^e = \frac{f^e J}{6} \begin{bmatrix} 1 \\ 1 \\ 1 \end{bmatrix}.$$

Treten in der dem Problem zugrundeliegenden Differentialgleichung andere Terme als im betrachteten Poisson-Problem auf, können die entsprechenden Elementmatrizen in völlig analoger Weise bestimmt werden. Die entsprechende Elementmassenmatrix für den linearen Ansatz im Dreieck lautet beispielsweise (Übung 5.3):

$$\mathbf{M}^e = \frac{J}{24} \begin{bmatrix} 2 & 1 & 1 \\ 1 & 2 & 1 \\ 1 & 1 & 2 \end{bmatrix}. \tag{5.29}$$

Es sei wieder auf die Symmetrie der Elementmatrizen hingewiesen, welche auch die Symmetrie der Gesamtmatrix zur Folge hat. Treten jedoch in der Differentialgleichung Konvektionsterme mit ersten Ableitungen auf, erhält man eine nicht-symmetrische Steifigkeitsmatrix.

Mit einem vollständigen Polynomansatz (alle Terme bis zu einem bestimmten Grad treten auf) lassen sich im Prinzip Elemente beliebig hoher Ordnung konstruieren. Polynomansätze mit einem Grad größer als drei werden jedoch nur selten verwendet, da mit dem Polynomgrad sehr schnell die Anzahl der Knotenvariablen ansteigt. Die zugehörigen Gesamtmatrizen besitzen dann sehr viele von Null verschiedene Einträge und die numerische Lösung der Gleichungssysteme wird relativ aufwendig (s. Abschn. 7.1). Der vollständige Polynomansatz 2. Grades für zweidimensionale Probleme lautet beispielsweise

$$\phi(\xi, \eta) = a_1 + a_2 \xi + a_3 \eta + a_4 \xi^2 + a_5 \xi \eta + a_6 \eta^2 \,.$$

Als Knotenvariable können beispielsweise die Funktionswerte von ϕ in den Ecken und in den Seitenmittelpunkten des Dreiecks genommen werden. Im kubischen Fall benötigt man bereits 10 Knotenvariable pro Element. Wir wollen hier nicht weiter auf derartige Ansätze eingehen, da im Vergleich zum linearen Ansatz methodisch keine neuen Aspekte hinzukommen.

Auch unvollständige Polynomansätze, bei denen nicht alle möglichen Potenzen von ξ und η im Ansatz auftreten, sind möglich (wir werden einen solchen im nächsten Abschnitt für Parallelogrammelemente betrachten). Die Vorgehensweise zur Bestimmung der Elementmatrizen und des Elementlastvektors erfolgt völlig analog zu der für den linearen Ansatz ausführlich geschilderten Vorgehensweise. Wie im eindimensionalen Fall, lassen sich auch für den zweidimensionalen Fall Elemente mit Ableitungen der Ansatzfunktion als Knotenvariable herleiten (was insbesondere für Plattenprobleme zweckmäßig ist). Auch hierauf wollen wir an dieser Stelle nicht näher eingehen, da die Betrachtungen weitgehend analog zu der in Abschn. 5.3.2 für den eindimensionalen Fall beschriebenen Methodik durchgeführt werden können.

In Tabelle 5.2 ist eine Übersicht über eine Reihe von Dreieckselementen, die in der Praxis häufig verwendet werden, mit den zugehörigen Polynomansätzen angegeben. Hierbei wird die in Tabelle 5.1 (in der Literatur weitgehend übliche) Notation für die Definition der Knotenvariablen verwendet. Das Symbol „◎" bedeutet also beispielsweise, daß an dem entsprechend gekennzeichneten Punkt die folgenden 6 Knotenvariablen definiert sind:

$$\phi, \ \frac{\partial \phi}{\partial \xi}, \ \frac{\partial \phi}{\partial \eta}, \ \frac{\partial^2 \phi}{\partial \xi^2}, \ \frac{\partial^2 \phi}{\partial \eta^2}, \ \frac{\partial^2 \phi}{\partial \xi \partial \eta} \,.$$

Der Punkt im Inneren des Dreiecks bei den beiden angegebenen kubischen Ansätzen entspricht dem Schwerpunkt des Dreiecks. Die letzten drei Elemente in Tabelle 5.2 sind auch für Plattenprobleme konform, da die Stetigkeit der Normalableitungen entlang der Dreiecksseiten beim Übergang zu benachbarten Elementen gewährleistet ist.

Tabelle 5.1. Notation für die Definition von Knotenvariablen

Symbol	Vorgegebene Knotenvariablen
●	Funktionswert
◉	Funktionswert und 1. Ableitungen
◎	Funktionswert, 1. und 2. Ableitungen
+	Normalableitung

Tabelle 5.2. Übersicht über zweidimensionale Dreieckselemente

Knotenvariable	Beschreibung
	Lineares Dreieckselement 3 Freiheitsgrade, stetig $\phi(\xi, \eta) = a_1 + a_2\xi + a_3\eta$
	Quadratisches Dreieckselement 6 Freiheitsgrade, stetig $\phi(\xi, \eta) = a_1 + a_2\xi + a_3\eta + a_4\xi^2 + a_5\xi\eta + a_6\eta^2$
	Kubisches Dreieckselement 10 Freiheitsgrade, stetig $\phi(\xi, \eta) = a_1 + a_2\xi + a_3\eta + a_4\xi^2 + a_5\xi\eta + a_6\eta^2 +$ $\quad a_7\xi^3 + a_8\xi^2\eta + a_9\xi\eta^2 + a_{10}\eta^3$
	Kubisches Dreieckselement 10 Freiheitsgrade, stetig, stetige 1. Ableitungen $\phi(\xi, \eta) = a_1 + a_2\xi + a_3\eta + a_4\xi^2 + a_5\xi\eta + a_6\eta^2 +$ $\quad a_7\xi^3 + a_8\xi^2\eta + a_9\xi\eta^2 + a_{10}\eta^3$
	Bell-Dreieckselement 18 Freiheitsgrade, stetig, stetige 1. Ableitungen $\phi(\xi, \eta) =$ reduziertes Polynom 5. Grades
	Argyris-Dreieckselement 21 Freiheitsgrade, stetig, stetige 1. Ableitungen $\phi(\xi, \eta) =$ vollständiges Polynom 5. Grades

5.4.2 Parallelogrammelemente

Als Beispiel für ein Parallelogrammelement wollen wir das einfachste Element dieser Klasse betrachten, das *bilineare Parallelogrammelement*. Hierzu machen wir im Einheitsquadrat den folgenden bilinearen Ansatz für ϕ:

$$\phi(\xi, \eta) = a_1 + a_2\xi + a_3\eta + a_4\xi\eta . \tag{5.30}$$

Als Knotenvariable wählen wir die vier Funktionswerte ϕ_1, ϕ_2, ϕ_3 und ϕ_4 an den Ecken des Quadrats (nun in fortlaufender Numerierung im Gegenuhrzeigersinn), wodurch die Funktion im Element eindeutig bestimmt ist. An den Rändern des Quadrats hat man jeweils einen linearen Funktionsverlauf, d.h. die Funktionswerte an den Ecken bestimmen eindeutig den linearen Verlauf entlang einer Seite, so daß die Stetigkeit des Ansatzes zu benachbarten Elementen gewährleistet ist. Aufgrund dieser Tatsache kann das bilineare Paralellogrammelement (unter Bewahrung der Stetigkeit) auch problemlos mit dem linearen Dreieckselement kombiniert werden. Zwischen den Knotenvariablen ϕ_i und den Ansatzkoeffizienten a_i besteht folgender Zusammenhang:

$$\underbrace{\begin{bmatrix} \phi_1 \\ \phi_2 \\ \phi_3 \\ \phi_4 \end{bmatrix}}_{\phi} = \underbrace{\begin{bmatrix} 1 & 0 & 0 & 0 \\ 1 & 1 & 0 & 0 \\ 1 & 1 & 1 & 1 \\ 1 & 0 & 1 & 0 \end{bmatrix}}_{\mathbf{A}^{-1}} \underbrace{\begin{bmatrix} a_1 \\ a_2 \\ a_3 \\ a_4 \end{bmatrix}}_{\mathbf{a}} \quad \text{bzw.} \quad \underbrace{\begin{bmatrix} a_1 \\ a_2 \\ a_3 \\ a_4 \end{bmatrix}}_{\mathbf{a}} = \underbrace{\begin{bmatrix} 1 & 0 & 0 & 0 \\ -1 & 1 & 0 & 0 \\ -1 & 0 & 0 & 1 \\ 1 & -1 & 1 & -1 \end{bmatrix}}_{\mathbf{A}} \underbrace{\begin{bmatrix} \phi_1 \\ \phi_2 \\ \phi_3 \\ \phi_4 \end{bmatrix}}_{\phi} .$$

Durch Einsetzen der zweiten Beziehung in den Ansatz (5.30) erhält man die Formfunktionsdarstellung

$$\phi(\xi, \eta) = \phi_1 N_1^e + \phi_2 N_2^e + \phi_3 N_3^e + \phi_4 N_4^e \tag{5.31}$$

mit den lokalen Formfunktionen

$$
\begin{aligned}
N_1^e(\xi, \eta) &= (1 - \xi)(1 - \eta) , \\
N_2^e(\xi, \eta) &= \xi(1 - \eta) , \\
N_3^e(\xi, \eta) &= \xi\eta , \\
N_4^e(\xi, \eta) &= (1 - \xi)\eta .
\end{aligned}
$$

In Abb. 5.8 ist die Formfunktion N_1^e dargestellt. Die restlichen drei Formfunktionen erhält man aus dieser durch Drehungen um 90°, 180° und 270°.

Für die Integrale in Gl. (5.25) und (5.26) über das Einheitsquadrat erhält man:

$$\tilde{S}_{jk}^{1e} = \int_{D_0} \frac{\partial N_k^e}{\partial \xi} \frac{\partial N_j^e}{\partial \xi} \, \mathrm{d}\xi\mathrm{d}\eta = \frac{1}{6} \begin{bmatrix} 2 & -2 & -1 & 1 \\ -2 & 2 & 1 & -1 \\ -1 & 1 & 2 & -2 \\ 1 & -1 & -2 & 2 \end{bmatrix} ,$$

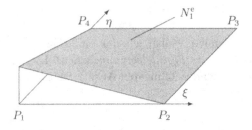

Abb. 5.8. Formfunktion N_1^e für einen bilinearen Ansatz im Parallelogramm

$$\tilde{S}_{jk}^{2e} = \int_{D_0} \frac{\partial N_k^e}{\partial \eta} \frac{\partial N_j^e}{\partial \eta}\, d\xi d\eta = \frac{1}{6} \begin{bmatrix} 2 & 1 & -1 & -2 \\ 1 & 2 & -2 & -1 \\ -1 & -2 & 2 & 1 \\ -2 & -1 & 1 & 2 \end{bmatrix},$$

$$\tilde{S}_{jk}^{3e} = \int_{D_0} \left(\frac{\partial N_k^e}{\partial \xi} \frac{\partial N_j^e}{\partial \eta} + \frac{\partial N_k^e}{\partial \eta} \frac{\partial N_j^e}{\partial \xi} \right) d\xi d\eta = \frac{1}{6} \begin{bmatrix} 3 & 0 & -3 & 0 \\ 0 & -2 & 0 & 3 \\ -3 & 0 & 2 & 0 \\ 0 & 3 & 0 & -2 \end{bmatrix},$$

$$\tilde{b}_j^e = \int_{D_0} N_j^e\, d\xi d\eta = \frac{1}{4} \begin{bmatrix} 1 \\ 1 \\ 1 \\ 1 \end{bmatrix}.$$

Hieraus erhält man schließlich die Elementsteifigkeitsmatrix und den Elementlastvektor für das bilineare Parallelogrammelement gemäß:

$$\mathbf{S}^e = k_1 \tilde{\mathbf{S}}^{1e} + k_2 \tilde{\mathbf{S}}^{2e} + k_3 \tilde{\mathbf{S}}^{3e} \quad \text{und} \quad \mathbf{b}^e = f^e J \tilde{\mathbf{b}}^e,$$

wobei k_1, k_2 und k_3 wieder die (elementabhängigen) Konstanten aus Gleichung (5.25) sind.

Ebenso wie für Dreieckselemente lassen sich durch die Wahl verschiedener Polynomansätze bzw. Knotenvariable konforme oder nicht-konforme Parallelogrammelemente unterschiedlicher Ordnung definieren. Wir verzichten hier auf eine genauere Herleitung weiterer solcher Elemente. In Tabelle 5.3 sind die wichtigsten Parallelogrammelemente mit den zugehörigen Polynomansätzen zusammengestellt, wobei zur Definition der Knotenvariablen wieder die in Tabelle 5.1 eingeführte Notation verwendet wird.

Das Ansatzpolynom des biquadratischen bzw. des bikubischen Elementes kann als Produkt von quadratischen bzw. kubischen Polynomen jeweils in ξ und η angesehen werden. Die zugehörigen Elemente werden als *Lagrange-Elemente* bezeichnet (es besteht ein direkter Zusammenhang mit der Lagrange-Interpolation). Auch das im vorangegangenen Abschnitt beschriebene bilineare Element gehört in diese Elementklasse.

Die *Serendipity-Elemente* sind durch Ansatzfunktionen gekennzeichnet, die auf jeder Parallelogrammseite ein vollständiges Polynom darstellen, das

Tabelle 5.3. Übersicht über zweidimensionale Parallelogrammelemente

Knotenvariable	Beschreibung
	Bilineares Parallelogrammelement 4 Freiheitsgrade, stetig $\phi(\xi, \eta) = a_1 + a_2\xi + a_3\eta + a_4\xi\eta$
	Quadratisches Parallelogrammelement (Serendipity) 8 Freiheitsgrade, stetig $\phi(\xi, \eta) = a_1 + a_2\xi + a_3\eta + a_4\xi^2 + a_5\xi\eta + a_6\eta^2 +$ $\qquad a_7\xi^2\eta + a_8\xi\eta^2$
	Biquadratisches Parallelogrammelement (Lagrange) 9 Freiheitsgrade, stetig $\phi(\xi, \eta) = a_1 + a_2\xi + a_3\eta + a_4\xi^2 + a_5\xi\eta + a_6\eta^2 + a_7\xi^2\eta +$ $\qquad a_8\xi\eta^2 + a_9\xi^2\eta^2$
	Kubisches Parallelogrammelement (Serendipity) 12 Freiheitsgrade, stetig $\phi(\xi, \eta) = a_1 + a_2\xi + a_3\eta + a_4\xi^2 + a_5\xi\eta + a_6\eta^2 + a_7\xi^3 +$ $\qquad a_8\xi^2\eta + a_9\xi\eta^2 + a_{10}\eta^3 + a_{11}\xi^3\eta + a_{12}\xi\eta^3$
	Kubisches Parallelogrammelement 12 Freiheitsgrade, stetig, stetige 1. Ableitungen $\phi(\xi, \eta) = a_1 + a_2\xi + a_3\eta + a_4\xi^2 + a_5\xi\eta + a_6\eta^2 + a_7\xi^3 +$ $\qquad a_8\xi^2\eta + a_9\xi\eta^2 + a_{10}\eta^3 + a_{11}\xi^3\eta + a_{12}\xi\eta^3$
	Bikubisches Parallelogrammelement (Lagrange) 16 Freiheitsgrade, stetig $\phi(\xi, \eta) = a_1 + a_2\xi + a_3\eta + a_4\xi^2 + a_5\xi\eta + a_6\eta^2 + a_7\xi^3 +$ $\qquad a_8\xi^2\eta + a_9\xi\eta^2 + a_{10}\eta^3 + a_{11}\xi^3\eta + a_{12}\xi^2\eta^2 +$ $\qquad a_{13}\xi\eta^3 + a_{14}\xi^2\eta^3 + a_{15}\xi^3\eta^2 + a_{16}\xi^3\eta^3$

durch die jeweils vorgegebenen Punkte entlang der Seiten eindeutig bestimmt ist. Die Stetigkeit zu benachbarten Elementen ist somit gewährleistet. Die sich aus dem entsprechenden Produktansatz ergebenden inneren Punkte werden jedoch vernachlässigt, so daß ein unvollständiges Ansatzpolynom ϕ resultiert.

5.5 Aufstellen des Gesamtgleichungssystems

Wir wollen nun eine generelle systematische Vorgehensweise zur Aufstellung des Gesamtgleichungssystems (aus den jeweiligen Elementmatrizen) und der Berücksichtigung von Randbedingungen für die Finite-Element-Methode angeben. Die Vorgehensweise wird allgemein beschrieben und die einzelnen Schritte werden zur Erläuterung anhand eines Beispiels nachvollzogen.

Als einfaches Beispiel betrachten wir hierzu das zweidimensionale Problem der Wärmeleitung in einem quadratischen Gebiet aus Übung 4.2 (s. insbesondere Abb. 4.19), welches durch die Differentialgleichung

$$-\frac{\partial^2 T}{\partial x^2} - \frac{\partial^2 T}{\partial y^2} = 4$$

mit den Randbedingungen

$$T(x,0) = 20, \qquad T(x,2) = 12 + 2x(x^2 - 4),$$

$$\frac{\partial T}{\partial x}(0,y) = -y^3, \quad \frac{\partial T}{\partial x}(2,y) = 12y - y^3$$

beschrieben werden kann.

Zur Lösung des Problems verwenden wir lineare Dreieckselemente mit der Zerlegung des Problemgebiets in Dreiecke D_i $(i = 1,\ldots,8)$ und den Knotenvariablen ϕ_k $(k = 1,\ldots,9)$ wie in Abb. 5.9 dargestellt. Die Anwendung des Galerkin-Verfahrens führt auf die folgende Problemformulierung:

$$\sum_{k=1}^{9} \phi_k \int_0^2 \int_0^2 \frac{\partial N_k}{\partial x}\frac{\partial N_j}{\partial x} + \frac{\partial N_k}{\partial y}\frac{\partial N_j}{\partial y}\, \mathrm{d}x\mathrm{d}y =$$

$$\int_0^2 y^3 N_j\, \mathrm{d}y + \int_0^2 (12y - y^3)N_j\, \mathrm{d}y + 4 \int_0^2 \int_0^2 N_j\, \mathrm{d}x\mathrm{d}y \qquad (5.32)$$

für $j = 1,\ldots,9$ mit den globalen Formfunktionen N_j.

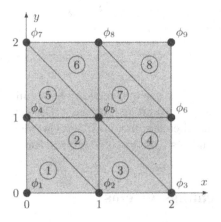

Abb. 5.9. Finite-Element-Diskretisierung mit Dreieckselementen für Beispielproblem

Zunächst müssen für jedes Element die Elementsteifigkeitsmatrix und der Elementlastvektor berechnet werden, d.h. die Gebietsintegrale in Gl. (5.32)

werden, wie in Abschn. 5.4.1 beschrieben, elementweise ausgewertet (die Randintegrale bleiben zunächst unberücksichtigt). Für diese Berechnungen benötigen wir die Koordinaten der Eckpunkte der Elemente (die hier mit den Koordinaten der Knotenvariablen übereinstimmen) sowie die Zuordnung der globalen Knotenvariablen zu den lokalen Knotenvariablen der einzelnen Dreieckselemente, wobei zwar die Reihenfolge der Numerierung (hier im Gegenuhrzeigersinn) zu beachten (vgl. Abb. 5.7), der Anfangspunkt jedoch beliebig ist. Die notwendigen Daten sind in den Tabellen 5.4 und 5.5 zusammengestellt.

Tabelle 5.4. Knotenkoordinaten der Dreieckselemente für Beispielproblem

Koordinaten	Knoten								
	1	2	3	4	5	6	7	8	9
x	0	1	2	0	1	2	0	1	2
y	0	0	0	1	1	1	2	2	2

Tabelle 5.5. Zuordnung von globalen zu lokalen Knotenvariablen für Beispielproblem

Knotenvariable	Element							
	1	2	3	4	5	6	7	8
1	1	2	2	3	4	5	5	6
2	2	5	3	6	5	8	6	9
3	4	4	5	5	7	7	8	8

Für die Konstanten k_i^e aus Gl. (5.25) erhält man für die einzelnen Elemente:

$$k_1^j = 1, \quad k_2^j = 1, \quad k_3^j = 0 \quad \text{für die Elemente } j = 1, 3, 5, 7$$

und

$$k_1^j = 2, \quad k_2^j = 1, \quad k_3^j = -1 \quad \text{für die Elemente } j = 2, 4, 6, 8.$$

Die Elementsteifigkeitsmatrizen berechnen sich damit zu

$$\mathbf{S}^j = \frac{1}{2} \begin{bmatrix} 2 & -1 & -1 \\ -1 & 1 & 0 \\ -1 & 0 & 1 \end{bmatrix} \quad \text{für die Elemente } j = 1, 3, 5, 7$$

und

$$\mathbf{S}^j = \frac{1}{2} \begin{bmatrix} 1 & -1 & 0 \\ -1 & 2 & -1 \\ 0 & -1 & 1 \end{bmatrix} \quad \text{für die Elemente } j = 2, 4, 6, 8.$$

Für den Elementlastvektor erhält man für alle Elemente

$$\mathbf{b}^e = \frac{4}{6} \begin{bmatrix} 1 \\ 1 \\ 1 \end{bmatrix}.$$

Nach diesen Vorbereitungen kann der Aufbau der Gesamtsteifigkeitsmatrix $\mathbf{S}$ systematisch elementweise erfolgen. Die Vorgehensweise ist hierbei wie folgt: ist die i-te und j-te Knotenvariable des k-ten Elements gleich n und m dann summiert man die Komponente S_{ij}^k der Elementsteifigkeitsmatrix des k-ten Elements zur Komponente S_{nm} der Gesamtsteifigkeitsmatrix. Analog geht man bei der Aufstellung des Gesamtlastvektors vor.

Wir wollen uns diesen Vorgang anhand unseres Beispiels verdeutlichen. Aufgrund der Symmetrie der Gesamtsteifigkeitsmatrix genügt es, wenn wir nur die Koeffizienten „auf" und „oberhalb" der Hauptdiagonale betrachten. Mit der Numerierung in Tabelle 5.5 erhalten wir die Einträge für die Gesamtsteifigkeitsmatrix nach folgendem Schema:

	1	2	3	4	5	6	7	8
S_{11}	S_{11}^1							
S_{12}	S_{12}^1							
S_{14}	S_{13}^1							
S_{22}	S_{22}^1	S_{11}^2	S_{11}^3					
S_{23}			S_{12}^3					
S_{24}	S_{23}^1	S_{13}^2						
S_{25}		S_{12}^2	S_{13}^3					
S_{33}			S_{22}^3	S_{11}^4				
S_{35}			S_{23}^3	S_{13}^4				
S_{36}				S_{12}^4				
S_{44}	S_{33}^1	S_{33}^2			S_{11}^5			
S_{45}		S_{23}^2			S_{12}^5			
S_{47}					S_{13}^5			
S_{55}		S_{22}^2	S_{33}^3	S_{33}^4	S_{22}^5	S_{11}^6	S_{11}^7	
S_{56}				S_{23}^4			S_{12}^7	
S_{57}					S_{23}^5	S_{13}^6		
S_{58}						S_{12}^6	S_{13}^7	
S_{66}				S_{22}^4			S_{22}^7	S_{11}^8
S_{68}							S_{23}^7	S_{13}^8
S_{69}								S_{12}^8
S_{77}					S_{33}^5	S_{33}^6		
S_{78}						S_{23}^6		
S_{88}						S_{22}^6	S_{33}^7	S_{33}^8
S_{89}								S_{23}^8
S_{99}								S_{22}^8

Alle nicht aufgeführten Koeffizienten sind gleich Null. Für die Komponenten des Lastvektors ergibt sich das Schema:

	1	2	3	4	5	6	7	8
b_1	b_1^1							
b_2	b_2^1	b_1^2	b_1^3					
b_3			b_2^3	b_1^4				
b_4	b_3^1	b_3^2			b_1^5			
b_5		b_2^2	b_3^3	b_3^4	b_2^5	b_1^6	b_1^7	
b_6				b_2^4			b_2^7	b_1^8
b_7					b_3^5	b_3^6		
b_8						b_2^6	b_3^7	b_3^8
b_9								b_2^8

Die Gesamtsteifigkeitsmatrix und den Gesamtlastvektor erhält man durch Summation der einzelnen Beiträge für die Koeffizienten. Für unser Beispiel ergibt dies:

$$\mathbf{S} = \frac{1}{2} \begin{bmatrix} 2 & -1 & 0 & -1 & 0 & 0 & 0 & 0 & 0 \\ -1 & 4 & -1 & 0 & -2 & 0 & 0 & 0 & 0 \\ 0 & -1 & 2 & 0 & 0 & -1 & 0 & 0 & 0 \\ -1 & 0 & 0 & 4 & -2 & 0 & -1 & 0 & 0 \\ 0 & -2 & 0 & -2 & 8 & -2 & 0 & -2 & 0 \\ 0 & 0 & -1 & 0 & -2 & 4 & 0 & 0 & -1 \\ 0 & 0 & 0 & -1 & 0 & 0 & 2 & -1 & 0 \\ 0 & 0 & 0 & 0 & -2 & 0 & -1 & 4 & -1 \\ 0 & 0 & 0 & 0 & 0 & -1 & 0 & -1 & 2 \end{bmatrix} \quad \text{und } \mathbf{b} = \frac{4}{6} \begin{bmatrix} 1 \\ 3 \\ 2 \\ 3 \\ 6 \\ 3 \\ 2 \\ 3 \\ 1 \end{bmatrix}.$$

Man erkennt wieder die typische Bandstruktur der Steifigkeitsmatrix.

Nun müssen noch die Randbedingungen berücksichtigt werden, die wir beim Aufbau der Matrix bisher noch nicht beachtet haben. Die obige Matrix ist singulär, so daß das Gleichungssystem keine eindeutige Lösung besitzt. Erst durch die Randbedingungen wird diese eindeutig bestimmt.

Wenden wir uns zunächst den Neumannschen Randbedingungen zu, welche die Auswertung der Randintegrale in Gl. (5.32) erfordert, die in zusätzlichen Beiträgen im Lastvektor resultieren. Zur elementweisen Berechnung der Randintegrale verwendet man (eindimensionale) Randformfunktionen für Elementseiten auf dem Rand, an dem eine Neumannsche Randbedingung vorgegeben ist. Für den verwendeten linearen Ansatz lauten diese Randformfunktionen für das Einheitsintervall in y-Richtung:

$$N_1^{\mathrm{r}}(\eta) = 1 - \eta \quad \text{und} \quad N_2^{\mathrm{r}}(\eta) = \eta.$$

Diese benötigen wir für unser Beispiel, da entlang dieser Richtung Neumannsche Randbedingungen vorgegeben sind.

Die Zuordnung der entsprechenden Randknotenvariablen zu den Elementen mit einer Seite auf einem Rand mit Neumannscher Randbedingung ist in

Tabelle 5.6 angegeben. Die Randformfunktionen (nun in Abhängigkeit von y) für die entsprechenden Elemente sind

$$N_1^1(y) = N_1^4(y) = 1 - y , \quad N_2^1(y) = N_2^4(y) = y ,$$

$$N_1^5(y) = N_1^8(y) = 2 - y , \quad N_2^5(y) = N_2^8(y) = y - 1 .$$

Der obere Index bezieht sich hierbei auf das Element und der untere auf die Randknotenvariable. $N_i^k = N_i^k(y)$ ist also diejenige lineare Funktion, die im k-ten Element für die i-te Randknotenvariable den Wert 1 und für die andere Randknotenvariable den Wert 0 besitzt.

Tabelle 5.6. Zuordnung von Randknotenvariablen und Elementen für Beispielproblem

Knotenvariable	Element 1	4	5	8
1	1	3	4	6
2	4	6	7	9

Die Berechnung der entsprechenden Randintegralbeiträge ergibt damit:

$$r_1^1 = \int_0^1 y^3 N_1^1(y)\, \mathrm{d}y = \int_0^1 y^3 (1 - y)\, \mathrm{d}y = \frac{1}{20} ,$$

$$r_2^1 = \int_0^1 y^3 N_2^1(y)\, \mathrm{d}y = \int_0^1 y^3 y\, \mathrm{d}y = \frac{1}{5} ,$$

$$r_1^4 = \int_0^1 (12y - y^3) N_1^4(y)\, \mathrm{d}y = \int_0^1 (12y - y^3)(1 - y)\, \mathrm{d}y = \frac{39}{20} ,$$

$$r_2^4 = \int_0^1 (12y - y^3) N_2^4(y)\, \mathrm{d}y = \int_0^1 (12y - y^3) y\, \mathrm{d}y = \frac{19}{5} ,$$

$$r_1^5 = \int_0^1 y^3 N_1^5(y)\, \mathrm{d}y = \int_1^2 y^3 (2 - y)\, \mathrm{d}y = \frac{13}{10} ,$$

$$r_2^5 = \int_0^1 y^3 N_2^5(y)\, \mathrm{d}y = \int_1^2 y^3 (y - 1)\, \mathrm{d}y = \frac{49}{20} ,$$

$$r_1^8 = \int_0^1 (12y - y^3) N_1^8(y)\, \mathrm{d}y = \int_1^2 (12y - y^3)(2 - y)\, \mathrm{d}y = \frac{67}{10} ,$$

$$r_2^8 \;=\; \int\limits_0^1 (12y - y^3) N_2^8(y)\, \mathrm{d}y \;=\; \int\limits_1^2 (12y - y^3)(y - 1)\, \mathrm{d}y \;=\; \frac{151}{20}\,.$$

Entsprechend der in Tabelle 5.6 angegebenen Zuordnung müssen die Koeffizienten des Lastvektors wie folgt modifiziert werden (nicht ganz streng mathematisch verwenden wir die gleiche Bezeichnung für die modifizierten Koeffizienten):

$$b_1 \;\leftarrow\; b_1 + r_1^1\,,$$
$$b_3 \;\leftarrow\; b_3 + r_1^4\,,$$
$$b_4 \;\leftarrow\; b_4 + r_2^1 + r_1^5\,,$$
$$b_6 \;\leftarrow\; b_6 + r_2^4 + r_1^8\,,$$
$$b_7 \;\leftarrow\; b_7 + r_2^5\,,$$
$$b_9 \;\leftarrow\; b_9 + r_2^8\,.$$

Die anderen Koeffizienten bleiben unverändert. Setzen wir die konkreten Zahlenwerte ein, erhalten wir für den Lastvektor:

$$\mathbf{b} = \frac{4}{6}\begin{bmatrix} 1 \\ 3 \\ 2 \\ 3 \\ 6 \\ 3 \\ 2 \\ 3 \\ 1 \end{bmatrix} + \frac{1}{20}\begin{bmatrix} 1 \\ 0 \\ 39 \\ 30 \\ 0 \\ 210 \\ 49 \\ 0 \\ 151 \end{bmatrix} = \frac{1}{60}\begin{bmatrix} 43 \\ 120 \\ 197 \\ 210 \\ 240 \\ 750 \\ 227 \\ 120 \\ 493 \end{bmatrix}.$$

Im Falle von Dirichletschen Randbedingungen muß im Gleichungssystem dafür gesorgt werden, daß die Knotenvariablen, für die bestimmte Werte vorgegeben sind, diese Werte auch erhalten. Dies läßt sich relativ einfach realisieren: ist für die k-te Knotenvariable der Wert T_0 vorgeschrieben, wird zunächst das T_0-fache der k-ten Spalte von $\mathbf{S}$ vom Lastvektor $\mathbf{b}$ subtrahiert. Anschließend werden die k-te Zeile und Spalte in $\mathbf{S}$ gleich 0, das k-te Hauptdiagonalelement gleich 1 und die k-te Komponente des Lastvektors gleich T_0 gesetzt.

Für unser Beispiel haben wir die folgenden Werte vorgegeben:

$$\phi_1 = \phi_2 = \phi_3 = 20\,, \quad \phi_7 = 12\,, \quad \phi_8 = 6\,, \quad \phi_9 = 12.$$

Verfahren wir in der oben beschriebenen Weise, erhalten wir schließlich für die Steifigkeitsmatrix und den Lastvektor (wir verwenden wieder die gleichen Bezeichnungen):

$$\mathbf{S} = \begin{bmatrix} 1 & 0 & 0 & 0 & 0 & 0 & 0 & 0 & 0 \\ 0 & 1 & 0 & 0 & 0 & 0 & 0 & 0 & 0 \\ 0 & 0 & 1 & 0 & 0 & 0 & 0 & 0 & 0 \\ 0 & 0 & 0 & 4 & -2 & 0 & 0 & 0 & 0 \\ 0 & 0 & 0 & -2 & 8 & -2 & 0 & 0 & 0 \\ 0 & 0 & 0 & 0 & -2 & 4 & 0 & 0 & 0 \\ 0 & 0 & 0 & 0 & 0 & 0 & 1 & 0 & 0 \\ 0 & 0 & 0 & 0 & 0 & 0 & 0 & 1 & 0 \\ 0 & 0 & 0 & 0 & 0 & 0 & 0 & 0 & 1 \end{bmatrix} \quad \text{und} \quad \mathbf{b} = \begin{bmatrix} 20 \\ 20 \\ 20 \\ 39 \\ 60 \\ 57 \\ 12 \\ 6 \\ 12 \end{bmatrix}.$$

Normalerweise wird man nun das Gleichungssystem

$$\mathbf{S}\phi = \mathbf{b}$$

in dieser Form lösen, obwohl es (aufgrund der vorgegebenen Randwerte) eine Reihe trivialer Gleichungen enthält. Natürlich können diese bekannten Knotenvariablen auch aus dem System gestrichen werden. Da für praktische Problemstellungen deren Anzahl im Vergleich zur Gesamtzahl der Unbekannten in der Regel sehr klein ist, wird hierauf jedoch üblicherweise verzichtet. Ein Vorteil hierbei ist, daß dann alle Knotenvariablen im berechneten Lösungsvektor enthalten sind und direkt für weitere Rechnungen oder für eine Visualisierung verwendet werden können. Für die Berechnung der Lösung unseres Beispiels streichen wir die bekannten Knotenvariablen, so daß nur noch das folgende 3 × 3-System übrig bleibt:

$$\mathbf{S} = \begin{bmatrix} 4 & -2 & 0 \\ -2 & 8 & -2 \\ 0 & -2 & 4 \end{bmatrix} \begin{bmatrix} \phi_4 \\ \phi_5 \\ \phi_6 \end{bmatrix} = \frac{1}{2} \begin{bmatrix} 39 \\ 60 \\ 75 \end{bmatrix}.$$

Die Auflösung des Systems ergibt:

$$\phi_4 = 18,75 \,, \quad \phi_5 = 18,0 \,, \quad \phi_6 = 23,25 \,.$$

Für die verwendeten Elemente entsprechen die berechneten Koeffizienten direkt den Temperaturen an den jeweiligen Punkten. Vergleichen wir diese mit der entsprechenden analytischen Lösung (s. Tabelle 5.7), erkennt man trotz der groben Elementeinteilung und der niedrigen Ordnung des Polynomansatzes schon eine relativ gute Übereinstimmung der Ergebnisse.

Tabelle 5.7. Analytische und numerische Lösung mit linearen Dreieckselementen für Beispielproblem

	$T(0,1)$	$T(1,1)$	$T(2,1)$
Analytisch	18,00	18,00	24,00
Numerisch	18,75	18,00	23,25

5.6 Numerische Integration

Wie aus den vorangehenden Betrachtungen zu erkennen, müssen zur Berechnung der verschiedenen Elementbeiträge schon bei einfacheren Ansätzen teilweise relativ komplexe Integrale berechnet werden. Für die betrachteten Beispiele konnten diese noch vergleichsweise einfach „per Hand" ausgerechnet werden. In der Praxis werden, wie bereits erwähnt, hierzu jedoch numerische Integrationsformeln benutzt. Bei komplexeren Elementen (z.B. isoparametrische Elemente, auf die wir in Abschn. 9.2 eingehen werden) ist eine exakte Integration in der Regel nicht mehr durchführbar. Eine exakte Berechnung der Integrale ist auch nicht erforderlich, da durch die Diskretisierung ohnehin ein Fehler gemacht wird und eine numerische Integration, deren Fehlerordnung kleiner ist als die Ordnung des Diskretisierungsfehlers, sich nur unwesentlich bemerkbar macht.

Wir hatten uns bereits im Zusammenhang mit den Finite-Volumen-Verfahren mit Formeln zur numerischen Integration beschäftigt. Dort war es notwendig, daß die Integrationsstützpunkte, mit den Stellen, an denen die entsprechenden Variablen definiert waren, übereinstimmten. Für die Auswertung der bei der Finite-Element-Methode auftretenden Integrale ist dies aufgrund der Verwendung von Formfunktionen innerhalb der Elemente nicht erforderlich, so daß hier effizientere Methoden eingesetzt werden können.

Eine Formel zur numerischen Integration einer beliebigen (skalaren) Funktion $\phi = \phi(\mathbf{x})$ über einen Bereich V läßt sich generell in folgender Form schreiben:

$$\int\limits_V \phi \, dV \approx \sum_{i=1}^p \phi(\mathbf{x}_i) w_i$$

mit geeigneten Integrationsgewichten w_i und Stützstellen $\mathbf{x}_i$ in V. Die Idee zur Konstruktion effizienter Integrationsformeln ist nun, die Wahl der Stützstellen so vorzunehmen, daß der Fehler bei vorgegebener Stützstellenanzahl möglichst klein wird bzw. daß ein Polynom einer möglichst hohen Ordnung noch exakt integriert wird. In diesem Sinne optimal sind die *Gaußschen Integrationsformeln*. Mit diesen wird im Falle von p Stützstellen ein Polynom $(2p-1)$-ten Grades noch exakt integriert. Die Formeln sind also, bei gleicher Stützstellenzahl, wesentlich genauer als diejenigen, die wir im Zusammenhang mit den Finite-Volumen-Verfahren kennengelernt haben. Beispielsweise können mit der Simpson-Regel (3 Stützstellen) nur Polynome bis zum Grad 2 exakt integriert werden, während die entsprechende Gauß-Formel der Ordnung 3 noch für Polynome bis zum Grad 5 exakte Werte liefert.

Betrachten wir zunächst den eindimensionalen Fall. Wir wollen hier nicht auf Details der Herleitung der Gaußschen Integrationsformeln eingehen. Dies kann in der entsprechenden Spezialliteratur nachgelesen werden (z.B. [3] und die dort angegebenen Literaturstellen). Es sei lediglich erwähnt, daß sich im eindimensionalen Fall die Stützstellen als Nullstellen von *Legendre-Polynomen* ergeben und daß man die zugehörigen Integrationsgewichte durch Integration von *Lagrange-Polynomen* erhält. In Tabelle 5.8 sind die Stützstellen und Gewichte der Gaußschen Integrationsformeln für das Einheitsintervall bis zur Ordnung 3 angegeben. Das Verfahren mit $p = 1$ entspricht der bereits bekannten Mittelpunktsregel.

Tabelle 5.8. Stützstellen und Gewichte für die eindimensionale Gauß-Integration bis zur Ordnung 3

Ordnung	i	ξ_i	w_i
1	1	1/2	1
2	1	$(3 - \sqrt{3})/6$	1/2
	2	$(3 + \sqrt{3})/6$	1/2
3	1	$(5 - \sqrt{15})/6$	5/18
	2	1/2	4/9
	3	$(5 + \sqrt{15})/6$	5/18

Allgemein hat man für die eindimensionale Gauß-Integration der Ordnung p die folgende Aussage für den Integrationsfehler:

$$\int\limits_0^1 \phi \, \mathrm{d}\xi - \sum_{i=1}^p \phi(\xi_i) w_i = \frac{2^{2p+1}(p!)^4}{[(2p)!]^3(2p+1)} \, \phi^{(2p)}(\xi_\mathrm{m}) \,,$$

wobei ξ_m im Intervall $(0, 1)$ liegt (wo genau, ist in der Regel nicht bekannt).

Die eindimensionalen Gauß-Formeln kann man auch für das Einheitsquadrat und den Einheitswürfel verwenden, indem einfach die jeweilige Formel nacheinander für jede Raumrichtung angewandt wird (produktweise Anwendung). Dies entspricht einer dem eindimensionalen Fall entsprechenden Verteilung der Stützpunkte und Gewichte in jeder Koordinatenrichtung (s. Abb. 5.10). Die resultierenden Formeln sind zwar nicht mehr optimal im oben erwähnten Sinne, werden aber dennoch in den meisten Berechnungsprogrammen benutzt. Man kann jedoch auch direkt entsprechende optimale Formeln ableiten. Für das Einheitsquadrat liegen die Stützstellen dann beispielsweise jeweils auf Kreisen um den Punkt $(\xi, \eta) = (1/2, 1/2)$.

Auch für das Einheitsdreieck stehen entsprechende Integrationsformeln zur Verfügung. Als Beispiel sind in Tabelle 5.9 die Koordinaten der Stützstellen und die zugehörigen Gewichte für die Formel mit 7 Punkten angegeben. In Abb. 5.11 ist die entsprechende Verteilung der Stützstellen im Einheitsdreieck zu sehen. Die Formel liefert exakte Integrale für Polynome bis zum Grad 5.

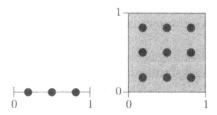

Abb. 5.10. Stützstellenverteilung bei der Gauß-Integration mit $p=3$ für das Einheitsintervall und das Einheitsquadrat (bei produktweiser Anwendung)

Tabelle 5.9. Stützstellen und Integrationsgewichte für eine Integrationsformel mit 7 Punkten für das Einheitsdreieck

i	ξ_i	η_i	w_i
1	$1/3$	$1/3$	$9/80$
2	$(6+\sqrt{15})/21$	$(6+\sqrt{15})/21$	$(155+\sqrt{15})/2400$
3	$(9-2\sqrt{15})/21$	$(6+\sqrt{15})/21$	$(155+\sqrt{15})/2400$
4	$(6+\sqrt{15})/21$	$(9-2\sqrt{15})/21$	$(155+\sqrt{15})/2400$
5	$(6-\sqrt{15})/21$	$(6-\sqrt{15})/21$	$(155-\sqrt{15})/2400$
6	$(9+2\sqrt{15})/21$	$(6-\sqrt{15})/21$	$(155-\sqrt{15})/2400$
7	$(6-\sqrt{15})/21$	$(9+2\sqrt{15})/21$	$(155-\sqrt{15})/2400$

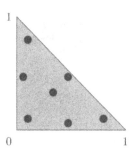

Abb. 5.11. Verteilung der Stützstellen für die exakte Integration von Polynomen bis zum Grad 5 über dem Einheitsdreieck

Die Stützstellen und Gewichte für die Einheitsgebiete in den verschiedene Raumdimensionen liegen für die Verfahren unterschiedlicher Ordnung in tabellierter Form vor (z.B. [19] und die dort angegebene Literatur).

Übungsaufgaben zu Kap. 5

Übung 5.1. Transformiere die Integrale (5.23) mittels der Variablentransformation (5.24) auf das Einheitsdreieck D_0 (vgl. Gl. (5.25) und (5.26)).
Übung 5.2. Bestimme die lokalen Formfunktionen für das biquadratische Parallelogrammelement und das kubische Dreieckselement.
Übung 5.3. Bestimme die Elementmassenmatrix für das lineare Dreieckselement (s. Gl. (5.29)).

Übung 5.4. Bestimme die Elementsteifigkeitsmatrix für das quadratische Dreieckselement bei Anwendung auf die zweidimensionale skalare Transportgleichung (4.1).

Übung 5.5. Im Problemgebiet $0 \le x \le 1$ sei die eindimensionale Differentialgleichung $\phi'(x) - \phi(x) = 0$ mit der Anfangsbedingung $\phi(0) = 1$ gegeben. Berechne eine Näherungslösung mittels der Finite-Element-Methode unter Verwendung von 4 linearen Elementen äquidistanter Länge.

Übung 5.6. Berechne das in Abschn. 5.5 betrachtete Wärmeleitungsbeispiel mit der in Abb. 5.12 dargestellten Diskretisierung in vier bilineare Parallelogrammelemente. Vergleiche die Ergebnisse mit denjenigen für das lineare Dreieckselement (siehe Tabelle 5.7).

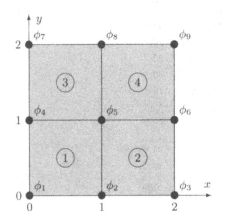

Abb. 5.12. Finite-Element-Diskretisierung mit bilinearen Parallelogrammelementen für Übung 5.6

6 Zeitdiskretisierung

Bei vielen praktischen Anwendungen sind die zu untersuchenden Vorgänge instationär, so daß für deren numerische Simulation die Lösung zeitabhängiger Modellgleichungen notwendig ist. Die Zeit nimmt in den Differentialgleichungen eine gewisse Sonderstellung ein, da, anders als bei den Ortskoordinaten, aufgrund des Kausalitätsprinzips eine ausgezeichnete Richtung existiert. Dieser Tatsache müssen auch die Diskretisierungstechniken für die Zeit Rechnung tragen. In diesem Kapitel werden die wichtigsten Techniken zur Zeitdiskretisierung behandelt.

6.1 Grundlagen

Bei instationären Vorgängen sind die physikalischen Größen, zusätzlich zur Ortsabhängigkeit, auch von der Zeit t abhängig. Bei den hier betrachteten Anwendungen treten im wesentlichen zwei Typen von zeitabhängigen Problemen auf: Transportvorgänge und Schwingungsvorgänge. Beispiele solcher Vorgänge sind etwa die Kármánsche Wirbelstraße, die sich bei der Umströmung von Körpern ausbildet (s. Abb. 6.1), oder Schwingungen einer Struktur (s. Abb. 6.2).

Abb. 6.1. Kármánsche Wirbelstraße (Momentaufnahme der Wirbelstärke)

Während die Gleichungen für instationäre Transportvorgänge nur die 1. Ableitung nach der Zeit enthalten, tritt bei Schwingungsvorgängen auch die 2. Zeitableitung auf. Im ersten Fall nennt man das Problem *parabolisch*, im zweiten Fall *hyperbolisch*. Da wir dies nicht weiter benötigen, verzichten wir hier auf eine genauere Definition dieser Begriffe, die zu einer allgemei-

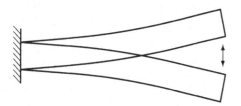

Abb. 6.2. Schwingungen eines eingespannten Balkens

nen Klassifizierung von Differentialgleichungen 2. Ordnung eingeführt werden können (s. z.B. [9] oder [13]).

Ein Beispiel für ein parabolisches Problem ist die allgemeine instationäre skalare Transportgleichung (vgl. Abschn. 2.3.2)

$$\frac{\partial(\rho\phi)}{\partial t} + \frac{\partial}{\partial x_i}\left(\rho v_i\phi - \alpha\frac{\partial\phi}{\partial x_i}\right) = f. \tag{6.1}$$

Ein Beispiel für den hyperbolischen Typ sind die Gleichungen der linearen Elastodynamik (vgl. Abschn. 2.4.1). Für einen schwingenden Balken, wie in Abb. 6.2 dargestellt, hat man beispielsweise:

$$\rho A\frac{\partial^2 w}{\partial t^2} + \frac{\partial^2}{\partial x^2}\left(B\frac{\partial^2 w}{\partial x^2}\right) + f_q = 0. \tag{6.2}$$

Im Vergleich zu den entsprechenden stationären Problemen ist hier die Zeit eine zusätzliche Koordinate, d.h. gesucht ist $\phi = \phi(\mathbf{x}, t)$ bzw. $w = w(\mathbf{x}, t)$. Auch alle auftretenden vorgegebenen Größen können von der Zeit abhängen. Es sei erwähnt, daß sich Schwingungsvorgänge häufig durch einen Separationsansatz in Form von Eigenwertproblemen formulieren lassen, worauf wir jedoch nicht näher eingehen wollen (vgl. z.B. [3]).

Um zeitabhängige Probleme vollständig zu definieren, benötigt man, zusätzlich zu den Randbedingungen (die ebenfalls zeitabhängig sein können), auch Anfangsbedingungen. Für Transportprobleme benötigt man nur eine Anfangsverteilung der unbekannten Funktion, z.B.

$$\phi(\mathbf{x}, t_0) = \phi^0(\mathbf{x})$$

für Gl. (6.1), während bei Schwingungsproblemen zusätzlich auch noch eine Anfangsverteilung für die erste Zeitableitung vorgegeben werden muß, z.B.

$$w(x, t_0) = w^0(x) \quad \text{und} \quad \frac{\partial w}{\partial t}(x, t_0) = w^1(x)$$

für Gl. (6.2).

Zur numerischen Lösung zeitabhängiger Probleme wird üblicherweise zunächst eine Ortsdiskretisierung mit einer der in den vorangegangenen Kapiteln beschriebenen Techniken durchgeführt. Dies resultiert dann in einem System von gewöhnlichen Differentialgleichungen (in der Zeit). Beispielsweise ergibt die Ortsdiskretisierung von Gl. (6.1) mit einem Finite-Volumen-Verfahren für jedes KV die folgende Differentialgleichung:

$$\frac{\partial \phi_P}{\partial t} = \frac{1}{\rho \, \delta V} \left[-a_P(t)\phi_P + \sum_c a_c(t)\phi_c + b_P(t) \right], \qquad (6.3)$$

wobei wir die Dichte ρ und das Volumen δV als zeitlich konstant angenommen haben, was wir auch im folgenden stets tun werden. Global, d.h. für alle KV, entspricht dies einem (gekoppelten) System von gewöhnlichen Differentialgleichungen für die unbekannten Funktionen $\phi_P^i = \phi_P^i(t)$ für $i = 1, \ldots, N$, wobei N die Anzahl der Kontrollvolumen bezeichnet.

Bei Verwendung eines Finite-Element-Verfahrens für die Ortsdiskretisierung eines zeitabhängigen Problems wird im Galerkin-Verfahren ein entsprechender Ansatz mit zeitabhängigen Koeffizienten gewählt:

$$\phi(\mathbf{x}, t) = \varphi_0(\mathbf{x}, t) + \sum_{k=1}^{N} c_k(t)\varphi_k(\mathbf{x}).$$

Bei zeitlich variierenden Randbedingungen muß, wie angedeutet, auch die Funktion φ_0 zeitabhängig sein, da diese die inhomogenen Randbedingungen im gesamten Zeitintervall erfüllen muß. Wendet man mit diesem Ansatz, in analoger Weise wie im stationären Fall, das Galerkin-Verfahren an, führt auch dies auf ein System von gewöhnlichen Differentialgleichungen (für die unbekannten Funktionen $c_k = c_k(t)$).

Im folgenden wird zur Vereinfachung der Schreibweise die rechte Seite der aus der Ortsdiskretisierung resultierenden Gleichung (egal, ob diese mit einer Finite-Volumen- oder Finite-Elemente-Methode erhalten wird) durch den Operator $\mathcal{L}$ ausgedrückt:

$$\frac{\partial \phi}{\partial t} = \mathcal{L}(\phi),$$

wobei $\phi = \phi(t)$ den Vektor der unbekannten Funktionen bezeichnet. Im Falle einer Finite-Volumen-Ortsdiskretisierung von Gl. (6.1) gemäß Gl. (6.3) sind die Komponenten von $\mathcal{L}(\phi)$ also beispielsweise durch die rechte Seite von Gl. (6.3) definiert.

Zur Zeitdiskretisierung, d.h. zur Diskretisierung des Systems gewöhnlicher Differentialgleichungen, können analoge Techniken, wie für die Ortskoordinaten benutzt werden (Finite-Differenzen-, Finite-Volumen- oder Finite-Elemente-Methode). Da bei Anwendung der verschiedenen Methoden keine prinzipiellen Unterschiede in den resultierenden diskreten Systemen auftreten, werden wir uns hier auf die bei der Konstruktion von Finite-Differenzen-Approximationen verwendeten Techniken beschränken.

Zunächst wird das zu betrachtende Zeitintervall $[t_0, T]$ in einzelne, im allgemeinen nicht-äquidistante, Teilintervalle Δt_n zerlegt:

$$t_{n+1} = t_n + \Delta t_n, \quad n = 0, 1, 2, \ldots$$

Zur weiteren Vereinfachung der Schreibweise wird ein Variablenwert zum Zeitpunkt t_n mit einem Index n bezeichnet, z.B.:

$$\mathcal{L}(\phi(t_n)) = \mathcal{L}(\phi^n).$$

Nach dem Kausalitätsprinzip kann die Lösung zur Zeit t_{n+1} nur von *davorlie-genden* Zeitpunkten $t_n, t_{n-1}, \ldots$ abhängen. Da die Zeit damit sozusagen eine „Einbahnkoordinate" ist, muß die Lösung für t_{n+1} als Funktion der Randbedingungen und der Lösungen zu früheren Zeiten bestimmt werden. Bei der Zeitdiskretisierung handelt es sich daher immer um eine Extrapolation. Die gesuchte Variable wird, startend von der vorgegebenen Anfangsbedingungen bei t_0, sukzessive zu den Zeitpunkten $t_1, t_2, \ldots$ berechnet. Der zeitliche Verlauf von ϕ kann dann als Folge verschiedener räumlicher Werte zu den diskreten Zeitpunkten dargestellt werden (s. Abb. 6.3 für ein räumlich zweidimensionales Problem). Es sei an dieser Stelle bemerkt, daß für Transportprobleme häufig auch stationäre Lösungen mit einem Zeitdiskretisierungsverfahren aus den zeitabhängigen Gleichungen als Grenzwert für $t \rightarrow \infty$ berechnet werden, was jedoch in der Regel ein wenig effizientes Verfahren liefert.

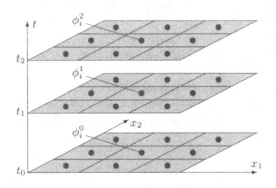

Abb. 6.3. Zusammenhang zwischen räumlicher und zeitlicher Diskretisierung

Es ist immer mindestens *eine* bereits bekannte Zeitebene notwendig, um die Zeitableitung zu diskretisieren. Benutzt man nur diese eine bekannte Zeitebene, d.h. die Werte zum Zeitpunkt t_n, spricht man von *Einschrittverfahren*, werden mehrere bekannte Zeitebenen verwendet, d.h. Werte zu den Zeitpunkten $t_n, t_{n-1}, \ldots$, von *Mehrschrittverfahren*. Weiterhin werden die Methoden zur Zeitdiskretisierung, je nach Wahl der Zeitpunkte, an dem die rechte Seite ausgewertet wird, generell in zwei Klassen eingeteilt:

- *Explizite Verfahren*: Diskretisierung der rechten Seite nur zu vorherigen (bereits bekannten) Zeitpunkten:

$$\phi^{n+1} = \mathcal{F}(\phi^n, \phi^{n-1}, \ldots).$$

- *Implizite Verfahren*: Diskretisierung der rechten Seite auch zum neuen (unbekannten) Zeitpunkt:

$$\phi^{n+1} = \mathcal{F}(\phi^{n+1}, \phi^n, \phi^{n-1}, \ldots).$$

Mit $\mathcal{F}$ ist hierbei jeweils eine beliebige Diskretisierungsvorschrift bezeichnet, für deren Wahl wir später noch Beispiele angeben werden. Die Unterscheidung in explizite und implizite Verfahren ist ein sehr wichtiges Merkmal, da weitreichende Unterschiede bzgl. der Eigenschaften des numerischen Verfahrens auftreten (hierauf werden wir in Abschn. 8.1.2 näher eingehen). Die wichtigsten Verfahren beider Klassen werden in den nächsten beiden Abschnitten behandelt.

Wir werden uns bei den Betrachtungen auf Probleme des parabolischen Typs (nur erste Zeitableitung) beschränken. Es sei jedoch erwähnt, daß die angegebenen Methoden im Prinzip auch auf Probleme mit zweiter Zeitableitung, d.h. Probleme des Typs

$$\frac{\partial^2 \phi}{\partial t^2} = \mathcal{L}(\phi) \,, \tag{6.4}$$

angewandt werden können, indem man die ersten Zeitableitungen

$$\psi = \frac{\partial \phi}{\partial t}$$

als zusätzliche Unbekannte einführt (Reduktion der Ordnung). Aufgrund von Gl. (6.4) gilt

$$\frac{\partial \psi}{\partial t} = \mathcal{L}(\phi)$$

und man erhält mit den Definitionen

$$\tilde{\phi} = \left[\begin{array}{c} \psi \\ \phi \end{array} \right] \quad \text{und} \quad \tilde{\mathcal{L}}(\tilde{\phi}) = \left[\begin{array}{c} \mathcal{L}(\phi) \\ \psi \end{array} \right]$$

ein zu Gl. (6.4) äquivalentes Differentialgleichungssystem der Form

$$\frac{\partial \tilde{\phi}}{\partial t} = \tilde{\mathcal{L}}(\tilde{\phi}) \,,$$

welches nur noch erste Zeitableitungen enthält. Die Anzahl der Unbekannten verdoppelt sich jedoch hierbei, so daß Verfahren, welche das System (6.4) direkt lösen (beispielsweise die sogenannten *Newmark-Verfahren*, s. z.B. [3]) in der Regel effizienter sind.

6.2 Explizite Verfahren

6.2.1 Explizite Einschrittverfahren

Wir beginnen mit dem einfachsten Beispiel eines Zeitdiskretisierungsverfahrens, dem *expliziten Euler-Verfahren*. Dieses erhält man durch eine Approximation der Zeitableitung zum Zeitpunkt t_n mittels einer Vorwärtsdifferenzenformel:

$$\frac{\partial \phi(t_n)}{\partial t} \approx \frac{\phi^{n+1} - \phi^n}{\Delta t_n} = \mathcal{L}(\phi^n) \, . \tag{6.5}$$

Dies entspricht einer Approximation der Zeitableitung der Komponenten ϕ_i von ϕ an der Stelle t_n mittels der Steigung der Geraden durch die Punkte ϕ_i^n und ϕ_i^{n+1} (s. Abb. 6.4). Das Verfahren besitzt einen Abbruchfehler 1. Ordnung (bzgl. der Zeit) und ist auch unter dem Namen *Eulersche Polygonzugmethode* bekannt.

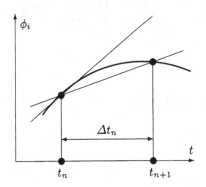

Abb. 6.4. Approximation der Zeitableitung beim expliziten Euler-Verfahren

Die Beziehung (6.5) kann explizit nach ϕ^{n+1} aufgelöst werden:

$$\phi^{n+1} = \phi^n + \Delta t_n \mathcal{L}(\phi^n) \, .$$

Auf der rechten Seite stehen nur Werte der bereits bekannten Zeitebene, so daß die Gleichungen für die Werte zum Zeitpunkt t_{n+1} an den verschiedenen Gitterpunkten vollständig entkoppelt sind und unabhängig voneinander berechnet werden können. Dies ist charakteristisch für explizite Verfahren.

Betrachten wir als Beispiel die instationäre eindimensionale Diffusionsgleichung (mit konstanten Materialparametern):

$$\frac{\partial \phi}{\partial t} = \frac{\alpha}{\rho} \frac{\partial^2 \phi}{\partial x^2} \, . \tag{6.6}$$

Eine Finite-Volumen-Ortsdiskretisierung mit Zentraldifferenzen für den Diffusionsterm ergibt für ein äquidistantes Gitter mit Gitterweite Δx für jedes KV die gewöhnliche Differentialgleichung:

$$\frac{\partial \phi_{\mathrm{P}}(t)}{\partial t} \Delta x = \frac{\alpha}{\rho} \frac{\phi_{\mathrm{E}}(t) - \phi_{\mathrm{P}}(t)}{\Delta x} - \frac{\alpha}{\rho} \frac{\phi_{\mathrm{P}}(t) - \phi_{\mathrm{W}}(t)}{\Delta x} \tag{6.7}$$

Mit einer Zeitdiskretisierung nach dem expliziten Euler-Verfahren mit fester Zeitschrittweite Δt erhält man daraus die Approximation:

$$\frac{\phi_{\mathrm{P}}^{n+1} - \phi_{\mathrm{P}}^n}{\Delta t} \Delta x = \frac{\alpha}{\rho} \frac{\phi_{\mathrm{E}}^n - \phi_{\mathrm{P}}^n}{\Delta x} - \frac{\alpha}{\rho} \frac{\phi_{\mathrm{P}}^n - \phi_{\mathrm{W}}^n}{\Delta x}$$

Die Auflösung nach ϕ_P^{n+1} ergibt

$$\phi_P^{n+1} = \frac{\alpha \Delta t}{\rho \Delta x^2}(\phi_E^n + \phi_W^n) + (1 - \frac{2\alpha \Delta t}{\rho \Delta x^2})\phi_P^n \, .$$

In Abb. 6.5 ist die Vorgehensweise bei der Anwendung des expliziten Euler-Verfahrens auf das betrachtete Beispiel graphisch veranschaulicht. Man erkennt, daß eine Reihe von Zeitschritten benötigt wird, bis sich eine Änderung der Randbedingungen im Inneren des Rechengebietes bemerkbar macht. Je feiner das Gitter ist, desto langsamer ist die Ausbreitung der Information (bei gleichem Zeitschritt). Wie wir in Abschn. 8.1.2 noch sehen werden führt dieser Umstand zu einer Begrenzung der Zeitschrittweite (Stabilitätsbedingung), die quadratisch von der räumlichen Auflösung abhängt und mit feiner werdendem Ortsgitter immer restriktiver wird. Diese Begrenzung ist ausschließlich numerisch bedingt und völlig unabhängig vom tatsächlichen zeitlichen Verlauf der Lösung.

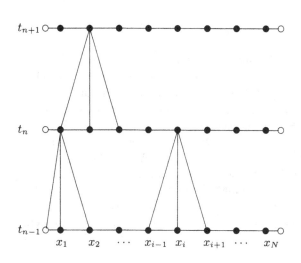

Abb. 6.5. Vorgehensweise und Informationsfluß bei Anwendung des expliziten Euler-Verfahrens auf die eindimensionale Diffusionsgleichung

Es gibt eine Vielzahl weiterer expliziter Einschrittverfahren, die sich vom expliziten Euler-Verfahren in der Approximation der Flüsse und rechten Seiten unterscheiden. Von Collatz (1960) stammt das *modifizierte explizite Euler-Verfahren*

$$\frac{\phi^{n+1} - \phi^n}{\Delta t_n} = \mathcal{L}(\phi^n + \frac{\Delta t_n}{2}\mathcal{L}(\phi^n)) \, ,$$

welches im Vergleich zum expliziten Euler-Verfahren lediglich eine zusätzliche Auswertung der Flüsse und Quellterme erfordert, dafür aber auf äquidistanten Gittern von 2. Ordnung ist.

Eine weitere Klasse von expliziten Einschrittverfahren sind die sogenannten *Runge-Kutta-Verfahren*, die in der Praxis insbesondere im Aerodynamikbereich häufig eingesetzt werden. Diese Verfahren lassen sich für beliebige Ordnung definieren. Als Beispiel sei hier das klassische Runge-Kutta-Verfahren 4. Ordnung angegeben:

$$\frac{\phi^{n+1} - \phi^n}{\Delta t_n} = \frac{1}{6}(f_1 + 2f_2 + 2f_3 + f_4),$$

wobei

$$f_1 = \mathcal{L}(\phi^n), \qquad f_2 = \mathcal{L}(\phi^n + \frac{\Delta t_n}{2}f_1),$$
$$f_3 = \mathcal{L}(\phi^n + \frac{\Delta t_n}{2}f_2), \quad f_4 = \mathcal{L}(\phi^n + \Delta t_n f_3).$$

Kombinationen von Runge-Kutta-Verfahren der Ordnungen p und $p+1$ werden häufig benutzt, um Verfahren mit automatischer Zeitschrittweitensteuerung zu erhalten. Die resultierenden Verfahren werden als *Runge-Kutta-Fehlberg-Verfahren* bezeichnet (s. z.B. [22]).

6.2.2 Explizite Mehrschrittverfahren

Wie erwähnt, benutzt man bei Mehrschrittverfahren mehr als zwei Zeitebenen zur Approximation der zeitlichen Ableitung. Das entsprechendes Diskretisierungsschema kann beispielsweise durch Annahme eines polynomialen Verlaufs der Variablen in der Zeit (z.B. quadratisch bei drei Zeitebenen) oder durch eine geeignete Taylor-Reihenentwicklung definiert werden (s. z.B. [13]).

Die Berechnung der Lösung mit einem Mehrschrittverfahren muß immer mit einem Einschrittverfahren gestartet werden, da als Anfangsbedingung nur die Lösung bei t_0 bekannt ist. Erst nachdem die Lösungen bei $t_1, \ldots, t_{p-2}$ berechnet ist, kann mit einer p-Zeitebenen-Methode weitergerechnet werden. Im Verlauf der Rechnung müssen alle Variablenwerte aus den verwendeten (bekannten) Zeitebenen gleichzeitig mit den neuen Werten gespeichert werden, was bei großen Systemen und vielen Zeitebenen einen großen Speicherplatzbedarf zur Folge haben kann.

Je nach Anzahl der verwendeten Zeitebenen, der Approximation der Zeitableitung und der Auswertung der rechten Seite lassen sich die unterschiedlichsten Mehrschrittverfahren definieren. Eine wichtige Klasse expliziter Mehrschrittverfahren, die in der Praxis häufig verwendet werden, sind die *Adams-Bashforth-Verfahren*. Diese lassen sich durch Polynominterpolation für beliebige Ordnungen ableiten. In der Praxis werden jedoch nur die Verfahren bis zur Ordnung 4 benutzt. Diese sind für äquidistante Zeitschritte in Tabelle 6.1 zusammengefaßt (das Adams-Bashforth-Verfahren 1. Ordnung ist wieder das explizite Euler-Verfahren, also ein Einschrittverfahren).

Tabelle 6.1. Adams-Bashforth-Verfahren bis zur Ordnung 4

Formel	Ord.
$\dfrac{\phi^{n+1} - \phi^n}{\Delta t} = \mathcal{L}(\phi^n)$	1
$\dfrac{\phi^{n+1} - \phi^n}{\Delta t} = \dfrac{1}{2}\left[3\mathcal{L}(\phi^n) - \mathcal{L}(\phi^{n-1})\right]$	2
$\dfrac{\phi^{n+1} - \phi^n}{\Delta t} = \dfrac{1}{12}\left[23\mathcal{L}(\phi^n) - 16\mathcal{L}(\phi^{n-1}) + 5\mathcal{L}(\phi^{n-2})\right]$	3
$\dfrac{\phi^{n+1} - \phi^n}{\Delta t} = \dfrac{1}{24}\left[55\mathcal{L}(\phi^n) - 59\mathcal{L}(\phi^{n-1}) + 37\mathcal{L}(\phi^{n-2}) - 9\mathcal{L}(\phi^{n-3})\right]$	4

6.3 Implizite Verfahren

6.3.1 Implizite Einschrittverfahren

Approximiert man die Zeitableitung zum Zeitpunkt t_{n+1} durch eine Rück-wärtsdifferenz 1. Ordnung (s. Abb. 6.6), so ergibt sich das *implizite Euler-Verfahrenn*:

$$\frac{\partial \phi(t_{n+1})}{\partial t} \approx \frac{\phi^{n+1} - \phi^n}{\Delta t_n} = \mathcal{L}(\phi^{n+1})$$

Diese Beziehung unterscheidet sich vom expliziten Euler-Verfahren nur durch die Auswertung der rechten Seite, die jetzt für die neue (unbekannte) Zeitebe-ne berechnet wird. Eine Konsequenz ist, daß damit eine explizite Auflösung nach ϕ_P^{n+1} nicht mehr möglich ist, da alle Variablen der neuen Zeitebene mit-einander gekoppelt sind. Diese Eigenschaft ist charakteristisch für implizite Verfahren. Zur Berechnung *jeder* neuen Zeitebene ist, wie im stationären Fall, die Lösung eines Gleichungssystems erforderlich.

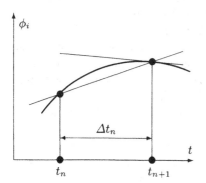

Abb. 6.6. Approximation der Zeitablei-tung beim impliziten Euler-Verfahren

Wird beispielsweise die eindimensionale Diffusionsgleichung (6.6) unter Verwendung der Ortsdiskretisierung (6.7) mit dem impliziten Euler-Verfah-ren diskretisiert, so ergibt sich:

$$(1 + \frac{2\alpha\Delta t}{\rho\Delta x^2})\phi_P^{n+1} = \frac{\alpha\Delta t}{\rho\Delta x^2}(\phi_E^{n+1} + \phi_W^{n+1}) + \phi_P^n \,. \tag{6.8}$$

Betrachtet über alle KV, stellt dies ein tridiagonales lineares Gleichungssystem dar, welches für jeden Zeitschritt gelöst werden muß. Im impliziten Fall wirken sich Änderungen der Randbedingungen bereits im gleichen Zeitschritt im ganzen Lösungsgebiet aus (s. Abb. 6.7), so daß die für das explizite Euler-Verfahren angedeuteten Stabilitätsprobleme nicht auftreten. Unabhängig von Δx und Δt erweist sich das Verfahren als stabil (s. Abschn. 8.1.2)

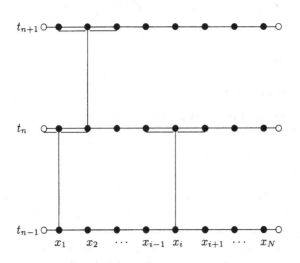

Abb. 6.7. Vorgehensweise und Informationsfluß bei Anwendung des impliziten Euler-Verfahrens auf die eindimensionale Diffusionsgleichung

Das implizite Euler-Verfahren hat, ebenso wie das explizite, nur einen Abbruchfehler 1. Ordnung in der Zeit. Es ist aufwendiger als die explizite Methode, da mehr Speicher (für die Koeffizienten und Quellterme) und mehr Rechenzeit (zum Lösen des Gleichungssystems) pro Zeitschritt benötigt werden. Es liegt jedoch keine stabilitätsbedingte Begrenzung für die Größe des Zeitschrittes vor. Der höhere Aufwand des Verfahrens wird in der Regel durch die Möglichkeit, sehr große Zeitschritte zu wählen, mehr als ausgeglichen, so daß das Verfahren in den meisten Fällen insgesamt wesentlich effizienter ist als die explizite Variante. Die beim impliziten Euler-Verfahren resultierenden algebraischen Gleichungen unterscheiden sich (bei Verwendung gleicher Ortsdiskretisierungen) von denen für ein stationäres Transportproblem nur durch zwei Zusatzterme in den Koeffizienten a_P und b_P:

$$\underbrace{(a_P^{n+1} + \boxed{\frac{\delta V\rho}{\Delta t_n}})}_{\tilde{a}_P^{n+1}}\phi_P^{n+1} = \sum_c a_c^{n+1}\phi_c^{n+1} + \underbrace{b_P^{n+1} + \boxed{\frac{\delta V\rho}{\Delta t_n}}\phi_P^n}_{\tilde{b}_P^{n+1}} \,.$$

Im Grenzfall $\Delta t_n \to \infty$ ergeben sich gerade die stationären Gleichungen. Das Verfahren läßt sich somit sehr leicht mit einem Verfahren für ein entsprechendes stationäres Problem kombinieren, und man erhält ein Berechnungsprogramm, mit welchem man sowohl stationäre als auch instationäre Transportvorgänge berechnen kann.

Ein wichtiges und in der Praxis häufig verwendetes implizites Einschrittverfahren ist das *Crank-Nicolson-Verfahren*, das man erhält, indem für jede Komponente ϕ_i von ϕ die Zeitableitung zum Zeitpunkt $t_{n+1/2} = (t_n+t_{n+1})/2$ durch die Steigung der Gerade zwischen ϕ_i^{n+1} und ϕ_i^n approximiert wird (s. Abb. 6.8):

$$\frac{\partial \phi(t_{n+1/2})}{\partial t} \approx \frac{\phi^{n+1} - \phi^n}{\Delta t_n} = \frac{1}{2}\left[\mathcal{L}(\phi^{n+1}) + \mathcal{L}(\phi^n)\right] .$$

Dies entspricht einer Zentraldifferenzenapproximation der Zeitableitung zum Zeitpunkt $t_{n+1/2}$. Der zeitliche Abbruchfehler des Verfahrens ist von 2. Ordnung. Das Verfahren wird oft auch als Trapezregel bezeichnet, da deren Anwendung zur numerischen Integration der zur Differentialgleichung äquivalenten Integralgleichung auf die gleiche Formel führt.

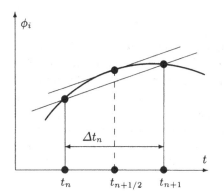

Abb. 6.8. Approximation der Zeitableitung bei Anwendung des Crank-Nicolson-Verfahrens

Das Crank-Nicolson-Verfahren ist numerisch nur wenig aufwendiger als das implizite Euler-Verfahren, da lediglich $\mathcal{L}(\phi^n)$ zusätzlich berechnet werden muß und die Lösung des resultierenden Gleichungssystems etwas „schwieriger" ist. Die Genauigkeit ist jedoch um eine Ordnung besser. Man kann zeigen, daß das Crank-Nicolson-Verfahren das genaueste Verfahren 2. Ordnung ist.

Für Gl. (6.6) mit der Ortsdiskretisierung (6.7) ergibt sich mit dem Crank-Nicolson-Verfahren die folgende Approximation:

$$2(1 + \frac{\alpha\Delta t}{\rho\Delta x^2})\phi_P^{n+1} = \frac{\alpha\Delta t}{\rho\Delta x^2}(\phi_E^{n+1} + \phi_W^{n+1}) + \frac{\alpha\Delta t}{\rho\Delta x^2}(\phi_E^n + \phi_W^n) +$$
$$2(1 - \frac{\alpha\Delta t}{\rho\Delta x^2})\phi_P^n .$$

Auch bei Verwendung des Crank-Nicolson-Verfahrens können Stabilitätsprobleme auftreten, wenn die Lösung des Problems räumlich nicht „glatt" ist (keine *starke* A-Stabilität, s. z.B. [13]). Eine Dämpfung der entsprechenden Oszillationen kann durch eine regelmäßige Einstreuung einiger Schritte des impliziten Euler-Verfahrens erreicht werden. Die quadratische Fehlerordnung bleibt dabei erhalten.

Es sei an dieser Stelle noch erwähnt, daß sich das explizite und implizite Euler-Verfahren sowie das Crank-Nicolson-Verfahren durch Einführung eines Steuerparameters θ sehr einfach zusammen in ein Berechnungsprogramm implementieren lassen:

$$\frac{\phi^{n+1} - \phi^n}{\Delta t_n} = \theta \mathcal{L}(\phi^{n+1}) + (1 - \theta)\mathcal{L}(\phi^n) \,.$$

Diese Vorgehensweise wird in der Literatur oft als θ-*Methode* bezeichnet. Für $\theta = 0$ ergibt sich das explizite Euler-Verfahren, für $\theta = 1$ das implizite Euler-Verfahren und für $\theta = 1/2$ das Crank-Nicolson-Verfahren. Auch für alle anderen Werte von θ im Intervall $[0, 1]$ erhält man eine sinnvolle Zeitdiskretisierung. Für $\theta \neq 1/2$ ist das Verfahren jedoch nur von 1. Ordnung.

6.3.2 Implizite Mehrschrittverfahren

Wie im expliziten Fall lassen sich je nach Anzahl der verwendeten Zeitebenen, der Approximation der Zeitableitung und der Auswertung der rechten Seite implizite Mehrschrittverfahren unterschiedlicher Ordnung definieren. Eine wichtige Klasse von Methoden bilden die sogenannten *BDF-Verfahren* („Backward-Differencing-Formula"), die sich für beliebige Ordnung, durch Approximation der Zeitableitung bei t_{n+1} mit Rückwärtsdifferenzenformeln unter Einbeziehung einer entsprechenden Anzahl vorheriger Zeitpunkte ableiten lassen. Die Verfahren für äquidistante Gitter sind bis zur Ordnung 4 in Tabelle 6.2 angegeben.

Tabelle 6.2. BDF-Verfahren bis zur Ordnung 4

Formel	Ord.
$\dfrac{\phi^{n+1} - \phi^n}{\Delta t} = \mathcal{L}(\phi^{n+1})$	1
$\dfrac{3\phi^{n+1} - 4\phi^n + \phi^{n-1}}{2\Delta t} = \mathcal{L}(\phi^{n+1})$	2
$\dfrac{11\phi^{n+1} - 18\phi^n + 9\phi^{n-1} + 2\phi^{n-2}}{6\Delta t} = \mathcal{L}(\phi^{n+1})$	3
$\dfrac{25\phi^{n+1} - 48\phi^n + 36\phi^{n-1} - 16\phi^{n-2} + 3\phi^{n-3}}{2\Delta t} = \mathcal{L}(\phi^{n+1})$	4

Das BDF-Verfahren 1. Ordnung entspricht dem impliziten Euler-Verfahren. Insbesondere das BDF-Verfahren 2. Ordnung wird in der Praxis häufig verwendet. Bei diesem wird die unbekannte Funktion mittels einer durch die Funktionswerte zu den Zeitpunkten t_{n-1}, t_n und t_{n+1} festgelegten Parabel approximiert (s. Abb. 6.9). Bei vergleichbar guten Stabilitätseigenschaften ist das Verfahren sowohl bzgl. des Rechenaufwands als auch bzgl. der Implementierung nur unwesentlich aufwendiger als das implizite Euler-Verfahren. Lediglich die Werte ϕ^{n-1} müssen zusätzlich gespeichert werden. Das Verfahren ist jedoch für äquidistante Gitter von 2. Ordnung, besitzt also in der Regel bei etwa gleichem Aufwand eine wesentlich bessere Genauigkeit. Ab der Ordnung 3 verschlechtern sich die Stabilitätseigenschaften der Verfahren mit wachsender Ordnung, so daß die Anwendung von BDF-Verfahren höherer Ordnung als 4 nicht ratsam ist.

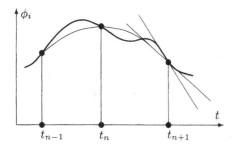

Abb. 6.9. Approximation der Zeitableitung bei Anwendung des BDF-Verfahrens 2. Ordnung

Eine weitere Klasse von impliziten Mehrschrittverfahren sind die *Adams-Moulton-Verfahren*, die impliziten Pendants zu den (expliziten) Adams-Bashforth-Verfahren. Die entsprechenden Formeln für äquidistante Gitter bis zur Ordnung 4 sind in Tabelle 6.3 zusammengestellt. Die Adams-Moulton-Verfahren 1. und 2. Ordnung entsprechen dem impliziten Euler-Verfahren und dem Crank-Nicolson-Verfahren.

Tabelle 6.3. Adams-Moulton-Verfahren bis zur Ordnung 4

Formel	Ord.
$\dfrac{\phi^{n+1} - \phi^n}{\Delta t} = \mathcal{L}(\phi^{n+1})$	1
$\dfrac{\phi^{n+1} - \phi^n}{\Delta t} = \dfrac{1}{2}\left[\mathcal{L}(\phi^{n+1}) + \mathcal{L}(\phi^n)\right]$	2
$\dfrac{\phi^{n+1} - \phi^n}{\Delta t} = \dfrac{1}{12}\left[5\mathcal{L}(\phi^{n+1}) + 8\mathcal{L}(\phi^n) - \mathcal{L}(\phi^{n-1})\right]$	3
$\dfrac{\phi^{n+1} - \phi^n}{\Delta t} = \dfrac{1}{24}\left[9\mathcal{L}(\phi^{n+1}) + 19\mathcal{L}(\phi^n) - 5\mathcal{L}(\phi^{n-1}) + \mathcal{L}(\phi^{n-2})\right]$	4

Adams-Moulton-Verfahren werden häufig zusammen mit Adams-Bashforth-Verfahren gleicher Ordnung als sogenannte *Prediktor-Korrektor-Verfahren* benutzt. Die Idee hierbei ist, mit dem expliziten Prediktor-Verfahren auf

„billige" Weise einen guten Startwert für das implizite Korrektor-Verfahren zu bestimmen. Die Vorschrift für ein entsprechendes Prediktor-Korrektor-Verfahren 4. Ordnung ist beispielsweise gegeben durch:

$$\phi^* = \phi^n + \frac{\Delta t}{24}\left[55\mathcal{L}(\phi^n) - 59\mathcal{L}(\phi^{n-1}) + 37\mathcal{L}(\phi^{n-2}) - 9\mathcal{L}(\phi^{n-3})\right],$$

$$\phi^{n+1} = \phi^n + \frac{\Delta t}{24}\left[9\mathcal{L}(\phi^*) + 19\mathcal{L}(\phi^n) - 5\mathcal{L}(\phi^{n-1}) + \mathcal{L}(\phi^{n-2})\right].$$

Der Fehler eines derartig kombinierten Verfahrens ist gleich dem des impliziten Verfahrens, der stets der betragsmäßig kleinere ist.

6.4 Berechnungsbeispiel

Als komplexeres Anwendungsbeispiel zur Berechnung zeitabhängiger Vorgänge sowie zum Vergleich verschiedener Zeitdiskretisierungsverfahren betrachten wir die instationäre Umströmung eines Kreiszylinders in einem Kanal mit zeitabhängiger Einstrombedingung. Die Problemkonfiguration ist in Abb. 6.10 dargestellt. Das Problem läßt sich durch die zweidimensionale inkompressible Navier-Stokes-Gleichung beschreiben (s. Abschn. 2.5.1). Die Einstrombedingung für die Geschwindigkeitskomponente u in x-Richtung ist

$$u(0,y,t) = 4u_{\max}y(H - y)\sin(\pi t/8)/H^2, \quad \text{für} \quad 0 \le t \le 8\,s$$

mit $u_{\max} = 1.5\,\text{m/s}$. Dies entspricht dem Geschwindigkeitsprofil einer vollentwickelten Kanalströmung, wobei die auf den Zylinderdurchmesser bezogene Reynolds-Zahl im Bereich $0 \le \text{Re} \le 100$ variiert (Dichte und Viskosität des Fluids sind entsprechend gewählt).

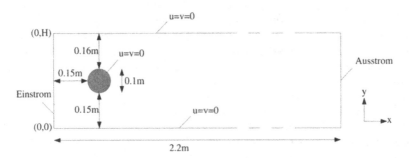

Abb. 6.10. Konfiguration für die zweidimensionale Zylinderumströmung.

Die zeitliche Entwicklung der Strömung ist in Abb. 6.11 erkennen, die die Wirbelstärke zu verschiedenen Zeitpunkten zeigt. Zunächst bilden sich zwei gegenläufige Wirbel hinter dem Zylinder. Diese werden nach einer gewissen Zeit (bei stärker werdender Anströmung) instabil und es bildet sich eine Kármánsche Wirbelstraße aus. Diese klingt schließlich mit schwächer werdender Anströmung wieder ab. Das Problem beinhaltet damit gewissermaßen zwei Arten von Zeitabhängigkeit: eine „von außen aufgezwungene" aufgrund der zeitabhängigen Randbedingung und eine zweite „innere" aufgrund der durch eine physikalische Instabilität (Bifurkation) hervorgerufenen Wirbelablösung.

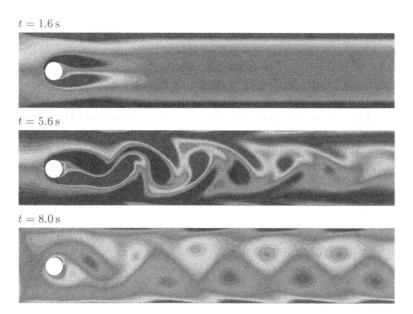

$t = 1.6\,\text{s}$

$t = 5.6\,\text{s}$

$t = 8.0\,\text{s}$

Abb. 6.11. Zeitliche Entwicklung der Wirbelstärke für das instationäre Zylinderumströmungsproblem

Zur Ortsdiskretisierung wird ein Finite-Volumen-Verfahren mit Zentraldifferenzen auf einem Gitter mit 24 576 KV verwendet, eine durchaus typische Gittergröße für diese Art von Problemstellung. Das Gitter ist in Abb. 6.12 zu sehen, wobei aus Darstellungsgründen jeweils nur jede vierte Gitterlinie abgebildet ist, d.h. die Anzahl der KV des tatsächlichen Gitters ist 16mal größer. Für die Zeitdiskretisierung wollen wir das implizite Euler-Verfahren, das Crank-Nicolson-Verfahren und das BDF-Verfahren 2. Ordnung vergleichen. Wir betrachten nur implizite Methoden, da explizite Verfahren für Probleme dieses Typs um Größenordnungen langsamer sind und daher für solche Anwendungen nicht benutzt werden sollten.

Im Diagramm in Abb. 6.13 ist der zeitliche Verlauf des Auftriebsbeiwertes (c_A-Wert) dargestellt, den man bei Verwendung der verschiedenen Zeitdiskretisierungsverfahren erhält, wobei jeweils die gleiche Zeitschrittweite $\Delta t = 0.02\,\text{s}$ verwendet wurde. Es sind also jeweils 400 Zeitschritte für die vorgegebene Problemdauer von 8 s erforderlich. Der „exakte" Verlauf, der

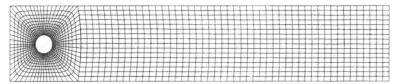

Abb. 6.12. Numerisches Gitter für das Zylinderumströmungsproblem (nur jede vierte Gitterlinie ist dargestellt)

durch eine Rechnung mit sehr feinem Gitter und sehr kleiner Zeitschrittweite ermittelt wurde, ist ebenfalls angegeben. Man erkennt die doch deutlichen Unterschiede, die die Berechnungen mit den verschiedenen Verfahren ergeben. Mit dem impliziten Euler-Verfahren wird die Oszillation mit der gegebenen Zeitschrittweite überhaupt nicht erfaßt. Der Diskretisierungsfehler ist in diesem Fall so groß, daß er die Oszillationen vollständig überdeckt. Das BDF-Verfahren vermag die Oszillationen zwar einigermaßen korrekt aufzulösen, jedoch ist die Amplitude deutlich zu gering. Das Crank-Nicolson-Verfahren liefert, wie man dies anhand einer Betrachtung des Diskretisierungsfehlers auch erwarten würde, das beste Ergebnis.

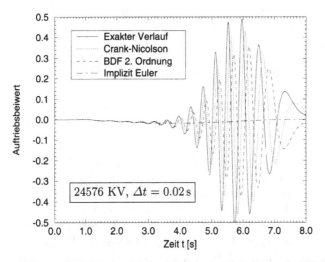

Abb. 6.13. Zeitlicher Verlauf des Auftriebsbeiwerts bei Verwendung verschiedener Zeitdiskretisierungsverfahren für das Zylinderumströmungsproblem

Ein wichtiger Aspekt bei der praktischen Anwendung eines Berechnungsverfahrens ist, wieviel Rechenzeit das Verfahren benötigt, um die Lösung mit einer bestimmten Genauigkeit zu berechnen. Um die Verfahren hinsichtlich dieses Gesichtspunkts zu vergleichen, ist in Abb. 6.14 der relative Fehler für das Maximum des Auftriebsbeiwertes in Abhängigkeit der Rechenzeit, die man für unterschiedliche Zeitschrittweiten benötigt, für die verschiedenen Zeitdiskretisierungsverfahren aufgetragen.

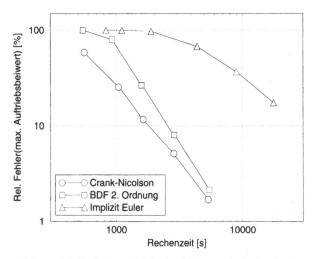

Abb. 6.14. Relativer Fehler in Abhängigkeit der Rechenzeit für verschiedene Zeitdiskretisierungsverfahren

Man erkennt, daß das implizite Euler auch hier sehr schlecht abschneidet, da sehr kleine Zeitschritte benötigt werden, um eine akzeptable Genauigkeit zu erzielen (nur 1. Ordnung). Die beiden Verfahren 2. Ordnung liegen nicht sehr weit auseinander, insbesondere im Bereich kleinerer Fehler. Das Crank-Nicolson Verfahren liefert jedoch auch hinsichtlich dieser Betrachtungsweise das beste Ergebnis, d.h. innerhalb einer vorgegebenen Rechenzeit erhält man mit diesem Verfahren das genaueste Ergebnis, oder anders ausgedrückt, eine vorgegebene Genauigkeit kann in der kürzesten Rechenzeit erreicht werden.

Als Hinweis darauf, daß nicht alle Problemgrößen eines Problems gleich empfindlich auf die verwendete Diskretisierung reagieren, ist in Abb. 6.15 der zeitlichen Verlauf des Widerstandsbeiwertes (c_W-Wert) angegeben, den man mit den verschiedenen Zeitdiskretisierungsverfahren erhält. Im Gegensatz zu den entsprechenden Auftriebsbeiwerten sind hier nur sehr kleine Unterschiede zwischen den Ergebnissen zu erkennen.

Zusammenfassend kann man als generelle Schlußfolgerung festhalten, daß die Wahl des Zeitdiskretisierungsverfahrens zusammen mit der Zeitschrittweite nach den Genauigkeitsanforderungen des Problems unter Berücksichtigung der Stabilitäts- und Approximationseigenschaften des Verfahrens getroffen werden muß – ein nicht immer einfaches Unterfangen. Im Falle stärkerer zeitlicher Variationen der Lösung, sollte das Verfahren auf jeden Fall mindestens von 2. Ordnung sein.

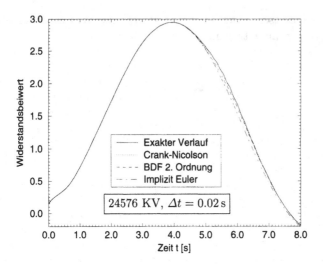

Abb. 6.15. Zeitlicher Verlauf des Widerstandsbeiwerts bei Verwendung verschiedener Zeitdiskretisierungsverfahren

Übungsaufgaben zu Kap. 6

Übung 6.1. Die Temperaturverteilung $T = T(t, x)$ in einem Stab der Länge L mit konstanten Materialeigenschaften kann durch die Gleichung

$$\frac{\partial T}{\partial t} - \alpha \frac{\partial^2 T}{\partial x^2} = 0 \quad \text{mit} \quad \alpha = \frac{\kappa}{\rho c_p}$$

für $0 < x < L$ und $t > 0$ beschrieben werden (vgl. Abschn. 2.3.2). Als Anfangs- bzw. Randbedingungen seien $T(0, x) = \sin(\pi x) + x$ bzw. $T(t, 0) = 0$ und $T(t, L) = 1$ vorgegeben (jeweils in K). Die Problemparameter seien $L = 1\,\text{m}$ und $\alpha = 1\,\text{m}^2/\text{s}$. (i) Verwende die FVM mit zwei äquidistanten KV und Zentraldifferenzen 2. Ordnung zur räumlichen Diskretisierung und formuliere die resultierenden gewöhnlichen Differentialgleichungen für die beiden KV. (ii) Berechne das zeitliche Temperaturverhalten bis zum Zeitpunkt $t = 0{,}4\,\text{s}$ mit Hilfe des impliziten und expliziten Euler-Verfahrens jeweils mit $\Delta t = 0{,}1\,\text{s}$ und $0{,}2\,\text{s}$. (iii) Diskutiere die Ergebnisse im Vergleich zur analytischen Lösung $T_\text{a}(t, x) = e^{-\alpha t \pi^2} \sin(\pi x) + x$.

Übung 6.2. Diskretisiere die instationäre Transportgleichung (2.23) mit Hilfe der Finite-Element-Methode und formuliere die θ-Methode für das resultierende System gewöhnlicher Differentialgleichungen.

Übung 6.3. Formuliere für das Problem aus Übung 6.1 das Adams-Bashforth- und das Adams-Moulton-Verfahren 4. Ordnung und bestimme die jeweiligen Abbruchfehler mittels Taylor-Reihenentwicklung.

Übung 6.4. Formuliere für die instationäre Balkengleichung (6.2) ein Finite-Volumen-Verfahren 2. Ordnung (bei äquidistanten Gittern) für die räumliche und zeitliche Diskretisierung.

7 Lösung der algebraischen Gleichungssysteme

Die Diskretisierung eines stationären Problems oder eines instationären Problems mit impliziter Zeitintegration, sei es mit der Finite-Volumen- oder der Finite-Element-Methode, führt auf große dünnbesetzte Systeme algebraischer Gleichungen. Das Lösungsverfahren für diese Gleichungssysteme ist ein sehr wichtiger Bestandteil eines jeden numerischen Berechnungsverfahrens. Häufig wird weit mehr als 50% der Gesamtrechenzeit für die numerische Lösung dieser Systeme benötigt. Wir wollen uns daher in diesem Kapitel näher mit Lösungsverfahren für solche Systeme befassen, wobei wir zunächst den linearen und anschließend den nichtlinearen Fall betrachten.

Wir werden beispielhaft einige typische Lösungsverfahren behandeln, um charakteristische Eigenschaften solcher Methoden, insbesondere im Hinblick auf deren Effizienz, deutlich zu machen. Es existiert eine Vielzahl weiterer Methoden, die zur Lösung der Gleichungssysteme benutzt werden können, wobei manche speziell auf bestimmte Klassen von Systemen zugeschnitten sind. Hierzu verweisen wir auf die Spezialliteratur (z.B. [12]).

7.1 Lineare Systeme

Die zu lösenden linearen Gleichungsysteme haben die folgende allgemeine Form:

$$a_P^i \phi_P^i - \sum_c a_c^i \phi_c^i = b^i \quad \text{für} \quad i = 1, \ldots, K \,, \tag{7.1}$$

wobei der Summationsindex c über die in die jeweilige Diskretisierung einbezogenen Punkte aus dem Umgebungsbereich des Punktes P läuft. In Matrixschreibweise schreiben wir für Gl. (7.1):

$$\mathbf{A}\phi = \mathbf{b} \,. \tag{7.2}$$

Die Struktur der Systemmatrix $\mathbf{A}$ hängt im wesentlichen vom numerischen Gitter und vom verwendeten Diskretisierungsschema ab (s. etwa die Beispiele in Abschn. 4.8). Die Dimension K der Matrix ist durch die Anzahl der unbekannten Knotenvariablen bestimmt.

Die aus den besprochenen Diskretisierungsverfahren resultierenden Systemmatrizen sind nach der Berücksichtigung von Randbedingungen in der

Regel nicht-singulär (unter gewissen Anforderungen an die Diskretisierung), so daß die Gleichungssysteme eindeutig lösbar sind. Prinzipiell bestehen zwei Möglichkeiten zur numerischen Lösung der Systeme:

- direkte Methoden,
- iterative Methoden.

Charakteristisch für direkte Methoden ist, daß die *exakte* Lösung des Gleichungssystems (unter Vernachlässigung von Rundungsfehlern) durch *einmalige* Anwendung eines Algorithmus erhalten wird, während bei iterativen Methoden eine *approximative* Lösung des Gleichungssystems durch *mehrmalige* Anwendung einer bestimmten Iterationsvorschrift sukzessive verbessert wird. Wir werden im folgenden beispielhaft auf typische Varianten beider Verfahrensklassen eingehen.

7.1.1 Direkte Lösungsmethoden

Die einzige Methode zum direkten Lösen von Matrixgleichungen, welche für die uns hier interessierenden numerischen Berechnungen in Betracht kommt, ist das Verfahren der *Gauß-Elimination* (bzw. Varianten davon), welches auch in der Praxis (insbesondere für strukturmechanische FEM-Berechnungen) noch häufig eingesetzt wird. Angewandt auf allgemeine Matrizen, besitzt das Gaußsche Eliminationsverfahren eine wichtige Interpretation als Zerlegung der gegebenen Matrix $\mathbf{A}$ in das Produkt einer unteren Dreiecksmatrix $\mathbf{L}$ und einer oberen Dreiecksmatrix $\mathbf{U}$ (LU-Zerlegung):

$$
\mathbf{A} = \underbrace{\begin{bmatrix} 1 & 0 & \cdot & \cdot & 0 \\ l^{2,1} & \cdot & \cdot & & \cdot \\ \cdot & \cdot & \cdot & & \cdot \\ \cdot & \cdot & \cdot & & \cdot \\ \cdot & \cdot & & \cdot & 0 \\ l^{K,1} & \cdot & \cdot & l^{K,K-1} & 1 \end{bmatrix}}_{\mathbf{L}} \underbrace{\begin{bmatrix} u^{1,1} & u^{1,2} & \cdot & \cdot & u^{1,K} \\ 0 & \cdot & \cdot & & \cdot \\ \cdot & & \cdot & & \cdot \\ \cdot & & & \cdot & u^{K-1,K} \\ 0 & \cdot & \cdot & 0 & u^{K,K} \end{bmatrix}}_{\mathbf{U}},
$$

wobei die Koeffizienten $l^{i,j}$ und $u^{i,j}$ im Verlauf des üblichen Eliminationsverfahrens ohnehin bestimmt werden müssen (s. z.B. [19] für Details). Hat man die Zerlegung berechnet, kann die Lösung des Gleichungssystems, falls nötig auch für verschiedene rechte Seiten, durch einfaches Vorwärts- und Rückwärtseinsetzen bestimmt werden. Hierbei wird zunächst das System

$$\mathbf{L}\mathbf{h} = \mathbf{b}$$

durch Vorwärtseinsetzen nach $\mathbf{h}$ gelöst und anschließend die Lösung ϕ aus

$$\mathbf{U}\phi = \mathbf{h}$$

durch Rückwärtseinsetzen bestimmt.

Ist **A** eine Bandmatrix, wie sie üblicherweise bei der Diskretisierung der hier interessierenden Problemstellungen auftreten (s. z.B. Abschn. 4.8), so sind auch die Matrizen **L** und **U** Bandmatrizen (mit der gleichen Bandbreite wie **A**). Die Eigenschaft, daß **A** innerhalb des Bandes nur dünn besetzt ist, überträgt sich jedoch nicht auf **L** und **U**, die innerhalb des Bandes im allgemeinen voll belegt sind. Dies ist ein entscheidender Nachteil der direkten Verfahren bei ihrer Anwendung für zwei- und insbesondere für dreidimensionale Probleme. Wir werden auf die Konsequenzen dieses „Auffülleffektes" bezüglich der Effizienz der Gauß-Elimination in Abschn. 7.1.7 zurückkommen. Für eindimensionale Probleme, deren Diskretisierung beispielsweise in tridiagonalen oder pentadiagonalen Matrizen resultieren, hat man diesen Effekt nicht (alle Elemente innerhalb des Bandes sind ohnehin von Null verschieden), so daß in diesem Fall das direkte Lösen mittels der Gauß-Elimination sehr effizient ist. Für tridiagonale Matrizen wird die Gauß-Elimination in der Literatur auch als *TDMA (Tri-Diagonal Matrix Algorithm)* oder *Thomas-Algorithmus* bezeichnet.

Es sei noch erwähnt, daß für symmetrisch positiv definite Gleichungssysteme eine symmetrische Variante der Gauß-Elimination existiert, das sogenannte *Cholesky-Verfahren*. Alle Operationen können hierbei z.B. auf der unteren Dreiecksmatrix ausgeführt werden, wodurch der Speicherplatzbedarf um die Hälfte reduziert wird. Außerdem ist das Cholesky-Verfahren weniger rundungsfehlerempfindlich als die herkömmliche Gauß-Elimination (s. z.B. [21]).

7.1.2 Klassische iterative Methoden

Iterative Methoden gehen von einer geschätzten Lösung ϕ^0 des Gleichungssystems aus, die dann durch mehrfache Anwendung eines Iterationsprozesses $\mathcal{P}$ sukzessive verbessert wird:

$$\phi^{k+1} \leftarrow \mathcal{P}(\phi^k) \, , \quad k = 0, 1, \ldots$$

Zu den einfachsten iterativen Lösungsmethoden gehören das *Jacobi-Verfahren (Gesamtschrittverfahren)* und das *Gauß-Seidel-Verfahren (Einzelschrittverfahren)*. Beim Jacobi-Verfahren wird eine verbesserte Lösung durch Einsetzen der („alten") Werte ϕ^k in den Summenterm der algebraischen Gleichung (7.1) erreicht, d.h. der „neue" Wert im Punkt P wird durch eine Mittelwertbildung aus den „alten" Werten der in die Diskretisierung einbezogenen Nachbarpunkte bestimmt. Die entsprechende Iterationsvorschrift lautet:

$$\phi_{\mathrm{P}}^{i,k+1} = \frac{1}{a_{\mathrm{P}}^i} \left(\sum_c a_c^i \phi_c^{i,k} + b^i \right) .$$

In Abb. 7.1 ist die Vorgehensweise für ein aus einer zweidimensionalen Finite-Volumen-Diskretisierung resultierendes Problem illustriert. Im Gegensatz zu vielen anderen Verfahren (s. unten), sind die Eigenschaften des Jacobi-Verfahrens völlig unabhängig von der Numerierung der Unbekannten.

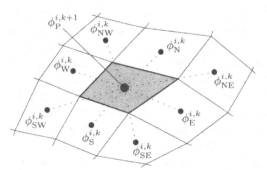

Abb. 7.1. Iterationsvorschrift
für das Jacobi-Verfahren

Die Konvergenz des Jacobi-Verfahrens kann beschleunigt werden, wenn man ausnutzt, daß zur Zeit der Berechnung des neuen Wertes im Punkt P für einige der in die Diskretisierung einbezogenen Nachbarpunkte (je nach Numerierung der Punkte) bereits neue (verbesserte) Werte vorliegen. Dies führt auf das *Gauß-Seidel-Verfahren*:

$$\phi_P^{i,k+1} = \frac{1}{a_P^i}\left(\sum_{c_1} a_{c_1}^i \phi_{c_1}^{i,k} + \sum_{c_2} a_{c_2}^i \phi_{c_2}^{i,k+1} + b^i\right),$$

wobei der Index c_1 über die noch nicht berechneten und der Index c_2 über die schon berechneten Nachbarpunkte von P läuft. In Abb. 7.2 ist die im Vergleich zum Jacobi-Verfahren (s. Abb. 7.1) unterschiedliche Vorgehensweise für den Fall einer lexigraphischen Variablennumerierung (zuerst von West nach Ost, dann von Süd nach Nord) illustriert.

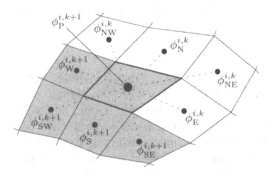

Abb. 7.2. Iterationsvorschrift
für das Gauß-Seidel-Verfahren
bei lexikographischer Variablennumerierung

Ein ausreichendes (aber nicht unbedingt notwendiges) Kriterium für die Konvergenz des Jacobi- und Gauß-Seidel-Verfahrens ist die *wesentliche Diagonaldominanz* der Koeffizientenmatrix, d.h. für alle $i = 1,\dots,K$ ist die Ungleichung

$$|a_P^i| \geq \sum_c |a_c^i|$$

erfüllt, wobei „>" mindestens für ein i gelten muß. Diese Eigenschaft wird auch als *schwaches Zeilensummenkriterium* bezeichnet. Bei einer konservativen Diskretisierung ist die Konvergenz beispielsweise gesichert, wenn alle Koeffizienten a_c^i das gleiche Vorzeichen haben. Es gilt dann „=" für alle inneren Punkte und „>" für die randnahen Punkte mit Dirichlet-Randbedingungen.

Die Konvergenzrate des Gauß-Seidel-Verfahrens kann durch eine sogenannte Überrelaxation weiter verbessert werden (*SOR-Verfahren, Successive Overrelaxation*). Hierbei werden nach der Gauß-Seidel-Iterationsvorschrift zunächst Hilfswerte ϕ_*^{k+1} bestimmt, die dann zur Berechnung der neuen Werte mit den alten Werten ϕ^k linear kombiniert werden:

$$\phi^{k+1} = \phi^k + \omega(\phi_*^{k+1} - \phi^k),$$

wobei der Relaxationsparameter ω im Intervall $[1,2)$ liegen sollte (dann ist, wenn die Matrix **A** gewisse Voraussetzungen erfüllt, die Konvergenz gesichert, s. z.B. [12]). Für $\omega = 1$ erhält man wieder das Gauß-Seidel-Verfahren. Zusammengefaßt läßt sich das SOR-Verfahren wie folgt schreiben:

$$\phi_P^{i,k+1} = (1-\omega)\phi_P^{i,k} + \frac{\omega}{a_P^i}\left(\sum_{c_1} a_{c_1}^i \phi_{c_1}^{i,k} + \sum_{c_2} a_{c_2}^i \phi_{c_2}^{i,k+1} + b^i\right).$$

Für allgemeine Gleichungssysteme ist es nicht möglich, den exakten Optimalwert ω_{opt} für den Relaxationsparameter ω explizit anzugeben. Nur für einfachere lineare Modellprobleme lassen sich Optimalwerte theoretisch herleiten. Für diese kann gezeigt werden, daß der asymptotische Rechenaufwand für das SOR-Verfahren deutlich geringer ist, als für das Gauß-Seidel-Verfahren, d.h. mit der beschriebenen einfachen Modifikation kann man unter Umständen den Rechenaufwand beträchtlich reduzieren (hierauf wird in Abschn. 7.1.7 noch genauer eingegangen). Oft liefern die für Modellprobleme gültigen Optimalwerte für ω auch für komplexere Probleme brauchbare Konvergenzraten.

Es gibt zahlreiche Varianten des SOR-Verfahrens, die sich im wesentlichen durch die Reihenfolge, in der die einzelnen Punkte behandelt werden, unterscheiden: z.B. Red-Black-SOR, Block-SOR (Linien-SOR, Ebenen-SOR,...), symmetrisches SOR (SSOR). Für unterschiedliche Anwendungen (auf unterschiedlichen Rechnern) kann die eine oder andere Variante günstiger sein. Wir wollen hierauf nicht näher eingehen, sondern verweisen hierzu auf die Spezialliteratur (z.B. [12])

7.1.3 ILU-Verfahren

Eine andere Klasse von iterativen Verfahren, welche aufgrund guter Konvergenz- und Robustheitseigenschaften in den letzten Jahren zunehmend an Bedeutung gewinnen, basiert auf einer *unvollständigen LU-Zerlegung* der Systemmatrix. Diese Verfahren, welche mittlerweile ebenfalls in einer Vielzahl von Varianten vorgeschlagen wurden (s. z.B. [12]), sind in der Literatur als *ILU-Verfahren* (Incomplete LU) bekannt. Bei einer unvollständigen LU-Zerlegung wird die Koeffizientenmatrix, ebenso wie bei einer vollständigen LU-Zerlegung (s. Abschn. 7.1.1), in eine untere und eine obere Dreiecksmatrix aufgespalten, die jedoch, im Gegensatz zu einer vollständigen Zerlegung, ebenso wie die Matrix **A**, innerhalb des Bandes nur dünn besetzt sind. Das Produkt der beiden Dreiecksmatrizen, die wir wieder mit **L** und **U** bezeichnen, soll hierbei eine möglichst gute Näherung für die Matrix **A** darstellen:

$$\mathbf{A} \approx \mathbf{LU},$$

d.h. **LU** sollte möglichst gut eine vollständige Zerlegung approximieren.

Da die Produktmatrix **LU** nur eine Näherung der Matrix **A** darstellt, muß ein Iterationsprozeß zur Lösung des Gleichungssystems eingeführt werden. Hierzu kann die zu lösende Gleichung (7.2) äquivalent durch die Gleichung

$$\mathbf{LU}\phi - \mathbf{LU}\phi = \mathbf{b} - \mathbf{A}\phi$$

ersetzt werden. Als Basis für den Iterationsprozeß wird die Vorschrift

$$\mathbf{LU}\phi^{k+1} - \mathbf{LU}\phi^k = \mathbf{b} - \mathbf{A}\phi^k$$

verwendet. Die rechte Seite ist gerade der Residuumsvektor

$$\mathbf{r}^k = \mathbf{b} - \mathbf{A}\phi^k$$

für die k-te Iteration, dessen Größe (in einer geeigneten Norm) ein Maß für die Genauigkeit der Lösung darstellt. Die Berechnung von ϕ^{k+1} kann über die Korrektur $\Delta\phi^k = \phi^{k+1} - \phi^k$ erfolgen, die durch die Lösung des Systems

$$\mathbf{LU}\Delta\phi^k = \mathbf{r}^k$$

bestimmt werden kann. Dieses Gleichungssystem kann leicht auf direktem Weg in der in Abschn. 7.1.1 beschriebenen Weise durch Vorwärts- und Rückwärtseinsetzen gelöst werden.

Es bleibt die Frage, wie die Dreiecksmatrizen **L** und **U** bestimmt werden sollten, damit der Iterationsprozeß möglichst schnell konvergiert. Wir wollen die prinzipielle Idee hierzu anhand einer 5-Punkte-Finite-Volumen-Diskretisierung im zweidimensionalen Fall für ein strukturiertes Vierecksgitter (s. Abschn. 4.8) kurz erläutern. In diesem Fall kann man für **L** und **U** beispielsweise fordern, daß sie die gleiche Struktur wie **A** aufweisen:

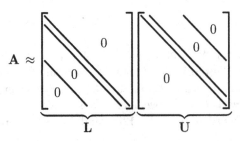

Die einfachste Möglichkeit **L** und **U** zu bestimmen, wäre, die Koeffizienten gleich den entsprechenden Koeffizienten von **A** zu setzen, was jedoch in der Regel zu keiner guten Approximation führt. Durch Ausführung der entsprechenden Matrixmultiplikation erkennt man, daß die Produktmatrix **LU** im Vergleich zu **A** zwei zusätzliche Diagonalen besitzt:

$$\mathbf{LU} = \underbrace{\begin{bmatrix} & & & 0 \\ & & 0 & \\ 0 & & & \\ 0 & & & \end{bmatrix}}_{} = \underbrace{\begin{bmatrix} & & & 0 \\ & & 0 & \\ 0 & & & \\ 0 & & & \end{bmatrix}}_{\mathbf{A}} + \underbrace{\begin{bmatrix} & & & 0 \\ & & 0 & \\ 0 & & & \\ 0 & & & \end{bmatrix}}_{\mathbf{N}} . \qquad (7.3)$$

Die zusätzlichen Koeffizienten entsprechen (für unser Beispiel) den Punkten NW und SE im numerischen Gitter (s. Abb. 7.3).

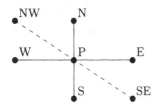

Abb. 7.3. Entsprechung von Gitterpunkten und Koeffizienten in der Produktmatrix der ILU-Zerlegung

Ziel ist es nun **L** und **U** so zu bestimmen, daß der Beitrag der Matrix **N**, die als Abweichung der Produktmatrix **LU** von der vollständigen Zerlegung interpretiert werden kann, möglichst klein wird. Eine (rekursive) Berechnungsvorschrift für die Koeffizienten von **L** und **U** kann hierbei durch Festlegung der Koeffizienten von **N** definiert werden. Hierzu gibt es Reihe unterschiedlicher Möglichkeiten. Die einfachste ist, zu fordern, daß nur die beiden zusätzlichen Diagonalen in **N** ungleich Null sind (die den Diagonalen von **A** entsprechenden Diagonalen in **LU** sind dann gleich), was auf das Standard-ILU-Verfahren führt (s. [12]). Die zugehörige Berechnungsvorschrift entspricht dabei der Vorgehensweise bei einer vollständigen LU-Zerlegung, bei der alle Diagonalen innerhalb des Bandes, die in **A** gleich Null sind, jedoch in der vollständigen Zerlegung besetzt wären, einfach gleich Null gesetzt werden.

Stone (1968) hat vorgeschlagen, die Beiträge der zusätzlichen Diagonalen durch die Nachbarwerte zu approximieren:

$$\phi_{\mathrm{SE}}^{i} = \alpha(\phi_{\mathrm{S}}^{i} + \phi_{\mathrm{E}}^{i} - \phi_{\mathrm{P}}^{i}) \quad \text{und} \quad \phi_{\mathrm{NW}}^{i} = \alpha(\phi_{\mathrm{W}}^{i} + \phi_{\mathrm{N}}^{i} - \phi_{\mathrm{P}}^{i}) . \qquad (7.4)$$

Auch in diesem Fall können aus Gleichung (7.3) die Koeffizienten der Matrizen **L** und **U** unter Berücksichtigung der Approximation (7.4) rekursiv be-

rechnet werden (s. z.B. [8]). Die resultierende ILU-Variante, die in Strömungsberechnungsverfahren häufig zum Einsatz kommt, ist unter dem Kürzel *SIP
(Strongly Implicit Procedure)* bekannt. Die durch die Ausdrücke (7.4) definierten Näherungen können durch die Wahl des Parameters α, der im Intervall
$[0, 1)$ liegen muß, beeinflußt werden. Für $\alpha = 0$ ergibt sich gerade wieder das
Standard-ILU-Verfahren.

Es gibt eine ganze Reihe weiterer Varianten die unvollständige Zerlegung
zu bestimmen (auch für Matrizen mit mehr als 5 Diagonalen sowie für dreidimensionale Probleme, selbst für Systemmatrizen aus Diskretisierungen auf
unstrukturierten Gittern). Diese unterscheiden sich z.B. in der Approximation der den zusätzlichen Diagonalen in der Produktmatrix entsprechenden
Gitterpunkte oder durch zusätzliche in der Zerlegung berücksichtigte Diagonalen (s. z.B. [12]).

7.1.4 Konvergenz iterativer Verfahren

Alle bisher beschriebenen iterativen Verfahren können in ein generelles Schema zur Gewinnung iterativer Verfahren eingeordnet werden, welches wir
nachfolgend kurz erläutern wollen, da sich auf dieser Basis auch Aussagen
über die Konvergenzrate der Verfahren gewinnen lassen. Das lineare System (7.2) wird hierzu mit einer nicht-singulären Matrix $\mathbf{B}$ äquivalent geschrieben als:

$$\mathbf{B}\phi + (\mathbf{A} - \mathbf{B})\phi = \mathbf{b}\,.$$

Die Iterationsvorschrift wird definiert durch:

$$\mathbf{B}\phi^{k+1} + (\mathbf{A} - \mathbf{B})\phi^k = \mathbf{b}\,,$$

woraus sich, aufgelöst nach ϕ^{k+1}, die Beziehung

$$\phi^{k+1} = \phi^k - \mathbf{B}^{-1}(\mathbf{A}\phi^k - \mathbf{b}) = (\mathbf{I} - \mathbf{B}^{-1}\mathbf{A})\phi^k + \mathbf{B}^{-1}\mathbf{b} \qquad (7.5)$$

ergibt.

Durch unterschiedliche Wahl von $\mathbf{B}$ lassen sich nun die verschiedensten
iterativen Verfahren definieren. Die oben eingeführten Verfahren erhält man
z.B. mit

- Jacobi-Verfahren: $\qquad \mathbf{B}^{\mathrm{JAC}} \quad = \quad \mathbf{A_D},$

- Gauß-Seidel-Verfahren: $\quad \mathbf{B}^{\mathrm{GS}} \quad = \quad \mathbf{A_D} + \mathbf{A_L},$

- SOR-Verfahren: $\qquad\quad \mathbf{B}^{\mathrm{SOR}} \quad = \quad (\mathbf{A_D} + \omega\mathbf{A_L})/\omega,$

- ILU-Verfahren: $\qquad\quad\; \mathbf{B}^{\mathrm{ILU}} \quad = \quad \mathbf{LU},$

wobei die Matrizen $\mathbf{A_D}$, $\mathbf{A_L}$ und $\mathbf{A_U}$ gemäß der folgenden additiven Zerlegung von $\mathbf{A}$ in eine Diagonalmatrix und eine untere und obere Dreiecksmatrix
definiert sind:

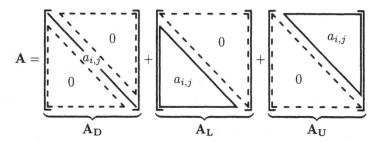

Die Konvergenzrate von iterativen Verfahren, welche durch Gl. (7.5) definiert sind, wird durch den betragsmäßig größten Eigenwert $\lambda_{\max}$ (auch als *Spektralradius* bezeichnet) der Iterationsmatrix

$$\mathbf{C} = \mathbf{I} - \mathbf{B}^{-1}\mathbf{A}$$

bestimmt. Man kann zeigen, daß die Anzahl der Iterationen N_{it}, die man benötigt, um den Anfangsfehler um den Faktor ϵ zu reduzieren, d.h. um

$$\|\phi^k - \phi\| \le \epsilon \|\phi^0 - \phi\|,$$

zu erreichen, gegeben ist durch

$$N_{\mathrm{it}} = \frac{C(\epsilon)}{1 - \lambda_{\max}} \tag{7.6}$$

mit einer Konstante $C(\epsilon)$, die nicht von der Anzahl der Unbekannten abhängt. Mit $\|\cdot\|$ ist hierbei irgendeine Norm im R^K bezeichnet, z.B. der übliche euklidische Abstand, welcher für einen Vektor $\mathbf{a}$ mit den Komponenten a_i definiert ist durch

$$\|\mathbf{a}\| = \left(\sum_{i=1}^{K} a_i^2\right)^{1/2}.$$

Ist $\lambda_{\max} < 1$ konvergiert das Verfahren (und zwar nur dann), und es konvergiert umso schneller, je kleiner $\lambda_{\max}$ ist. Aufgrund dieser Eigenschaften sollte die Matrix $\mathbf{B}$ folgende Forderungen erfüllen:

– $\mathbf{B}$ sollte eine möglichst gute Approximation von $\mathbf{A}$ sein,
– das Gleichungssystem (7.5) sollte „leicht" nach ϕ^{k+1} auflösbar sein.

Da beide Kriterien nicht gleichzeitig optimal erfüllt werden können, muß ein Kompromiß gefunden werden (wie dies beispielsweise bei den oben besprochenen Verfahren der Fall ist). In Abschn. 7.1.7 werden wir die aus den angeführten Überlegungen resultierenden Konvergenzeigenschaften der besprochenen Verfahren anhand eines Modellproblems untersuchen.

Wir wollen an dieser Stelle noch auf eine Vorgehensweise im Zusammenhang mit iterativen Gleichungslösern eingehen, die verwendet werden kann, eine einfachere Struktur der Systemmatrix zu erhalten oder deren Diagonal-dominanz zu erhöhen. Die Idee hierbei ist, Diagonalen, die im Lösungsalgo-rithmus nicht berücksichtigt werden sollen (z.B. Anteile aufgrund der Nicht-Orthogonalität des Gitters, s. Abschn. 4.5, oder „Flux-Blending"-Anteile höherer Ordnung, s. Abschn. 4.3.3), durch die Belegung der entsprechenden Variablenwerte mit Werten aus der vorangegangenen Iteration als Quellterme zu behandeln (explizite Behandlung). Formal läßt sich diese Vorgehensweise mittels einer Zerlegung der Systemmatrix der Form

$$\mathbf{A} = \mathbf{A}_I + \mathbf{A}_E$$

in einen „impliziten" Anteil $\mathbf{A}_I$ und einen „expliziten" Anteil $\mathbf{A}_E$ formulieren. Die entsprechende Iterationsvorschrift lautet:

$$\mathbf{B}_I \phi^{k+1} + (\mathbf{A}_I - \mathbf{B}_I)\phi^k = \mathbf{b} - \mathbf{A}_E \phi^k,$$

wobei $\mathbf{B}_I$ eine geeignete Approximation von $\mathbf{A}_I$ ist. Bei Anwendung des ILU-Verfahrens aus Abschn. 7.1.3 würde also beispielsweise nicht $\mathbf{A}$ sondern $\mathbf{A}_I$ (unvollständig) zerlegt, so daß die Matrizen $\mathbf{L}$ und $\mathbf{U}$ die (einfachere) Struktur von $\mathbf{A}_I$ aufweisen. Eine Konsequenz einer derartigen Vorgehensweise ist jedoch in der Regel eine Zunahme der Anzahl der für die Lösung des Systems benötigten Iterationen, die einzelnen Iterationen sind jedoch weniger aufwendig.

7.1.5 Konjugierte Gradientenverfahren

Eine weitere wichtige Klasse von Iterationsverfahren zur Lösung linearer Glei-chungssysteme bilden die *Gradientenverfahren*. Die Grundidee dieser Ver-fahren ist, eine zum Gleichungssystem äquivalente Minimierungsaufgabe zu lösen. Es gibt zahlreiche Varianten von Gradientenverfahren, die sich im we-sentlichen darin unterscheiden, wie die Minimierungsaufgabe formuliert wird und auf welche Weise das Minimum gesucht wird. Wir wollen hier nur kurz auf die wichtigsten Grundlagen der sogenannten *konjugierten Gradientenverfah-ren (CG-Verfahren)* eingehen, welche für unsere Anwendungen die wichtigste Klasse von Gradientenverfahren darstellt (für Details sei auf die Fachliteratur verwiesen, z.B. [12]).

Konjugierte Gradientenverfahren wurden zunächst für symmetrische po-sitiv definite Matrizen entwickelt (Hestenes und Stiefel, 1952). In diesem Fall hat man die folgende Äquivalenz:

$$\text{Löse } \mathbf{A}\phi = \mathbf{b} \quad \Leftrightarrow \quad \text{Minimiere } F(\phi) = \frac{1}{2} \phi \cdot \mathbf{A}\phi - \mathbf{b} \cdot \phi.$$

Die Äquivalenz der beiden Formulierungen sieht man leicht ein, da der Gra-dient von F gerade $\mathbf{A}\phi - \mathbf{b}$ ist, und das Verschwinden des Gradienten eine notwendige Bedingung für ein Minimum von F ist.

Zur iterativen Lösung der Minimierungsaufgabe wird nun, ausgehend von einem vorgegebenen Startwert ϕ^0, das Funktional F sukzessive in jeder Iteration ($k = 0, 1, \ldots$) in einer bestimmten Richtung $\mathbf{y}^k$ minimiert:

Minimiere $F(\phi^k + \alpha \mathbf{y}^k)$ für alle reellen α.

Der Wert α^k, für den das Funktional das Minimum annimmt, ergibt sich gemäß

$$\frac{d}{d\alpha} F(\phi^k + \alpha \mathbf{y}^k) = 0 \quad \Rightarrow \quad \alpha^k = \frac{\mathbf{y}^k \cdot \mathbf{r}^k}{\mathbf{y}^k \cdot \mathbf{A}\mathbf{y}^k} \quad \text{mit} \quad \mathbf{r}^k = \mathbf{b} - \mathbf{A}\phi^k$$

und definiert die neue Iterierte $\phi^{k+1} = \phi^k + \alpha^k \mathbf{y}^k$. Die Richtung $\mathbf{y}^k$, in welcher das Minimum gesucht wird, ist dadurch charakterisiert, daß sie bezüglich $\mathbf{A}$ konjugiert zu allen vorherigen Richtungen ist, d.h. es gilt $\mathbf{y}^k \cdot \mathbf{A}\mathbf{y}^i = 0$ für alle $i = 0, \ldots, k-1$. Entscheidend für die effiziente Implementierung des CG-Verfahrens ist, daß sich $\mathbf{y}^{k+1}$ über die folgende einfache Rekursionsformel bestimmen läßt (s. z.B. [12]):

$$\mathbf{y}^{k+1} = \mathbf{r}^{k+1} + \frac{\mathbf{r}^{k+1} \cdot \mathbf{r}^{k+1}}{\mathbf{r}^k \cdot \mathbf{r}^k} \mathbf{y}^k.$$

Damit läßt sich der CG-Algorithmus zusammenfassend wie folgt rekursiv formulieren:

– Initialisierung:

$$\begin{aligned}
\mathbf{r}^0 &:= \mathbf{b} - \mathbf{A}\phi^0, \\
\mathbf{y}^0 &:= \mathbf{r}^0, \\
\beta^0 &:= \mathbf{r}^0 \cdot \mathbf{r}^0.
\end{aligned}$$

– Für $k = 0, 1, \ldots$ bis zur Konvergenz:

$$\begin{aligned}
\alpha^k &= \beta^k / (\mathbf{y}^k \cdot \mathbf{A}\mathbf{y}^k), \\
\phi^{k+1} &= \phi^k + \alpha^k \mathbf{y}^k, \\
\mathbf{r}^{k+1} &= \mathbf{r}^k - \alpha^k \mathbf{A}\mathbf{y}^k, \\
\beta^{k+1} &= \mathbf{r}^{k+1} \cdot \mathbf{r}^{k+1}, \\
\mathbf{y}^{k+1} &= \mathbf{r}^{k+1} + \beta^{k+1} \mathbf{y}^k / \beta^k.
\end{aligned}$$

Das CG-Verfahren ist parameterfrei und liefert theoretisch (d.h. ohne Berücksichtigung von Rundungsfehlern) nach K Schritten die exakte Lösung, wobei K die Anzahl der Unbekannten (Gitterpunkte) bezeichnet. Für die uns interessierenden Gleichungssysteme wäre damit das Verfahren natürlich völlig unbrauchbar, da K in der Regel sehr groß ist. In der Praxis erhält man jedoch mit weit weniger Iterationen eine hinreichend genaue Lösung. Man kann zeigen, daß die Anzahl der notwendigen Iterationen zur Reduktion des Betrags des Residuums auf ϵ, gegeben ist durch:

$$N_{\text{it}} \leq 1 + 0.5\sqrt{\kappa(\mathbf{A})}\ln(2/\epsilon)\,, \qquad (7.7)$$

wobei $\kappa(\mathbf{A})$ die Kondition von $\mathbf{A}$ bezeichnet, d.h. das Verhältnis von größtem und kleinstem Eigenwert von $\mathbf{A}$.

Das CG-Verfahren in obiger Form ist auf die Anwendung für symmetrische positiv definite Gleichungssysteme beschränkt, eine Voraussetzung, die für eine Reihe von Problemstellungen (z.B. Transportprobleme mit Konvektion) nicht erfüllt ist. In den letzten Jahren wurden jedoch verschiedene Verallgemeinerungen des Verfahrens für nicht-symmetrische Matrizen entwickelt. Beispiele hierfür sind:

– „Generalized-Minimal-Residual"-Methode (GMRES),
– Bi-konjugiertes Gradientenverfahren (BICG),
– quadratisches konjugiertes Gradientenverfahren (CGS),
– stabilisiertes BICG-Verfahren (BICGSTAB),...

Wir wollen hierauf nicht im einzelnen eingehen, sondern verweisen auf die entsprechende Fachliteratur (z.B. [12]). Erwähnt sei lediglich, daß für diese verallgemeinerten Verfahren die Art der auszuführenden Rechenoperationen die gleiche wie im Falle des CG-Verfahrens ist, lediglich deren Anzahl ist größer (etwa doppelt so groß). Eine Theorie bzgl. der Konvergenzeigenschaften, wie für das klassische CG-Verfahren, existiert für die verallgemeinerten Verfahren bislang nicht. Die Erfahrung hat aber gezeigt, daß das Konvergenzverhalten meist in etwa dem des CG-Verfahrens entspricht.

7.1.6 Vorkonditionierung

Die Konvergenz von CG-Verfahren kann durch eine *Vorkonditionierung* des Gleichungssystems noch deutlich verbessert werden. Die Idee hierbei ist, das ursprüngliche Gleichungssystem (7.1) mit Hilfe einer (invertierbaren) Matrix $\mathbf{P}$ in ein äquivalentes System

$$\mathbf{P}^{-1}\mathbf{A}\phi = \mathbf{P}^{-1}\mathbf{b} \qquad (7.8)$$

zu transformieren und den CG-Algorithmus (oder entsprechend verallgemeinerte Varianten im nicht-symmetrischen Fall) auf Gl. (7.8) anzuwenden. $\mathbf{P}$ wird als *Vorkonditionierungsmatrix* und das resultierende Verfahren als *vorkonditioniertes CG-Verfahren (PCG-Verfahren)* bezeichnet.

Die Vorkonditionierung kann wie folgt in den ursprünglichen Algorithmus integriert werden (hier für das symmetrische CG-Verfahren):

– Initialisierung:

$$
\begin{aligned}
\mathbf{r}^0 &:= \mathbf{b} - \mathbf{A}\phi^0\,, \\
\mathbf{z}^0 &:= \mathbf{P}^{-1}\mathbf{r}^0\,, \\
\mathbf{y}^0 &:= \mathbf{z}^0\,, \\
\beta^0 &:= \mathbf{z}^0 \cdot \mathbf{r}^0\,.
\end{aligned}
$$

– Für $n = 0, 1, \ldots$ bis zur Konvergenz:

$$
\begin{aligned}
\alpha^k &= \beta^k / (\mathbf{y}^k \cdot \mathbf{A}\mathbf{y}^k), \\
\phi^{k+1} &= \phi^k + \alpha^k \mathbf{y}^k, \\
\mathbf{r}^{k+1} &= \mathbf{r}^k - \alpha^k \mathbf{A}\mathbf{y}^k, \\
\mathbf{z}^{k+1} &= \mathbf{P}^{-1} \mathbf{r}^{k+1}, \\
\beta^{k+1} &= \mathbf{z}^{k+1} \cdot \mathbf{r}^{k+1}, \\
\mathbf{y}^{k+1} &= \mathbf{z}^{k+1} + \beta^{k+1} \mathbf{y}^k / \beta^k.
\end{aligned}
$$

Man erkennt, daß der zusätzliche Aufwand innerhalb einer Iteration in der Lösung eines Gleichungssystems mit $\mathbf{P}$ als Koeffizientenmatrix besteht. Die Anzahl der Iterationen für PCG-Verfahren ist entsprechend der Abschätzung (7.7) gegeben durch:

$$
N_{\mathrm{it}} \leq 1 + 0.5 \sqrt{\kappa(\mathbf{P}^{-1}\mathbf{A})} \ln(\epsilon/2)
$$

Aufgrund dieser Überlegungen sollte die Wahl von $\mathbf{P}$ nach folgenden Kriterien erfolgen:

– Kondition von $\mathbf{P}^{-1}\mathbf{A}$ so klein wie möglich,
– möglichst effiziente Berechnung von $\mathbf{P}^{-1}\phi$.

Ähnlich wie bei der Definition von iterativen Verfahren durch die Matrix $\mathbf{B}$ (s. Abschn. 7.1.4), muß zwischen beiden Forderungen ein Kompromiß gefunden werden, da beide nicht gleichzeitig in optimaler Weise erfüllt werden können.

Beispiele häufig verwendeter Vorkonditionierungstechniken sind:

– klassische iterative Verfahren mit $\mathbf{P} = \mathbf{B}$ (Jacobi, Gauß-Seidel, ILU,...),
– Gebietszerlegungsverfahren,
– Polynomapproximation von $\mathbf{A}^{-1}$,
– Mehrgitterverfahren,
– Verfahren mit hierarchischen Basen.

Details hierzu können der Spezialliteratur entnommen werden (insbesondere [2] und [12]).

7.1.7 Vergleich von Gleichungslösern

Zur Abschätzung des Aufwands, den die verschiedenen Lösungsverfahren erfordern, sowie für eine vergleichende Bewertung werden wir das Modellproblem

$$
\begin{aligned}
-\frac{\partial^2 \phi}{\partial x_i \partial x_i} &= f \quad \text{in } V, \\
\phi &= \phi_S \quad \text{auf } S
\end{aligned}
\tag{7.9}
$$

heranziehen, welches wir für den ein-, zwei- und dreidimensionalen Fall betrachten, d.h. $i = 1, \ldots, d$ mit Raumdimension d gleich 1, 2 oder 3. Das Problemgebiet V sei das zur jeweiligen Problemdimension gehörige Einheitsgebiet (Einheitsintervall, -quadrat bzw. -würfel). Die Diskretisierung erfolgt mit einem Zentraldifferenzenverfahren 2. Ordnung für ein äquidistantes Gitter mit Gitterweite h und jeweils N inneren Gitterpunkten in jeder Raumrichtung. Unter Verwendung der üblichen zeilenweisen Numerierung der Unbekannten resultiert die bekannte Matrix der Dimension N^d mit dem Wert $2d$ in der Hauptdiagonalen und dem Wert -1 in allen besetzten Nebendiagonalen. Dieses Modellproblem ist sehr gut für unsere Zwecke geeignet, da man alle für die numerische Lösung des Systems wichtigen Eigenschaften der Systemmatrix auch analytisch bestimmen kann (z.B. [12]).

Für die drei besprochenen klassischen iterativen Verfahren erhält man bei Anwendung auf das Modellproblem (7.9) für die Spektralradien der Iterationsmatrizen:

$$\lambda_{\text{max}}^{\text{JAC}} = 1 - 2\sin^2\left(\frac{\pi h}{2}\right) = 1 - \frac{\pi^2}{2}h^2 + O(h^4),$$

$$\lambda_{\text{max}}^{\text{GS}} = 1 - \sin^2(\pi h) = 1 - \pi^2 h^2 + O(h^4),$$

$$\lambda_{\text{max}}^{\text{SOR}} = \frac{1 - 2\sin(\pi h)}{1 + 2\sin(\pi h)} = 1 - \frac{\pi^2}{2}h + O(h^4).$$

Die jeweils letzte Gleichung ergibt sich durch Taylor-Entwicklung der Sinusfunktionen. Im Falle des SOR-Verfahrens wurde der optimale Relaxationsparameter, welcher sich für das Modellproblem zu

$$\omega_{\text{opt}} = \frac{2}{1 + \sin(\pi h)} = 2 - 2\pi h + O(h^2)$$

ergibt, zugrunde gelegt.

Wegen $N \sim 1/h$ ergibt sich aus den Spektralradien zusammen mit Gl. (7.6), daß die Anzahl der zur Lösung des Modellproblems notwendigen Iterationen für das Jacobi- und Gauß-Seidel-Verfahren proportional zu N^2 und für das SOR-Verfahren proportional zu N ist. Man erkennt auch, daß das Jacobi-Verfahren doppelt so viele Iterationen benötigt wie das Gauß-Seidel-Verfahren. Für ILU-Verfahren kann man ein Konvergenzverhalten erreichen, daß in etwa demjenigen des SOR-Verfahrens entspricht (s. z.B. [12]).

Betrachten wir nun das CG-Verfahren. Die Kondition von $\mathbf{A}$ ergibt sich für das Modellproblem (7.9) zu

$$\kappa(\mathbf{A}) = \frac{\cos^2(\pi h/2)}{\sin^2(\pi h/2)} \sim \frac{1}{h^2}.$$

Hieraus folgt mit der Abschätzung (7.7), daß die Anzahl der zur Lösung des Modellproblems notwendigen Iterationen für das CG-Verfahren proportional zu N ist.

Der asymptotische Rechenaufwand zur Lösung des Modellproblems für die iterativen Verfahren ergibt sich nun einfach als Produkt der Anzahl der Iterationen mit der Anzahl der Unbekannten. Dieser ist in Tabelle 7.1 zusammen mit dem Speicherbedarf in Abhängigkeit von der Anzahl der Gitterpunkte für die verschiedenen Raumdimensionen angegeben. Zum Vergleich sind auch die entsprechenden Werte für die direkte LU-Zerlegung angeführt. Man erkennt die enorme Zunahme des Aufwandes mit steigender Problemdimension für die direkte LU-Zerlegung, welche hautpsächlich durch das erwähnte „Auffüllen" des Bandes verursacht ist. Vergleichen wir beispielsweise den Aufwand des SOR-Verfahrens mit demjenigen für die direkte Lösung mittels einer LU-Zerlegung, erkennt man die deutlichen Vorteile, die sich bei Verwendung eines iterativen Verfahrens für mehrdimensionale Probleme ergeben (insbesondere im dreidimensionalen Fall). Es sei erwähnt, daß auch für die verschiedenen Varianten der Gauß-Elimination (z.B. das Cholesky-Verfahren) der asymptotische Aufwand unverändert bleibt.

Tabelle 7.1. Asymptotischer Speicherbedarf und Rechenaufwand bei Anwendung unterschiedlicher Gleichungslöser auf das Modellproblem für verschiedene Raumdimensionen

Dim.	Unbek.	Speicherbedarf		Rechenaufwand		
		Iterativ	Direkt	JAC/GS	SOR/ILU/CG	Direkt
1-d	N	$O(N)$	$O(N)$	$O(N^3)$	$O(N^2)$	$O(N)$
2-d	N^2	$O(N^2)$	$O(N^3)$	$O(N^4)$	$O(N^3)$	$O(N^4)$
3-d	N^3	$O(N^3)$	$O(N^5)$	$O(N^5)$	$O(N^4)$	$O(N^7)$

Während der asymptotische Speicherbedarf für die iterativen Methoden jeweils der gleiche ist, erreicht man hinsichtlich des Rechenaufwands bei Verwendung des SOR-, CG oder ILU-Verfahrens eine signifikante Verbesserung im Vergleich zum Jacobi- und Gauß-Seidel-Verfahren. Ein Vorteil der ILU-Verfahren ist, daß man die „guten" Konvergenzeigenschaften für eine größere Klasse von Problemen erhält (Robustheit). Auch für das SOR-, CG- oder ILU-Verfahren steigt jedoch aufgrund der sich verschlechternden Konvergenzrate der Rechenaufwand noch überproportional mit der Feinheit des Gitters an.

Betrachten wir abschließend zur Verdeutlichung der unterschiedlichen Rechenzeiten, die sich mit den verschiedenen Gleichungslösern ergeben ein konkretes Zahlenbeispiel. Zu berechnen sei die Lösung unseres Modellproblems (7.9) für den zweidimensionalen Fall mit $N^2 = 256 \times 256$ Gitterpunkten. In Tabelle 7.2 ist ein Vergleich der Rechenzeiten für verschiedene Gleichungslöser angegeben, wobei SSOR-PCG ein mit einem symmetrischen SOR-Verfahren vorkonditioniertes CG-Verfahren bezeichnet (s. z.B. [12]). Auf Mehrgitterverfahren, für welche ebenfalls ein Resultat angegeben ist, werden wir in Abschn. 11.1 noch etwas näher eingehen. Man erkennt die

schon für dieses zweidimensionale Problem doch deutlichen Unterschiede in
den Rechenzeiten der Verfahren. Für dreidimensionale Probleme sind diese
Unterschiede noch gravierender. Mehrgitterverfahren gehören zu den effizien-
testen Methoden zur Lösung linearer Gleichungssysteme. Iterative Methoden,
wie die in diesem Kapitel besprochenen, bilden jedoch auch für diese Verfahren einen wichtigen Bestandteil (s. Abschn. 11.1).

Tabelle 7.2. Asymptotischer Rechenaufwand und
Rechenzeiten für verschiedene Gleichungslöser bei
Anwendung auf eine diskrete 2-d Poisson-Gleichung

Verfahren	Operationen	$\approx$ Rechenzeit
Gauß-Elimination	$O(N^4)$	1 Tag
Jacobi	$O(N^4)$	5 Std.
SOR,ILU,CG	$O(N^3)$	30 Min.
SSOR-PCG	$O(N^{5/2})$	5 Min.
Mehrgitter	$O(N^2)$	8 Sek.

Aus den angestellten Überlegungen bei der Anwendung auf Gleichungssysteme, die aus einer Diskretisierung mehrdimensionaler partieller Differentialgleichungen der Kontinuumsmechanik entstehen, ergeben sich eine Reihe
von entscheidenen Nachteilen für direkte Verfahren, die wir nochmals zusammenfassen:

- Um eine ausreichende Diskretisierungsgenauigkeit zu erreichen sind die Systeme meist sehr groß (hohe Anzahl von Gitterpunkten). Dies gilt insbesondere für dreidimensionale Probleme und generell für alle mehrdimensio-
  nalen Probleme der Strömungsmechanik. Der Aufwand wächst bei direkten
  Verfahren für größer werdende Systeme stark überproportional an (s. Tabelle 7.1), so daß eine Lösung nur mit einem extrem hohen Aufwand an
  Rechenzeit und Speicher erzielt werden kann (s. Tabelle 7.2).
- Wegen der vergleichsweise hohen Anzahl von Rechenoperationen, die zur
  Berechnung der Lösung mit einem direkten Verfahren notwendig sind,
  führen oft Rundungsfehler (auch bei 64-Bit Wortlänge, d.h. ca. 14-stellige
  Genauigkeit) zu erheblichen Problemen. Der Einfluß der Rundungsfehler hängt von der Kondition $\kappa(\mathbf{A})$ der Koeffizientenmatrix ab (Verhältnis
  von größtem und kleinstem Eigenwert der Matrix). Die Gleichungssysteme, die man aus den besprochenen Diskretisierungsverfahren erhält, sind
  stets schlecht konditioniert (je feiner das Gitter desto schlechter, s. Abschn. 7.1.4).
- Im Falle einer Nichtlinearität im Problem, ist ohnehin immer ein Iterationsprozeß notwendig, so daß in der Regel keine exakte Lösung des Gleichungssystems (wie man sie mit direkten Verfahren erhält) verlangt wird,
  sondern es genügt eine Lösung, die nur bis zu einer vorgegebenen Tole-

ranz genau ist. Dies gilt auch, wenn die Matrix aufgrund einer Kopplung korrigiert werden muß (s. Abschn. 7.2).

Obwohl direkte Verfahren also in der Regel nicht besonders gut geeignet sind, sind sie in der Praxis noch häufig anzutreffen. Für größere zweidimensionale oder dreidimensionale Probleme ist es aus obigen Gründen in der Regel wesentlich effizienter, die Gleichungssysteme mittels eines iterativen Verfahrens zu lösen.

7.2 Nichtlineare und gekoppelte Systeme

Zur numerischen Lösung nichtlinearer algebraischer Gleichungssysteme, wie sie beispielsweise bei strömungsmechanischen oder geometrisch und/oder physikalisch nichtlinearen strukturmechanischen Problemstellungen auftreten, ist grundsätzlich ein Iterationsprozeß erforderlich. Meist werden hierzu *sukzessive Iteration (Picard-Iteration)*, *Newton-Verfahren* oder *Quasi-Newton-Verfahren* verwendet, auf die wir daher kurz eingehen wollen. Wir betrachten als Beispiel hierzu ein nichtlineares System der Form

$$\mathbf{A}(\phi)\phi = \mathbf{b}\,, \tag{7.10}$$

auf welche jedes beliebige nichtlineare System durch geeignete Definition von $\mathbf{A}$ zurückgeführt werden kann.

Die Iterationsvorschrift für das Newton-Verfahren für Gl. (7.10) ist wie folgt definiert:

$$\phi^{k+1} = \phi^k - \left[\frac{\partial \mathbf{r}(\phi^k)}{\partial \phi}\right]^{-1} \mathbf{r}(\phi^k) \quad \text{mit} \quad \mathbf{r}(\phi^k) = \mathbf{A}(\phi^k)\phi^k - \mathbf{b}\,.$$

In jeder Iteration muß also die Funktionalmatrix $\partial \mathbf{r}/\partial \phi$ berechnet und invertiert werden. Bei einem Quasi-Newton-Verfahren erfolgt dies nicht in jeder Iteration, sondern die Funktionalmatrix wird über eine gewisse Anzahl von Iterationen konstant gehalten, was einerseits den Aufwand pro Iteration reduziert, andererseits jedoch die Konvergenzrate verschlechtert. Das Newton-Verfahren besitzt ein quadratisches Konvergenzverhalten, d.h. pro Iteration verringert sich der Fehler $\|\phi^k - \phi\|$ um den Faktor vier. Ein Problem bei der Anwendung des Newton-Verfahrens ist, daß die Konvergenz nur dann gesichert ist, wenn der Startwert ϕ^0 bereits hinreichend nahe bei der Lösung liegt (die natürlich nicht bekannt ist). Um diese Problematik (zumindest teilweise) zu umgehen wird oftmals eine inkrementelle Vorgehensweise angewandt. Dies kann beispielsweise dadurch erfolgen, daß Gl. (7.10) zunächst für eine „kleinere" rechte Seite gelöst wird, die dann schrittweise bis zur vollen Größe $\mathbf{b}$ erhöht wird.

Die Picard-Iteration für ein System des Typs (7.10) ist definiert durch eine Iterationsvorschrift der Form:

$$\phi^{k+1} = \phi^k - \tilde{\mathbf{A}}(\phi^k)\phi^{k+1} + \tilde{\mathbf{b}}$$

mit geeigneter Iterationsmatrix $\tilde{\mathbf{A}}(\phi)$ und rechten Seite $\tilde{\mathbf{b}}$ (diese können z.B. gleich $\mathbf{A}(\phi)$ und $\mathbf{b}$ sein). Bei diesem Verfahren muß keine Funktionalmatrix berechnet werden. Das Konvergenzverhalten ist jedoch nur linear (Halbierung des Fehlers in jeder Iteration). Die Wahl des Startwerts ist hier weit weniger problematisch als bei Verwendung des Newton-Verfahrens.

Wie aus Kap. 2 bekannt, hat man es bei struktur- oder strömungsmechanischen Problemen meist mit gekoppelten Gleichungssystemen zu tun. Als Beispiel für ein gekoppeltes lineares System betrachten wir:

$$\underbrace{\begin{bmatrix} \mathbf{A}_{11} & \mathbf{A}_{12} \\ \mathbf{A}_{21} & \mathbf{A}_{22} \end{bmatrix}}_{\mathbf{A}} \underbrace{\begin{bmatrix} \phi_1 \\ \phi_2 \end{bmatrix}}_{\phi} = \underbrace{\begin{bmatrix} \mathbf{b}_1 \\ \mathbf{b}_2 \end{bmatrix}}_{\mathbf{b}}. \tag{7.11}$$

Derartige System können entweder *simultan* oder *sequentiell* gelöst werden. Bei einer simultanen Lösung wird das System direkt in der Form (7.11) mit einem linearen Gleichungslöser, z.B. einer der in Abschn. 7.1 beschriebenen, gelöst. Bei einer sequentiellen Lösung wird im Rahmen eines Iterationsprozesses sukzessive nach den Variablen gelöst. Für das System (7.11) hat man beispielsweise pro Iteration (Startwert ϕ_2^0, $k = 0, 1, \ldots$) die folgenden zwei Schritte auszuführen:

(i) Bestimme ϕ_1^{k+1} aus $\mathbf{A}_{11}\phi_1^{k+1} = \mathbf{b}_1 - \mathbf{A}_{12}\phi_2^k$,

(ii) Bestimme ϕ_2^{k+1} aus $\mathbf{A}_{22}\phi_2^{k+1} = \mathbf{b}_2 - \mathbf{A}_{21}\phi_1^{k+1}$.

In Abb. 7.4 ist der Ablauf des Iterationsprozesses mit den notwendigen Berechnungsschritten graphisch dargestellt.

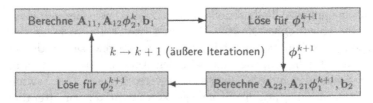

Abb. 7.4. Sequentielle Lösung von gekoppelten Gleichungssystemen

Bei einer simultanen Lösung sind die Systeme im allgemeinen sehr groß und alle Koeffizienten und rechten Seiten müssen simultan im Speicher gehalten werden. Auch Hilfsvektoren, die eventuell für das jeweilige Lösungsverfahren benötigt werden, besitzen die volle Größe des gekoppelten Systems. Bei einer sequentiellen Lösung können die Koeffizienten und rechten Seiten der einzelnen Teilsysteme jeweils in den gleichen Feldern gespeichert werden und die Hilfsvektoren haben die Größe der Teilsysteme. Dem Speicherplatzvorteil steht bei einer sequentiellen Lösung der Nachteil gegenüber, daß (auch im linearen Fall) zur Kopplung der Systeme ein Iterationsprozeß erforderlich ist. Mit einer simultanen Lösung hat man auch im Falle einer zusätzlichen Nichtlinearität aufgrund der besseren Kopplung der Unbekannten eine schnellere Konvergenz der in diesem Fall notwendigen äußeren Iterationen als bei der sequentiellen Methode. Die Kombination von Linearisierung und Variablenkopplung führt in der Regel zu einer Beschleunigung der Konvergenz.

Als zusammenfassende Schlußfolgerung aus obigen Ausführungen, wollen wir festhalten, daß sich bei nichtlinearen und gekoppelten Systemen die beiden folgenden Kombinationen zur Lösung anbieten:

- *Newton-Verfahren mit simultaner Lösung:* hoher Aufwand zur Berechnung und Invertierung der Jacobi-Matrix (Reduktion bei Quasi-Newton-Verfahren), hoher Speicherplatzbedarf, quadratisches Konvergenzverhalten, Startwert muß „nahe" bei der Lösung sein, Funktionalmatrix steht zur Verfügung (z.B. für Stabilitätsuntersuchungen).
- *Sukzessive Iteration mit sequentieller Lösung:* geringerer Rechenaufwand pro Iteration, geringerer Speicherplatzbedarf, Entkopplung der einzelnen Gleichungen ist möglich und kann mit dem Linearisierungsprozeß kombiniert werden, lineares Konvergenzverhalten, weniger empfindlich gegenüber Startwerten.

Abhängig von der Problemstellung kann die Verwendung der einen oder der anderen Variante vorteilhaft sein.

Übungsaufgaben zu Kap. 7

Übung 7.1. Gegeben sei das lineare Gleichungssystem

$$
\begin{bmatrix} 4 & -1 & 0 \\ -1 & 4 & -1 \\ 0 & -1 & 4 \end{bmatrix} \begin{bmatrix} \phi_1 \\ \phi_2 \\ \phi_3 \end{bmatrix} = \begin{bmatrix} 3 \\ 2 \\ 3 \end{bmatrix} .
$$

(i) Bestimme die Lösung des Systems mit dem Gaußschen Eliminationsverfahren. (ii) Bestimme die Kondition der Systemmatrix sowie den maximalen Eigenwert der Iterationsmatrizen für das Jacobi-, Gauß-Seidel- und SOR-Verfahren, wobei für letzteres zunächst der optimale Relaxationsparameter ω_{opt} zu bestimmen ist. (iii) Führe, beginnend mit dem Startwert $\phi^0 = 0$, jeweils einige Iterationen mit dem CG-, Jacobi-, Gauß-Seidel- und SOR-Verfahren durch (letzteres mit ω_{opt} aus (ii)) und diskutiere die Konvergenzeigenschaften der Verfahren unter Einbeziehung der in (ii) ermittelten Werte.
Übung 7.2. Betrachte das System aus Übung 7.1 als gekoppeltes System, so daß die ersten beiden und die dritte Gleichung jeweils ein Teilsystem bilden, d.h. $\boldsymbol{\phi}_1 = (\phi_1, \phi_2)$ und $\boldsymbol{\phi}_2 = \phi_3$. Führe mit dem Startwert $\phi_3^0 = 0$ einige

Iterationen gemäß der in Abschn. 7.2 angegebenen sequentiellen Vorgehensweise zur Lösung des Systems durch.

Übung 7.3. Gegeben sei die Matrix

$$\begin{bmatrix} 4 & -1 & 0 & 0 & -1 & 0 \\ -1 & 4 & -1 & 0 & 0 & -1 \\ 0 & -1 & 4 & -1 & 0 & 0 \\ 0 & 0 & -1 & 4 & 0 & 0 \\ -1 & 0 & 0 & 0 & 4 & -1 \\ 0 & -1 & 0 & 0 & -1 & 4 \end{bmatrix}$$

Bestimme die vollständige LU-Zerlegung der Matrix, sowie die ILU-Zerlungen nach dem Standard ILU-Verfahren und dem SIP-Verfahren mit $\alpha = 1/2$.

Übung 7.4. Gegeben sei das nichtlineare Gleichungssystem

$$\phi_1 \phi_2^2 - 4\phi_2^2 + \phi_1 = 4,$$
$$\phi_1^3 \phi_2 + 3\phi_2 - 2\phi_1^3 = 6.$$

(i) Führe mit den Startwerten $(\phi_1^0, \phi_2^0) = (0,0)$, $(1,2)$ und $(9/5, 18/5)$ jeweils einige Iterationen nach dem Newton-Verfahren durch. (ii) Bringe das System geeignet in die Form (7.10) und führe mit dem Startwert $(\phi_1^0, \phi_2^0) = (0,0)$ einige Iterationen nach dem Verfahren der sukzessive Iteration mit $\tilde{\mathbf{A}} = \mathbf{A}$ und $\tilde{\mathbf{b}} = \mathbf{b}$ durch. (iii) Vergleiche und diskutiere die in (i) und (ii) erhaltenen Ergebnisse.

8 Eigenschaften von Berechnungsverfahren

In diesem Kapitel wollen wir zusammenfassend auf Eigenschaften von numerischen Berechnungsmethoden eingehen, denen für die praktische Anwendung eine besondere Bedeutung zukommt, da sie entscheidend für die Zuverlässigkeit und Funktionalität der darauf basierenden Verfahren sowie die „richtige" Interpretation der damit erzielten Ergebnisse sind. Wir werden hierbei auf die zugrundeliegenden mathematischen Konzepte nur insoweit eingehen, wie dies für das Verständnis erforderlich scheint, und die jeweiligen Eigenschaften mit ihren Auswirkungen auf die berechnete Lösung anhand von charakteristischen Beispielen verdeutlichen.

8.1 Eigenschaften von Diskretisierungsmethoden

Bei der Anwendung von Diskretisierungsverfahren hat man für eine unbekannte Funktion, bezeichnen wir sie allgemein mit $\phi = \phi(\mathbf{x}, t)$, für einen beliebigen Gitterpunkt $\mathbf{x}_\mathrm{P}$ und eine beliebige Zeit t_n die folgenden drei Werte zu unterscheiden:

- die exakte Lösung der Differentialgleichung $\phi(\mathbf{x}_\mathrm{P}, t_n)$,
- die exakte Lösung der diskreten Gleichungen ϕ_P^n,
- die tatsächlich berechnete Lösung $\tilde{\phi}_\mathrm{P}^n$.

Diese Werte stimmen im allgemeinen nicht überein, da bei den verschiedenen eingeführten Approximationen und der numerischen Lösung Fehler gemacht werden. Die Eigenschaften, die nachfolgend diskutiert werden, betreffen im wesentlichen die Beziehungen zwischen diesen Werten und die damit verbundenen Fehler.

Neben den Modellfehlern, die wir an dieser Stelle außer Acht lassen wollen (s. hierzu Kap. 2), hat man es, entsprechend den unterschiedlichen Näherungswerten, bei der Anwendung eines numerischen Berechnungsverfahrens im wesentlichen mit zwei Arten von numerischen Fehlern zu tun:

- dem *Diskretisierungsfehler* $|\phi(\mathbf{x}_\mathrm{P}, t_n) - \phi_\mathrm{P}^n|$, d.h. die Differenz der exakten Lösung der Differentialgleichung und der exakten Lösung der diskreten Gleichungen,

– dem *Lösungsfehler* $|\tilde{\phi}_P^n - \phi_P^n|$, d.h. die Differenz der exakte Lösung der diskreten Gleichungen und der tatsächlich berechneten Lösung,

Der für die praktische Anwendung wichtige *Gesamtnumerikfehler*

$$e_P^n = |\phi(\mathbf{x}_P, t_n) - \tilde{\phi}_P^n|,$$

d.h. die Differenz der exakten Lösung der Differentialgleichung und der tatsächlich berechneten Lösung, setzt sich aus dem Diskretisierungs- und Lösungsfehler zusammen. Der Lösungsfehler beinhaltet auch Anteile, die sich aufgrund einer eventuell nur näherungsweisen Lösung der diskreten Gleichungen ergeben. Dieser Anteil, der sich anhand von Residuen sehr gut kontrollieren läßt, ist jedoch in der Regel sehr klein, so daß wir diesen nicht weiter betrachten.

Für die Beziehungen zwischen den verschiedenen Lösungen und Fehlern, die in Abb. 8.1 schematisch dargestellt sind, spielen insbesondere die Begriffe Konsistenz, Stabilität und Konvergenz eine wichtige Rolle, die nachfolgend kurz erläutert werden. Als illustratives Beispielproblem betrachten wir hierbei die eindimensionale instationäre Transportgleichung

$$\rho\frac{\partial \phi}{\partial t} + \rho v\frac{\partial \phi}{\partial x} - \alpha\frac{\partial^2 \phi}{\partial x^2} = 0 \tag{8.1}$$

mit konstanten Werten für α, ρ und v für das Problemgebiet $[0, L]$. Mit den Randbedingungen $\phi(0) = \phi^0$ und $\phi(L) = \phi^L$ besitzt das Problem für $t \to \infty$ die analytische (stationäre) Lösung:

$$\phi(x) = \phi^0 + \frac{e^{x\mathrm{Pe}/L} - 1}{e^{\mathrm{Pe}} - 1}(\phi^L - \phi^0)$$

mit der *Peclet-Zahl*

$$\mathrm{Pe} = \frac{\rho v L}{\alpha},$$

die ein Maß für das Verhältnis von konvektivem und diffusivem Transport von ϕ darstellt.

8.1.1 Konsistenz

Man nennt eine Diskretisierungsmethode *konsistent*, wenn die diskretisierten Gleichungen beim Übergang $\Delta x, \Delta t \to 0$ in die ursprünglichen Differentialgleichungen übergehen. Die Konsistenz definiert also einen Zusammenhang zwischen der exakten Lösung der Differentialgleichung und der exakten Lösung der diskretisierten Gleichung (s. Abb. 8.1). Die Prüfung der Konsistenz kann durch eine Analyse des *Abbruchfehlers* τ_P^n erfolgen. Allgemein läßt sich der Abbruchfehler durch die Differenz zwischen der Differentialgleichung (interpretiert durch die Taylor-Reihenentwicklung von Ableitungen) und der diskretisierten Gleichung, wenn darin die exakten Variablenwerte eingesetzt

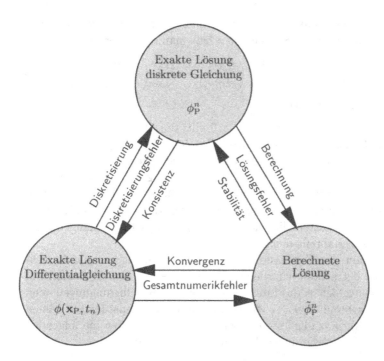

Abb. 8.1. Zusammenhang zwischen Lösungen, Fehlern und Eigenschaften

werden, definieren. Strebt der Abbruchfehler für $\Delta x, \Delta t \to 0$ gegen Null, ist das Verfahren konsistent.

Betrachten wir als Beispiel eine Diskretisierung für Gl. (8.1) für ein äquidistantes Gitter mit Gitterweite Δx und Zeitschrittweite Δt. Unter Verwendung des expliziten Euler-Verfahrens für die Zeitdiskretisierung und eines Finite-Volumen-Verfahrens mit CDS-Approximation für die räumliche Diskretisierung erhält man die folgende diskrete Gleichung:

$$\rho\frac{\phi_P^{n+1} - \phi_P^n}{\Delta t} + \rho v\frac{\phi_E^n - \phi_W^n}{2\Delta x} - \alpha\frac{\phi_E^n + \phi_W^n - 2\phi_P^n}{\Delta x^2} = 0 \,. \tag{8.2}$$

Die in der Differentialgleichung (8.1) auftretenden Ableitungen können im Punkt x_P zur Zeit t_n wie folgt in Form von Taylor-Reihen dargestellt werden:

$$\left(\frac{\partial \phi}{\partial t}\right)_P^n = \frac{\phi_P^{n+1} - \phi_P^n}{\Delta t} + \frac{\Delta t}{2}\left(\frac{\partial^2 \phi}{\partial t^2}\right)_P^n + O(\Delta t^2) \,,$$

$$\left(\frac{\partial \phi}{\partial x}\right)_P^n = \frac{\phi_E^n - \phi_W^n}{2\Delta x} + \frac{\Delta x^2}{6}\left(\frac{\partial^3 \phi}{\partial x^3}\right)_P^n + O(\Delta x^4) \,,$$

$$\left(\frac{\partial^2 \phi}{\partial x^2}\right)_P^n = \frac{\phi_E^n + \phi_W^n - 2\phi_P^n}{\Delta x^2} + \frac{\Delta x^2}{12}\left(\frac{\partial^4 \phi}{\partial x^4}\right)_P^n + O(\Delta x^4) \,.$$

Setzt man die exakte Lösung der Gl. (8.1) unter Verwendung dieser Taylor-Reihenentwicklungen in Gl. (8.2) ein, so erhält man den Abbruchfehler τ_P^n:

$$\tau_P^n = \frac{\rho \Delta t}{2} \left(\frac{\partial^2 \phi}{\partial t^2} \right)_P^n + \frac{\rho v \Delta x^2}{6} \left(\frac{\partial^3 \phi}{\partial x^3} \right)_P^n - \alpha \frac{\Delta x^2}{12} \left(\frac{\partial^4 \phi}{\partial x^4} \right)_P^n + T_H =$$
$$= O(\Delta t) + O(\Delta x^2).$$

Man erkennt, daß $\tau_P^n \to 0$ für $\Delta x, \Delta t \to 0$ gilt, d.h. das Verfahren ist konsistent mit der Konsistenzordnung 1 bzgl. der Zeit und 2 bzgl. des Raumes.

Bei genügend kleinem Δx und Δt bedeutet eine höhere Ordnung des Abbruchfehlers auch eine höhere Genauigkeit der Lösung. Im allgemeinen sagt die Ordnung des Abbruchfehlers aber nur, wie schnell die Fehler abklingen, wenn das Gitter verfeinert wird. Über die absoluten Werte des Lösungsfehlers auf einem gegebenen Gitter, die auch von der Lösung selbst abhängen, sagt die Ordnung des Verfahrens nichts aus.

Zur Illustration des Einflusses der Konsistenzordnung auf die Berechnungsergebnisse betrachten wir wieder Gl. (8.1), jedoch nun im stationären Fall. Das Problemgebiet sei das Intervall $[0, 1]$ und als Randbedingungen seien die Werte $\phi(0) = 0$ und $\phi(1) = 1$ vorgegeben. Als Problemparameter wählen wir $\alpha = 1\,\mathrm{kg/(ms)}$, $\rho = 1\,\mathrm{kg/m^3}$, $v = 24\,\mathrm{m/s}$. Wir betrachten die folgenden Finite-Volumen-Diskretisierungen 1., 2. und 4. Ordnung:

- UDS1/CDS2: Upwinddifferenzen 1. Ordnung für konvektive Flüsse und Zentraldifferenzen 2. Ordnung für diffusive Flüsse,
- CDS2/CDS2: Zentraldifferenzen 2. Ordnung für konvektive und diffusive Flüsse,
- CDS4/CDS4: Zentraldifferenzen 4. Ordnung für konvektive und diffusive Flüsse.

Für das Verfahren 4. Ordnung verwenden wir an den randnahen Punkten x_1 und x_N das CDS-Verfahren 2. Ordnung. In Abb. 8.2 ist der Fehler

$$e_h = \frac{1}{N} \sum_{i=1}^{N} |\phi(x_i) - \tilde{\phi}_i|$$

in Abhängigkeit von der Gitterweite $\Delta x = 1/N$ für die verschiedenen Verfahren dargestellt. Man erkennt die unterschiedlich starke Abnahme des Fehlers bei Verfeinerung des Gitters gemäß der Ordnung der Verfahren (je höher die Ordnung desto schneller), wobei die Steigung der jeweiligen Geraden der Ordnung des Verfahrens entspricht.

8.1.2 Stabilität

Das Konzept der Stabilität dient zur Herstellung eines Zusammenhangs zwischen der tatsächlich berechneten Lösung und der exakten Lösung der diskretisierten Gleichung (s. Abb. 8.1). Es existieren in der Literatur eine ganze Reihe unterschiedlicher Definitionen der Stabilität, die für verschiedene

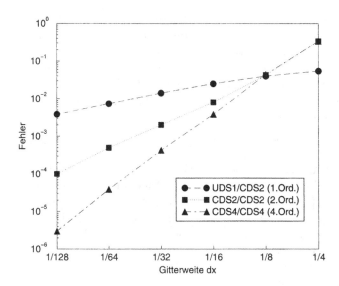

Abb. 8.2. Fehler in Abhängigkeit der Gitterweite für unterschiedliche Diskretisierungsverfahren bei der Lösung der eindimensionalen Transportgleichung

Untersuchungen sinnvoll sind. Wir wollen uns hier auf eine einfache Definition beschränken, die für unsere Zwecke ausreichend ist. Wir nennen eine Diskretisierungsmethode *stabil*, falls der Lösungsfehler $|\tilde{\phi}_P^n - \phi_P^n|$ im ganzen Lösungsgebiet und für alle Zeitschritte begrenzt bleibt.

Die generelle Idee bei der Prüfung der Stabilität eines Verfahrens besteht darin, zu untersuchen, wie sich kleine Störungen (verursacht z.B. durch Rundungsfehler) auf die späteren Zeitebenen auswirken. Die entscheidende Frage hierbei ist: *Werden diese Störungen durch die Diskretisierungsvorschrift gedämpft (dann ist das Verfahren stabil) oder verstärkt (dann ist das Verfahren instabil)?* Eine derartige Stabilitätsanalyse kann mit verschiedenen Methoden durchgeführt werden. Die gängigsten Methoden hierzu sind: die *von Neumann-Analyse*, die *Matrix-Methode* und die *Methode der kleinen Störungen (Perturbationsmethode)*. Für allgemeine Probleme sind solche Analysen, wenn sie überhaupt auf analytischem Wege durchgeführt werden können, in der Regel sehr schwierig und aufwendig. Wir verzichten hier auf die Einführung dieser Methoden (s. hierzu z.B. [13, 14]), und beschränken uns zur Erläuterung der Effekte auf eine heuristische Betrachtung für unser Beispielproblem (8.1).

Zwei wichtige Kennzahlen für Stabilitätsbetrachtungen von Transportproblemen sind die *Diffusionszahl D* und die *Courant-Zahl C*, welche gemäß

$$D = \frac{\alpha \Delta t}{\rho \Delta x^2} \quad \text{und} \quad C = \frac{v \Delta t}{\Delta x}$$

definiert sind. Die Diffusionszahl charakterisiert das Verhältnis der Zeitschrittweite zum diffusiven Transport während die Courantzahl das Verhältnis der Zeitschrittweite zum konvektiven Transport ausdrückt.

Betrachten wir zunächst eine Approximation von Gl. (8.1) mit einer räumlichen Finite-Volumen-Diskretisierung nach dem UDS1/CDS2-Verfahren und
einer Zeitdiskretisierung nach dem expliziten Euler-Verfahren, die auf folgende diskrete Gleichung führt:

$$\phi_P^{n+1} = D\phi_E^n + (D + C)\phi_W^n + (1 - 2D - C)\phi_P^n .$$ (8.3)

Eine einfache heuristische physikalische Betrachtung des Problems verlangt
eine Zunahme von ϕ_P^{n+1} bei einer Erhöhung von ϕ_P^n. Eine solche gleichsinnige
Änderung von ϕ_P^n und ϕ_P^{n+1} ist im allgemeinen nur gesichert, wenn alle Koeffizienten in Gl. (8.3) positiv sind. Da C und D per Definition positiv sind,
kann nur der Koeffizient $(1 - 2D - C)$ negativ werden. Die Forderung, daß
dieser positiv bleibt, führt auf eine Begrenzung für den Zeitschritt Δt:

$$\Delta t < \frac{\rho\Delta x^2}{2\alpha + \rho v\Delta x} .$$ (8.4)

Es sei bemerkt, daß eine Stabilitätsanalyse nach der von Neumann-Methode
(vgl. z.B. [13]) die gleiche Zeitschrittweitenbegrenzung ergibt.

Insbesondere folgen aus der Beziehung (8.4) für die beiden Spezialfälle
reiner Diffusion $(v = 0)$ bzw. reiner Konvektion $(\alpha = 0)$ die Zeitschrittbe-
grenzungen

$$\Delta t < \frac{\rho\Delta x^2}{2\alpha} \quad \text{bzw.} \quad \Delta t < \frac{\Delta x}{v} .$$

Letztere Bedingung ist in der Literaur als CFL-Bedingung (nach Courant,
Friedrichs und Levy) bekannt. Physikalisch lassen sich diese Bedingungen
wie folgt interpretieren: der Zeitschritt muß so klein gewählt werden, daß
durch den diffusiven bzw. konvektiven Transport die Information über die
Verteilung von ϕ pro Zeitschritt nicht weiter als bis zum nächsten Gitterpunkt
vorankommt.

Wählen wir anstelle der UDS1/CDS2- eine CDS2/CDS2-Ortsdiskretisie-
rung erhalten wir die Approximation:

$$\phi_P^{n+1} = (D - \frac{C}{2})\phi_E^n + (D + \frac{C}{2})\phi_W^n + (1 - 2D)\phi_P^n .$$

Eine von Neumann-Stabilitätsanalyse ergibt für diese Diskretisierungsvorschrift die Zeitschrittweitenbegrenzung (vgl. z.B. [13])

$$\Delta t < \min\left\{\frac{2\alpha}{\rho v^2}, \frac{\rho\Delta x^2}{2\alpha}\right\} .$$

Während man im Falle reiner Diffusion die gleiche Zeitschrittweitenbegrenzung wie für das UDS1/CDS2-Verfahren erhält (die Diskretisierung des diffusiven Terms hat sich nicht geändert), ergibt sich im Falle reiner Konvektion,

daß das Verfahren unabhängig von der Wahl der Zeitschrittweite *immer instabil* ist. In Abb. 8.3 ist der Zusammenhang zwischen stabilitätsbedingter Zeitschrittweitenbegrenzung und Gitterweite für das UDS1/CDS2- und das CDS2/CDS2-Verfahren (für ein gemischtes Konvektions-Diffusions-Problem) qualitativ dargestellt.

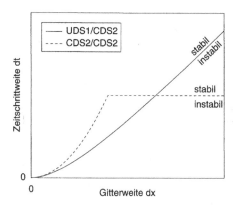

Abb. 8.3. Zusammenhang zwischen Zeitschrittbegrenzung und Gitterweite für ein Konvektions-Diffusions-Problem bei Anwendung des expliziten Euler-Verfahrens mit UDS1/CDS2- und CDS2/CDS2-Ortsdiskretisierung

Bevor wir uns die Konsequenzen einer Verletzung der Zeitschrittweitenbegrenzung anhand eines Beispiels verdeutlichen, wollen wir zunächst auch den Fall einer impliziten Zeitdiskretisierung betrachten. Verwenden wir anstelle des expliziten das implizite Euler-Verfahren, erhalten wir mit dem UDS1/CDS2-Verfahren für Gl. (8.1) eine Diskretisierung der Form

$$(1 + 2D + C)\phi_{\mathrm{P}}^{n+1} = D\phi_{\mathrm{E}}^{n+1} + (D + C)\phi_{\mathrm{W}}^{n+1} + \phi_{\mathrm{P}}^{n}\,.$$

Alle Koeffizienten sind positiv, so daß keine Probleme hinsichtlich einer nichtgleichsinnigen Änderung von ϕ zu erwarten sind. Auch eine von Neumann-Analyse, die in diesem Fall eine Eigenwertanalyse der zugehörigen Koeffizientenmatrix erfordert, ergibt, daß das Verfahren unabhängig von der Wahl der Zeitschrittweite für alle Werte von D und C stabil ist.

Zur Illustration der im Zusammenhang mit der Stabilität auftretenden Effekte betrachten wir als Beispiel Gl. (8.1) ohne Konvektion ($v = 0$) mit den Randbedingungen $\phi^0 = \phi^1 = 0$ und einer CDS-Approximation für den diffusiven Term. An die stationäre Lösung $\phi = 0$ wird eine Störung angebracht. Diese gestörte Lösung verwenden wir nun als Startwert für die Berechnung mit dem expliziten und impliziten Euler-Verfahren für zwei unterschiedliche Zeitschrittweiten. Die Problemparameter sind so gewählt, daß in einem Fall die Zeitschrittweitenbegrenzung (8.4) für das explizite Euler-Verfahren erfüllt ist ($D = 0,5$) und im anderen Fall nicht ($D = 1,0$). In Abb. 8.4 ist der jeweilige Verlauf der Lösung für einige Zeitschritte nach dem Anbringen der

Störung für die verschiedenen Fälle angegeben. Man erkennt die (unabhängig vom Zeitschritt) dämpfende Eigenschaft des impliziten Verfahrens, während das explizite Verfahren diese nur für einen hinreichend kleinen Zeitschritt zeigt. Ist der Zeitschritt zu groß divergiert das explizite Verfahren.

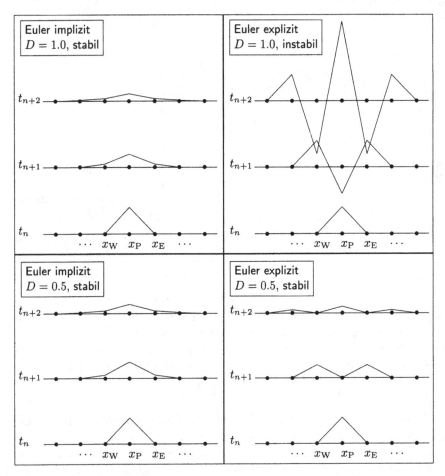

Abb. 8.4. Entwicklung einer Störung bei einer Diskretisierung mit dem expliziten und dem impliziten Euler-Verfahren bei unterschiedlichen Zeitschrittweiten

Vor dem Hintergrund der angestellten Stabilitätsbetrachtungen, wollen wir an dieser Stelle nochmals die wichtigsten charakteristischen Eigenschaften von expliziten und impliziten Zeitdiskretisierungsmethoden mit ihren Vor- und Nachteilen zusammenfassen. Explizite Verfahren schränken die räumliche Ausbreitungsgeschwindigkeit von Informationen ein. Der Zeitschritt muß der räumlichen Gitterweite angepaßt werden, um numerische Stabilität zu erreichen. Die Anforderungen an die Zeitschrittweite können hierbei sehr restriktiv sein. Die Zeitschrittbegrenzung läßt sich mittels einer Stabilitätsana-

lyse abschätzen. Die Beschränkung an die Zeitschrittweite ist oft ein gravierender Nachteil (insbesondere bei Verwendung von feinen räumlichen Gittern), so daß explizite Verfahren in der Regel nicht sehr effizient sind. Bei
impliziten Verfahren sind alle Variablen der neuen Zeitebene miteinander gekoppelt. Aus diesem Grunde wirkt sich eine Änderung an einer beliebigen
Stelle der alten Zeitebene unmittelbar auf alle Punkte der neuen Zeitebene
aus. Es gibt daher keine (bzw. eine weit weniger restriktive) Begrenzung der
räumlichen Ausbreitungsgeschwindigkeit von Informationen, und damit der
zulässigen Größe der Zeitschrittweite. Der Zeitschritt kann dem tatsächlichen
zeitlichen Verlauf der Lösung optimal angepaßt werden (je nach gewünschter
Genauigkeit). Der erhöhte numerische Aufwand pro Zeitschritt bei impliziten Verfahren, der durch die erforderliche Lösung eines Gleichungssystems
gegeben ist, wird durch die Möglichkeit größere Zeitschritte zu wählen, meist
mehr als ausgeglichen.

8.1.3 Konvergenz

Eine entscheidende Forderung an ein Diskretisierungsverfahren ist, daß die
numerisch berechnete Lösung bei immer feiner werdenden Gittern immer
besser mit der exakten Lösung der Differentialgleichung übereinstimmt. Diese Eigenschaft wird als *Konvergenz* des Verfahrens bezeichnet. Die Begriffe
Konsistenz, Stabilität und Konvergenz stehen in enger Beziehung zueinander.
Für lineare Probleme stellt den Zusammenhang das fundamentale *Äquiva-
lenztheorem von Lax* her, das unter gewissen Voraussetzungen an das kontinuierliche Problem, auf die wir hier nicht näher einegehen wollen (s. z.B. [13]),
lautet:

*Für ein konsistentes Diskretisierungsschema ist die Stabilität eine
notwendige und hinreichende Bedingung für dessen Konvergenz.*

Aufgrund des Lax-Theorems kann man bei der Analyse eines Diskretisierungsschemas wie folgt vorgehen:

- Analyse der Konsistenz: man erhält die Ordnung des Schemas und den
  Abbruchfehler.
- Analyse der Stabilität: man erhält Informationen über das Fehlerverhalten.

Hieraus erhält man dann, ohne weitere Untersuchungen, Aussagen über die
Konvergenz des Verfahrens, die die entscheidende Eigenschaft ist. Insbesondere erhält man aus der Stabilitätsanalyse Informationen über die Wahl der
Gitter- bzw. Zeitschrittweite, was für die praktische Anwendung von besonderer Bedeutung ist. Für nichtlineare Probleme gilt das Lax-Theorem zwar
nicht, aber Stabilität und Konsistenz sind auch hier wichtige Anhaltspunkte
für ein „vernünftig" funktionierendes Verfahren.

8.1.4 Konservativität

Eine Diskretisierungsmethode heißt *konservativ*, wenn die Erhaltungseigenschaften der Differentialgleichung bzw. der physikalischen Vorgänge unabhängig von der Wahl des numerischen Gitters auch von den diskretisierten Gleichungen wiedergegeben werden. Bei allen konservativen Verfahren gilt:

$$a_P = \sum_c a_c \,. \tag{8.5}$$

Die Finite-Volumen-Methode ist, wie bereits an anderer Stelle erläutert, per Definition konservativ, da sie direkt mit den Flußbilanzen durch die KV-Seiten arbeitet. Die Methode gibt also automatisch das globale Erhaltungsprinzip genau wieder.

Bei der Finite-Element-Methode oder auch der Finite-Differenzen-Methode ist dies nicht automatisch gewährleistet. Betrachten wir ein Beispiel für eine nicht-konservative Finite-Differenzen-Diskretisierung und die Konsequenzen, die sich hieraus ergeben. Als Beispiel nehmen wir die eindimensionale Wärmeleitungsgleichung

$$\frac{\partial}{\partial x} \left(\kappa \frac{\partial T}{\partial x} \right) = 0 \tag{8.6}$$

für das Intervall $[0,1]$ mit den Randbedingungen $T(0) = 0$ und $T(1) = 1$. Durch Anwendung der Produktregel läßt sich Gl. (8.6) äquivalent schreiben als

$$\frac{\partial \kappa}{\partial x} \frac{\partial T}{\partial x} + \kappa \frac{\partial^2 T}{\partial x^2} = 0 \,. \tag{8.7}$$

Zur Diskretisierung verwenden wir ein Gitter mit nur einem inneren Punkt, wie in Abb. 8.5 dargestellt, so daß nur die Temperatur an der Stelle x_2 zu bestimmen ist. Die Gitterweite sei $\Delta x = x_2 - x_1 = x_3 - x_2$. Approximieren wir in Gl. (8.7) die 1. Ableitungen mit Rückwärtsdifferenzen 1. Ordnung und die 2. Ableitung mittels Zentraldifferenzen ergibt sich:

$$\frac{\kappa_2 - \kappa_1}{\Delta x} \frac{T_2 - T_1}{\Delta x} + \kappa_2 \frac{T_3 - 2T_2 + T_1}{\Delta x^2} = 0 \,.$$

Auflösen dieser Gleichung nach T_2 und Einsetzen der vorgegebenen Werte für T_1 und T_3 ergibt:

$$T_2 = \frac{\kappa_2}{\kappa_1 + \kappa_2} \,. \tag{8.8}$$

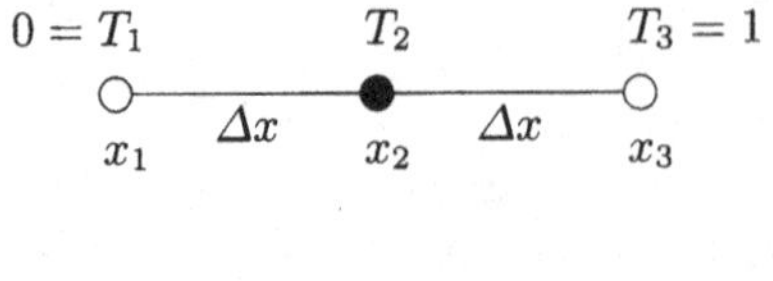

Abb. 8.5. Gitter für das eindimensionale Wärmeleitungsbeispiel

Betrachten wir nun die Energiebilanz für das Problem. Diese läßt sich durch Integration von Gl. (8.6) und Anwendung des Hauptsatzes der Differential- und Integralrechnung wie folgt ausdrücken:

$$0 = \int\limits_0^1 \frac{\partial}{\partial x} \left(\kappa \frac{\partial T}{\partial x} \right) \, dx = \kappa \frac{\partial T(1)}{\partial x} - \kappa \frac{\partial T(0)}{\partial x} \, .$$

Berechnen wir die Energiebilanz unter Verwendung von Vorwärts- bzw. Rückwärtsdifferenzenformeln an den Randpunkten mit der aus der Differenzenapproximation ermittelten Temperatur nach Gl. (8.8), so ergibt sich:

$$\kappa_3 \frac{T_3 - T_2}{\Delta x} - \kappa_1 \frac{T_2 - T_1}{\Delta x} = \frac{\kappa_1 (\kappa_3 - \kappa_2)}{(\kappa_1 + \kappa_2) \Delta x} \, .$$

Man erkennt, daß im allgemeinen, d.h. falls $\kappa_2 \neq \kappa_3$, dieser Ausdruck nicht verschwindet, so daß mit der aus dem Finite-Differenzen-Verfahren bestimmten Temperatur die Energiebilanz nicht erfüllt ist.

8.1.5 Beschränktheit

Aus den Erhaltungsprinzipien, welche dem jeweiligen Problem zugrunde liegen, ergeben sich physikalische Grenzen, innerhalb derer die Lösung für vorgegebene Randbedingungen liegen sollte. Diese Grenzen sollten auch für eine numerisch berechnete Lösung eingehalten werden. Beispielsweise sollte eine Dichte immer positiv sein und eine Konzentration immer zwischen 0% und 100% liegen. Diese Eigenschaft eines Diskretisierungsverfahrens wird als *Beschränktheit* bezeichnet. Die Beschränktheit wird oft mit der Stabilität (im Sinne des Abschn. 8.1.2) vermischt. Die Beschränktheit betrifft jedoch nicht die Fehlerentwicklung sondern die Genauigkeit der Diskretisierung.

Betrachten wir zur Erläuterung der Beschränktheit das Beispielproblem (8.1) für den stationären Fall, wobei für die Randwerte $\phi^0 < \phi^L$ gelten soll. Eine Betrachtung der analytischen Lösung zeigt, daß für ϕ im Problemgebiet $[0, L]$ die Beschränktheitsbedingung

$$\phi^0 \leq \phi \leq \phi^L \, , \tag{8.9}$$

erfüllt ist, d.h. im Inneren des Problemgebiets kann die Lösung keine kleineren bzw. größeren Werte annehmen als auf dem Rand (was auch physikalisch einsichtig ist, wenn man Gl. (8.1) etwa als Wärmetransportgleichung interpretiert). Für eine physikalisch sinnvolle Näherungslösung sollte auch eine numerische Lösung die Bedingung (8.9) erfüllen. Man kann zeigen, daß eine hinreichende Bedingung hierfür die Gültigkeit der Ungleichung

$$|a_{\mathrm{P}}| \geq \sum_c |a_c| \tag{8.10}$$

ist. Bei konservativen Verfahren gilt dies wegen der Beziehung (8.5) beispielsweise genau dann, wenn alle Koeffizienten a_c das gleiche Vorzeichen haben.

Die Einhaltung der Beschränktheit eines Diskretisierungsverfahrens bereitet bei Transportproblemen im allgemeinen Schwierigkeiten, falls die konvektiven Flüsse im Vergleich zu den diffusiven Flüssen „zu groß" sind. Die Situation verschlechtert sich hierbei mit zunehmender Ordnung des Verfahrens. Von den behandelten Finite-Volumen-Verfahren ist nur das UDS-Verfahren, welches nur von 1. Ordnung ist, uneingeschränkt beschränkt. Bei allen Verfahren höherer Ordnung können auf zu groben Gittern unter Umständen einige Koeffizienten negativ werden, so daß die Ungleichung (8.10) nicht erfüllt ist. Eine wichtige Größe in diesem Zusammenhang ist die *Gitter-Peclet-Zahl* Pe_h, das diskrete Analogon zur im Abschn. 8.1 definierten Peclet-Zahl. Für unser Beispielproblem (8.1) ist die Gitter-Peclet-Zahl beispielweise durch

$$Pe_h = \frac{\rho v \Delta x}{\alpha}$$

definiert. Für die verschiedenen Diskretisierungsverfahren lassen sich damit Bedingungen für die Beschränktheit der Lösungen angeben. Das CDS2/CDS2-Verfahren mit äquidistantem Gitter für Gl. (8.1) ist beispielsweise beschränkt, falls (vgl. die Koeffizienten a_c in Gl. (8.2))

$$Pe_h \leq 2 \quad \text{bzw.} \quad \Delta x \leq \frac{2\alpha}{\rho v}. \tag{8.11}$$

Für das QUICK-Verfahren hat man die Bedingung $Pe_h \leq 8/3$. Die Forderung nach Beschränktheit impliziert also bei Verfahren höherer Ordnung eine Begrenzung an die höchstens zulässige räumliche Gitterweite. Diese kann im Falle einer starken Dominanz des konvektiven Transports (d.h. ρv groß im Vergleich zu α) sehr restriktiv sein.

Ist eine Lösung nicht beschränkt, so zeigt sich dies oft in Form von unphysikalischen Oszillationen. Diese sind relativ leicht zu identifizieren und zeigen an, daß das verwendete Gitter für das gewählte Diskretisierungsschema noch zu grob ist. In diesem Fall hat man also entweder die Möglichkeit ein Verfahren niedrigerer Ordnung mit weniger restriktiven Beschränktheitsbedingungen zu wählen oder aber das numerische Gitter zu verfeinern. Die Frage, welche Vorgehensweise im konkreten Fall vorzuziehen ist, kann nicht generell beantwortet werden, da sie stark vom Problem und den Möglichkeiten der vorhandenen Rechnerkapazitäten abhängig ist.

Es sei bemerkt, daß die Bedingung (8.10) zwar hinreichend aber nicht immer notwendig ist, um beschränkte Lösungen zu erhalten. Wie in Abschn. 7.1 erläutert wurde, ist diese Bedingung auch für die Konvergenz der iterativen Lösungsalgorithmen von Bedeutung. Bei sehr hohen Peclet-Zahlen kann es schwierig sein, mit einigen iterativen Methoden überhaupt eine numerische Lösung zu erhalten.

Um die Abhängigkeit der Beschränktheit von der Gitterweite zu illustrieren, betrachten wir Gl. (8.1) mit den Problemparametern $\alpha = \rho = L = 1$,

$v = 24$ (jeweils in der entsprechenden Einheit) und den Randbedingungen $\phi^0 = 0$ und $\phi^1 = 1$. Wir berechnen die Lösung für die beiden Gitterweiten $\Delta x = 1/8$ und $\Delta x = 1/16$ mit dem UDS1/CDS2- und dem CDS2/CDS2-Verfahren (s. Abschn. 8.1.2). Die zu $\Delta x = 1/8$ und $\Delta x = 1/16$ gehörigen Gitter-Peclet-Zahlen sind $\mathrm{Pe}_h = 3$ und $\mathrm{Pe}_h = 3/2$. Im zweiten Fall ist also das Kriterium (8.11) erfüllt, im ersten nicht. In Abb. 8.6 sind die mit den beiden Verfahren berechneten Lösungen zusammen mit der analytischen Lösung für die beiden Gitterweiten dargestellt. Man erkennt, daß die Zentraldifferenzenformel für das grobe Gitter physikalisch unsinnige Werte liefert. Erst ab einer bestimmten Gitterweite (wenn $\mathrm{Pe}_h < 2$) erhält man sinnvolle Ergebnisse. Bei Verwendung der UDS1-Diskretisierung tritt dieser Effekt nicht auf. Die Ergebnisse sind zwar relativ ungenau, aber bei Gitterverfeinerung nähern sie sich systematisch der exakten Lösung an. Die Ursache für dieses unterschiedliche Verhalten liegt in der fehlenden Beschränktheit des Verfahrens begründet.

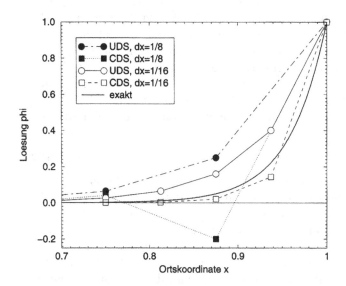

Abb. 8.6. Analytische Lösung und mit unterschiedlichen Diskretisierungsverfahren mit $\Delta x = 1/8$ und $\Delta x = 1/16$ berechnete Lösungen für die eindimensionale Transportgleichung

8.2 Abschätzung des Diskretisierungsfehlers

Wie in den vorangegangenen Abschnitten ausgeführt, entsteht durch die Diskretisierung eines Problems grundsätzlich ein Diskretisierungsfehler. Die Größe dieses Fehlers ist im wesentlichen abhängig von

– der Anzahl und Verteilung der Gitterpunkte,
– dem verwendeten Diskretisierungsschema.

Für eine konkrete Anwendung muß die Anzahl und Verteilung der diskreten Stellen so gewählt werden, daß mit dem gewählten Diskretisierungsschema die gewünschte Genauigkeit der Ergebnisse erzielt werden kann. Natürlich muß auch das resultierende Gleichungssystem in angemessener Zeit auf dem zur Verfügung stehenden Rechner lösbar sein.

Wir wollen uns nun der für die praktische Anwendung eines numerischen Berechnungsverfahrens äußerst wichtigen Frage nach der Abschätzung des Diskretisierungsfehlers zuwenden. Dieser könnte nur dann genau bestimmt werden, wenn die exakte Lösung der Differentialgleichung vorliegt. Diese ist aber natürlich im allgemeinen nicht bekannt und muß daher näherungsweise aus den numerischen Ergebnissen ermittelt werden. Dies kann unter Verwendung von numerischen Lösungen auf mehreren räumlichen bzw. zeitlichen Gittern, deren Gitter- bzw. Zeitschrittweiten in einer regelmäßigen Beziehung zueinander stehen, erfolgen. Wir wollen diese Vorgehensweise im folgenden erläutern, wobei wir nur die räumliche Diskretisierung betrachten (die Behandlung der zeitlichen Diskretisierung kann völlig analog erfolgen).

Sei ϕ ein charakteristischer Wert der exakten Lösung eines gegebenen Problems (z.B. der Wert in einem bestimmten Gitterpunkt oder ein Extremwert), h ein Maß für die Gitterweite (z.B. der maximale Gitterpunktabstand) des numerischen Gitters und ϕ_h die für ϕ auf diesem Gitter berechnete Näherungslösung. Allgemein gilt für ein Verfahren der Ordnung p bei hinreichend feinem Gitter:

$$\phi = \phi_h + Ch^p + O(h^{p+1}) \tag{8.12}$$

mit einer Konstante C, die nicht von h abhängt. Der Fehler $e_h = \phi - \phi_h$ ist also näherungsweise proportional zur p-ten Potenz der Gitterweite. Die Situation ist in Abb. 8.7 für Verfahren 1. und 2. Ordnung illustriert.

Wenn die Lösungen auf den Gittern mit den Gitterweiten $4h$, $2h$ und h bekannt sind, können diese zu einer Fehlerabschätzung herangezogen werden. Durch Einsetzen der drei Gitterweiten $4h$, $2h$ und h in Gl. (8.12) erhält man unter Vernachlässigung der Terme höherer Ordnung drei Gleichungen mit den Unbekannten ϕ, C und p. Damit läßt sich durch Auflösung des Gleichungssystems nach p zunächst die tatsächliche Ordnung des Verfahrens abschätzen:

$$p \approx \log\left(\frac{\phi_{2h} - \phi_{4h}}{\phi_h - \phi_{2h}}\right) / \log 2 . \tag{8.13}$$

Dies ist erforderlich, wenn man nicht sicher ist, ob man sich mit den verwendeten Gitterweiten bereits in einem Bereich befindet, in dem das asymptotische Verhalten, welches der Beziehung (8.12) zugrunde liegt, schon gültig ist. Die Konstante C ergibt sich aus Gl. (8.12) für h und $2h$ zu

$$C \approx \frac{\phi_h - \phi_{2h}}{(2^p - 1)h^p} ,$$

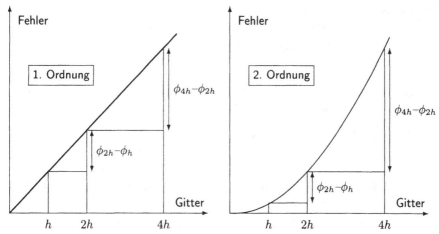

Abb. 8.7. Verlauf des Fehlers in Abhängigkeit von der Gitterweite für Diskretisierungsverfahren von 1. und 2. Ordnung

so daß man für den Fehler auf dem Gitter mit der Maschenweite h (wiederum aus Gl. (8.12)) die Näherung

$$e_h \approx \frac{\phi_h - \phi_{2h}}{2^p - 1}$$

erhält. Damit kann nun eine gitterunabhängige Lösung geschätzt werden:

$$\phi \approx \phi_h + \frac{\phi_h - \phi_{2h}}{2^p - 1} \,. \tag{8.14}$$

Man bezeichnet diese Vorgehensweise als *Richardson-Extrapolation*.

Generell sollten numerische Berechnungen immer mit mindestens einer (besser zwei, falls es Zweifel an der Ordnung des Verfahrens gibt) systematischen Gitterverfeinerung (z.B. Halbierung der Gitterweite bzw. des Zeitschritts) durchgeführt werden, um mittels oben beschriebener Vorgehensweise eine Aussage über die Genauigkeit der Lösung machen zu können.

Betrachten wir als konkretes Beispiel zu dieser Thematik eine Auftriebsströmung in einem rechteckigen Behälter mit einer beheizten und einer gekühlten Seitenwand, welche auf sukzessive verfeinerten Gittern ($10{\times}10$ KV bis $320{\times}320$ KV) mit einem Finite-Volumen-Verfahren mit einer CDS-Diskretisierung 2. Ordnung berechnet wird. Die aus den berechneten Temperaturen ermittelten Nußelt-Zahlen Nu_h (ein Maß für den konvektiven Wärmeübergang), die sich für die verschiedenen Gitter ergeben, sind in Tabelle 8.1 zusammen mit den entsprechenden Differenzen $\mathrm{Nu}_{2h} - \mathrm{Nu}_h$ auf zwei „aufeinanderfolgenden" Gittern angegeben.

Zunächst bestimmen wir aus den Werten für die drei feinsten Gitter gemäß der Formel (8.13) die tatsächliche Konvergenzordnung des Verfahrens:

$$p \approx \log\left(\frac{\mathrm{Nu}_{2h} - \mathrm{Nu}_{4h}}{\mathrm{Nu}_h - \mathrm{Nu}_{2h}} \right) / \log 2 = \log\left(\frac{8,863 - 8,977}{8,834 - 8,863} \right) / \log 2 = 1,97 \,.$$

Tabelle 8.1. Konvergenz der Nußelt-Zahlen für sukzessive verfeinerte Gitter

Gitter	Nu_h	$Nu_{2h} - Nu_h$	p
10×10	8,461	–	–
20×20	10,598	-2,137	–
40×40	9,422	1,176	–
80×80	8,977	0,445	1,40
160×160	8,863	0,114	1,96
320×320	8,834	0,029	1,97

In Tabelle 8.1 sind auch die Werte für p bei Verwendung von jeweils drei gröberen Gittern angegeben. Das Berechnungsverfahren hat also, wie erwartet, bei hinreichend feinem Gitter ein asymptotisches Konvergenzverhalten von nahezu 2. Ordnung. Nun kann mittels der Extrapolationsformel (8.14) unter Verwendung der Lösungen für die Gitter mit 160×160 und 320×320 KV eine gitterunabhängige Lösung bestimmt werden:

$$Nu \approx Nu_h + \frac{Nu_h - Nu_{2h}}{2^p - 1} = 8,834 + \frac{8,834 - 8,863}{2^{1,97} - 1} = 8,824.$$

In Abb. 8.8 sind die berechneten Nu-Werte zusammen mit der gitterunabhängigen Lösung (gestrichelte Linie) graphisch dargestellt.

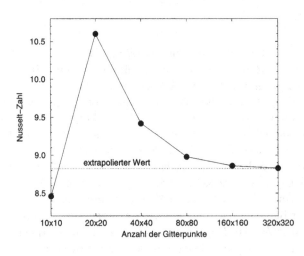

Abb. 8.8. Nußelt-Zahl in Abhängigkeit der Gitterpunktanzahl und extrapolierter (gitterunabhängiger) Wert

Durch Vergleich mit der gitterunabhängigen Lösung kann nun der Lösungsfehler auf allen Gittern ermittelt werden. Stellt man den Fehler in Abhängigkeit von der Gitterweite in einem doppelt-logarithmischen Diagramm dar (s. Abb. 8.9), ergibt sich für hinreichend feines Gitter in etwa eine Gerade mit der Steigung 2 (entsprechend der Konvergenzordnung des Verfahrens). Man erkennt ferner, daß man sich bei Verwendung des gröbsten

Gitters noch nicht im Bereich der asymptotischen Konvergenz befindet. Eine Extrapolation unter Benutzung dieser Lösung, würde zu völlig falschen Resultaten führen.

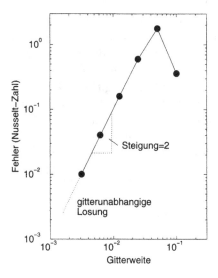

Abb. 8.9. Fehler für die Nußelt-Zahl in Abhängigkeit der Gitterweite

8.3 Einfluß des numerischen Gitters

In Kap. 3 wurden bereits eine Reihe von Gittereigenschaften angesprochen, welche unterschiedliche Auswirkungen auf die Flexibilität, die Diskretisierungsgenauigkeit und die Effizienz eines Berechnungsverfahrens besitzen. An dieser Stelle wollen wir unter Einbeziehung der Kenntnisse über die Eigenschaften der Diskretisierungs- und Lösungsmethoden nochmals zusammenfassend auf die wichtigsten dieser Gittereigenschaften eingehen, die für die praktische Anwendung von Bedeutung sind.

Generell sei nochmals festgehalten, daß man mit Vierecksgittern im Vergleich zu Dreiecksgittern (bei vergleichbarer Diskretisierung) genauere Ergebnisse erhält, da sich Fehleranteile an gegenüberliegenden Seiten teilweise aufheben. Andererseits gestaltet sich jedoch die automatische Erzeugung von Dreiecksgittern einfacher als von Vierecksgittern. Für ein konkretes Problem sollte also abgewägt werden, welcher Aspekt bedeutsamer ist. Auch die Gitterstruktur sollte in diese Überlegungen, auch unter dem Gesichtspunkt der effizienten Lösung der resultierenden Gleichungssysteme, mit einbezogen werden. Strukturierte Dreiecksgitter machen in der Regel wenig Sinn, da man stattdessen fast immer genauso gut auch ein Vierecksgitter verwenden kann. Im allgemeinen ist der Fehler- und Effizienzaspekt bei Problemen der

Strömungsmechanik (insbesondere bei turbulenten Strömungen) von größerer Bedeutung (Dominanz von blockstrukturierten Vierecksgittern), während bei Problemen der Strukturmechanik meist die geometrische Flexibilität eine größere Rolle spielt (Dominanz von unstrukturierten Dreiecksgittern).

Neben der globalen Gitterstruktur sind eine Reihe von lokalen Eigenschaften der Gitter für die Effizienz und Genauigkeit einer Berechnung von Bedeutung. Insbesondere betrifft dies die Orthogonalität der Gitterlinien, die Expansionsrate benachbarter Gitterzellen und das Verhältnis der Seitenlängen der Gitterzellen. Wir werden diese nachfolgend beispielhaft im Zusammenhang mit einer Finite-Volumen-Diskretisierung für Vierecksgitter diskutieren. Analoge Überlegungen können auch für Finite-Elemente-Diskretisierungen und andere Formen von Gitterzellen (z.B. Dreiecke) angestellt werden.

Die Orthogonalität eines Gitters ist durch die Schnittwinkel ψ zwischen den Gitterlinien charakterisiert (s. Abb. 8.10). Man nennt ein Gitter *orthogonal*, wenn sich alle Gitterlinien unter einem rechten Winkel schneiden.

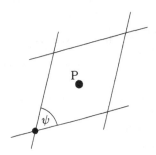

Abb. 8.10. Schnittwinkel zwischen Gitterlinien zur Definition der Orthogonalität eines numerischen Gitters

Wenn die Verbindungslinie der Punkte P und E orthogonal zur Seite S_e ist, dann ist nur die Ableitung in dieser Richtung zu approximieren (s. auch Abb. 4.11). Wie in Abschn. 4.5 gezeigt wurde, wird, wenn das Gitter nichtorthogonal ist, die Berechnung des diffusiven Flusses deutlich komplizierter. Es müssen zusätzliche Nachbarschaftsbeziehungen zwischen den Gitterwerten berücksichtigt werden und durch das Auftreten von Koeffizienten unterschiedlichen Vorzeichens kann sich die Diagonaldominanz der Systemmatrix abschwächen, was Konvergenzschwierigkeiten verursachen kann. Gleiches gilt, wenn man die zusätzlichen Nachbarwerte in der in Abschn. 7.1.4 beschriebenen Weise explizit behandelt. Es sollte also immer versucht werden, das numerische Gitter (so weit dies von der Problemgeometrie her einzuhalten ist) möglichst orthogonal zu halten.

Wie wir bereits in Abschn. 4.4, gesehen haben, hängt der Abbruchfehler eines Diskretisierungsschemas auch vom Expansionsverhältnis

$$\xi_\mathrm{e} = \frac{x_\mathrm{E} - x_\mathrm{e}}{x_\mathrm{e} - x_\mathrm{P}}$$

des Gitters ab (s. Abb. 8.11). Im Falle einer Zentraldifferenzendiskretisierung der 1. Ableitung für ein eindimensionales Problem hat man beispielsweise für den Abbruchfehler im Punkt x_e:

$$\tau_e = \left(\frac{\partial\phi}{\partial x}\right)_e - \frac{\phi_E - \phi_P}{x_E - x_P} =$$
$$= \frac{(1 - \xi_e)\Delta x}{2}\left(\frac{\partial^2\phi}{\partial x^2}\right)_e + \frac{(1 - \xi_e + \xi_e^2)\Delta x^2}{6}\left(\frac{\partial^3\phi}{\partial x^3}\right)_e + O(\Delta x^3).$$

wobei $\Delta x = x_e - x_P$. Der führende Fehlerterm, der bzgl. der Gitterweite nur von 1. Ordnung ist, verschwindet nur dann, falls $\xi_e = 1$ gilt. Je mehr die Expansionsrate von 1 abweicht (Nicht-Äquidistanz), desto größer wird dieser Fehleranteil bei gleichzeitiger Verschlechterung der Ordnung des Diskretisierungsschemas. Entsprechende Überlegungen gelten für alle Raumrichtungen, wie auch für eine Diskretisierung des Zeitintervalls bei zeitabhängigen Problemen.

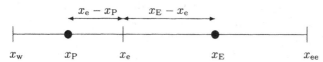

Abb. 8.11. Definition des Expansionsfaktors zwischen zwei Gitterzellen

Um die Genauigkeit der Diskretisierung nicht zu stark zu beeinträchtigen, sollte bei der Gittererzeugung (Raum und Zeit) darauf geachtet werden, daß zumindest in Bereichen, in denen starke Variationen der zu berechnenden Variablen in der jeweiligen Koordinate auftreten der Expansionsfaktor nicht zu groß ist (z.B. zwischen 0.5 und 2).

Eine weitere wichtige Größe, die Einfluß auf die Kondition des diskretisierten Gleichungssystems besitzt (und damit auf die Effizienz der Lösungsalgorithmen, s. Abschn. 7.1), ist das Verhältnis λ_P zwischen der Länge und der Breite eines Kontrollvolumens. Für orthogonale Kontrollvolumen ist λ_P definiert durch (s. Abb. 8.12)

$$\lambda_P = \frac{\Delta x}{\Delta y},$$

wobei Δx und Δy die Höhe und Breite des KVs bezeichnen (für nichtorthogonale Kontrollvolumen läßt sich eine entsprechende Größe z.B. als Verhältnis des Minimums der Seitenlängen δS_e und δS_w zum Maximum der Seitenlängen δS_n und δS_s definieren).

Die Werte für λ_P (für alle Kontrollvolumen) beeinflussen insbesondere die Größe der diffusiven Anteile in den Nebendiagonalen der Systemmatrix. Betrachten wir hierzu als Beispiel den diffusiven Term in Gl. (8.1) für ein

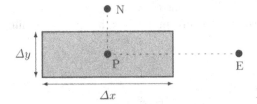

Abb. 8.12. Definition des Seiten-
verhältnisses einer Gitterzelle

in beide Raumrichtungen jeweils äquidistantes rechteckiges Gitter. Bei Verwendung einer Zentraldifferenzenapproximation erhält man für die Ost- und Nordkoeffizienten die folgenden Ausdrücke:

$$a_\mathrm{E} = \alpha\frac{\Delta y}{\Delta x} = \frac{\alpha}{\lambda_\mathrm{P}} \quad \text{und} \quad a_\mathrm{N} = \alpha\frac{\Delta x}{\Delta y} = \alpha\lambda_\mathrm{P}.$$

Das Verhältnis zwischen a_N und a_E ist somit gleich λ_P^2. Weicht λ_P stark von 1 ab (man spricht in diesem Fall von *anisotropen Gittern*), dann wirkt sich dies insbesondere auch ungünstig auf die Eigenwertverteilung der Systemmatrix aus, die, wie in Abschn. 7.1 bereits erläutert wurde, die Konvergenzrate der gängigen iterativen Lösungsalgorithmen bestimmt. Je größer λ_P, desto langsamer wird die Konvergenz der iterativen Lösungsverfahren. Es sei jedoch erwähnt, daß es auch Lösungsmethoden gibt, welche speziell für stark anisotrope Gitter akzeptable Konvergenzeigenschaften aufweisen (z.B. Varianten des ILU-Verfahrens). Aus den genannten Gründen sollte bei der Gittererzeugung versucht werden, das Seitenverhältnis der Gitterzellen im Bereich $0.1 \leq \lambda_\mathrm{P} \leq 10$ zu wählen oder, falls dies nicht möglich oder sinnvoll ist, einen entsprechend geeigneten Gleichungslöser zu verwenden.

In der Praxis ist es in der Regel nicht möglich, alle oben angegebenen Gittereigenschaften im ganzen Problemgebiet gleichzeitig in optimaler Weise zu erfüllen, so daß es notwendig ist, hier einen geeigneten Kompromiß zu finden.

8.4 Wirtschaftlichkeit

Neben der Genauigkeit, ist auch die Wirtschaftlichkeit numerischer Berechnungen, d.h. die *Kosten*, die für eine Lösung mit einer bestimmten Genauigkeit *bezahlt* werden müssen, ein für die Praxis sehr wichtiger Aspekt, den man bei der Anwendung numerischer Berechnungsverfahren immer im Auge behalten sollte. Wie aus den Ausführungen in den vorangegangenen Abschnitten ersichtlich, hängen die Genauigkeit und Wirtschaftlichkeit eines Verfahrens hierbei von einer Vielzahl von unterschiedlichen Faktoren ab:

- die Detailtreue der Geometriemodellierung,
- die Struktur des Gitters und die Zellform,
- das der Berechnung zugrundeliegende mathematische Modell,

– die Anzahl und Verteilung der Gitterpunkte und Zeitschritte,
– die Anzahl der Koeffizienten in den diskreten Gleichungen,
– die Ordnung des Diskretisierungsschemas,
– das Lösungsverfahren für die algebraischen Gleichungssysteme,
– die Abbruchkriterien für Iterationsprozesse,
– der zur Verfügung stehende Rechner,...

Da Aspekte der Genauigkeit und Wirtschaftlichkeit meist in einem umgekehrt proportionalen Verhältnis in enger Wechselwirkung zueinander stehen, gilt es in der Regel, hier einen im Hinblick auf die konkreten Problemanforderungen vernünftigen Kompromiß zu finden. Beispielsweise sind Approximationen höherer Ordnung zwar im Prinzip genauer als Methoden niedrigerer Ordnung, aber unter Umständen trotzdem „teuerer", da sich z.b. die iterative Lösung der resultierenden Gleichungssysteme aufwendiger gestaltet und auf dem zur Verfügung stehenden Rechner nicht in angemessener Zeit durchgeführt werden kann. Die Praxis hat gezeigt, daß für eine Vielzahl von Anwendungen Verfahren 2. Ordnung hier einen vernünftigen Kompromiß darstellen.

Übungsaufgaben zu Kap. 8

Übung 8.1. Für die eindimensionale Konvektionsgleichung (ρ und v konstant, kein Quellterm) sei die Diskretisierungsvorschrift

$$\frac{(1+\xi)\phi^{n+1} - (1+2\xi)\phi^{n} + \xi\phi^{n-1}}{\Delta t} = \theta\mathcal{L}(\phi^{n+1}) + (1-\theta)\mathcal{L}(\phi^{n})$$

mit einer Zentraldifferenzenapproximation $\mathcal{L}(\phi)$ für den konvektiven Term und reellen Parametern ξ und θ gegeben. (i) Bestimme den Abbruchfehler des Verfahrens. (ii) Diskutiere die Konsistenzordnung des Verfahrens in Abhängigkeit von ξ und θ.

Übung 8.2. Gegeben sei die stationäre eindimensionale Konvektions-Diffusions-Gleichung (ρ, v, α konstant, $v > 0$, kein Quellterm). (i) Formuliere eine Finite-Volumen-Diskretisierung unter Verwendung des „Flux-Blending"-Schemas aus Abschnitt 4.3.3 (mit dem UDS- und CDS-Verfahren) für den konvektiven Term. (ii) Prüfe die Gültigkeit der Bedingung (8.5) für die Konservativität des Verfahrens. (iii) Bestimme eine Bedingung an die Gitterweite für die Beschränktheit des Verfahrens.

Übung 8.3. Betrachte die instationäre eindimensionale Konvektions-Diffusions-Gleichung mit der Ortsdiskretisierung aus Übung 8.2. Formuliere das explizite Euler-Verfahren und bestimme eine Bedingung an die Zeitschrittweite für die Stabilität des resultierenden Verfahrens.

Übung 8.4. Gegeben sei die stationäre eindimensionale Konvektions-Diffusions-Gleichung (ρ, v, α konstant, kein Quellterm) auf dem Intervall $[0,1]$ mit den Randbedingungen $\phi(0) = 0$ und $\phi(1) = 1$ mit Finite-Volumen-Diskretisierungen nach dem UDS1/CDS2- und dem CDS2/CDS2-Verfahren mit konstanter Gitterweite Δx. (i) Betrachte für die Lösung ϕ_i im Gitterpunkt $x_i = (i-1)/N$ $(i = 0, 1, \ldots, N+1)$ den Ansatz $\phi_i = C_1 + C_2 b^i$ und bestimme für die beiden Verfahren die Konstanten C_1, C_2 und b, so daß ϕ_i die diskrete Gleichung exakt löst und ϕ_0 und ϕ_{N+1} die Randbedingungen erfüllen. (ii) Vergleiche mit der analytischen Lösung der Differentialgleichung und diskutiere das Verhalten der diskreten Lösung für $\alpha \to 0$ und $\Delta x \to 0$.

Übung 8.5. Diskretisiere die stationäre zweidimensionale Diffusionsgleichung (α konstant, Dirichletsche Randbedingungen) mit dem CDS-Verfahren für die in Abb. 8.13 dargestellten Finite-Volumen-Gitter. Bestimme jeweils die Kondition der Systemmatrix und den Spektralradius der Iterationsmatrix für das Gauß-Seidel-Verfahren und vergleiche die Werte.

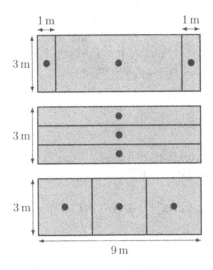

Abb. 8.13. Numerische Gitter für Übung 8.5

9 Finite-Element-Verfahren in der Strukturmechanik

Die Untersuchung von Deformationen und Spannungen in Festkörpern gehört zu den häufigsten Berechnungsaufgaben im Bereich des Maschinenbaus. In der Praxis werden hierzu heute fast ausschließlich Finite-Element-Verfahren benutzt. Aufgrund ihrer großen Bedeutung wollen wir in diesem Kapitel auf Besonderheiten und die praktische Behandlung derartiger Problemstellungen näher eingehen, wobei insbesondere auch das Konzept isoparametrischer Finite-Elemente, welche eine für die Praxis wichtige Elementklasse darstellen, behandelt wird. Wir tun dies beispielhaft anhand linearer zweidimensionaler Probleme für ein 4-Knoten-Viereckselement. Es werden jedoch Formulierungen verwendet, die es in sehr einfacher Weise gestatten, die Vorgehensweise und notwendigen Modifikationen bei Verwendung eines anderen Materialgesetzes, einer anderen Verzerrungs-Verschiebungs-Relation oder eines anderes Elements zu verstehen. Die Betrachtungen dienen gleichzeitig als Beispiel für die Anwendung die Finite-Element-Methode auf *Systeme* von partiellen Differentialgleichungen.

9.1 Struktur des Gleichungssystems

Wir betrachten beispielhaft die Gleichungen der linearen Elastizitätstheorie für den ebenen Spannungszustand (s. Abschn. 2.4.3). Zur Einsparung von Indizes bezeichnen wir die beiden Ortskoordinaten mit x und y und die beiden gesuchten Verschiebungen mit u und v (s. Abb. 9.1). Ferner werden wir, da unterschiedliche Indexbereiche auftreten, zur Verdeutlichung alle auftretenden Summationen explizit angeben (keine Einsteinsche Summenkonvention).

Die den betrachteten Problemen zugrundeliegenden linearen Verzerrungs-Verschiebungs-Relationen lauten

$$\varepsilon_{11} = \frac{\partial u}{\partial x}, \quad \varepsilon_{22} = \frac{\partial v}{\partial y} \quad \text{und} \quad \varepsilon_{12} = \frac{1}{2}\left(\frac{\partial u}{\partial y} + \frac{\partial v}{\partial x}\right), \tag{9.1}$$

und das (lineare) elastische Materialgesetz für den ebenen Spannungszustand verwenden wir in der Form

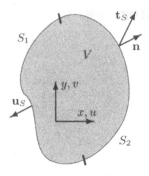

Abb. 9.1. Scheibe im ebenen Spannungszustand mit Bezeichnungen

$$
\underbrace{\begin{bmatrix} T_{11} \\ T_{22} \\ T_{12} \end{bmatrix}}_{\mathbf{T}} = \underbrace{\frac{E}{1-\nu^2} \begin{bmatrix} 1 & \nu & 0 \\ \nu & 1 & 0 \\ 0 & 0 & 1-\nu \end{bmatrix}}_{\mathbf{C}} \underbrace{\begin{bmatrix} \varepsilon_{11} \\ \varepsilon_{22} \\ \varepsilon_{12} \end{bmatrix}}_{\boldsymbol{\varepsilon}}
\tag{9.2}
$$

Wie in Gl. (9.2) angedeutet, fassen wir (unter Ausnutzung der Symmetrieeigenschaften) die relevanten Komponenten des Verzerrungs- und Spannungstensors zu den Vektoren $\boldsymbol{\varepsilon} = (\varepsilon_1, \varepsilon_2, \varepsilon_3)$ und $\mathbf{T} = (T_1, T_2, T_3)$ zusammen. Als Randbedingungen seien auf dem Randteilstück S_1 die Verschiebungen

$$u = u_S \quad \text{und} \quad v = v_S$$

und auf dem Teilstück S_2 die Spannungen

$$T_1 n_1 + T_3 n_2 = t_{S1} \quad \text{und} \quad T_3 n_1 + T_2 n_2 = t_{S2}$$

vorgegeben. S_1 und S_2 seien hierbei disjunkte Randstücke, die zusammen den ganzen Rand S ergeben (s. Abb. 9.1).

Als Basis für die Finite-Element-Approximation wollen wir die schwache Formulierung des Problems (s. Abschn. 2.4.1) verwenden. Wir bezeichnen die Testfunktionen (virtuelle Verschiebungen) mit φ_1 und φ_2 und definieren

$$\psi_1 = \frac{\partial \varphi_1}{\partial x}, \quad \psi_2 = \frac{\partial \varphi_2}{\partial y} \quad \text{und} \quad \psi_3 = \frac{1}{2}\left(\frac{\partial \varphi_1}{\partial y} + \frac{\partial \varphi_2}{\partial x}\right).$$

Die schwache Form der Gleichgewichtsbedingung (Impulserhaltung) läßt sich damit wie folgt formulieren:

Bestimme (u,v) mit $(u,v) = (u_S, v_S)$ auf S_1, so daß

$$\sum_{i,j=1}^{3} \int_V C_{ij}\varepsilon_i\psi_j \, \mathrm{d}V = \sum_{i=1}^{2}\left(\int_V \rho f_i\varphi_i \, \mathrm{d}V + \int_{S_2} t_{Si}\varphi_i \, \mathrm{d}S\right)
\tag{9.3}$$

für alle Testfunktionen (φ_1, φ_2) mit $\varphi_1 = \varphi_2 = 0$ auf S_1.

Durch Verwendung der Problemformulierung in dieser Form, sind die weiteren Betrachtungen weitgehend unabhängig von der speziellen Wahl des Materialgesetzes und der Verzerrungs-Verschiebungsrelation. Es müssen lediglich entsprechend geänderte Definitionen für die Materialmatrix $\mathbf{C}$ und den Verzerrungstensor $\boldsymbol{\varepsilon}$ zugrundegelegt werden. Dadurch ist auch eine Erweiterung auf nichtlineare Stoffgesetze (z.B. Plastizität) oder große Deformationen (z.B. bei Gummimaterialien, vgl. Abschn. 2.4.5) in vergleichsweise einfacher Weise möglich (s. z.B. [3]).

9.2 Finite-Element-Diskretisierung

Eine der in der Rechenpraxis im Bereich der Strukturmechanik wichtigsten Elementklasse bilden die sogenannten *isoparametrischen Elemente*, welche wir daher an dieser Stelle anhand eines Beispiels vorstellen wollen. Die Idee des isoparametrischen Konzepts besteht darin, sowohl die Geometrie als auch die Verschiebungen mit der gleichen (isoparametrischen) Abbildung auf das Referenzquadrat mit lokalen Koordinaten (ξ, η) abzubilden. Die Abbildung auf das Einheitsgebiet (Dreieck oder Quadrat) wird hierbei mittels einer Variablentransformation durchgeführt, welche dem Ansatz für die gesuchte Funktion entspricht.

Wir betrachten beispielhaft ein isoparametrisches 4-Knoten-Viereckselement, welches auch in der Praxis sehr häufig benutzt wird, da es oft einen guten Kompromiß zwischen Genauigkeitsanforderungen und Berechnungsaufwand darstellt. Es sei jedoch bemerkt, daß die Betrachtungen weitgehend unabhängig vom verwendeten Element (Dreiecke oder Vierecke, Art der Ansatzfunktionen) sind. Das betrachtete Element kann als Erweiterung des bilinearen Parallelogrammelements angesehen werden, welches in Abschn. 5.4.2 eingeführt wurde. Die Vorgehensweise zur Aufstellung der diskreten Gleichung ist weitgehend analog.

Eine Koordinatentransformation eines allgemeinen Vierecks V_i auf das Einheitsquadrat Q_0 (s. Abb. 9.2) ist gegeben durch

$$x = \sum_{j=1}^{4} N_j^{\mathrm{e}}(\xi, \eta) x_j \quad \text{und} \quad y = \sum_{j=1}^{4} N_j^{\mathrm{e}}(\xi, \eta) y_j \,, \tag{9.4}$$

wobei $P_j = (x_j, y_j)$ die Eckpunkte des Vierecks sind. Die bilinearen isoparametrischen Ansatzfunktionen

$$N_1^{\mathrm{e}}(\xi, \eta) = (1 - \xi)(1 - \eta), \quad N_2^{\mathrm{e}}(\xi, \eta) = \xi(1 - \eta),$$
$$N_3^{\mathrm{e}}(\xi, \eta) = \xi\eta, \qquad\qquad N_4^{\mathrm{e}}(\xi, \eta) = (1 - \xi)\eta$$

entsprechen den lokalen Formfunktionen, welche bereits für das bilineare Parallelogrammelement benutzt wurden. Für die Verschiebungen hat man die Formfunktionsdarstellungen

$$u(\xi, \eta) = \sum_{j=1}^{4} N_j^{\mathrm{e}}(\xi, \eta) u_j \quad \text{und} \quad v(\xi, \eta) = \sum_{j=1}^{4} N_j^{\mathrm{e}}(\xi, \eta) v_j \tag{9.5}$$

mit den Verschiebungen u_j und v_j an den Ecken des Vierecks als Knoten-variable. Durch eine Betrachtung der Ansätze (9.4 und (9.5) wird die prin-zipielle Idee des isoparametrischen Konzepts deutlich: für die Koordinaten-transformation und die Verschiebungen werden die gleichen Formfunktionen verwendet.

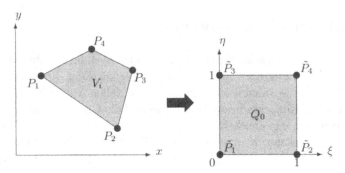

Abb. 9.2. Transformation eines Vierecks in beliebiger Lage auf das Einheitsquadrat

Gemäß der in Abschn. 5.3 beschriebenen elementweisen Vorgehenswei-se zur Aufstellung des diskreten Gleichungssystems bestimmen wir nun die Elementsteifigkeitsmatrix und den Elementlastvektor. Als Grundlage hierfür verwenden wir eine schwache Form der Gleichgewichtsbedingungen im Ele-ment mit den Testfunktionen $(N_j^e, 0)$ und $(0, N_j^e)$ für $j = 1, \ldots, 4$. Um diese (und die weiteren Betrachtungen) in einer kompakten Schreibweise zu formu-lieren, ist es hilfreich den Knotenverschiebungsvektor

$$\phi = [u_1, v_1, u_2, v_2, u_3, v_3, u_4, v_4]^\mathrm{T}$$

einzuführen und die Testfunktionen in folgender Matrixform zu schreiben:

$$\mathbf{N} = \begin{bmatrix} N_1^e & 0 & N_2^e & 0 & N_3^e & 0 & N_4^e & 0 \\ 0 & N_1^e & 0 & N_2^e & 0 & N_3^e & 0 & N_4^e \end{bmatrix}.$$

Als Analogon zu $\psi = (\psi_1, \psi_2, \psi_3)$ im Element definieren wir ferner die Matrix

$$\mathbf{A} = \begin{bmatrix} \dfrac{\partial N_1^e}{\partial x} & 0 & \dfrac{\partial N_2^e}{\partial x} & 0 & \dfrac{\partial N_3^e}{\partial x} & 0 & \dfrac{\partial N_4^e}{\partial x} & 0 \\[2ex] 0 & \dfrac{\partial N_1^e}{\partial y} & 0 & \dfrac{\partial N_2^e}{\partial y} & 0 & \dfrac{\partial N_3^e}{\partial y} & 0 & \dfrac{\partial N_4^e}{\partial y} \\[2ex] \dfrac{1}{2}\dfrac{\partial N_1^e}{\partial y} & \dfrac{1}{2}\dfrac{\partial N_1^e}{\partial x} & \dfrac{1}{2}\dfrac{\partial N_2^e}{\partial y} & \dfrac{1}{2}\dfrac{\partial N_2^e}{\partial x} & \dfrac{1}{2}\dfrac{\partial N_3^e}{\partial y} & \dfrac{1}{2}\dfrac{\partial N_3^e}{\partial x} & \dfrac{1}{2}\dfrac{\partial N_4^e}{\partial y} & \dfrac{1}{2}\dfrac{\partial N_4^e}{\partial x} \end{bmatrix}.$$

Die der Formulierung (9.3) entsprechende Gleichgewichtsbedingung für das Element V_e lautet damit

$$\sum_{i,l=1}^{3} \int_{V_e} C_{il}\varepsilon_i A_{lj}\, dV = \sum_{i=1}^{2} \left(\int_{V_e} \rho f_i N_{ij}\, dV + \int_{S_{2e}} t_{Si} N_{ij}\, dS \right) \qquad (9.6)$$

für alle $j = 1, \dots, 8$.

Durch Einsetzen der Beziehungen (9.5) in die Verzerrungs-Verschiebungs-Relationen (9.1) erhalten wir die Verzerrungen ε_i in Abhängigkeit der Ansatzfunktionen:

$$\varepsilon_1 = \sum_{j=1}^{4} \frac{\partial N_j^e}{\partial x} u_j\,,\quad \varepsilon_2 = \sum_{j=1}^{4} \frac{\partial N_j^e}{\partial y} v_j\,,\quad \varepsilon_3 = \frac{1}{2}\sum_{j=1}^{4} \left(\frac{\partial N_j^e}{\partial y} u_j + \frac{\partial N_j^e}{\partial x} v_j \right).$$

Mit der Matrix $\mathbf{A}$ lassen sich diese Beziehungen in kompakter Form schreiben als

$$\varepsilon_i = \sum_{k=1}^{8} A_{ik}\phi_k \quad \text{für } i = 1,2,3\,. \qquad (9.7)$$

Setzen wir dies in die schwache Formulierung für das Element (9.6) ein, erhalten wir schließlich:

$$\sum_{k=1}^{8} \phi_k \sum_{i,l=1}^{3} \int_{V_e} C_{il} A_{ij} A_{lk}\, dV = \sum_{i=1}^{2} \left(\int_{V_e} \rho f_i N_{ij}\, dV + \int_{S_2} t_{Si} N_{ij}\, dS \right)$$

für $j = 1, \dots, 8$. Für die Komponenten der Elementsteifigkeitsmatrix $\mathbf{S}^e$ und des Elementlastvektors $\mathbf{b}^e$ haben wir damit die folgenden Ausdrücke:

$$S_{jk}^e = \sum_{i,l=1}^{3} \int_{V_e} C_{il} A_{ij} A_{lk}\, dV\,, \qquad (9.8)$$

$$b_j^e = \sum_{i=1}^{2} \left(\int_{V_e} \rho f_i N_{ij}\, dV + \int_{S_{2e}} t_{Si} N_{ij}\, dS \right) \qquad (9.9)$$

für $k, j = 1, \dots, 8$.

In obigen Formeln zur Berechnung der Elementbeiträge treten die Ableitungen der Formfunktionen nach x und y auf, die jedoch nicht direkt berechnet werden können, da die Formfunktionen als Funktionen von ξ und η gegeben sind. Den Zusammenhang zwischen den Ableitungen in den beiden Koordinatensystemen erhält man durch Anwendung der Kettenregel wie folgt:

$$\begin{bmatrix} \dfrac{\partial N_i^e}{\partial x} \\[2mm] \dfrac{\partial N_i^e}{\partial y} \end{bmatrix} = \underbrace{\frac{1}{\det(\mathbf{J})} \begin{bmatrix} \dfrac{\partial y}{\partial \eta} & -\dfrac{\partial y}{\partial \xi} \\[2mm] -\dfrac{\partial x}{\partial \eta} & \dfrac{\partial x}{\partial \xi} \end{bmatrix}}_{\mathbf{J}^{-1}} \begin{bmatrix} \dfrac{\partial N_i^e}{\partial \xi} \\[2mm] \dfrac{\partial N_i^e}{\partial \eta} \end{bmatrix}$$

mit der Jacobi-Matrix $\mathbf{J}$. Die Ableitungen von x und y nach ξ und η lassen sich unter Verwendung der Transformationsvorschriften (9.4) ebenfalls durch Ableitungen der Formfunktionen nach ξ und η ausdrücken. Man erhält auf diese Weise für die Ableitungen der Formfunktionen nach x und y:

$$\frac{\partial N_i^e}{\partial x} = \frac{1}{\det(\mathbf{J})} \sum_{j=1}^{4} \left(\frac{\partial N_j^e}{\partial \eta} \frac{\partial N_i^e}{\partial \xi} - \frac{\partial N_j^e}{\partial \xi} \frac{\partial N_i^e}{\partial \eta} \right) y_j,$$

$$\frac{\partial N_i^e}{\partial y} = \frac{1}{\det(\mathbf{J})} \sum_{j=1}^{4} \left(\frac{\partial N_j^e}{\partial \xi} \frac{\partial N_i^e}{\partial \eta} - \frac{\partial N_j^e}{\partial \eta} \frac{\partial N_i^e}{\partial \xi} \right) x_j,$$

(9.10)

wobei

$$\det(\mathbf{J}) = \left(\sum_{j=1}^{4} \frac{\partial N_j^e}{\partial \xi} x_j \right) \left(\sum_{j=1}^{4} \frac{\partial N_j^e}{\partial \eta} y_j \right) - \left(\sum_{j=1}^{4} \frac{\partial N_j^e}{\partial \xi} y_j \right) \left(\sum_{j=1}^{4} \frac{\partial N_j^e}{\partial \eta} x_j \right).$$

Alle zur Bestimmung der Elementbeiträge notwendigen Größen sind damit direkt aus den Formfunktionen und den Koordinaten der Knotenvariablen berechenbar.

Zur Vereinheitlichung der Berechnung über die Elemente werden die Integrale wieder auf das Einheitsquadrat Q_0 transformiert. Man erhält beispielsweise für die Elementsteifigkeitsmatrix:

$$S_{jk}^e = \sum_{i,l=1}^{3} \int_{Q_0} C_{il} A_{ij}(\xi,\eta) A_{lk}(\xi,\eta) \det(\mathbf{J}(\xi,\eta)) \, \mathrm{d}\xi \mathrm{d}\eta. \qquad (9.11)$$

Die Berechnung der Elementbeiträge kann (anders als beim bilinearen Parallelogrammelement) im allgemeinen nicht mehr exakt erfolgen, da aufgrund des Vorfaktors $1/\det(\mathbf{J})$ in den Beziehungen (9.10) gebrochen rationale Funktionen in der in die Koordinaten ξ und η transformierten Matrix $\mathbf{A}$ auftreten. Es muß daher auf numerische Integration zurückgegriffen werden, wobei zweckmäßigerweise Gaußsche Integrationsformeln verwendet werden sollten (s. die Ausführungen dazu in Abschn. 5.6). Die Ordnung der numerischen Integrationformel muß hierbei mit der Ordnung des Finite-Element-Ansatzes kompatibel sein. Wir wollen auf diese Problematik hier nicht näher eingehen (s. z.B. [3]) und erwähnen nur, daß für das betrachtete 4-Knoten-Viereckselement eine Gauß-Integration 2. Ordnung ausreichend ist. Die Beiträge zur Elementsteifigkeitsmatrix berechnen sich beispielsweise damit gemäß

$$\mathbf{S}_{jk}^e = \frac{1}{4} \sum_{i,l=1}^{3} \sum_{p=1}^{4} C_{il} A_{ij}(\xi_p,\eta_p) A_{lk}(\xi_p,\eta_p) \det(\mathbf{J}(\xi_p,\eta_p)) \qquad (9.12)$$

mit den Stützstellen $(\xi_p,\eta_p) = (3 \pm \sqrt{3}/6, 3 \pm \sqrt{3}/6)$ (vgl. Tabelle 5.8). In ähnlicher Weise geht man zur Bestimmung des Elementlastvektors vor (s. z.B. [3]).

Es sei noch einmal darauf hingewiesen, daß in völlig analoger Weise entsprechende Ausdrücke für die Elementbeiträge für andere Elementtypen bestimmt werden können. Sind die Elementsteifigkeitsmatrizen und die Elementlastvektoren für alle Elemente berechnet, kann die Kompilation der Gesamtsteifigkeitsmatrix und des Gesamtlastvektors nach der in Abschn. 5.5 beschriebenen Vorgehensweise erfolgen. Wir werden dies im nächsten Abschnitt anhand eines Beispiels illustrieren.

In praktischen Anwendungen ist man meist nicht direkt an den Verschiebungen interessiert, sondern an den resultierenden Spannungen (T_1, T_2, T_3). Diese sind für das betrachtete 4-Knoten-Viereckselement an den Elementübergängen nicht stetig und werden zweckmäßigerweise aus Gl. (9.2) unter Zuhilfenahme der Darstellung (9.7) in der Mitte der Elemente bestimmt (dort erhält man die genauesten Werte):

$$T_j = \sum_{k=1}^{8} \sum_{i=1}^{3} C_{ij} A_{ik}(\frac{1}{2}, \frac{1}{2}) \phi_k \,. \tag{9.13}$$

Eine weitere für die Praxis relevante Größe ist die *Formänderungsenergie*

$$\Pi = \frac{1}{2} \sum_{i,j=1}^{3} \int_V C_{ij} \varepsilon_i \varepsilon_j \, \mathrm{d}V \,, \tag{9.14}$$

welche die bei der Deformation geleistete Arbeit charakterisiert. Diese erhält man mit Gl. (9.7) gemäß

$$\Pi = \frac{1}{2} \sum_{e} \sum_{k,j=1}^{8} \sum_{i,l=1}^{3} \sum_{p=1}^{4} C_{il} A_{ij}(\xi_p, \eta_p) A_{lk}(\xi_p, \eta_p) \phi_k \phi_j \det(\mathbf{J}(\xi_p, \eta_p)) \,,$$

wobei über alle Elemente V_e zu summieren ist.

9.3 Anwendungsbeispiele

Als einfaches Beispiel zu den Ausführungen im vorangegangenen Abschnitt betrachten wir zunächst ein L-förmiges Bauteil unter Druckbelastung, welches an einem Ende eingespannt ist. Die Problemstellung mit allen zugehörigen Daten ist in Abb. 9.3 dargestellt. Am unteren Rand sind die Verschiebungen $u = v = 0$ und am oberen Rand die Spannungskomponenten $t_{S1} = 0$ und $t_{S2} = -2 \cdot 10^{-4} \, \mathrm{N/m^2}$ vorgegeben. Alle anderen Rändern sind frei, d.h. es gilt dort die Spannungsrandbedingung $t_{S1} = t_{S2} = 0$.

Zur Lösung des Problems verwenden wir eine Diskretisierung mit nur zwei 4-Knoten-Viereckselementen. Die Elementeinteilung und die Numerierung der Knotenvariablen (u_i, v_i) für $i = 1, \ldots, 6$ ist in Abb. 9.4 angegeben. Nach Berechnung der beiden Elementsteifigkeitsmatrizen und Elementlastvektoren (unter Verwendung der im vorangegangenen Abschnitt abgeleiteten

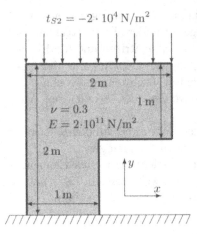

Abb. 9.3. L-förmiges Bauteil unter Druckbelastung

Formeln), kann der Aufbau der Gesamtsteifigkeitsmatrix $\mathbf{S}$ und des Gesamtlastvektors $\mathbf{b}$ in bekannter Weise erfolgen (s. Abschn. 5.5). Mit der in Tabelle 9.1 angegebenen Zuordnung der Knotenvariablen erhalten $\mathbf{S}$ und $\mathbf{b}$ die folgende Struktur:

$$\mathbf{S} = \begin{bmatrix} * & * & * & * & * & * & * & * & 0 & 0 & 0 & 0 \\ * & * & * & * & * & * & * & * & 0 & 0 & 0 & 0 \\ * & * & * & * & * & * & * & * & 0 & 0 & 0 & 0 \\ * & * & * & * & * & * & * & * & 0 & 0 & 0 & 0 \\ * & * & * & * & * & * & * & * & * & * & * & * \\ * & * & * & * & * & * & * & * & * & * & * & * \\ * & * & * & * & * & * & * & * & * & * & * & * \\ * & * & * & * & * & * & * & * & * & * & * & * \\ 0 & 0 & 0 & 0 & * & * & * & * & * & * & * & * \\ 0 & 0 & 0 & 0 & * & * & * & * & * & * & * & * \\ 0 & 0 & 0 & 0 & * & * & * & * & * & * & * & * \\ 0 & 0 & 0 & 0 & * & * & * & * & * & * & * & * \end{bmatrix} \quad \text{und} \quad \mathbf{b} = \begin{bmatrix} 0 \\ 0 \\ 0 \\ 0 \\ 0 \\ * \\ 0 \\ 0 \\ 0 \\ * \\ 0 \\ 0 \end{bmatrix},$$

wobei mit „*" ein Eintrag ungleich Null gekennzeichnet ist.

Tabelle 9.1. Zuordnung der Knotenvariablen zu den Elementen für L-förmiges Bauteil

	Knotenvariable							
Element	ϕ_1	ϕ_2	ϕ_3	ϕ_4	ϕ_5	ϕ_6	ϕ_7	ϕ_8
1	u_1	v_1	u_2	v_2	u_4	v_4	u_3	v_3
2	u_3	v_3	u_4	v_4	u_6	v_6	u_5	v_5

Nun müssen noch die geometrischen Randbedingungen berücksichtigt werden, d.h. im Gleichungssystem muß dafür gesorgt werden, daß die Kno-

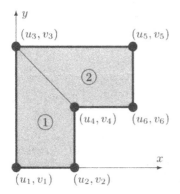

Abb. 9.4. Diskretisierung für L-förmiges Bauteil mit zwei 4-Knoten-Viereckselementen

tenvariablen u_1, v_1, u_2 und v_2 den Wert Null erhalten. Entsprechend der in Abschn. 5.5 erläuterten Vorgehensweise führt dies schließlich auf ein diskretes Gleichungssystem der Form:

$$
\begin{bmatrix}
1 & 0 & 0 & 0 & 0 & 0 & 0 & 0 & 0 & 0 & 0 & 0 \\
0 & 1 & 0 & 0 & 0 & 0 & 0 & 0 & 0 & 0 & 0 & 0 \\
0 & 0 & 1 & 0 & 0 & 0 & 0 & 0 & 0 & 0 & 0 & 0 \\
0 & 0 & 0 & 1 & 0 & 0 & 0 & 0 & 0 & 0 & 0 & 0 \\
0 & 0 & 0 & 0 & * & * & * & * & * & * & * & * \\
0 & 0 & 0 & 0 & * & * & * & * & * & * & * & * \\
0 & 0 & 0 & 0 & * & * & * & * & * & * & * & * \\
0 & 0 & 0 & 0 & * & * & * & * & * & * & * & * \\
0 & 0 & 0 & 0 & * & * & * & * & * & * & * & * \\
0 & 0 & 0 & 0 & * & * & * & * & * & * & * & * \\
0 & 0 & 0 & 0 & * & * & * & * & * & * & * & * \\
0 & 0 & 0 & 0 & * & * & * & * & * & * & * & *
\end{bmatrix}
\begin{bmatrix}
u_1 \\ v_1 \\ u_2 \\ v_2 \\ u_3 \\ v_3 \\ u_4 \\ v_4 \\ u_5 \\ v_5 \\ u_6 \\ v_6
\end{bmatrix}
=
\begin{bmatrix}
0 \\ 0 \\ 0 \\ 0 \\ 0 \\ * \\ 0 \\ 0 \\ 0 \\ * \\ 0 \\ 0
\end{bmatrix}
$$

In Abb. 9.5 sind der berechnete deformierte Zustand (in 10^5-facher Vergrößerung) sowie die (linear interpolierte) Verteilung der Beträge des Verschiebungvektors dargestellt. In Tabelle 9.2 sind die maximale Verschiebung u_{max}, die maximale Spannung T_{max} und die Formänderungsenergie Π angegeben. Neben den mit den beiden 4-Knoten-Viereckselementen erzielten Resultaten, sind auch die Ergebnisse bei Verwendung von zwei 8-Knoten-Viereckselementen und vier 3-Knoten-Dreieckselemente angegeben. Die entsprechenden Element- und Knotenvariablenverteilungen sind in Abb. 9.6 dargestellt. Zur Bewertung der verschiedenen Ergebnisse sind in Tabelle 9.2 ferner die Werte einer Referenzlösung angegeben, welche mit einem sehr feinen numerischen Gitter bestimmt wurde, sowie die damit ermittelten relativen Fehler für die verschiedenen Größen und Elemente.

Aus den Ergebnissen lassen sich einige Schlußfolgerungen ziehen, die auch allgemeinere Gültigkeit haben. Man erkennt, daß, unabhängig vom Elementtyp, der Fehler für die Formänderungsenergie am kleinsten und für die Spannungen am größten ist. Generell ist der Fehler aufgrund der sehr groben

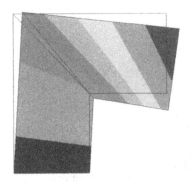

Abb. 9.5. Deformation und Verteilung des Betrag des Verschiebungsvektors für L-förmiges Bauteil

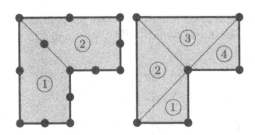

Abb. 9.6. Diskretisierung für L-förmiges Bauteil mit 8-Knoten-Viereckselementen (links) und 3-Knoten-Dreieckselementen (rechts)

Tabelle 9.2. Vergleich von Referenzlösung und numerischen Lösungen mit verschiedenen Elementen für L-förmiges Bauteil

Elementtyp	Verschiebung [µm]		Energie [Ncm]		Spannung [N/mm^2]	
	u_{max}	Fehler	Π	Fehler	T_{max}	Fehler
4-Knoten Viereck	2,61	35%	1,75	28%	0,12	50%
8-Knoten Viereck	2,96	26%	1,90	22%	0,16	33%
3-Knoten Dreieck	1,07	73%	0,94	61%	0,06	75%
Referenzlösung	4,02	–	2,43	–	0,24	–

Elementeinteilungen natürlich relativ groß. Vergleicht man die Ergebnisse für die 4-Knoten- und 8-Knoten-Viereckselementen, erkennt man den Genauigkeitsgewinn durch die Verwendung eines höheren Polynomansatzes (biquadratisch statt bilinear). Die Ergebnisse mit dem 4-Knoten-Viereckselement sind, bei gleicher Anzahl von Knotenvariablen (d.h. vergleichbarem Berechnungsaufwand), deutlich genauer als mit dem 3-Knoten-Dreieckselement.

Zur Illustration des Konvergenzverhaltens der 4-Knoten-Viereckselemente bei Verfeinerung der Elementeinteilung ist in Abb. 9.7 der relative Fehler der maximalen Verschiebung u_{max} für Berechnungen mit unterschiedlichen Anzahlen von Elementen in einer doppelt-logarithmischen Darstellung angegeben. Man erkennt die systematische Reduzierung des Fehlers mit wachsender Elementanzahl, die einer quadratischen Konvergenzordnung der Verschiebungen für das 4-Knoten-Viereckselement entspricht. Wie in Abschn. 8.2

beschrieben, kann dieses Verhalten für eine Fehlerabschätzung herangezogen werden.

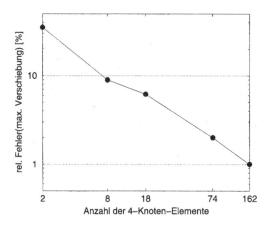

Abb. 9.7. Relativer Fehler der maximalen Verschiebung in Abhängigkeit der Element-anzahl für L-förmiges Bauteil

Als zweites komplexeres Beispiel betrachten wir die Bestimmung der Spannungen in einer einseitig eingespannten dreifach gelochten Scheibe unter Zugbelastung, welche in Abb. 9.8 zusammen mit den zugehörigen Problemparametern skizziert ist. Eine typische Fragestellung bei diesem Problem ist beispielsweise die Bestimmung (Werte und Ort) der maximal auftretenden Spannungen.

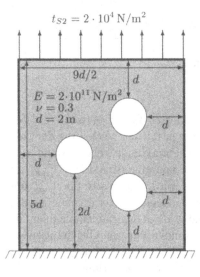

Abb. 9.8. Dreifach gelochte Scheibe unter Zugbelastung

Zur Diskretisierung wird das im vorangegangenen Abschnitt beschriebene isoparametrische 4-Knoten-Viereckselement verwendet, wobei wir drei verschiedene numerische Gitter für die Elementeinteilung betrachten: ein weitgehend gleichförmiges Gitter mit 898 Elementen sowie daraus durch eine gleichmäßige bzw. eine lokale Verfeinerung resultierende Gitter mit 8 499 bzw. 3 685 Elementen. Das gröbere gleichförmige und das lokal verfeinerte Gitter sind in Abb. 9.9 dargestellt. Für die Erzeugung des letzteren wurde zunächst aus der Berechnung mit dem groben gleichförmigen Gitter über die Spannungsgradienten eine Abschätzung für den lokalen Diskretisierungsfehler ermittelt, die dann als Kriterium für die lokale Verfeinerung verwendet wurde, so daß das Gitter an Stellen, an denen große Gradienten bzw. Fehler auftreten, verfeinert wird. Wir wollen an dieser Stelle nicht weiter auf derartige adaptive Gitterverfeinerungstechniken eingehen (es gibt dazu eine Reihe verschiedener Vorgehensweisen), sondern verweisen hierzu auf die Spezialliteratur (z.B. [26]).

Abb. 9.9. Numerische Gitter für gelochte Scheibe

In Abb. 9.10 ist der mit dem lokal verfeinerten Gitter berechnete deformierte Zustand (10^6-fach vergrößert) zusammen mit der Verteilung der Normalspannung in y-Richtung T_2 dargestellt. Die maximale Verschiebung u_{max} wird am oberen Rand erreicht, während das Spannungsmaximum T_{max} am rechten Rand des linken Lochs angenommen wird. Die Werte für u_{max} und T_{max}, die sich bei Verwendung der drei verschiedenen Gitter ergeben, sind in Tabelle 9.3 zusammen mit den entsprechenden Knotenvariablenanzahlen, die den Anzahlen der Unbekannten in den zu lösenden linearen Gleichungssystemen entsprechen, angegeben. Man erkennt, daß die Verschiebung bereits mit dem groben gleichförmigen Gitter vergleichsweise genau erfaßt wird. Weder die gleichförmige noch die lokale Gitterverfeinerung ergeben hier eine wesentliche Änderung. Deutlichere Unterschiede zeigen sich bei den Spannungswerten, für welche beide Verfeinerungen noch eine merkliche Veränderung ergeben. Die Ergebnisse zeigen insbesondere die Vorteile, die sich durch eine lokale Gitterverfeinerung im Vergleich zu einer gleichförmigen Verfeinerung ergeben können. Trotz der wesentlich geringeren Anzahl von Knotenvariablen, die sich entsprechend auch in einer kürzeren Rechenzeit niederschlägt, erreicht man mit dem lokal verfeinerten Gitter vergleichbare (oder sogar bessere) Werte, d.h. man kann auf diese Weise in kürzerer Rechenzeit eine vergleichbare oder bei gleicher Rechenzeit eine höhere Genauigkeit erhalten.

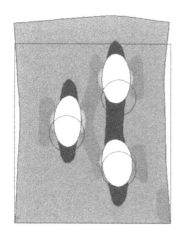

Abb. 9.10. Berechnete Deformationen und Spannungen für gelochte Scheibe

Tabelle 9.3. Numerischen Lösungen mit verschiedenen Elementeinteilungen für gelochte Scheibe

Gitter	Elemente	Knotenvariable	u_{max} [μm]	T_{max} [Ncm^2]
gleichförmig	898	2 008	1,57	9,98
gleichförmig	8 499	17 316	1,58	9,81
lokal verfeinert	3 685	7 720	1,58	9,76

Übungsaufgaben zu Kap. 9

Übung 9.1 Berechne für ein 4-Knoten-Viereckselement mit den Eckpunkten $P_1 = (0,0)$, $P_2 = (2,0)$, $P_3 = (1,1)$ und $P_4 = (0,1)$ die Elementsteifigkeitsmatrix und den Elementlastvektor für den ebenen Spannungszustand.

Übung 9.2 Man leite einen der Gl. (9.8) entsprechenden Ausdruck für die Elementsteifigkeitsmatrix für das 3-Knoten-Dreieckselement ab und berechne diese für das Element 1 der in Abb. 9.6 dargestellten Triangulierung für das L-förmige Bauteil aus Abschn. 9.3.

Übung 9.3 Bestimme die isoparametrischen Ansatzfunktionen $N_j = N_j(\xi, \eta)$ $(j = 1, \ldots, 8)$ für das 8-Knoten-Viereckselement.

10 Finite-Volumen-Verfahren für inkompressible Strömungen

In diesem Kapitel wollen wir uns speziell mit der Anwendung von Finite-Volumen-Verfahren zur numerischen Berechnung inkompressibler Strömungen Newtonscher Fluide beschäftigen. Dieser Strömungstyp ist in der Praxis am häufigsten anzutreffen und die Mehrzahl der für derartige Probleme zur Verfügung stehenden Berechnungsprogramme basieren auf einer Finite-Volumen-Diskretisierung, so daß dieser Thematik in der industriellen Anwendung eine besondere Bedeutung zukommt. Wir werden insbesondere auch auf die Problematik der Berechnung turbulenter Strömungen eingehen, mit welchen man es in der Praxis in mehr als 90% der Fälle zu tun hat.

10.1 Struktur des Gleichungssystems

Die Erhaltungsgleichungen zur Beschreibung inkompressibler Strömungsprobleme für Newtonsche Fluide wurden bereits in Abschn. 2.5.1 vorgestellt. Wir beschränken uns hier auf den zweidimensionalen Fall, für welchen sich die Gleichungen wie folgt schreiben lassen:

$$\frac{\partial(\rho u)}{\partial t} + \frac{\partial}{\partial x}\left[\rho uu - 2\mu\frac{\partial u}{\partial x}\right] + \frac{\partial}{\partial y}\left[\rho vu - \mu\left(\frac{\partial u}{\partial y} + \frac{\partial v}{\partial x}\right)\right] + \frac{\partial p}{\partial x} = \rho f_u, \quad (10.1)$$

$$\frac{\partial(\rho v)}{\partial t} + \frac{\partial}{\partial x}\left[\rho uv - \mu\left(\frac{\partial u}{\partial y} + \frac{\partial v}{\partial x}\right)\right] + \frac{\partial}{\partial y}\left[\rho vv - 2\mu\frac{\partial v}{\partial y}\right] + \frac{\partial p}{\partial y} = \rho f_v, \quad (10.2)$$

$$\frac{\partial u}{\partial x} + \frac{\partial v}{\partial y} = 0, \quad (10.3)$$

$$\frac{\partial(\rho\phi)}{\partial t} + \frac{\partial}{\partial x}\left(\rho u\phi - \alpha\frac{\partial\phi}{\partial x}\right) + \frac{\partial}{\partial y}\left(\rho v\phi - \alpha\frac{\partial\phi}{\partial y}\right) = \rho f_\phi. \quad (10.4)$$

Die Unbekannten des Gleichungssystems sind: die beiden (kartesischen) Geschwindigkeitskomponenten u und v, der Druck p und die skalare Größe ϕ, welche irgendeine Transportgröße bezeichnet, die je nach Anwendung zusätzlich bestimmt werden muß (z.B. Temperatur, Konzentration oder Turbulenzgrößen). Die Dichte ρ, die dynamische Viskosität μ, der Diffusionskoeffizient

α sowie die Quellterme f_u, f_v und f_ϕ sind (eventuell auch in Abhängigkeit von den Unbekannten) vorgegeben.

Das Gleichungssystem (10.1)-(10.4) muß noch durch Randbedingungen und, im instationären Fall, durch Anfangsbedingungen für die Geschwindigkeitskomponenten und die skalare Größe ergänzt werden (keine Randbedingungen für den Druck). Die Art der Randbedingungen wurde bereits in Abschn. 2.5.1 diskutiert (s. auch Abschn. 10.4).

Das Gleichungssystem (10.1)-(10.4) muß im allgemeinen als ein gekoppeltes System betrachtet und auch als solches gelöst werden. Fassen wir die Unbekannten im Vektor $\psi = (u, v, p, \phi)$ zusammen, dann kann die Struktur des Systems folgendermaßen dargestellt werden:

$$
\begin{bmatrix}
A_{11}(\psi) & A_{12}(\psi) & A_{13} & A_{14}(\psi) \\
A_{21}(\psi) & A_{22}(\psi) & A_{23} & A_{24}(\psi) \\
A_{31}(\psi) & A_{32}(\psi) & 0 & 0 \\
A_{41}(\psi) & A_{42}(\psi) & 0 & A_{44}(\psi)
\end{bmatrix}
\begin{bmatrix}
u \\
v \\
p \\
\phi
\end{bmatrix}
=
\begin{bmatrix}
b_1(\psi) \\
b_2(\psi) \\
0 \\
b_4(\psi)
\end{bmatrix},
\qquad (10.5)
$$

wobei $A_{11}, \ldots, A_{44}$ und $b_1, \ldots, b_4$ die gemäß den Gln. (10.1)-(10.4) definierten Operatoren sind. Ein Blick auf die Darstellung (10.5) macht schon die besondere Problematik bei der numerischen Berechnung inkompressibler Strömungen deutlich, nämlich das Fehlen einer „vernünftigen" Gleichung für den Druck, was durch das Nullelement auf der Hauptdiagonalen der Systemmatrix zum Ausdruck kommt. Wie man mit dieser Problematik umgeht, wird später noch ausführlich zu diskutieren sein.

Falls die Stoffgrößen in der Massen- und den Impulserhaltungsgleichungen von der skalaren Größe ϕ unabhängig sind, bzw. wenn eine solche Annahme näherungsweise getroffen werden kann, können zunächst die Gln. (10.1)-(10.3) nach u, v und p, unabhängig von der Skalargleichung (10.4), gelöst werden. ϕ kann dann anschließend aus letzterer, unabhängig von den Gln. (10.1)-(10.3) mit den zuvor bestimmten Geschwindigkeiten, berechnet werden. Im allgemeinen Fall können aber alle Stoffgrößen von allen Variablen abhängig sein, so daß das vollständige System simultan gelöst werden muß.

10.2 Finite-Volumen-Diskretisierung

Zur Finite-Volumen-Diskretisierung des Differentialgleichungssystems (10.1)-(10.4) wenden wir die in Kap. 4 eingeführten Techniken an. Ausgangspunkt bildet eine Zerlegung des Strömungsgebiets in Kontrollvolumen, wobei wir uns wieder auf Vierecke beschränken. Für gekoppelte Systeme wäre es grundsätzlich möglich, die Kontrollvolumen für verschiedene Variablen unterschiedlich zu definieren und nicht alle Variablen an der gleichen Stelle zu speichern. Für einfache Geometrien, die die Verwendung kartesischer Gitter zulassen, wurden Strömungsberechnungen in der Vergangenheit oft mit einer versetzten Anordnung der Variablen durchgeführt, bei welcher für die

Geschwindigkeitskomponenten und den Druck unterschiedliche Kontrollvolumen und Speicherstellen verwendet werden. Die entsprechende Zuordnung
der Variablenwerte und Kontrollvolumen ist in Abb. 10.1 angegeben. Die u-
Gleichung wird bezüglich der u-Kontrollvolumen, die v-Gleichung bezüglich
der v-Kontrollvolumen und die Kontinuitäts- und Skalargleichung bezüglich
der Skalarkontrollvolumen diskretisiert. Hauptgrund für diese Vorgehensweise
ist die Vermeidung eines oszillierenden Druckfeldes. Für komplexe Geometri-
en erweist sich die versetzte Variablenanordnung jedoch als nachteilig. Wir
werden auf diese Aspekte in Abschn. 10.3.2 zurückkommen, nachdem wir uns
näher mit den Ursachen für diese Druckoszillationen beschäftigt haben.

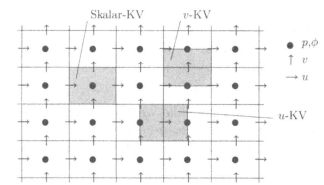

Abb. 10.1. Versetzte
Variablen- und KV-An-
ordnung

Im folgenden gehen wir von der üblichen (nicht-versetzten) zellenorientierten Anordnung der Variablen aus und benutzen, auch auf nicht-kartesischen Gittern, kartesischen Geschwindigkeitskomponenten (s. Abb. 10.2). Bei
Verwendung gitterorientierter Geschwindigkeiten würden die Erhaltungsgleichungen ihre vollkonservative Form verlieren, da die Erhaltung eines Vektors
nur dann die Erhaltung der Komponenten einschließt, wenn diese eine feste
Richtung haben. Außerdem würden die Impulsgleichungen wesentlich komplexer werden, so daß ihre Diskretisierung, insbesondere für dreidimensionale
Strömungen, sehr aufwendig wird.

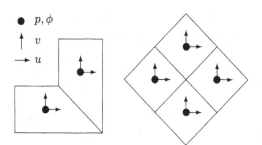

Abb. 10.2. Nicht-versetzte Variablenanordnung auf nicht-kartesischen Gittern mit kartesischen
Geschwindigkeitskomponenten

Wir betrachten ein allgemeines viereckiges Kontrollvolumen mit den in Abschn. 4.1 eingeführten Bezeichnungen (s. Abb. 4.2). Die Finite-Volumen-Diskretisierung der skalaren Gleichung (10.4) wurde in Kap. 4 bereits ausführlich besprochen, so daß wir hierauf im folgenden nicht mehr gesondert eingehen werden. Die durch die Diskretisierung der Kontinuitätsgleichung (10.3) resultierende Bilanz für ein Kontrollvolumen läßt sich unter Verwendung der Massenflüsse durch die KV-Seiten wie folgt formulieren:

$$\frac{\dot{m}_e}{\rho_e} + \frac{\dot{m}_w}{\rho_w} + \frac{\dot{m}_n}{\rho_n} + \frac{\dot{m}_s}{\rho_s} = 0. \tag{10.6}$$

Bei Verwendung der Mittelpunktsregel ergeben sich für die Massenflüsse die folgenden Approximationen:

$$\begin{aligned}
\dot{m}_e &= \rho_e u_e (y_{ne} - y_{se}) - \rho_e v_e (x_{ne} - x_{se}) \,, \\
\dot{m}_w &= \rho_w u_w (y_{sw} - y_{nw}) - \rho_w v_w (x_{sw} - x_{nw}) \,, \\
\dot{m}_n &= \rho_n v_n (x_{ne} - x_{nw}) - \rho_n u_n (y_{ne} - y_{nw}) \,, \\
\dot{m}_s &= \rho_s v_s (x_{sw} - x_{se}) - \rho_s u_s (y_{sw} - y_{se}) \,.
\end{aligned}$$

Zur Diskretisierung der Massenflüsse, müssen die Werte der Geschwindigkeitskomponenten u und v an den KV-Seiten approximiert werden. Die übliche lineare Interpolation liefert beispielsweise für $\dot{m}_e$ die folgende Approximation

$$\dot{m}_e = \rho_e \left(\gamma_{e1} u_E + \gamma_{e2} u_P \right)(y_{ne} - y_{se}) - \rho_e \left(\gamma_{e1} v_E + \gamma_{e2} v_P \right)(x_{ne} - x_{se})$$

mit geeigneten Interpolationsfaktoren γ_{e1} und γ_{e2} (vgl. etwa Gl. (4.11)). Für äquidistante kartesische Gitter mit den Gitterweiten Δx und Δy resultiert aus dieser Vorgehensweise für die Bilanz (10.6) beispielsweise die folgende Approximation:

$$(u_E^{k+1} - u_W^{k+1})\Delta y + (v_N^{k+1} - v_S^{k+1})\Delta x = 0 \,.$$

Wie wir später noch sehen werden (s. Abschn. 10.3.2), erweist sich obige (an sich naheliegende) lineare Interpolationsvorschrift als unbrauchbar, da sie zu (unphysikalischen) Oszillationen im numerischen Lösungsverfahren führt. Bevor wir hierauf näher eingehen, wollen wir uns aber zunächst der Diskretisierung der Impulsgleichungen zuwenden.

Die Diskretisierung der konvektiven Flüsse in den Impulsgleichungen kann völlig analog wie im Fall der allgemeiner Transportgleichung durchgeführt werden (s. Abschn. 4.5), wenn man zunächst annimmt, daß der Massenfluß bekannt ist. Hierdurch wird eine Linearisierung der konvektiven Terme in den Impulsgleichungen erreicht. Formal entspricht dies einer Picard-Iteration, wie sie in Abschn. 7.2 zur Lösung nichtlinearer Gleichungen eingeführt wurde. Wir werden später darauf eingehen, wie dies im Rahmen eines Iterationsprozesses (unter Einbeziehung der Kontinuitätsgleichung) konkret realisiert werden kann.

Verwenden wir zur Approximation der Oberflächenintegrale in den Impulsgleichungen die Mittelpunktsregel, so ergibt sich beispielsweise für die u-Gleichung für den konvektiven Fluß F_e^C durch die Seite S_e die Approximation

$$F_e^C = \int_{S_e} \rho(un_1 + vn_2)u\,dS_e \approx \underbrace{[\rho_e u_e(y_{ne} - y_{se}) - \rho_e v_e(x_{ne} - x_{se})]}_{\dot{m}_e} u_e .$$

Zur Approximation von u_e verwenden wir die im Abschn. 4.3.3 gemäß Gl. (4.8) eingeführte „Flux-Blending"-Technik mit einer Kombination des UDS- und CDS-Verfahrens:

$$\dot{m}_e u_e \approx \dot{m}_e u_e^{\text{UDS}} + \underbrace{\beta(\dot{m}_e u_e^{\text{CDS}} - \dot{m}_e u_e^{\text{UDS}})}_{b_\beta^{u,e}}, \qquad (10.7)$$

wobei

$$\dot{m}_e u_e^{\text{UDS}} = \max\{\dot{m}_e, 0\}u_P + \min\{\dot{m}_e, 0\}u_E = \begin{cases} \dot{m}_e u_P & \text{falls } \dot{m}_e > 0 \\ \dot{m}_e u_E & \text{falls } \dot{m}_e < 0 \end{cases}$$

und

$$u_e^{\text{CDS}} = \gamma_{e1} u_E + \gamma_{e2} u_P .$$

Unter Verwendung des in Gl. (10.7) definierten Koeffizienten $b_\beta^{u,e}$ haben wir damit insgesamt für den konvektiven Fluß die folgende Approximation:

$$F_e^C \approx \max\{\dot{m}_e, 0\}u_P + \min\{\dot{m}_e, 0\}u_E + b_\beta^{u,e}.$$

Zur Abkürzung der Schreibweise fassen wir alle durch obige Approximation an den KV-Seiten entstehenden b_β-Terme in der u- und v-Gleichung jeweils in einem Term zusammen:

$$b_\beta^u = b_\beta^{u,e} + b_\beta^{u,w} + b_\beta^{u,n} + b_\beta^{u,s} \quad \text{und} \quad b_\beta^v = b_\beta^{v,e} + b_\beta^{v,w} + b_\beta^{v,n} + b_\beta^{v,s}.$$

Diese Terme werden wir im Rahmen des im nächsten Abschnitt angegebenen Iterationsverfahrens „explizit" behandeln, d.h. die auftretenden Variablenwerte werden (gemäß der am Ende von Abschn. 7.1.4 beschriebenen Technik) mit bekannten Werten berechnet. Prinzipiell kann der „Blending"-Faktor β für die u- und v-Gleichung unterschiedlich sein. Aufgrund fehlender Entscheidungskriterien wird jedoch meist der gleiche Wert gewählt.

Auch die Diskretisierung der diffusiven Flüsse in den Impulsgleichungen kann weitgehend analog zu der in Abschn. 4.5 beschriebenen Vorgehensweise erfolgen. Zu beachten ist, daß die Impulsgleichungen (10.1) und (10.2) im Vergleich zur allgemeinen skalaren Gleichung (10.4) zusätzliche Diffusionsterme beinhalten. Für den diffusiven Fluß in der u-Gleichung durch die KV-Seite S_c hat man beispielsweise:

$$F_c^D = - \int\limits_{S_c} \mu \left[2\frac{\partial u}{\partial x}\, n_1 + \left(\frac{\partial u}{\partial y} + \frac{\partial v}{\partial x} \right) n_2 \right] \mathrm{d}S_c\,. \tag{10.8}$$

Die zusätzlichen Terme

$$- \int\limits_{S_c} \mu \left(\frac{\partial u}{\partial x}\, n_1 + \frac{\partial v}{\partial x}\, n_2 \right) \mathrm{d}S_c\,.$$

verschwinden nur (aufgrund der Kontinuitätsgleichung), falls μ im Strömungsgebiet konstant ist.

Die Approximation des diffusiven Flusses (10.8) gemäß der Vorgehensweise aus Abschn. 4.5 ergibt z.B. für die Seite S_e:

$$F_e^D \approx D_e^1(u_E - u_P) + \underbrace{D_e^2(u_{ne} - u_{se}) + D_e^3(v_E - v_P) + D_e^4(v_{ne} - v_{se})}_{b_D^{u,e}} \tag{10.9}$$

mit

$$D_e^1 = \frac{\mu_e \left[2(y_{ne} - y_{se})^2 + (x_{ne} - x_{se})^2 \right]}{(x_{ne} - x_{se})(y_E - y_P) - (y_{ne} - y_{se})(x_E - x_P)}\,,$$

$$D_e^2 = \frac{\mu_e \left[2(y_E - y_P)(y_{ne} - y_{se}) + (x_E - x_P)(x_{ne} - x_{se}) \right]}{(y_{ne} - y_{se})(x_E - x_P) - (x_{ne} - x_{se})(y_E - y_P)}\,,$$

$$D_e^3 = \frac{\mu_e(x_{ne} - x_{se})(y_{ne} - y_{se})}{(y_{ne} - y_{se})(x_E - x_P) - (x_{ne} - x_{se})(y_E - y_P)}\,,$$

$$D_e^4 = \frac{\mu_e(x_{ne} - x_{se})(y_E - y_P)}{(x_{ne} - x_{se})(y_E - y_P) - (y_{ne} - y_{se})(x_E - x_P)}\,.$$

Die in den Approximationen auftretenden Werte der Geschwindigkeitskomponenten an den Ecken des KVs können wie in Abschn. 4.5 beschrieben
durch lineare Interpolation aus den vier Nachbarknoten bestimmt werden
(vgl. Abb. 4.12). Analoge Ausdrücke erhält man für die anderen drei KV-
Seiten und für die v-Gleichung.

Der in Gl. (10.9) mit $b_D^{u,e}$ bezeichnete Term und die entsprechenden Terme für die anderen KV-Seiten und in der v-Gleichung können im Rahmen
eines Iterationsverfahrens (analog wie die Terme b_β^u und b_β^v) explizit behandelt werden, so daß sie als *diffusive Flußquellen* an der jeweiligen KV-Seite
interpretiert werden können. Zur Abkürzung der Schreibweise fassen wir alle
diese Terme jeweils in einem Term zusammen:

$$b_D^u = b_D^{u,e} + b_D^{u,w} + b_D^{u,n} + b_D^{u,s} \quad \text{und} \quad b_D^v = b_D^{v,e} + b_D^{v,w} + b_D^{v,n} + b_D^{v,s}\,.$$

Die Quellterme ρf_u und ρf_v in den Impulsgleichungen können wie in
Kap. 4 ausgeführt, z.B. unter Verwendung der Mittelpunktsregel für Volumenintegrale, approximiert werden:

$$\int\limits_V \rho f_u \, \mathrm{d}V \approx (\rho f_u)_\mathrm{P} \, \delta V = b_f^u \quad \text{und} \quad \int\limits_V \rho f_v \, \mathrm{d}V \approx (\rho f_v)_\mathrm{P} \, \delta V = b_f^v \,.$$

Die Druckterme in den Impulsgleichungen können wegen der aus dem Gaußschen Integralsatz resultierenden Beziehung

$$\int\limits_V \frac{\partial p}{\partial x_i} \, \mathrm{d}V = \int\limits_S p n_i \, \mathrm{d}S \tag{10.10}$$

entweder als Volumen- oder als Oberflächenintegral approximiert werden, wobei im Falle eines kartesischen Gitters beide Vorgehensweisen die gleiche Approximation liefern. Im allgemeinen Fall ist nur die Approximation über das Oberflächenintegral streng konservativ. Für den Druckterm in der u-Gleichung erhält man (bei Verwendung der Mittelpunktsregel für die Oberflächenintegrale) die Approximation:

$$\int\limits_S p n_1 \, \mathrm{d}S \approx \sum_c (p n_1)_c \, \delta S_c = p_\mathrm{e}(y_\mathrm{ne} - y_\mathrm{se}) - p_\mathrm{w}(y_\mathrm{nw} - y_\mathrm{sw}) + b_p^u$$

mit

$$b_p^u = p_\mathrm{s}(y_\mathrm{se} - y_\mathrm{sw}) - p_\mathrm{n}(y_\mathrm{ne} - y_\mathrm{nw}) \,.$$

Der Ausdruck für den Druckterm in der v-Gleichung folgt analog.

Um die Druckterme durch Werte in den KV-Mittelpunkten auszudrücken, müssen die Werte in den KV-Seiten interpoliert werden. Bei linearer Interpolation erhält man z.B. für p_e die Approximation:

$$p_\mathrm{e} = \gamma_\mathrm{e1} p_\mathrm{E} + \gamma_\mathrm{e2} p_\mathrm{P} \,,$$

wobei γ_e1 und γ_e2 die entsprechenden Interpolationsfaktoren bezeichnen.

Für instationäre Strömungen kann die Zeitdiskretisierung der Impulsgleichungen im Prinzip mit allen hierzu in Kap. 6 eingeführten Methoden durchgeführt werden. Mit dem impliziten Euler-Verfahren erhält man beispielsweise für den Zeitableitungsterm in der u-Gleichung die Approximation:

$$\int\limits_V \frac{\partial(\rho u)}{\partial t} \, \mathrm{d}V \approx \frac{(\rho u)_\mathrm{P}^{n+1} - (\rho u)_\mathrm{P}^n}{\Delta t_n} \, \delta V =: a_t^u u_\mathrm{P}^{n+1} - b_t^u$$

mit

$$a_t^u = \frac{\rho_\mathrm{P}^{n+1} \delta V}{\Delta t_n} \quad \text{und} \quad b_t^u = \frac{\rho_\mathrm{P}^n \delta V}{\Delta t_n} \, u_\mathrm{P}^n \,,$$

wobei wir angenommen haben, daß sich die Größe des Kontrollvolumens mit der Zeit nicht ändert. Die Werte mit Index n sind aus dem vorausgehenden Zeitschritt bekannt.

Zusammenfassend ergeben sich aus der Diskretisierung als Approximationen für die Impulsgleichungen für jedes KV algebraische Gleichungen der Form:

$$a_P^u u_P = \sum_c a_c^u u_c + b^u - p_e(y_{ne} - y_{se}) + p_w(y_{nw} - y_{sw}),\qquad (10.11)$$

$$a_P^v v_P = \sum_c a_c^v v_c + b^v - p_n(x_{ne} - x_{nw}) + p_s(x_{se} - x_{sw}).\qquad (10.12)$$

Bei Verwendung der im vorangegangenen beispielhaft angegebenen Diskretisierungsvorschriften lauten die Koeffizienten für die u-Gleichung beispielsweise wie folgt:

$$a_E^u = -D_e^1 - \min\{\dot m_e, 0\}, \quad a_W^u = -D_w^1 - \min\{\dot m_w, 0\},$$

$$a_N^u = -D_n^1 - \min\{\dot m_n, 0\}, \quad a_S^u = -D_s^1 - \min\{\dot m_s, 0\},$$

$$a_P^u = a_E^u + a_W^u + a_N^u + a_S^u + a_t^u + \dot m_e + \dot m_w + \dot m_n + \dot m_s,$$

$$b^u = b_f^u - b_D^u - b_\beta^u - b_p^u + b_t^u.$$

Die Koeffizienten für die v-Gleichung ergeben sich analog. Falls $\beta = 0$ (reines UDS-Verfahren), verschwindet der Term b_β^u. Für zeitabhängige Probleme sind die Gitterwerte für u und v in den Gln. (10.11) und (10.12) als Werte zum „neuen" Zeitpunkt t_{n+1} zu interpretieren (die Koeffizienten und Quellterme beinhalten hingegen nur Werte zum „alten" Zeitpunkt t_n). Für stationäre Probleme verschwinden die Terme a_t^u und b_t^u, und die Summe der Massenflüsse im Koeffizient a_P^u ist aufgrund der Kontinuitätsgleichung gleich Null (letzteres gilt auch im Falle räumlich konstanter Dichte). Ist das Gitter kartesisch, verschwindet b_p^u.

Für Kontrollvolumen die am Rand des Problemgebiets liegen, müssen die Koeffizienten noch geeignet modifiziert werden. Bevor wir hierauf zu sprechen kommen, wollen wir jedoch zunächst das Lösungsverfahren für das gekoppelte diskrete Gleichungssystem (10.6), (10.11) und (10.12) diskutieren.

10.3 Lösungsalgorithmen

Wie bereits erwähnt, stellt bei inkompressiblen Strömungen die Berechnung des Druckes ein besonderes Problem dar. Dieser kommt nur in den Impulsgleichungen vor, und nicht in der Kontinuitätsgleichung, die eigentlich hierzu zur Verfügung stehen würde. Zur Behandlung dieser Problematik gibt es eine Reihe verschiedener Techniken. Eine Möglichkeit die Kontinuitätsgleichung in die Berechnung des Druckes einzubeziehen bieten die sogenannten *Druckkorrekturverfahren*, welche in verschiedenen Varianten abgeleitet werden können und in der Mehrzahl der Berechnungsprogramme Verwendung finden. Wir wollen nachfolgend hierzu einige wichtige Beispiele angeben.

Alternative Vorgehensweisen bieten Methoden der *künstlichen Kompressibilität*, die auf der Hinzunahme einer Zeitableitung des Drucks in der Kontinuitätsgleichung basieren:

$$\frac{1}{\rho\beta_\mathrm{k}}\frac{\partial p}{\partial t} + \frac{\partial u}{\partial x} + \frac{\partial v}{\partial y} = 0$$

mit einem (frei wählbaren) Parameter $\beta_\mathrm{k} > 0$, mit welchem der Anteil der künstlichen Kompressibilität gesteuert werden kann. Die „richtige" Wahl dieses Parameters (eventuell auch adaptiv) stellt ein schwieriges Problem dar, ist aber andererseits entscheidend für die Effizienz des Verfahrens. Die auf der Methode der künstlichen Kompressibilität basierenden Lösungsverfahren verwenden Techniken, die aus Berechnungsmethoden für kompressible Strömungen abgeleitet werden (welche normalerweise im Grenzfall der Inkompressibiltät nicht mehr funktionieren). Diese Methoden sind in kommerziellen Berechnungsprogrammen wenig verbreitet und, obwohl systematische Vergleiche bislang fehlen, nach Ansicht des Autors in der Regel auch weniger effizient als Druckkorrekturverfahren. Wir werden daher auf derartige Methoden nicht näher eingehen (Details findet man z.B. in [13]).

Es sei an dieser Stelle noch erwähnt, daß sich Druckkorrekturverfahren, welche ursprünglich speziell für inkompressible Strömungen entwickelt wurden, auch für die Berechnung kompressibler Strömungen verallgemeinern lassen (s. z.B. [8]).

10.3.1 Druckkorrekturverfahren

Das Hauptproblem bei der numerischen Lösung des gekoppelten Gleichungssystems besteht in der gleichzeitigen Erfüllung von Impuls- *und* Kontinuitätsgleichung (die Ankopplung der Skalargleichung bereitet in der Regel keine Probleme). Die generelle Idee eines Druckkorrekturverfahrens dies sicherzustellen, besteht darin, zunächst Geschwindigkeitskomponenten aus den Impulsgleichungen zu berechnen und diese dann zusammen mit dem Druck über eine Druckkorrektur zu korrigieren, so daß die Kontinuitätsgleichung erfüllt ist. Diese Vorgehensweise wird in einen iterativen Lösungsprozeß eingebunden, an dessen Ende die Impulsgleichungen und die Kontinuitätsgleichung gleichzeitig näherungsweise erfüllt sind. Wir werden im folgenden einige Beispiele derartiger Iterationsverfahren betrachten, welche gleichzeitig auch eine Linearisierung der Gleichungen beinhalten.

Zur einfacheren Erläuterung der grundlegenden Ideen und um uns auf die Besonderheiten der Variablenkopplung für das zu lösende Systems (10.6), (10.11) und (10.12) zu konzentrieren, werden wir uns zunächst auf den Fall eines äquidistanten kartesischen Gitters beschränken. Obgleich es sich später als ungeeignet erweisen wird, wollen wir zur Erläuterung der prinzipiellen Idee des Druckkorrekturverfahrens dennoch eine Zentraldifferenzenapproximation für die Druckterme und die Kontinuitätsgleichung verwenden, um auf diese Weise, neben der generellen Vorgehensweise, gleichzeitig die hierbei auftretende Problematik zu verdeutlichen. Anschließend werden wir dann darauf eingehen, an welchen Stellen das Verfahren modifiziert werden muß, um den Problemen abzuhelfen.

Zunächst führen wir einen Iterationsprozeß

$$\{u^k, v^k, p^k, \phi^k\} \rightarrow \{u^{k+1}, v^{k+1}, p^{k+1}, \phi^{k+1}\}$$

ein, welcher auf der Annahme basiert, daß alle Matrixkoeffizienten und Quellterme in den Impulsgleichungen bekannt sind. Die Iterationsvorschrift ist (für jedes KV) wie folgt definiert:

$$a_P^{u,k} u_P^{k+1} - \sum_c a_c^{u,k} u_c^{k+1} + \frac{\Delta y}{2}(p_E^{k+1} - p_W^{k+1}) \quad = \quad b^{u,k}, \tag{10.13}$$

$$a_P^{v,k} v_P^{k+1} - \sum_c a_c^{v,k} v_c^{k+1} + \frac{\Delta x}{2}(p_N^{k+1} - p_S^{k+1}) \quad = \quad b^{v,k}, \tag{10.14}$$

$$(u_E^{k+1} - u_W^{k+1})\Delta y + (v_N^{k+1} - v_S^{k+1})\Delta x \quad = \quad 0, \tag{10.15}$$

$$a_P^{\phi,k} \phi_P^{k+1} - \sum_c a_c^{\phi,k} \phi_c^{k+1} \quad = \quad b^{\phi,k}. \tag{10.16}$$

Die Aufgabe besteht nun darin, aus obigen Gleichungen die Werte für die $(k+1)$-te Iteration zu berechnen (alle Größen der k-ten Iteration seien bereits berechnet). Im Prinzip könnte das Gleichungssystem (10.13)-(10.16) nach den Unbekannten u^{k+1}, v^{k+1}, p^{k+1} und ϕ^{k+1} direkt in obiger Form gelöst werden. Aufgrund der Tatsache, daß der Druck in Gl. (10.15) nicht vorkommt ist das System jedoch sehr schlecht konditioniert (und außerdem sehr groß), so daß die direkte Lösung einen sehr großen Aufwand bedeuten würde. Als zweckmäßiger hat sich daher eine sukzessive Lösungsprozedur für das System erwiesen, welche eine entkoppelte Berechnung von u^{k+1}, v^{k+1}, p^{k+1} und ϕ^{k+1} erlaubt.

In einem ersten Schritt betrachten wir zunächst die diskreten Impulsgleichungen (10.13) und (10.14) mit einem geschätzten (bekannten) Druckfeld p^*. Dies kann beispielsweise das Druckfeld p^k aus der k-ten Iteration sein oder auch einfach $p^* = 0$. Im letzteren Fall werden die resultierenden Methoden auch als *„Fractional-Step“-Verfahren* (oder auch *Projektions-Verfahren*) bezeichnet. Wir erhalten auf diese Weise die beiden linearen Gleichungssysteme (betrachtet über alle Kontrollvolumen)

$$a_P^{u,k} u_P^* - \sum_c a_c^{u,k} u_c^* \quad = \quad b^{u,k} - \frac{\Delta y}{2}(p_E^* - p_W^*), \tag{10.17}$$

$$a_P^{v,k} v_P^* - \sum_c a_c^{v,k} v_c^* \quad = \quad b^{v,k} - \frac{\Delta x}{2}(p_N^* - p_S^*), \tag{10.18}$$

welche nach den (vorläufigen) Geschwindigkeitskomponenten u^* und v^* numerisch gelöst werden können (z.B. mit einem der in Abschn. 7.1 beschriebenen Verfahren). Die so bestimmten Geschwindigkeitskomponenten u^* und v^* erfüllen nun sicherlich nicht die Kontinuitätsgleichung (diese wurde noch gar nicht berücksichtigt). Stellt man also mit diesen Geschwindigkeiten eine Massenbilanz auf, d.h. u^* und v^* werden in die diskrete Kontinuitätsgleichung (10.15) eingesetzt, dann ergibt sich eine Massenquelle b_m:

$$(u_E^* - u_W^*)\Delta y + (v_N^* - v_S^*)\Delta x = -b_m. \tag{10.19}$$

In einem nächsten Schritt werden nun die eigentlich zu bestimmenden Geschwindigkeitskomponenten v^{k+1} und v^{k+1} sowie der zugehörige Druck p^{k+1} gesucht, so daß die Kontinuitätsgleichung erfüllt ist. Zur Ableitung der ensprechenden Gleichungen führen wir zunächst die Korrekturen

$$u' = u^{k+1} - u^* , \quad v' = v^{k+1} - v^* , \quad p' = p^{k+1} - p^*$$

ein. Durch jeweilige Subtraktion der Gln. (10.17), (10.18) und (10.19) von den Gln. (10.13), (10.14) und (10.15) erhält man die Beziehungen

$$a_P^{u,k} u_P' + \sum_c a_c^{u,k} u_c' = -\frac{\Delta y}{2}(p_E' - p_W'), \tag{10.20}$$

$$a_P^{v,k} v_P' + \sum_c a_c^{v,k} v_c' = -\frac{\Delta x}{2}(p_N' - p_S'), \tag{10.21}$$

$$(u_E' - u_W')\Delta y + (v_N' - v_S')\Delta x = b_m. \tag{10.22}$$

Charakteristisch für Druckkorrekturverfahren ist es nun, die Summenterme in den Beziehungen (10.20) und (10.21), die noch die unbekannten Geschwindigkeitskorrekturen in den Nachbarpunkten von P enthalten, geeignet zu approximieren. Hierzu gibt es unterschiedliche Möglichkeiten. Die einfachste Methode ist, diese Terme einfach zu vernachlässigen:

$$\sum_c a_c^{u,k} u_c' \approx 0 \quad \text{und} \quad \sum_c a_c^{v,k} v_c' \approx 0.$$

Aus dieser Vorgehensweise resultiert das sogenannte *SIMPLE-Verfahren (Semi-Implicit Method for Pressure-Linked Equations)*, welches von Patankar und Spalding im Jahre 1972 vorgeschlagen wurde. Da die genaue Definition der Approximation nicht relevant ist (wichtig ist zunächst nur, daß die entsprechenden Terme durch u_P' und bekannte Größen berechnet werden können), wollen wir zunächst die Erläuterung des generellen Prinzips der Druckkorrekturverfahren mit obiger Annahme fortsetzen, und erst später auf alternative Vorgehensweisen hinweisen.

Aufgelöst nach u_P' und v_P' ergeben sich nach Vernachlässigung der Summenterme aus den Gln. (10.20) und (10.21) die Beziehungen:

$$u_P' = -\frac{\Delta y}{2a_P^{u,k}}(p_E' - p_W'), \tag{10.23}$$

$$v_P' = -\frac{\Delta x}{2a_P^{v,k}}(p_N' - p_S'). \tag{10.24}$$

Setzt man diese Werte in die Kontinuitätsgleichung (10.22) ein, ergibt sich:

$$\left[-\frac{\Delta y}{2a_{P,E}^{u,k}}(p'_{EE} - p'_P) + \frac{\Delta y}{2a_{P,W}^{u,k}}(p'_P - p'_{WW}) \right] \Delta y$$

$$+ \left[-\frac{\Delta x}{2a_{P,N}^{v,k}}(p'_{NN} - p'_P) + \frac{\Delta x}{2a_{P,S}^{u,k}}(p'_P - p'_{SS}) \right] \Delta x = b_m, \qquad (10.25)$$

wobei z.B. $a_{P,E}^{u,k}$ den Zentralkoeffizienten der u-Gleichung für das KV um den Punkt E bezeichnet. Fassen wir die Terme geeignet zusammen, ergibt sich aus Gl. (10.25) die folgende Gleichung für die Druckkorrektur p':

$$a_P^{p,k} p'_P = a_{EE}^{p,k} p'_{EE} + a_{WW}^{p,k} p'_{WW} + a_{NN}^{p,k} p'_{NN} + a_{SS}^{p,k} p'_{SS} + b_m \qquad (10.26)$$

mit

$$a_{EE}^{p,k} = \frac{\Delta y^2}{2a_{P,E}^{u,k}}, \quad a_{WW}^{p,k} = \frac{\Delta y^2}{2a_{P,W}^{u,k}}, \quad a_{NN}^{p,k} = \frac{\Delta x^2}{2a_{P,N}^{v,k}}, \quad a_{SS}^{p,k} = \frac{\Delta x^2}{2a_{P,S}^{v,k}}$$

und

$$a_P^{p,k} = a_{EE}^{p,k} + a_{WW}^{p,k} + a_{NN}^{p,k} + a_{SS}^{p,k}.$$

Betrachtet man Gl. (10.26) für alle Kontrollvolumen, hat man ein lineares Gleichungssystem, aus dem die Druckkorrektur p' bestimmt werden kann. Ist diese bekannt, können aus den Gln. (10.23) und (10.24) die Geschwindigkeitskorrekturen u' und v' berechnet werden. Mit den Korrekturen können schließlich die gesuchten Größen u^{k+1}, v^{k+1} und p^{k+1} bestimmt werden.

Als letzter Schritt bleibt die Bestimmung von ϕ^{k+1} aus der Gleichung:

$$a_P^{\phi,k+1} \phi_P^{k+1} - \sum_c a_c^{\phi,k+1} \phi_c^{k+1} = b^{\phi,k+1}. \qquad (10.27)$$

Der Index $k+1$ bei den Koeffizienten dieses Systems soll hierbei andeuten, daß bereits die „neuen" Geschwindigkeitskomponenten zu deren Berechnung verwendet werden können. Falls die Koeffizienten auch von ϕ abhängen, werden zur Berechnung die Werte von ϕ zur k-ten Iteration benutzt.

Damit ist eine Iteration des Druckkorrekturverfahrens abgeschlossen und die nächste beginnt wieder mit der Lösung der beiden diskreten Impulsgleichungen (10.17) und (10.18) nach den vorläufigen Geschwindigkeitskomponenten. In Abb. 10.3 ist der Ablauf des Gesamtverfahrens schematisch dargestellt. Man kann hierbei grundsätzlich zwischen *inneren Iterationen* und *äußeren Iterationen* unterscheiden.

Die inneren Iterationen bezeichnen die wiederholte Ausführung eines Lösungsalgorithmus für die algebraischen Gleichungssysteme für die verschiedenen Variablen u, v, p' und ϕ. Während dieser Iterationen bleiben die Koeffizienten und Quellterme der jeweiligen linearen Gleichungssysteme konstant und nur die Variablenwerte ändern sich. (Bei Verwendung eines direkten

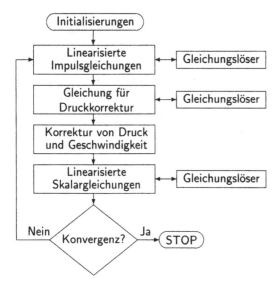

Abb. 10.3. Schematische Darstellung eines Druckkorrekturverfahrens

Lösers entfallen diese Iterationen natürlich.) Als Iterationsverfahren eignen sich z.B. die in Abschn. 7.1 behandelten Verfahren, wobei für verschiedene Variablen auch verschiedene Verfahren benutzt werden können (was durchaus sinnvoll sein kann, da z.B. die Druckkorrekturgleichung meist „schwieriger" zu lösen ist, als die anderen).

Die äußeren Iterationen bezeichnen die Wiederholung des Zyklus, in dem die gekoppelten algebraischen Gleichungssysteme für *alle* Variablen bis zur einer vorgegebenen Genauigkeit gelöst werden (für jeden Zeitschritt im instationären Fall). Nach einer äußeren Iteration werden in der Regel neue Koeffizienten und Quellterme berechnet. Aufgrund der Nichtlinearität der Impulsgleichungen und der Kopplung zwischen Geschwindigkeiten und Druck ist ein derartiger äußerer Iterationsprozeß zur Lösung der inkompressiblen Navier-Stokes-Gleichungen immer notwendig (auch bei Verwendung anderer Lösungsalgorithmen). Als Konvergenzkriterium für das Gesamtverfahren kann beispielsweise verlangt werden, daß die Summe der absoluten Residuen für alle Gleichungen, normiert mit geeigneten Normierungsfaktoren, kleiner als eine vorgegebene Schranke wird (z.B. 10^{-4}).

10.3.2 Druck-Geschwindigkeits-Kopplung

Wir kommen nun auf die bereits angedeutete Problematik zu sprechen, die sich für das beschriebene Verfahren bei Verwendung einer Zentraldifferenzenapproximation für die Massenflußberechnung in der Kontinuitätsgleichung ergibt. Gleichung (10.26) entspricht einer algebraischen Beziehung für die Druckkorrektur, die man durch eine Zentraldifferenzendiskretisierung 2. Ordnung einer Diffusionsgleichung erhalten würde, jedoch mit den „doppelten" Gitterweiten $2\Delta x$ und $2\Delta y$ (s. Abb. 10.4). Dieser Umstand führt dazu, daß der Druck im Punkt P mit keinem seiner direkten Nachbarpunkte (E, W, N und S) in Beziehung steht. Es existieren also vier völlig voneinander unabhängige Gittersysteme, welche im Prinzip vier verschiedene Lösungen haben können (die alle die Gleichungen korrekt erfüllen). Dies hat zur Folge, daß bei Anwendung des Verfahrens in der angegebenen Form oszillatorische Lösungen auftreten können (was in der Regel auch tatsächlich der Fall ist). Für ein Problem, welches eigentlich eine konstante Druckverteilung als Lösung haben müßte, könnte also mit dem Verfahren in obiger Form eine alternierende Lösung wie in Abb. 10.5 dargestellt berechnet werden.

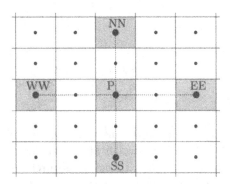

Abb. 10.4. Nachbarschaftsbeziehungen für Druckkorrekturen bei Verwendung einer Zentraldifferenzenapproximation

1	3	1	3	1
2	4	2	4	2
1	3	1	3	1
2	4	2	4	2
1	3	1	3	1

Abb. 10.5. Entkoppelte Lösungen für ein zweidimensionales Problem mit konstanter Druckverteilung

Wir wollen uns den geschilderten Sachverhalt noch in anderer Form anhand eines eindimensionalen Beispiels verdeutlichen. Wir betrachten hierzu ein Problem für ein äquidistantes Gitter, welches die in Abb. 10.6 dargestellte alternierende Druckverteilung als Lösung besitzt. Für den Druckgradienten in der Impulsgleichung erhält man bei linearer Interpolation:

$$p_e - p_w = \frac{1}{2}(p_E + p_P) - \frac{1}{2}(p_P + p_W) = 0 \, .$$

Diese Druckverteilung produziert also keinen Beitrag zum Quellterm in der (diskreten) Impulsgleichung im KV-Zentrum, d.h. es gibt dort keine resultierende Druckkraft (was auch physikalisch richtig ist). Hat man in der Impuls-

gleichung keine weiteren Quellterme, ergibt sich damit das Geschwindigkeitsfeld $u = 0$. Bestimmen wir damit die Geschwindigkeiten an den KV-Seiten
ergeben sich diese ebenfalls zu Null. Dies entspricht aber nicht dem physikalischen Sachverhalt, da durch die vorgegebene Druckverteilung ein Druckgradient, d.h. eine resultierende Druckkraft, an den KV-Seiten vorliegt, und
somit eine Geschwindigkeit ungleich Null resultieren müßte.

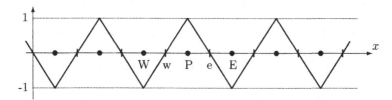

Abb. 10.6. Alternierende Druckverteilung für ein eindimensionales Problem

Es sei noch darauf hingewiesen, daß die geschilderte Problematik nicht
spezifisch für Finite-Volumen-Verfahren ist, sondern in ähnlicher Weise auch
bei Verwendung von Finite-Differenzen- und Finite-Element-Verfahren auftritt. Bei Finite-Differenzen-Verfahren können zur Vermeidung der Probleme analoge Techniken verwendet werden, wie sie nachfolgend für Finite-
Volumen-Verfahren beschrieben sind. Bei Finite-Element-Verfahren muß der
Problematik durch Einhaltung einer Kompatibilitätsbedingung zwischen den
Ansätzen für die Geschwindigkeitskomponenten und den Druck Rechnung getragen werden, die unter dem Namen *LBB-Bedingung* (nach Ladyzhenskaya-
Babuska-Brezzi) oder *Inf-Sup-Bedingung* bekannt ist (s. z.B. [18]).

Es stellt sich also die Frage, wie die geschilderte Entkopplung des Drucks
im Rahmen des iterativen Lösungsverfahrens vermieden werden kann. Hierzu
wurden seit Mitte der 60er Jahre eine ganze Reihe von Ansätzen entwickelt.
Die beiden wichtigsten Vorgehensweisen sind:

– Verwendung eines versetzten Gitters,
– selektive Interpolation der Massenflüsse.

Auf die Möglichkeit der Verwendung versetzter Gitter, die von Harlow und
Welch schon 1965 vorgeschlagen wurden, hatten wir bereits in Abschn. 10.2
hingewiesen (s. Abb. 10.1). Für ein kartesisches Gitter stehen in diesem Falle
die zur Berechnung der Druckgradienten in den Impulsgleichungen und zur
Berechnung der Massenflüsse durch die KV-Seiten in der Kontinuitätsgleichung notwendigen Variablenwerte genau dort zu Verfügung, wo sie gebraucht
werden. Es resultiert eine Druckkorrekturgleichung, die wieder einer Zentraldifferenzendiskretisierung einer Diffusionsgleichung entspricht, nun aber mit
„normalen" Gitterabständen Δx und Δy, so daß keine Oszillationen aufgrund
einer Entkopplung auftreten. Die Vorteile der versetzten Anordnung verlieren

sich jedoch weitestgehend, sobald das Gitter nicht-kartesisch ist und keine gitterorientierten Geschwindigkeitskomponenten als Variablen benutzt werden.
Die Situation ist in Abb. 10.7 verdeutlicht. Man erkennt, daß z.B. bei einer
Umlenkung der Gitterlinien um 90°, die an den KV-Seiten gespeicherten Geschwindigkeitskomponenten überhaupt nicht zum Massenfluß beitragen. Bei
Verwendung gitterorientierter Geschwindigkeiten blieben zwar die oben genannten Vorteile des versetzten Gitters weitgehend erhalten, da nur jeweils
eine an der KV-Seite gespeicherte Geschwindigkeitskomponente den Massenfluß bildet (s. Abb. 10.7). In diesem Fall werden jedoch die Impulsgleichungen
wesentlich komplexer und verlieren ihre vollkonservative Form. Nicht zuletzt
sind versetzte Gitter für komplexe Geometrien auch schwieriger zu verwalten.
Insbesondere wenn Mehrgitteralgorithmen (s. Abschn. 11.1) zur Lösung der
Gleichungssysteme benutzt werden, ist es vorteilhaft, alle Variablen an der
gleichen Stelle zu speichern und nur mit *einem* Gitter zu arbeiten.

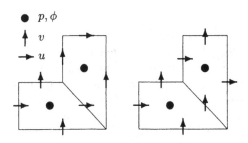

Abb. 10.7. Versetzte Variablenanordnung mit kartesischen
(links) und gitterorientierten
(rechts) Geschwindigkeitskomponenten

Eine Möglichkeit die Entkopplung des Drucks auch auf einem nicht-
versetzten Gitter zu vermeiden, bietet eine sogenannte selektive Interpolation, welche erstmals von Rhie und Chow (1983) vorgeschlagen wurde. Hierbei
werden die zur Berechnung der Massenflüsse durch die KV-Seiten notwendigen Geschwindigkeitskomponenten durch eine spezielle Interpolationsmetho-
de bestimmt, welche z.B. dafür sorgt, daß die Geschwindigkeitskomponenten
an den KV-Seiten nur von den Drücken in den direkt benachbarten KV-
Zentren abhängig gemacht werden (z.B. P und E für die Seite S_e). Während
bis Mitte der 80er Jahre fast ausschließlich mit versetzten Gittern („staggered
grids") gearbeitet wurde, hat sich aus den genannten Gründen in den letzten
Jahren mehr und mehr die nicht-versetzte Anordnung („colocated grids") mit
unterschiedlichen Methoden selektiver Interpolation durchgesetzt. Im folgenden wird deswegen nur diese Methode näher erläutert.

Als Ausgangspunkt für eine selektive Interpolation können die diskretisierten Impulsgleichungen (10.13) und (10.14) benutzt werden. Aufgelöst
nach u_P lautet beispielsweise die diskrete u-Gleichung (noch ohne Druckin-
terpolation):

$$u_{\mathrm{P}} = \frac{\sum_c a_c^u u_c + b^u}{a_{\mathrm{P}}^u} - \frac{\Delta x \Delta y}{a_{\mathrm{P}}^u} \left(\frac{\partial p}{\partial x}\right)_{\mathrm{P}} . \tag{10.28}$$

Zur Bestimmung von u_{e} werden alle Terme auf der rechten Seite dieser Gleichung linear interpoliert, bis auf den Druckgradienten, der durch eine Zentraldifferenz mit den entsprechenden Werten in den Punkten P und E approximiert wird:

$$u_{\mathrm{e}} = \overline{\left(\frac{\sum_c a_c^u u_c + b^u}{a_{\mathrm{P}}^u}\right)}_{\mathrm{e}} - \overline{\left(\frac{\Delta y}{a_{\mathrm{P}}^u}\right)}_{\mathrm{e}} (p_{\mathrm{E}} - p_{\mathrm{P}}) . \tag{10.29}$$

Der Querstrich bezeichnet hierbei eine lineare Interpolation aus den benachbarten KV-Zentren. Für die betrachtete Seite S_{e} sind dies die Punkte P und E, d.h. wir haben beispielsweise

$$\overline{\left(\frac{\Delta y}{a_{\mathrm{P}}^u}\right)}_{\mathrm{e}} = \gamma_{\mathrm{e}1} \left(\frac{\Delta y}{a_{\mathrm{P}}^u}\right)_{\mathrm{E}} + \gamma_{\mathrm{e}2} \left(\frac{\Delta y}{a_{\mathrm{P}}^u}\right)_{\mathrm{P}} \tag{10.30}$$

mit $\gamma_{\mathrm{e}1} = \gamma_{\mathrm{e}2} = 1/2$ bei äquidistantem Gitter. Für den Wert v_{n} an der Seite S_{n} erhält man entsprechend:

$$v_{\mathrm{n}} = \overline{\left(\frac{\sum_c a_c^v v_c + b^v}{a_{\mathrm{P}}^v}\right)}_{\mathrm{n}} - \overline{\left(\frac{\Delta x}{a_{\mathrm{P}}^v}\right)}_{\mathrm{n}} (p_{\mathrm{N}} - p_{\mathrm{P}}) , \tag{10.31}$$

wobei die durch den Querstrich bezeichnete Interpolation nun für die Punkte P und N durchzuführen ist. Die Gln. (10.29) und (10.31) können als approximierte Impulsgleichungen für die jeweiligen Punkte auf den KV-Seiten interpretiert werden.

Entsprechend der in Abschn. 10.3.1 beschriebenen Vorgehensweise für die Ableitung des SIMPLE-Verfahrens (Vernachlässigung der Summenterme) resultieren nun z.B. für die Seiten S_{e} und S_{n} die folgenden Ausdrücke für die Geschwindigkeitskorrekturen:

$$u_{\mathrm{e}}' = -\overline{\left(\frac{\Delta y}{a_{\mathrm{P}}^{u,k}}\right)}_{\mathrm{e}} (p_{\mathrm{E}}' - p_{\mathrm{P}}') \quad \text{und} \quad v_{\mathrm{n}}' = -\overline{\left(\frac{\Delta x}{a_{\mathrm{P}}^{v,k}}\right)}_{\mathrm{n}} (p_{\mathrm{N}}' - p_{\mathrm{P}}') . \tag{10.32}$$

Setzt man diese Werte in die Kontinuitätsgleichung (10.6) ein, ergibt sich:

$$\left[-\overline{\left(\frac{\Delta y}{a_{\mathrm{P}}^{u,k}}\right)}_{\mathrm{e}} (p_{\mathrm{E}}' - p_{\mathrm{P}}') + \overline{\left(\frac{\Delta y}{a_{\mathrm{P}}^{u,k}}\right)}_{\mathrm{w}} (p_{\mathrm{P}}' - p_{\mathrm{W}}') \right] \Delta y$$
$$+ \left[-\overline{\left(\frac{\Delta x}{a_{\mathrm{P}}^{v,k}}\right)}_{\mathrm{n}} (p_{\mathrm{N}}' - p_{\mathrm{P}}') + \overline{\left(\frac{\Delta x}{a_{\mathrm{P}}^{v,k}}\right)}_{\mathrm{s}} (p_{\mathrm{P}}' - p_{\mathrm{S}}') \right] \Delta x = b_{\mathrm{m}} . \tag{10.33}$$

Die algebraische Gleichung für die Druckkorrektur besitzt damit die Form

$$a_{\mathrm{P}}^{p,k} p_{\mathrm{P}}' = a_{\mathrm{E}}^{p,k} p_{\mathrm{E}}' + a_{\mathrm{W}}^{p,k} p_{\mathrm{W}}' + a_{\mathrm{N}}^{p,k} p_{\mathrm{N}}' + a_{\mathrm{S}}^{p,k} p_{\mathrm{S}}' + b_{\mathrm{m}} \tag{10.34}$$

mit den Koeffizienten

$$a_{\mathrm{E}}^{p,k} = \overline{\left(\frac{\Delta y^2}{a_{\mathrm{P}}^{u,k}}\right)}_{\mathrm{e}}, \quad a_{\mathrm{W}}^{p,k} = \overline{\left(\frac{\Delta y^2}{a_{\mathrm{P}}^{u,k}}\right)}_{\mathrm{w}}, \quad a_{\mathrm{N}}^{p,k} = \overline{\left(\frac{\Delta x^2}{a_{\mathrm{P}}^{v,k}}\right)}_{\mathrm{n}}, \quad a_{\mathrm{S}}^{p,k} = \overline{\left(\frac{\Delta x^2}{a_{\mathrm{P}}^{v,k}}\right)}_{\mathrm{s}}$$

und

$$a_{\mathrm{P}}^{p,k} = a_{\mathrm{E}}^{p,k} + a_{\mathrm{W}}^{p,k} + a_{\mathrm{N}}^{p,k} + a_{\mathrm{S}}^{p,k} .$$

Man erhält also eine diskrete Poisson-Gleichung mit „normalen" Gitterabständen Δx und Δy (s. Abb. 10.8). Betrachten wir erneut das eindimensionale Beispiel der alternierenden Druckverteilung aus Abschn. 10.3.2 (s. Abb. 10.6), dann erkennt man, daß die nach Gl. (10.32) berechnete Geschwindigkeit sich nicht mehr zu Null ergibt, da nun der Druckgradient aus den Werten p_{P} und p_{E} berechnet wird. Es wirkt nun also eine Kraft an der Seite S_{e}, wie dies aufgrund der vorgegebenen Druckverteilung aus physikalischen Gründen erforderlich ist. Es treten somit keine oszillatorischen Effekte auf.

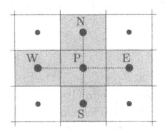

Abb. 10.8. Nachbarschaftsbeziehungen für Druckkorrekturen bei Verwendung selektiver Interpolation

Es sei angemerkt, daß nur die Werte der Geschwindigkeiten an den KV-Seiten die Kontinuitätsgleichung erfüllen. Für die Knotenwerte ist es im allgemeinen nicht möglich, dies zu garantieren (was aber auch nicht notwendig ist). Die Knotenwerte können jedoch analog zu den Beziehungen (10.32) korrigiert werden. Die Massenflüsse werden ebenfalls gemäß dieser Beziehungen korrigiert und gespeichert, um in der nächsten äußeren Iteration für die Berechnung der konvektiven Flüsse an den KV-Seiten zur Verfügung zu stehen.

Für nicht-kartesische Gitter ist die Vorgehensweise zur Aufstellung der Druckkorrekturgleichung prinzipiell die gleiche wie für kartesische Gitter, lediglich die jeweiligen Ausdrücke werden komplizierter. Die Interpolation entsprechend Gl. (10.30) kann jedoch im Vergleich zum kartesischen Fall die Einbeziehung von zusätzlichen Gitterpunkten erfordern kann (z.B. die sechs Nachbarwerte P, E, N, S, NE und SE, s. Abb. 10.9). Wir verzichten auf weitere Details und verweisen hierzu auf [8].

10.3.3 Unterrelaxation

Für stationäre Probleme (oder auch im instationären Fall, bei zu großen Zeitschrittweiten) wird ein Druckkorrekturverfahren in der beschriebenen Form

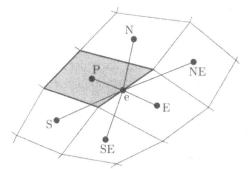

Abb. 10.9. Berechnung von Werten in KV-Seitenmittelpunkten für nicht-kartesische Gitter bei selektiver Interpolation

nicht ohne weiteres konvergieren, da ein gekoppeltes Gleichungssystem vorliegt und eine zu starke Änderung einer Variablen die anderen Variablen übermäßig beeinflussen kann und so zur Divergenz des Iterationsprozesses führt (was in der Praxis auch in den meisten Fällen auftritt). Eine Möglichkeit, ein konvergierendes Verfahren zu erhalten, bietet die Technik der *Unterrelaxation*, welche in verschiedenen Varianten in ein iteratives Lösungsverfahren eingeführt werden kann. Eine derartige Unterrelaxation hat generell zum Ziel, die Änderung einer Variablen von einer Iteration zur anderen zu reduzieren. Die Vorgehensweise beruht auf der gleichen Idee, welche zur Herleitung des SOR-Verfahrens aus dem Gauß-Seidel-Verfahren zur Lösung linearer Gleichungssysteme verwendet wird (s. Abschn. 7.1.2), wobei in diesem Fall allerdings eine stärkere Änderung der Variablen (Überrelaxation) die Zielsetzung darstellt.

Wir beschreiben zunächst eine Unterrelaxationstechnik, welche auf Patankar (1980) zurückgeht und generell für jede Transportgröße verwendet werden kann (in unserem Fall sind dies die Geschwindigkeitskomponenten u und v sowie die skalare Größe ϕ). Wir betrachten diese daher am Beispiel der Transportgleichung für eine allgemeine skalare Größe ϕ. Die Anwendung der Technik ist auch nicht auf Finite-Volumen-Verfahren beschränkt, sondern kann in analoger Weise in einem Finite-Element- oder Finite-Differenzen-Verfahren verwendet werden.

Ausgangspunkt ist die aus der Diskretisierung des kontinuierlichen Problems resultierende algebraischen Gleichung:

$$a_P^\phi \phi_P = \sum_c a_c^\phi \phi_c + b^\phi. \tag{10.35}$$

Weiterhin sei eine Iterationsvorschrift zur Berechnung von ϕ_P^{k+1} aus bereits bekannten Werten ϕ_P^k definiert (z.B. das im vorangegangenen Abschnitt beschriebene Druckkorrekturverfahren oder ein iterativer Gleichungslöser). Der „neue" Wert ϕ_P^{k+1} wird nun nicht direkt aus dieser vorgegebenen Iterationsvorschrift, sondern durch eine Linearkombination mit einem gewissen Anteil des Wertes aus der k-ten Iteration gebildet:

$$\phi_{\mathrm{P}}^{k+1} = \alpha_\phi \frac{\sum_c a_c^\phi \phi_c^{k+1} + b^\phi}{a_{\mathrm{P}}^\phi} + (1 - \alpha_\phi)\phi_{\mathrm{P}}^k \tag{10.36}$$

mit einem Parameter $0 < \alpha_\phi \leq 1$, der als *Unterrelaxationsparameter* bezeichnet wird. Gleichung (10.36) läßt sich wieder in die Form der Gl. (10.35) bringen, wenn man die Koeffizienten a_{P}^ϕ und b^ϕ wie folgt modifiziert:

$$\tilde{a}_{\mathrm{P}}^\phi = \frac{a_{\mathrm{P}}^\phi}{\alpha_\phi} \quad \text{und} \quad \tilde{b}^\phi = b^\phi + (1 - \alpha_\phi)\frac{a_{\mathrm{P}}^\phi}{\alpha_\phi}\phi_{\mathrm{P}}^k .$$

Es besteht eine enge Beziehung der beschriebenen Unterrelaxationstechnik zu Methoden, welche stationäre Probleme über die Lösung der zeitabhängigen Gleichungen bestimmen. Aus der Diskretisierung der der Gl. (10.35) entsprechenden instationären Gleichung mit dem impliziten Euler-Verfahren erhält man beipielsweise:

$$\underbrace{\left(a_{\mathrm{P}}^\phi + \frac{\rho_{\mathrm{P}}\delta V}{\Delta t_n}\right)}_{\tilde{a}_{\mathrm{P}}^\phi} \phi_{\mathrm{P}}^{n+1} = \sum_c a_c^\phi \phi_c^{n+1} + \underbrace{\left(b^\phi + \frac{\rho_{\mathrm{P}}\delta V}{\Delta t_n}\phi_{\mathrm{P}}^n\right)}_{\tilde{b}^\phi},$$

wobei n den Zeitschritt und Δt_n die Zeitschrittweite bezeichnet. Bei der Unterrelaxation wird a_{P}^ϕ durch die Division mit $\alpha_\phi < 1$ vergrößert, bei der Zeitschrittmethode durch die Addition des Terms $\rho_{\mathrm{P}}\delta V/\Delta t_n$. Die folgenden Beziehungen zwischen Δt_n und α_ϕ lassen sich leicht ableiten:

$$\Delta t_n = \frac{\rho_{\mathrm{P}}\alpha_\phi\delta V}{a_{\mathrm{P}}^\phi(1 - \alpha_\phi)} \quad \text{bzw.} \quad \alpha_\phi = \frac{a_{\mathrm{P}}^\phi \Delta t_n}{a_P^\phi \Delta t_n + \rho_{\mathrm{P}}\delta V} .$$

Ein für alle KVs konstanter Wert von α_ϕ entspricht also einem von KV zu KV variierendem Zeitschritt Δt_n. Umgekehrt läßt sich ein Zeitschritt Δt_n als eine Unterrelaxation mit von KV zu KV variierendem α_ϕ interpretieren.

Je nach Wahl der Approximation der Summenterme in den Gln. (10.20) und (10.21) kann es zur Sicherstellung der Konvergenz eines Druckkorrekturverfahrens erforderlich sein, auch für den Druck eine Unterrelaxation vorzunehmen. Hierzu wird jedoch eine andere Technik, als die oben beschriebene verwendet. Der „neue" Druck p^{k+1} wird nicht mit der vollen Druckkorrektur p' bestimmt, sondern einfach nur mit einem gewissen Anteil:

$$p^{k+1} = p^* + \alpha_p p' ,$$

wobei $0 < \alpha_p \leq 1$. Diese Unterrelaxation der Druckkorrektur ist notwendig, wenn in der Herleitung der Druckkorrekturgleichung starke Vereinfachungen vorgenommen wurden, z.B. das einfache Weglassen der Summenterme im SIMPLE-Verfahren oder die Vernachlässigung von Termen, die aufgrund nicht-kartesischer Gitter auftreten.

Es sei an dieser Stelle ausdrücklich erwähnt, daß beide beschriebenen Unterrelaxationstechniken keinen Einfluß auf die berechnete Lösung haben, d.h.

egal wie die Parameter gewählt werden, im Falle der Konvergenz erhält man stets die gleiche Lösung, lediglich der „Weg" dorthin ist jeweils ein anderer. Für das SIMPLE-Verfahren kann durch einfache Überlegungen gezeigt werden (s. [8]), daß mit

$$\alpha_p = 1 - \alpha_u, \tag{10.37}$$

wobei α_u der Unterrelaxationsparameter für die Impulsgleichungen ist, eine „gute" Konvergenzrate erreicht wird. Es bleibt die Frage zu klären, welcher Wert für α_u gewählt werden soll. Dies ist im allgemeinen eine sehr schwierige Frage, da der entsprechende Optimalwert sehr stark problemabhängig ist. Ein Verfahren, das es erlaubt, optimale Werte für die verschiedenen Unterrelaxationsparameter automatisch zu bestimmen, ist bislang nicht bekannt. Andererseits ist jedoch (insbesondere für stationäre Probleme) die „richtige" Wahl der Unterrelaxationsparameter entscheidend für die Effizienz eines Druckkorrekturverfahrens. Oftmals ist es nur durch gezielte Änderung dieser Parameter möglich, überhaupt eine Lösung erhalten. Der Unterrelaxation kommt daher für die praktische Anwendung eine große Bedeutung zu, weshalb wir auf die Wechselwirkungen der Parameter etwas genauer eingehen wollen.

Wir betrachten hierzu das typische Konvergenzverhalten des SIMPLE-Verfahrens in Abhängigkeit von den Unterrelaxationsparametern für ein konkretes Beispielproblem. Als Problemkonfiguration wählen wir die Umströmung eines Kreiszylinders in einem Kanal, die wir bereits aus Abschn. 6.4 kennen. Als Einstrombedingungen sei nun jedoch ein stationäres parabolisches Geschwindigkeitsprofil vorgegeben, welches einer Reynoldszahl von Re = 30 (bezogen auf den Zylinderdurchmesser) entspricht. Das Problem besitzt in diesem Fall eine stationäre Lösung mit zwei charakteristischen Wirbeln hinter dem Zylinder. In Abb. 10.10 sind die zugehörigen Stromlinien für den „interessanten" Ausschnitt des Problemgebiets dargestellt (die Asymmetrie der Wirbel kommt von der leicht asymmetrischen Problemgeometrie, vgl. Abb. 6.10). Die numerische Lösung des Problems wird mit verschiedenen Relaxationsparametern für die Geschwindigkeitskomponenten und den Druck für das in Abb. 10.11 gezeigte Gitter mit 1 536 Kontrollvolumen berechnet.

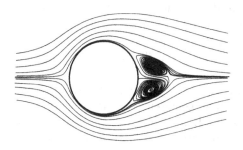

Abb. 10.10. Strömungskonfiguration für die Umströmung des Kreiszylinders (Stromlinien)

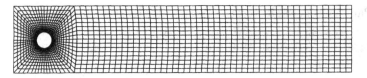

Abb. 10.11. Numerisches Gitter (blockstrukturiert) für die Berechnung der Umströmung des Kreiszylinders

In Abb. 10.12 ist die Anzahl der benötigten Druckkorrekturiterationen in Abhängigkeit der Relaxationsparameter dargestellt. Die Ergebnisse lassen einige charakteristische Schlußfolgerungen zu, die auch auf andere Probleme verallgemeinert werden können:

- Die Optimalwerte für α_u und α_p hängen wechselseitig voneinander ab.
- Wird der Optimalwert für α_u nur leicht überschritten führt dies zur Divergenz des Verfahrens. Bei Unterschreitung dieses Wertes konvergiert das Verfahren zwar noch, die Konvergenzgeschwindigkeit nimmt jedoch relativ stark ab.
- Je größer α_p, desto „enger" wird der „günstige" Bereich für α_u.
- Ist α_u nahe am Optimalwert, hat α_p einen relativ großen Einfluß auf die Konvergenzrate. Wird in diesem Fall der Optimalwert von α_p nur leicht überschritten führt dies zur Divergenz des Verfahrens. Eine Unterschreitung des Wertes verschlechtert die Konvergenzrate nur geringfügig (außer für extrem kleine Werte).
- Ist α_u deutlich kleiner als der Optimalwert, dann erhält man für beliebiges α_p (außer für extrem kleine Werte) annähernd die gleiche Konvergenzrate (auch für $\alpha_p = 1$).

Für das SIMPLE-Verfahren liegen typische Werte für α_u im Bereich von 0.6 bis 0.8 und nach Gl. (10.37) entsprechend für α_p im Bereich von 0.2 bis 0.4. Für eine konkrete Anwendung sollte man zunächst versuchen, mit Werten aus diesen Bereichen eine Lösung zu berechnen. Falls das Verfahren mit diesen Werten divergiert, ist es zweckmäßig durch eine Rechnung mit sehr kleinen Werten für α_u und α_p (z.B. $\alpha_u = \alpha_p = 0.1$) zunächst zu prüfen, ob die Konvergenzprobleme tatsächlich auf die Wahl der Unterrelaxationsfaktoren zurückzuführen sind. Ist dies der Fall, d.h. wenn das Verfahren mit diesen sehr kleinen Werten konvergiert, dann sollte α_u sukzessive verkleinert werden (im Vergleich zur ersten divergierenden Rechnung), bis ein konvergierendes Verfahren resultiert. α_p sollte hierbei jeweils gemäß Gl. (10.37) angepaßt werden.

Die Unterrelaxationsparameter α_u, α_p und α_ϕ werden meist im voraus gewählt und für alle Iterationen konstant gehalten. Prinzipiell wäre auch eine dynamische Steuerung während der Berechnung möglich, was jedoch problematisch ist, da geeignete Adaptionskriterien nicht verfügbar sind.

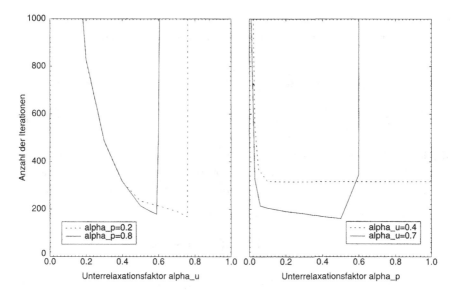

Abb. 10.12. Anzahl der benötigten Druckkorrekturiterationen in Abhängigkeit der Unterrelaxationsparameter für Geschwindigkeit und Druck

10.3.4 Druckkorrekturvarianten

Neben dem beschriebenen SIMPLE-Verfahren existieren eine Reihe weiterer Varianten von Druckkorrekturverfahren zur Druck-Geschwindigkeits-Kopplung. Auf zwei dieser Methoden, welche in vielen Berechnungsprogrammen implementiert sind, werden wir im folgenden noch kurz eingehen, wobei wir uns wieder auf eine nicht-versetzte Variablenanordnung in Verbindung mit der in Abschn. 10.3.2 beschriebenen selektiven Interpolationstechnik beschränken wollen.

Wie in Abschn. 10.3.1 erläutert, resultiert das SIMPLE-Verfahren durch eine Vernachlässigung der Summenterme

$$\sum_c a_c^{u,k} u_c' \quad \text{und} \quad \sum_c a_c^{v,k} v_c'$$

in den Gln. (10.20) und (10.21). Die Idee des sogenannten *SIMPLEC-Verfahrens* (das „C" steht für „Consistent"), welches von Van Doormal und Raithby (1984) vorgeschlagen wurde, besteht darin, diese Terme durch Geschwindigkeitswerte in benachbarten Punkten zu approximieren. Es wird hierbei angenommen, daß u_P' und v_P' Mittelwerte der entsprechenden Werte in den Nachbarkontrollvolumen sind (s. Abb. 10.13):

$$u_\mathrm{P}' \approx \frac{\sum_c a_c^{u,k} u_c'}{\sum_c a_c^{u,k}} \quad \text{und} \quad v_\mathrm{P}' \approx \frac{\sum_c a_c^{v,k} v_c'}{\sum_c a_c^{v,k}}.$$

Setzt man diese Ausdrücke in Gl. (10.28) (und die entsprechende Gl. für v) ein, resultieren die folgenden Beziehungen zwischen u', v' und p':

$$u'_\mathrm{P} = -\frac{\Delta x \Delta y}{a_\mathrm{P}^{u,k} - \sum_c a_c^{u,k}} \left(\frac{\partial p'}{\partial x}\right)_\mathrm{P}, \tag{10.38}$$

$$v'_\mathrm{P} = -\frac{\Delta x \Delta y}{a_\mathrm{P}^{v,k} - \sum_c a_c^{v,k}} \left(\frac{\partial p'}{\partial y}\right)_\mathrm{P}. \tag{10.39}$$

Analog zur Vorgehensweise für das SIMPLE-Verfahren erhält man durch Einsetzen der aus der selektiven Interpolation resultierenden Geschwindigkeitskomponenten in die Kontinuitätsgleichung eine Druckkorrekturgleichung mit folgenden Koeffizienten:

$$a_\mathrm{E}^{p,k} = \overline{\left(\frac{\Delta y^2}{a_\mathrm{P}^{u,k} - \sum_c a_c^{u,k}}\right)_\mathrm{e}}, \quad a_\mathrm{W}^{p,k} = \overline{\left(\frac{\Delta y^2}{a_\mathrm{P}^{u,k} - \sum_c a_c^{u,k}}\right)_\mathrm{w}},$$

$$a_\mathrm{N}^{p,k} = \overline{\left(\frac{\Delta x^2}{a_\mathrm{P}^{v,k} - \sum_c a_c^{v,k}}\right)_\mathrm{n}}, \quad a_\mathrm{S}^{p,k} = \overline{\left(\frac{\Delta x^2}{a_\mathrm{P}^{v,k} - \sum_c a_c^{v,k}}\right)_\mathrm{s}},$$

$$a_\mathrm{P}^{p,k} = a_\mathrm{E}^{p,k} + a_\mathrm{W}^{p,k} + a_\mathrm{N}^{p,k} + a_\mathrm{S}^{p,k}.$$

Nachdem die Druckkorrekturgleichung für p' gelöst ist, werden die Geschwindigkeitskorrekturen gemäß den Gln. (10.38) und (10.39) berechnet.

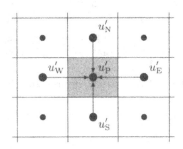

Abb. 10.13. Approximation der Geschwindigkeitskorrekturen bei Verwendung des SIMPLEC-Verfahrens

Eine Unterrelaxation des Drucks ist beim SIMPLEC-Verfahren nicht notwendig (d.h. es kann $\alpha_p = 1$ gewählt werden). Die Geschwindigkeiten müssen im allgemeinen jedoch auch hier unterrelaxiert werden. Falls $b^{u,k}$ und $b^{v,k}$ verschwinden, sind das SIMPLEC- und das SIMPLE-Verfahren identisch, wenn in letzterem der Unterrelaxationsfaktor für den Druck gemäß

$$\alpha_p = 1 - \alpha_u$$

gewählt wird. Für Probleme, bei denen $b^{u,k}$ und $b^{v,k}$ nicht vernachlässigbar sind, ist das SIMPLEC-Verfahren in der Regel effizienter als das SIMPLE-

Verfahren (bei vergleichbarem Rechenaufwand pro Iteration). Für nicht-orthogonale Gitter ergeben sich jedoch auch einige Nachteile, auf die wir jedoch hier nicht näher eingehen wollen.

Ein weitere Variante des SIMPLE-Verfahrens ist das *PISO-Verfahren*. Bei diesem verläuft der erste Korrekturschritt völlig identisch wie für das SIMPLE-Verfahren, so daß zunächst die gleichen Druck- und Geschwindigkeitskorrekturen p', u' und v' vorliegen. Die Idee des PISO-Verfahrens besteht nun darin, die im SIMPLE-Verfahren bei der Ableitung der Druckkorrekturgleichung gemachten Vereinfachungen durch weitere Korrekturschritte zu kompensieren. Ausgehend von den Gln. (10.20) und (10.21) werden hierzu weitere Korrekturen u'', v'' und p'' gesucht. Für diese ergeben sich in analoger Weise, wie für die ersten Korrekturen die Beziehungen:

$$u_{\mathrm{e}}'' = \overline{\left(\frac{\sum_c a_c^{u,k} u_c'}{a_{\mathrm{P}}^{u,k}}\right)}_{\mathrm{e}} - \overline{\left(\frac{\Delta y}{a_{\mathrm{P}}^{u,k}}\right)}_{\mathrm{e}} (p_{\mathrm{E}}'' - p_{\mathrm{P}}''), \tag{10.40}$$

$$v_{\mathrm{n}}'' = \overline{\left(\frac{\sum_c a_c^{v,k} v_c'}{a_{\mathrm{P}}^{v,k}}\right)}_{\mathrm{n}} - \overline{\left(\frac{\Delta x}{a_{\mathrm{P}}^{v,k}}\right)}_{\mathrm{n}} (p_{\mathrm{N}}'' - p_{\mathrm{P}}''). \tag{10.41}$$

Aus der Kontinuitätsgleichung ergibt sich:

$$\frac{\dot{m}_{\mathrm{e}}''}{\rho_{\mathrm{e}}} + \frac{\dot{m}_{\mathrm{w}}''}{\rho_{\mathrm{w}}} + \frac{\dot{m}_{\mathrm{n}}''}{\rho_{\mathrm{n}}} + \frac{\dot{m}_{\mathrm{s}}''}{\rho_{\mathrm{s}}} = 0. \tag{10.42}$$

Setzt man die Ausdrücke (10.40) und (10.41) für u'' und v'' in Gl. (10.42) ein, ergibt sich eine zweite Druckkorrekturgleichung der Form:

$$a_{\mathrm{P}}^{p,k} p_{\mathrm{P}}'' = \sum_c a_c^{p,k} p_c'' + \tilde{b}_{\mathrm{m}} \tag{10.43}$$

Die Koeffizienten in dieser Gleichung sind die gleichen wie in der ersten Druckkorrekturgleichung, nur der Quellterm ist anders definiert:

$$\tilde{b}_{\mathrm{m}} = \overline{\left(\Delta y \frac{\sum_c a_c^{u,k} u_c'}{a_{\mathrm{P}}^{u,k}}\right)}_{\mathrm{e}} - \overline{\left(\Delta y \frac{\sum_c a_c^{u,k} u_c'}{a_{\mathrm{P}}^{u,k}}\right)}_{\mathrm{w}} +$$
$$\overline{\left(\Delta x \frac{\sum_c a_c^{v,k} v_c'}{a_{\mathrm{P}}^{v,k}}\right)}_{\mathrm{n}} - \overline{\left(\Delta x \frac{\sum_c a_c^{v,k} v_c'}{a_{\mathrm{P}}^{v,k}}\right)}_{\mathrm{s}}.$$

Die Tatsache, daß die Koeffizienten der ersten und zweiten Druckkorrekturgleichung identisch sind, kann z.B. bei Verwendung eines ILU-Verfahrens zur Lösung der Gleichung dahingehend ausgenutzt werden, daß die Zerlegung nur einmal berechnet werden muß, wodurch sich der Rechenaufwand für die zweite Druckkorrekturgleichung reduziert.

Nachdem Gl. (10.43) gelöst ist, werden die Geschwindigkeitskorrekturen u'' und v'' gemäß den Gln. (10.40) und (10.41) berechnet. Anschließend erhält man u^{k+1}, v^{k+1} und p^{k+1} durch:

$$u^{k+1} = u^{**} + u'' , \quad v^{k+1} = v^{**} + v'' , \quad p^{k+1} = p^{**} + p'' ,$$

wobei u^{**}, v^{**} und p^{**} die Werte bezeichnen, die man nach der ersten Korrektur erhält.

Im Prinzip sind in analoger Weise nun weitere Korrekturen möglich, um die Approximationen der jeweils ersten Terme auf den rechten Seiten von der Gln. (10.40) und (10.41) näher an den „Sollwert" zu bringen (d.h. links und rechts gleiche Geschwindigkeiten). Es werden jedoch selten mehr als zwei Korrekturen angewandt, da es sich nicht lohnt, die linearisierten Impulsgleichungen genau zu erfüllen, da die Koeffizienten ohnehin neu berechnet werden müssen (aufgrund der Nichtlinearität und der Kopplung von u und v). Auch für das PISO-Verfahren ist keine Unterrelaxation des Drucks erforderlich (wohl aber für die Geschwindigkeitskomponenten).

Die Vor- und Nachteile des PISO-Verfahrens im Vergleich zum SIMPLE- oder SIMPLEC-Verfahren sind:

– Die Anzahl der äußeren Iterationen ist in der Regel geringer.
– Der Aufwand pro Iteration ist höher, da eine (oder mehrere) zusätzliche Druckkorrekturgleichungen gelöst werden müssen.
– Um den Quellterm $\tilde{b}^p$ für die zweite Druckkorrekturgleichung zu berechnen, müssen die Koeffizienten aus den beiden Impulsgleichungen sowie die Werte von u' und v' vorliegen, was den Speicherbedarf erhöht.

Welches Verfahren für ein bestimmtes Problem die geringere Rechenzeit benötigt, ist stark problemabhängig. Die Unterschiede sind jedoch meist nicht sehr gravierend.

10.4 Behandlung von Randbedingungen

Die generellen Vorgehensweisen zum Einbau unterschiedlicher Randbedingungen in ein Finite-Volumen-Verfahren wurden bereits in Abschn. 4.7 beschrieben. Da diese in analoger Weise auch für entsprechende Randbedingungen bei Strömungsproblemen angewandt werden können, werden wir im folgenden die für diese Problemklasse typischen Randarten (s. Abschn. 2.5.1) nur im Hinblick auf hierbei auftretende Besonderheiten betrachten. Auf die entsprechenden Randbedingungen für die skalare Größe ϕ sowie auf einen Einstromrand, für den beide Geschwindigkeitskomponenten vorgegeben sind, müssen wir hierbei nicht eingehen, da hier keine Besonderheiten auftreten.

Wir betrachten beispielhaft ein allgemeines viereckiges Kontrollvolumen, dessen Südseite S_s auf dem Rand des Problemgebiets liegt (s. Abb. 10.14). Wir zerlegen den Geschwindigkeitsvektor $\mathbf{v} = (u, v)$ am Rand in eine Normal- und Tangentialkomponente, die wir mit v_n und v_t bezeichnen:

$$\mathbf{v}_s = v_n \mathbf{n} + v_t \mathbf{t} ,$$

wobei $\mathbf{n} = (n_1, n_2)$ den Einheitsvektor normal zur Wand und $\mathbf{t} = (t_1, t_2)$ den Einheitsvektor tangential zur Wand bezeichnen (s. Abb. 10.14). Es gilt $\mathbf{t} = (-n_2, n_1)$, so daß v_n und v_t mit den kartesischen Geschwindigkeitskomponenten u und v in folgender Beziehung stehen:

$$v_n = un_1 + vn_2 \quad \text{und} \quad v_t = vn_1 - un_2 \,.$$

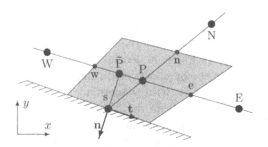

Abb. 10.14. Nicht-kartesisches Rand-KV am Südrand mit Bezeichnungen

Betrachten wir zunächst die Randbedingungen an einer undurchlässigen Wand. Aufgrund der Haftbedingung nimmt die Geschwindigkeit dort den Wert der (vorgegebenen) Wandgeschwindigkeit an: $(u, v) = (u_S, v_S)$. Da durch eine undurchlässige Wand nichts strömen kann, sind dort die konvektiven Flüsse für alle Variablen gleich Null, was in einfacher Weise durch Nullsetzen des konvektiven Flusses durch die entsprechende KV-Seite berücksichtigt werden kann.

Die Behandlung der diffusiven Flüsse in den Impulsgleichungen erfordert spezielle Aufmerksamkeit. Da die Tangentialgeschwindigkeit v_t entlang einer Wand konstant ist, verschwindet deren Ableitung in tangentialer Richtung:

$$\frac{\partial v_t}{\partial x} t_1 + \frac{\partial v_t}{\partial y} t_2 = 0 \,. \tag{10.44}$$

Schreiben wir die Kontinuitätsgleichung (10.3) mit den Tangential- und Normalkomponenten ergibt sich:

$$\frac{\partial v_n}{\partial x} n_1 + \frac{\partial v_n}{\partial y} n_2 + \frac{\partial v_t}{\partial x} t_1 + \frac{\partial v_t}{\partial y} t_2 = 0 \,. \tag{10.45}$$

Aus den Beziehungen (10.44) und (10.45) folgt, daß an der Wand, neben $(u, v) = (u_S, v_S)$, auch die Normalableitung von v_n verschwinden muß:

$$\frac{\partial v_n}{\partial x} n_1 + \frac{\partial v_n}{\partial y} n_2 = 0 \,. \tag{10.46}$$

Physikalisch bedeutet dies, daß die Normalspannung an der Wand gleich Null ist, und der Impulsaustausch nur durch die Schubspannung (die in diesem Fall als *Wandschubspannung* bezeichnet wird) vermittelt wird (s. Abb. 10.15).

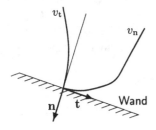

Abb. 10.15. Verlauf der Tangential- und Normalgeschwindigkeit an einer Wand

Die Bedingung (10.46) wird von der diskreten Lösung nicht automatisch erfüllt und sollte daher (zusätzlich zur Dirichletschen Wandrandbedingung) direkt bei der Approximation der diffusiven Flüsse in den Impulsgleichungen berücksichtigt werden, indem bereits der entsprechend modifizierte diffusive Fluß als Basis für die Approximation verwendet wird (andernfalls resultiert, da v_n in P nicht Null ist, ein Wert ungleich Null für die Approximation der Normalableitung von v_n). Der modifizierte diffusive Fluß für die Randseite S_s in der u-Impulsgleichung mit einer möglichen Approximation lautet beispielsweise

$$-\int_{S_s} \mu \left(\frac{\partial v_t}{\partial x} n_1 + \frac{\partial v_t}{\partial y} n_2 \right) t_1 \, \mathrm{d}S_s \approx \mu_s \frac{v_{t,\tilde{P}} - v_{t,s}}{|\mathbf{x}_{\tilde{P}} - \mathbf{x}_s|} t_1 \delta S_s \,,$$

wobei $v_{t,s} = v_S n_1 - u_S n_2$ durch die vorgegebene Wandgeschwindigkeit bestimmt ist und der Punkt $\tilde{P}$ entsprechend Abb. 10.14 definiert ist. Falls die Nicht-Orthogonalität des Gitters nicht zu stark ist, kann $v_{t,\tilde{P}}$ einfach durch $v_{t,P}$ approximiert werden. Andernfalls ist es notwendig eine Interpolation aus weiteren benachbarten Punkten (je nach Lage von $\tilde{P}$) durchzuführen. Für die v-Impulsgleichung hat man eine entsprechende Beziehung (mit t_2 anstatt t_1). Für die konkrete Implementierung kann v_t wieder durch die kartesischen Geschwindigkeitskomponenten ausgedrückt werden.

An einem Symmetrierand hat man die Randbedingungen

$$\frac{\partial v_t}{\partial x} n_1 + \frac{\partial v_t}{\partial y} n_2 = 0 \quad \text{und} \quad v_n = 0 \,.$$

Wegen $v_n = 0$ ist auch in diesem Fall der konvektive Fluß durch die Randseite gleich Null. Für den diffusiven Fluß hat man, da im allgemeinen

$$\frac{\partial v_n}{\partial x} n_1 + \frac{\partial v_n}{\partial y} n_2 \neq 0 \,,$$

im Vergleich zu einer Wand die umgekehrte Situation: die Schubspannung ist gleich Null und der Impulsaustausch wird nur durch die Normalspannung vermittelt (s. Abb. 10.16). Auch dies kann direkt durch eine Modifikation des entsprechenden diffusiven Flusses berücksichtigt werden. Für die u-Gleichung und die Randseite S_s hat man beispielsweise

$$- \int\limits_{S_\mathrm{s}} \mu \left(\frac{\partial v_\mathrm{n}}{\partial x} n_1 + \frac{\partial v_\mathrm{n}}{\partial y} n_2 \right) n_1 \, \mathrm{d}S_\mathrm{s} \approx \mu_\mathrm{s} \frac{v_{\mathrm{n},\tilde{\mathrm{P}}}}{|\mathbf{x}_{\tilde{\mathrm{P}}} - \mathbf{x}_\mathrm{s}|} n_1 \delta S_\mathrm{s} \,,$$

wobei zur Approximation der Normalableitung die Randbedingung $v_\mathrm{n} = 0$ benutzt wurde. Auch v_n kann wieder durch die kartesischen Geschwindig-keitskomponenten ausgedrückt werden. Die Werte der Geschwindigkeitskomponenten in den Symmetrierandpunkten können durch eine geeignete Extrapolation aus inneren Punkten bestimmt werden.

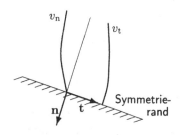

Abb. 10.16. Verlauf der Tangential- und Normalgeschwindigkeit an einem Symmetrierand

Ein besonderes Problem bei Strömungsberechnungen stellt ein Ausstromrand dar. Hier sind im allgemeinen keine exakten Bedingungen bekannt, so daß diese in irgendeiner Form „künstlich" vorgeschrieben werden müssen. Generell sollte deswegen ein Austromrand ausreichend weit von dem Teil des Strömungsgebiets entfernt sein, in dem sich die für die Problemstellung wichtigen Vorgänge abspielen. Dadurch wird es möglich, bestimmte Annahmen über die Verläufe der Variablen am Ausstromrand zu treffen, ohne damit die Lösung in den „interessierenden" Teilen des Gebiets zu beeinflussen. Eine übliche Annahme für einen solchen Rand ist dann, daß die Normalableitungen beider Geschwindigkeitskomponenten verschwinden:

$$\frac{\partial u}{\partial x} n_1 + \frac{\partial u}{\partial y} n_2 = 0 \quad \text{und} \quad \frac{\partial v}{\partial x} n_1 + \frac{\partial v}{\partial y} n_2 = 0 \,.$$

Diese Bedingungen lassen sich beispielsweise für die Seite S_s durch Nullsetzen der Koeffizienten $a_\mathrm{S}^{u,k}$ und $a_\mathrm{S}^{v,k}$ implementieren. Die Randwerte u_s und v_s können durch Extrapolation aus inneren Werten bestimmt werden, wobei durch eine anschließende Korrektur dieser Randwerte noch dafür gesorgt werden muß, daß die Summe der ausströmenden Massenflüsse gleich dem einfließenden Massenstrom ist.

Ein Sonderfall in Bezug auf Randbedingungen ist die Druckkorrekturgleichung. Sind die Randwerte der normalen Geschwindigkeitskomponenten vorgegeben, wie dies für alle diskutierten Randtypen der Fall ist (auch an einem Ausstromrand, über obige Korrektur), ist für diese am Rand keine Korrektur nötig. Dies muß bei der Aufstellung der Druckkorrekturgleichung berücksichtigt werden, indem in der Massenerhaltungsgleichung für die Korrekturen der entsprechende Term gleich Null gesetzt wird. Dies entspricht einer verschwindenden Normalableitung für p' am Rand. Wir wollen dies am Beispiel der Seite S_s für den kartesischen Fall kurz erläutern. Wegen $v'_s = 0$ folgt mit

$$v'_s = -\overline{\left(\frac{\Delta y}{a_P^{u,k}}\right)_s}(p'_s - p'_P),$$

daß für die Druckkorrektur am Rand die Bedingung $p'_s = p'_P$ gilt. Die Druckkorrekturgleichung für das Randkontrollvolumen lautet:

$$\underbrace{(a_E^{p,k} + a_N^{p,k} + a_W^{p,k})}_{a_P^{p,k}} p'_P = a_E^{p,k}p'_E + a_N^{p,k}p'_N + a_W^{p,k}p'_W + b_m\,,$$

d.h. der Koeffizient $a_S^{p,k}$ verschwindet. Damit theoretisch überhaupt eine Lösung für das p'-Gleichungssystem existiert, muß die Summe der Massenquellen b_m über alle KV gleich Null sein. Diese Bedingung ist genau dann erfüllt, wenn die Summe der ausströmenden Massenflüsse gleich dem einfließenden Massenstrom ist, was durch die oben bereits angesprochene Korrektur der Geschwindigkeitskomponenten am Ausstromrand sichergestellt werden muß.

Zur Aufstellung der diskreten Impulsgleichungen werden bei Verwendung von nicht-versetzten Gittern auch Druckwerte am Rand benötigt. Der Druck kann jedoch am Rand nicht vorgegeben werden, da er, wie bereits erwähnt, durch die Differentialgleichung und die Geschwindigkeitsrandbedingungen bereits eindeutig bestimmt ist. Die benötigten Druckwerte können einfach aus inneren Punkten zum Rand (z.B. linear) extrapoliert werden. Im Berechnungsverfahren hat man auch die Möglichkeit, anstelle der Geschwindigkeiten, den Druck am Rand vorzugeben. In diesem Fall muß die Druckkorrekturgleichung modifiziert werden (s. [8]).

10.5 Berechnungsbeispiel

Zur Erläuterung wollen wir den Ablauf eines Druckkorrekturverfahrens anhand eines einfachen Beispiels nachvollziehen, bei welchem die einzelnen Schritte „per Hand" ausgeführt werden können. Wir betrachten hierzu eine zweidimensionale Kanalströmung wie in Abb. 10.17 skizziert. Das Problem wird beschrieben durch die Gln. (10.1)-(10.3) (ohne Zeitableitungsterme) mit den Randbedingungen

$$u = v = 0 \quad \text{für} \quad y = 0 \text{ und } y = H,$$

$$\frac{\partial u}{\partial x} = \frac{\partial v}{\partial x} = 0 \quad \text{für} \quad x = L\,,$$

$$u(y) = \frac{4u_{\max}}{H^2}\left(Hy - y^2\right), \quad v = 0 \quad \text{für} \quad x = 0.$$

Die Problemdaten seien wie folgt vorgegeben:

$$\rho = 142\,\text{kg/m}^3\,, \quad \mu = 2\,\text{kg/ms}\,, \quad u_{\max} = 3\,\text{m/s}\,, \quad L = 4\,\text{m}\,, \quad H = 1\,\text{m}\,.$$

Das Problem besitzt die analytische Lösung

$$u = \frac{4u_{\max}}{H^2}\left(Hy - y^2\right)\,, \quad v = 0\,, \quad p = -\frac{4\mu u_{\max}}{H^2}\,x + C$$

mit einer beliebigen Konstante C.

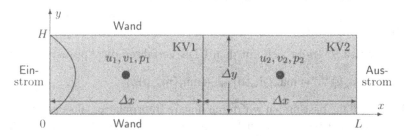

Abb. 10.17. Zweidimensionale Kanalströmung, Diskretisierung mit zwei KV

Für unsere Betrachtungen können wir uns auf die folgenden beiden Gleichungen (Massen- und u-Impulserhaltung, Nullsetzen aller Terme mit v) beschränken, welche ausreichen, um die Prinzipien des Druckkorrekturverfahrens zu verdeutlichen:

$$\frac{\partial u}{\partial x} = 0 \quad \text{und} \quad \rho\,\frac{\partial(uu)}{\partial x} - \mu\left(\frac{\partial^2 u}{\partial x^2} + \frac{\partial^2 u}{\partial y^2}\right) = -\frac{\partial p}{\partial x}\,.$$

Zur Diskretisierung des Problemgebiets verwenden wir zwei Kontrollvolumen wie in Abb. 10.17 angegeben ($\Delta x = L/2$ und $\Delta y = H$). Als Druckkorrekturverfahren verwenden wir das SIMPLE-Verfahren mit selektiver Interpolation. Letztere wäre für das betrachtete Beispiel nicht notwendig (da beide Kontrollvolumen direkt am Rand liegen), wir wollen sie dennoch verwenden, um auch die Verwendung dieser Technik zu erläutern. Als Startwerte für den Iterationsprozeß wählen wir

$$p_1^0 = p_2^0 = 0 \quad \text{und} \quad u_1^0 = u_2^0 = 1\,.$$

Durch Integration und Anwendung des Gaußschen Integralsatzes erhält man aus der u-Impulsgleichung die Beziehung

$$\rho\sum_c\int_S \rho uun_1\,\mathrm{d}S - \mu\sum_c\int_S \left(\frac{\partial u}{\partial x}n_1 + \frac{\partial u}{\partial y}n_2\right)\mathrm{d}S = -\sum_c\int_S pn_1\mathrm{d}S\,,$$

für welche sich mit der Mittelpunktsregel die folgende allgemeine Approximation ergibt:

$$\dot{m}_e u_e + \dot{m}_w u_w \ - \ \mu \Delta y \left[\left(\frac{\partial u}{\partial x} \right)_e - \left(\frac{\partial u}{\partial x} \right)_w \right]$$

$$- \ \mu \Delta x \left[\left(\frac{\partial u}{\partial y} \right)_n - \left(\frac{\partial u}{\partial y} \right)_s \right] = -(p_e - p_w) \Delta y \,. \tag{10.47}$$

Die konvektiven Flüsse durch die Seiten S_n und S_s verschwinden aufgrund der Randbedingung $v = 0$ an den Kanalwänden.

Betrachten wir zunächst das KV1. Für den konvektiven Fluß durch die Seite S_w erhalten wir aus der Einstromrandbedingung

$$\dot{m}_w u_w = -\rho u_{max}^2 \Delta y$$

und für die Seite S_e ergibt sich mit dem UDS-Verfahren die Approximation:

$$\dot{m}_e u_e \approx \dot{m}_e u_e^{UDS} = \max\{\dot{m}_e, 0\} u_P + \min\{\dot{m}_e, 0\} u_E \,.$$

Den Massenfluß $\dot{m}_e$ bestimmen wir durch lineare Interpolation aus den Startwerten für u in den benachbarten KV-Zentren (Linearisierung), so daß sich folgende Approximation ergibt (mit $\dot{m}_e^0 > 0$):

$$\dot{m}_e u_e \approx \dot{m}_e^0 u_e \approx \frac{\rho \Delta y}{2} \left(u_1^0 + u_2^0 \right) u_P \,.$$

Die Diskretisierung der diffusiven Flüsse und des Drucks mittels Zentraldifferenzen ergibt:

$$\left(\frac{\partial u}{\partial x} \right)_e \approx \frac{u_E - u_P}{\Delta x} \,, \quad \left(\frac{\partial u}{\partial x} \right)_w \approx \frac{u_P - u_w}{\Delta x / 2} \,,$$

$$\left(\frac{\partial u}{\partial y} \right)_n \approx \frac{u_n - u_P}{\Delta y / 2} \,, \quad \left(\frac{\partial u}{\partial y} \right)_s \approx \frac{u_P - u_s}{\Delta y / 2}$$

und

$$(p_e - p_w) \Delta y \approx \left[\frac{1}{2}(p_P + p_E) - \frac{1}{2}(3p_P - p_E) \right] \Delta y = (p_E - p_P) \Delta y \,,$$

wobei zur Bestimmung des Randdrucks p_w eine lineare Extrapolation aus den Werten p_P und p_E benutzt wurde. Einsetzen der obigen Approximationen in Gl. (10.47) ergibt mit $u_P = u_1$ und $u_E = u_2$ (entsprechend für die Druckwerte) die Gleichung:

$$\left[3\mu \frac{\Delta y}{\Delta x} + 4\mu \frac{\Delta x}{\Delta y} + \frac{\rho \Delta y}{2} \left(u_1^0 + u_2^0 \right) \right] u_1 - \mu \frac{\Delta y}{\Delta x} u_2 \ =$$

$$(\rho u_{max} \Delta y + 2\mu \frac{\Delta y}{\Delta x}) u_{max} - (p_2 - p_1) \Delta y \,. \tag{10.48}$$

Schreiben wir Gl. (10.48) wie üblich in der Form (der Index 1 bezieht sich auf das KV, der Index u ist weggelassen)

$$a_P^1 u_1 - a_E^1 u_2 = b^1 - (p_2 - p_1)\Delta y,\tag{10.49}$$

ergeben sich durch Einsetzen der konkreten Zahlenwerte die Koeffizienten:

$$a_P^1 = 3\mu\frac{\Delta y}{\Delta x} + 4\mu\frac{\Delta x}{\Delta y} + \frac{\rho\Delta y}{2}\left(u_1^0 + u_2^0\right) = 161,$$

$$a_E^1 = \mu\frac{\Delta y}{\Delta x} = 1,$$

$$b^1 = \left(\rho u_{\max}\Delta y + 2\mu\frac{\Delta y}{\Delta x}\right)u_{\max} = 1284.$$

Für das KV2 erhalten wir aus der diskretisierten u-Impulsgleichung in analoger Weise zunächst die Beziehung

$$\left(\mu\frac{\Delta y}{\Delta x} + 4\mu\frac{\Delta x}{\Delta y} + \max\{\dot{m}_w, 0\} + \dot{m}_e\right)u_2$$

$$-\left(\mu\frac{\Delta y}{\Delta x} - \min\{\dot{m}_w, 0\}\right)u_1 = -(p_2 - p_1)\Delta y.$$

An der Seite S_e wurde hierbei die Ausstromrandbedingung $\partial u/\partial x = 0$ wie folgt verwendet: aus einer Rückwärtsdifferenzenapproximation bei x_e folgt $u_e = u_P = u_2$, so daß sich der konvektive Fluß durch S_e zu $\dot{m}_e u_2$ ergibt, und der diffusive Fluß ergibt sich direkt aus der Randbedingung zu Null. Da der Massenstrom $\dot{m}_w$ des KV2 gleich dem Negativen des Massenstroms durch die Seite S_e des KV1 sein muß, verwenden wir die Approximation

$$\dot{m}_w \approx \dot{m}_w^0 = -\frac{\rho\Delta y}{2}\left(u_1^0 + u_2^0\right),$$

und $\dot{m}_e$ approximieren wir aus dem Startwert u_2^0 gemäß

$$\dot{m}_e^0 \approx \rho\Delta y u_2^0.$$

Natürlich könnten wir für die spezielle Situation unseres Beispielproblems ausnutzen, daß $\dot{m}_e$ der Ausstrommassenfluß ist, welcher gleich dem Einstrommassenfluß $\rho u_{\max}^2\Delta y$ sein muß. Da dies jedoch im allgemeinen nicht möglich ist, wollen wir dies auch hier nicht tun. Geschrieben in der Form

$$-a_W^2 u_1 + a_P^2 u_2 = b^2 - (p_2 - p_1)\Delta y\tag{10.50}$$

ergeben sich die Koeffizienten der Gleichung für KV2 zu:

$$a_P^2 = \mu\frac{\Delta y}{\Delta x} + 4\mu\frac{\Delta x}{\Delta y} + \rho\Delta y u_2^0 = 159,$$

$$a_W^2 = \mu\frac{\Delta y}{\Delta x} + \frac{\rho\Delta y}{2}\left(u_1^0 + u_2^0\right) = 143,$$

$$b^2 = 0.$$

Für den ersten Schritt des SIMPLE-Verfahrens, d.h. für die Bestimmung der vorläufigen Geschwindigkeiten u_1^* und u_2^*, stehen also nun die beiden Gln. (10.49) und (10.50) zur Verfügung. Führen wir gemäß der in Abschn. 10.3.3 beschriebenen Vorgehensweise eine Unterrelaxation (mit Unterrelaxationsfaktor α_u) ein, so ergibt sich das modifizierte System

$$\frac{a_P^1}{\alpha_u} u_1^* - a_E^1 u_2^* \;=\; b^1 - (p_2^* - p_1^*)\Delta y + \frac{a_P^1(1-\alpha_u)}{\alpha_u}\, u_1^0, \qquad (10.51)$$

$$-a_W^2 u_1^* + \frac{a_P^2}{\alpha_u} u_2^* \;=\; b^2 - (p_2^* - p_1^*)\Delta y + \frac{a_P^2(1-\alpha_u)}{\alpha_u}\, u_2^0. \qquad (10.52)$$

Wir wählen $\alpha_u = 1/2$, so daß sich durch Einsetzen der Zahlenwerte unter Verwendung der Startwerte mit $p_1^* = p_1^0$ und $p_2^* = p_2^0$ die folgenden beiden Gleichungen zur Bestimmung von u_1^* und u_2^* ergeben:

$$322u_1^* - u_2^* = 1445 \quad \text{und} \quad -143u_1^* + 318u_2^* = 159\,.$$

Die Lösung dieses Systems ergibt sich zu:

$$u_1^* \approx 4,4954 \quad \text{und} \quad u_2^* \approx 2,5215\,.$$

Nun wird die Geschwindigkeit am Ausstromrand u_{aus} (d.h. u_e für das KV2) bestimmt, welche für die Aufstellung der Druckkorrekturgleichung benötigt wird. Aus der Diskretisierung der Ausstromrandbedingung mit einer Rückwärtsdifferenz, welche in der diskreten Impulsgleichung für das KV2 verwendet wurde, folgt $u_{\mathrm{aus}} = u_2^*$. Man erkennt, daß wegen $u_{\max} \neq u_{\mathrm{aus}}$ mit diesem Wert die globale Konservativität des Verfahrens nicht gewährleistet ist:

$$\dot m_{\mathrm{ein}} = \rho u_{\max}\Delta y \;\neq\; \rho u_{\mathrm{aus}}\Delta y = \dot m_{\mathrm{aus}}\,.$$

Würde man diesen Wert für u_{aus} verwenden, so wären die Druckkorrekturgleichungen, die wir nachfolgend aufstellen, nicht lösbar. Es ist daher notwendig die Ausstromgeschwindigkeit entsprechend der Forderung der globalen Konservativität festzulegen, d.h. wir setzen

$$u_{\mathrm{aus}} = u_{\max} = 3\,,$$

womit die Bedingung $\dot m_{\mathrm{ein}} = \dot m_{\mathrm{aus}}$ erfüllt ist.

Im nächsten Schritt werden nun die Druck- und Geschwindigkeitskorrekturen unter Einbeziehung der Massenerhaltungsgleichung bestimmt. Die allgemeine Approximation der Massenerhaltungsgleichung mit der Mittelpunktsregel ergibt:

$$\int\limits_V \frac{\partial u}{\partial x}\, \mathrm{d}V = \sum_c \int\limits_{S_c} u n_1\, \mathrm{d}S_c \approx (u_e - u_w)\Delta y = 0\,. \qquad (10.53)$$

Mit der in Abschn. 10.3.2 eingeführten selektiven Interpolation erhalten wir nach Division durch Δy für die Geschwindigkeit an der gemeinsamen Seite der beiden Kontrollvolumen:

$$u_{e,1} = u_{w,2} = \frac{1}{2}\left(\frac{a_E^1 u_2 + b^1}{a_P^1} + \frac{a_W^2 u_1 + b^2}{a_P^2}\right) - \frac{1}{2}\left(\frac{\Delta y}{a_P^1} + \frac{\Delta y}{a_P^2}\right)(p_2 - p_1).$$

Damit ergeben sich unter Verwendung von $u_{w,1} = u_{max}$ und $u_{e,2} = u_{aus}$ für die beiden Kontrollvolumen die diskreten Kontinuitätsgleichungen:

$$\frac{1}{2}\left(\frac{a_E^1 u_2 + b^1}{a_P^1} + \frac{a_W^2 u_1 + b^2}{a_P^2}\right) - \frac{1}{2}\left(\frac{\Delta y}{a_P^1} + \frac{\Delta y}{a_P^2}\right)(p_2 - p_1) - u_{max} = 0\,,$$

$$u_{aus} - \frac{1}{2}\left(\frac{a_E^1 u_2 + b^1}{a_P^1} + \frac{a_W^2 u_1 + b^2}{a_P^2}\right) + \frac{1}{2}\left(\frac{\Delta y}{a_P^1} + \frac{\Delta y}{a_P^2}\right)(p_2 - p_1) = 0\,.$$

Durch Einsetzen der vorläufigen Geschwindigkeiten und Drücke ergeben sich hieraus die Massenquellen für die beiden Kontrollvolumen zu:

$$b_m^1 = u_{max} - \frac{1}{2}\left(\frac{a_E^1 u_2^* + b^1}{a_P^1} + \frac{a_W^2 u_1^* + b^2}{a_P^2}\right) - \frac{1}{2}\left(\frac{\Delta y}{a_P^1} + \frac{\Delta y}{a_P^2}\right)(p_2^* - p_1^*)\,,$$

$$b_m^2 = \frac{1}{2}\left(\frac{a_E^1 u_2^* + b^1}{a_P^1} + \frac{a_W^2 u_1^* + b^2}{a_P^2}\right) + \frac{1}{2}\left(\frac{\Delta y}{a_P^1} + \frac{\Delta y}{a_P^2}\right)(p_2^* - p_1^*) - u_{aus}\,.$$

Einsetzen der Zahlenwerte ergibt:

$$b_m^1 = -b_m^2 \approx -3.0169\,.$$

Durch Subtraktion mit den entsprechenden „exakten" Gleichungen (s. Abschn. 10.3.1, Gln. (10.20)-(10.22)) und mit den für das SIMPLE-Verfahren charakteristischen Approximationen

$$a_E^1 u_2' \approx 0 \quad \text{und} \quad a_W^2 u_1' \approx 0$$

ergeben sich die Korrekturen $u' = u^1 - u^*$ und $p' = p^1 - p^*$ (der Index 1 bezeichnet den aus der ersten SIMPLE-Iteration zu berechnenden Wert) an den Seiten der beiden Kontrollvolumen zu

$$u_{e,1}' = u_{w,2}' = \frac{1}{2}\left(\frac{\Delta y}{a_P^1} + \frac{\Delta y}{a_P^2}\right)(p_1' - p_2') \quad \text{und} \quad u_{w,1}' = u_{e,2}' = 0. \quad (10.54)$$

Einsetzen dieser Werte in die Kontinuitätsgleichung für die Korrekturen, welche in allgemeiner Form durch

$$u_e' - u_w' = b_m \quad\quad\quad\quad\quad\quad\quad\quad (10.55)$$

gegeben ist, führt auf das folgende Gleichungssystem für die Druckkorrekturen

$$\frac{1}{2}\left(\frac{\Delta y}{a_P^2} + \frac{\Delta y}{a_P^1}\right)p_1' - \frac{1}{2}\left(\frac{\Delta y}{a_P^2} + \frac{\Delta y}{a_P^1}\right)p_2' = b_m^1, \tag{10.56}$$

$$-\frac{1}{2}\left(\frac{\Delta y}{a_P^1} + \frac{\Delta y}{a_P^2}\right)p_1' + \frac{1}{2}\left(\frac{\Delta y}{a_P^1} + \frac{\Delta y}{a_P^2}\right)p_2' = b_m^2. \tag{10.57}$$

Man erkennt sofort, daß beide Gleichungen linear abhängig sind, was auch so sein muß, da der Druck nur bis auf eine additive Konstante eindeutig festliegt. Damit das Gleichungssystem lösbar ist, muß notwendigerweise die Bedingung

$$b_m^1 + b_m^2 = 0$$

erfüllt sein, was in unserem Beispiel auch der Fall ist (hätten wir die Ausstromgeschwindigkeit nicht angepaßt, wäre diese Bedingung nicht erfüllt!). Der Druck kann also in einem KV beliebig vorgeben und der Wert für das andere KV relativ zu diesem berechnet werden. Wir setzen $p_1' = 0$ und erhalten aus Gl. (10.56) mit den konkreten Zahlenwerten:

$$p_2' = \frac{-2\,b_m^1 a_P^1 a_P^2}{\Delta y \alpha_u\,(a_P^1 + a_P^2)} + p_1' \approx -482,690\,.$$

Damit ergeben sich die Geschwindigkeitskorrekturen an den KV-Seiten aus Gl. (10.54) zu

$$u_{e,1}' = u_{w,2}' \approx -3,0169\,.$$

Beide Korrekturen müssen natürlich gleich sein, da es sich um die selbe Seite handelt (die Seite S_e des KV1 ist identisch mit der Seite S_w des KV2).

Zur Korrektur der Geschwindigkeitswerte in den KV-Zentren werden zu Gl. (10.54) analoge Beziehungen verwendet:

$$u_1^1 = u_1^* + \frac{\Delta y}{a_P^1}(p_2' - p_1') \approx 7,4935\,,$$

$$u_2^1 = u_2^* + \frac{\Delta y}{a_P^2}(p_2' - p_1') \approx 5,5573\,.$$

Wählen wir für die Druckunterrelaxation den Relaxationsfaktor $\alpha_p = 1/2$, so erhalten wir für den korrigierten Druck:

$$p_2^1 = p_2^* + \alpha_p p_2' \approx 241,345\,.$$

Damit ist die erste Iteration des SIMPLE-Verfahrens abgeschlossen. Die zweite Iteration beginnt mit der Lösung des Systems

$$\frac{a_P^1}{\alpha_u}\,u_1^* - a_E^1 u_2^* = b^1 - (p_2^1 - p_1^1)\Delta y + \frac{a_P^1(1-\alpha_u)}{\alpha_u}\,u_1^1,$$

$$-a_W^2 u_1^* + \frac{a_P^2}{\alpha_u}\,u_2^* = b^2 - (p_2^1 - p_1^1)\Delta y + \frac{a_P^2(1-\alpha_u)}{\alpha_u}\,u_2^1$$

nach u_1^* und u_2^*. Der weiter Verlauf ist dann völlig analog zur ersten Iteration. In Abb. 10.18 ist die Entwicklung des absoluten relativen Fehlers, verglichen mit den exakten Werten $u_1 = u_2 = 3$ und $p_2 = -48$ im Verlauf weiterer SIMPLE-Iterationen angegeben.

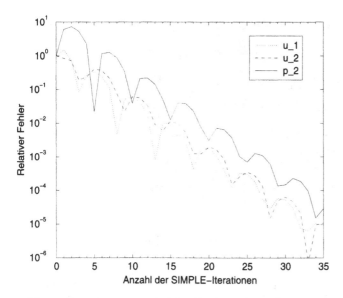

Abb. 10.18. Konvergenzverlauf für Geschwindigkeiten und Druck für die Berechnung der Kanalströmung mit dem SIMPLE-Verfahren

10.6 Turbulente Strömungen

Strömungsvorgänge in praktischen Anwendungen sind in den weitaus meisten Fällen turbulent. Zwar gelten die in Abschn. 2.5 eingeführten Navier-Stokes-Gleichungen auch für turbulente Strömungen, doch, wie wir im nächsten Abschnitt sehen werden, ist es für praktische Anwendungen in der Regel nicht möglich, die Strömungen direkt aus diesen zu berechnen. Es ist daher notwendig, spezielle Modellierungstechniken einzuführen, um Berechnungsergebnisse für turbulente Strömungen erzielen zu können. Hiermit wollen wir uns in diesem Abschnitt in einführender Weise beschäftigen. Wir werden hierbei insbesondere auf statistische Turbulenzmodelle eingehen, deren Verwendung meist die einzige Möglichkeit darstellt, in praktischen Anwendungen auftretende turbulente Strömungen mit vertretbarem Aufwand zu berechnen.

10.6.1 Charakterisierung von Berechnungsmethoden

Das charakteristische Merkmal turbulenter Strömungen sind chaotische Fluidbewegungen, welche durch unregelmäßige hochfrequente räumliche und zeitliche Schwankungen der Strömungsgrößen gekennzeichnet sind. Turbulente Strömungen sind daher prinzipiell immer instationär und dreidimensional. In Abb. 10.19 ist als Beispiel der Übergang einer laminaren in eine turbulente Strömung dargestellt.

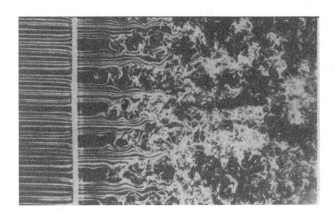

Abb. 10.19. Beispiel einer turbulenten Strömung (aus [24])

Um die turbulenten Schwankungen vollständig numerisch auflösen zu können, benötigt man sehr feine Diskretisierungen in Raum und Zeit:

– die räumliche Schrittweite muß kleiner als die kleinsten turbulenten Wirbel sein,
– die zeitliche Schrittweite muß kleiner als die Dauer der feinsten turbulenten Schwankungen sein.

Wir wollen uns diesen Sachverhalt anhand eines einfachen Beispiels verdeutlichen und den Rechenaufwand quantifizieren. Wir betrachten hierzu eine turbulente Kanalströmung mit einer Reynolds-Zahl von $Re = \rho U H / \mu = 10^6$ (s. Abb. 10.20). Nachfolgend sind charakteristische Größen im Zusammenhang mit der Berechnung dieser Strömung durch numerische Lösung der in Abschn. 2.5 abgeleiteten Modellgleichungen angegeben:

– Größe der kleinsten Wirbel: $\approx 0.2\,\mathrm{mm}$,
– Auflösung der Wirbel: $\approx 10^{14}$ Gitterpunkte,
– Aussagekräftige Mittelwerte: $\approx 10^4$ Zeitschritte,
– Lösung der Gleichungssyteme: ≈ 500 Flop pro Gitterpunkt und Zeitschritt,
– Gesamtzahl der Rechenoperationen: $\approx 5 \cdot 10^{20}$ Flop,
– Derzeit leistungsfähigste Computer: $\approx 10^{10}$ Flops,
– Gesamtrechenzeit für die Simulation: ≈ 1600 Jahre.

Man erkennt, daß selbst für dieses sehr einfache Beispiel die Möglichkeit einer derartigen direkten Berechnung, was auch als *direkte numerische Simulation (DNS)* bezeichnet wird, in weiter Ferne ist.

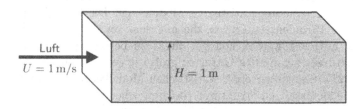

Abb. 10.20. Turbulente Kanalströmung mit Re $= 10^6$

Der numerische Aufwand für direkte numerische Simulationen hängt stark von der Reynolds-Zahl ab. Je größer diese ist, desto kleiner sind die auftretenden Skalen und desto feiner muß daher die räumliche und zeitliche Auflösung sein. Die Zusammenhänge sind hierbei derart, daß der numerische Aufwand stark überproportional mit der Reynolds-Zahl ansteigt. In Tabelle 10.1 ist die asymptotische Abhängigkeit des Speicherplatz- und Rechenzeitbedarfs von der Reynolds-Zahl für den Fall der freien Turbulenz und den Fall wandnaher Turbulenz angegeben. Aufgrund dieser Zusammenhänge können direkte numerische Simulationen heutzutage nur für (geometrisch) einfachere turbulente Strömungen mit Reynoldszahlen bis ca. Re $= 10\,000$ durchgeführt werden. Der Speicherplatzbedarf geht dabei in den Bereich mehrerer GBytes und die Rechenzeiten in den Bereich von Monaten auf den schnellsten Supercomputern. Für praktische Anwendung ist es also notwendig alternative Methoden zu Berechnung turbulenter Strömungen einzusetzen.

Tabelle 10.1. Asymptotischer Speicherplatz- und Rechenaufwand für die DNS

	Freie Turbulenz	Wandturbulenz
Speicherplatz	$\sim \mathrm{Re}^{2.25}$	$\sim \mathrm{Re}^{2.625}$
Rechenzeit	$\sim \mathrm{Re}^{3}$	$\sim \mathrm{Re}^{3.5}$

Neben der DNS, kann man zur numerischen Berechnung turbulenter Strömungen generell zwei weitere Vorgehensweisen unterscheiden:

– die Simulation mit *statistischen Turbulenzmodellen (RANS)*,
– die *Grobstruktursimulation („Large-Eddy"-Simulation, LES)*.

Bei Verwendung eines statistischen Turbulenzmodells werden gemittelte Strömungsgleichungen nach Mittelwerten der Strömungsgrößen gelöst. *Alle* Tur-

bulenzeffekte werden hierbei mittels einer geeigneten Modellierung berücksichtigt. Aufgrund der großen praktischen Bedeutung dieser Vorgehensweise
werden wir hierauf in den nachfolgenden Abschnitten noch etwas näher eingehen.

Die Grobstruktursimulation stellt in gewisser Weise einen Mittelweg zwischen DNS und der Verwendung statistischer Modelle dar. Die Idee hierbei
ist, die großskaligen Turbulenzstrukturen, die mit dem gewählten numerischen Gitter noch aufgelöst werden können, direkt zu berechnen, und die
kleinskaligen Strukturen, für die das Gitter zu grob ist, geeignet zu modellieren (s. Abb. 10.21). Gegenüber einer statistischen Modellierung hat man
den Vorteil, daß die kleinskaligen Strukturen (bei hinreichend feinem Gitter)
einfacher modelliert werden können, und daß der Modellfehler (ebenso wie
der numerische Fehler) mit feiner werdendem Gitter kleiner wird. Zur mathematischen Formulierung der LES, ist es notwendig, die Strömungsgrößen, die
wir allgemein mit ϕ bezeichnen, jeweils in einen (in geeignetem Bezug zum
Gitter) groß- und kleinskaligen Anteil $\overline{\phi}$ und ϕ' zu zerlegen:

$$\phi(\mathbf{x}, t) = \overline{\phi}(\mathbf{x}, t) + \phi'(\mathbf{x}, t).$$

$\overline{\phi}$ kann durch eine sogenannte *Filterung* definiert werden:

$$\overline{\phi}(\mathbf{x}, t) = \int_V G(\mathbf{x}, \mathbf{y})\phi(\mathbf{x}, t)\, d\mathbf{y}$$

mit einer *Filterfunktion G* (z.B. Gauß-Filter, Box-Filter, Abschneide-Filter).
Wir wollen hier nicht näher auf weitere Details eingehen (s. hierzu z.B. [18]
und die dort angegebene Literatur), sondern erwähnen nur, daß nach der
Filterung und der Einführung eines Modells für die kleinskaligen Anteile,
dem sogenannten *Feinstrukturmodell*, ein gefiltertes (stets dreidimensionales
und zeitabhängiges) Gleichungssystem resultiert, welches nach den gefilterten
Strömungsgrößen gelöst werden kann.

Berechnung   Modellierung

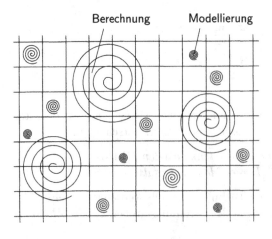

Abb. 10.21. Behandlung
groß- und kleinskaliger
Turbulenzstrukturen bei
der LES

Vergleicht man die drei verschiedenen Vorgehensweisen zur Berechnung turbulenter Strömungen, so ist anzumerken, daß der numerische Aufwand von den einfachsten Methoden der statistischen Turbulenzmodellierung über die LES bis hin zur vollständigen Simulation gewaltig ansteigt. In der gleichen Reihenfolge wie der Aufwand zur Lösung der Probleme, nimmt jedoch auch die Allgemeingültigkeit der Methoden zu (s. Abb. 10.22). In Tabelle 10.2 ist der Rechenleistungs- und Speicherplatzbedarf für die verschiedenen Methoden für aerodynamische Berechnungen eines kompletten Flugzeugs angegeben, wobei als Rechenzeit jeweils *eine* Stunde zugrundegelegt ist. Zur Einschätzung der durch die gegenwärtig verfügbaren Rechnerleistungen gegebenen Möglichkeiten, sei erwähnt, daß die derzeit leistungsfähigste Rechner eine (theoretische) Höchstleistung von ca. 10^{12} Flops und einen Hauptspeicher von ca. 10^{11} Byte besitzen. Im Gegensatz zur DNS benötigen die statistische Modellierung und die LES experimentelle (oder aus direkten Simulationen gewonnene) Daten zur Modellbildung, wobei bei der LES nur die (einfachere) Modellierung der Feinstrukturen erforderlich ist.

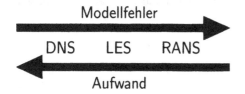

Abb. 10.22. Zusammenhang zwischen Modellgüte und Aufwand bei DNS, LES und RANS

Tabelle 10.2. Rechenleistungs- und Speicherplatzbedarf zur Simulation einer turbulenten Flugzeugumströmung innerhalb einer Stunde Rechenzeit

Methode	Rechenleistung (Flops)	Speicher (Byte)
RANS	10^9 - 10^{11}	10^9 - 10^{10}
LES	10^{13} - 10^{17}	10^{12} - 10^{14}
DNS	10^{19} - 10^{23}	10^{16} - 10^{18}

Betrachtet man den numerischen Aufwand für die verschiedenen Berechnungsmethoden, wird deutlich, weshalb für die praktische Anwendung derzeit fast nur statistische Modelle eingesetzt werden. In den gängigen Strömungsberechnungsprogrammen sind meist eine ganze Reihe unterschiedlicher solcher Modelle implementiert. Aufgrund ihrer großen Bedeutung für die Praxis werden wir auf die wichtigsten Grundlagen der statistischen Turbulenzmodellierung nachfolgend etwas näher eingehen.

10.6.2 Statistische Turbulenzmodellierung

Ausgangspunkt für die statistische Turbulenzmodellierung ist eine Mittelungsprozeß, bei dem zunächst jede Variable (wieder allgemein mit ϕ bezeichnet) durch einen Mittelwert $\overline{\phi}$ und eine momentane Schwankung ϕ' ausgedrückt wird. Der Mittelwert kann entweder *statistisch stationär* oder *statistisch instationär* sein (s. Abb. 10.23).

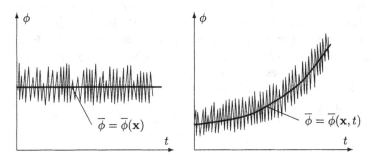

Abb. 10.23. Mittelung statistisch stationärer (links) und statistisch instationärer (rechts) Strömungen

Im statistisch stationären Fall hat man

$$\phi(\mathbf{x}, t) = \overline{\phi}(\mathbf{x}) + \phi'(\mathbf{x}, t),\qquad(10.58)$$

wobei der Mittelwert durch

$$\overline{\phi}(\mathbf{x}) = \lim_{T \to \infty} \frac{1}{T} \int_{t_0}^{t_0+T} \phi(\mathbf{x}, t)\, dt$$

mit der Mittelungszeit T definiert werden kann. Ist T ausreichend groß, hängt der Mittelwert $\overline{\phi}$ nicht vom Zeitpunkt t_0 ab, an dem die Mittelung beginnt. Für statistisch instationäre Vorgänge ist auch der Mittelwert zeitabhängig, d.h. in Gl. (10.58) ist $\overline{\phi}(\mathbf{x})$ durch $\overline{\phi}(\mathbf{x}, t)$ zu ersetzen und der Mittelwert muß durch eine sogenannte *Ensemble-Mittelung* definiert werden:

$$\overline{\phi}(\mathbf{x}, t) = \lim_{N \to \infty} \frac{1}{N} \sum_{n=1}^{N} \phi(\mathbf{x}, t).$$

N kann hierbei als Anzahl von imaginären Experimenten (unter jeweils gleichen Bedingungen) interpretiert werden, welche notwendig ist, um fluktuationsunabhängige (aber zeitabhängige) Mittelwerte zu erhalten.

Zur Ableitung der gemittelten Erhaltungsgleichungen setzt man zunächst die Ausdrücke (10.58) für alle Variablen in die entsprechenden Transportgleichungen ein und mittelt anschließend alle Gleichungen. Wir wollen die Vorgehensweise (ebenso wie die anschließende Modellierung) beispielhaft anhand des Gleichungssystems (10.1)-(10.3) illustrieren (die Skalargleichung (10.4) lassen wir außer acht, da sie völlig analog behandelt werden kann). Durch den Mittelungsprozeß resultieren aus den Gln. (10.1)-(10.3) die folgenden gemittelten Transportgleichungen, die man als *Reynoldssche Gleichungen* bezeichnet (in Indexnotation zur kompakteren Schreibweise):

$$\frac{\partial \overline{v}_i}{\partial x_i} = 0, \quad (10.59)$$

$$\frac{\partial(\rho \overline{v}_i)}{\partial t} + \frac{\partial}{\partial x_j}\left[\rho \overline{v}_i\,\overline{v}_j + \rho\overline{v'_i v'_j} - \mu\left(\frac{\partial \overline{v}_i}{\partial x_j} + \frac{\partial \overline{v}_j}{\partial x_i}\right)\right] + \frac{\partial \overline{p}}{\partial x_i} = \rho f_i. \quad (10.60)$$

Einerseits vereinfacht die Mittelung die Gleichungen (die Mittelwerte sind entweder zeitunabhängig oder die Zeitabhängigkeit ist mit einer „vertretbaren" Anzahl von Zeitschritten diskretisierbar), aber andererseits kommen einige neue Unbekannte hinzu: die gemittelten Produkte der Schwankungen $\overline{v'_i v'_j}$, welche ein Maß für die statistische Abhängigkeit (Korrelation) der jeweiligen Größen darstellen (würden diese Terme verschwinden, wären die Größen statistisch unabhängig, was aber normalerweise nicht der Fall ist). Die Terme $\rho\overline{v'_i v'_j}$ werden als *Reynoldssche Spannungen* bezeichnet.

Um das Gleichungssystem (10.59)-(10.60) nach den Mittelwerten zu lösen (diese Mittelwerte sind in der Praxis normalerweise die einzige Information, die benötigt wird), müssen geeignete Approximationen für die obigen Korrelationen beschafft werden. Diese Aufgabe bezeichnet man als *Turbulenzmodellierung*. Es gibt eine Vielzahl von Turbulenzmodellen, die obige Korrelationen (bzw. die Reynoldsschen Spannungen) als Funktionen der Mittelwerte oder auch rein empirisch vorschreiben. Die wichtigsten Klassen solcher Modelle sind:

- algebraische Modelle (Nullgleichungsmodelle),
- Ein- und Zweigleichungsmodelle,
- Reynolds-Spannungsmodelle.

Bei algebraischen Modellen werden die Reynoldsspannungen durch algebraische Ausdrücke modelliert. Bei Ein- und Zweigleichungsmodellen werden eine oder zwei zusätzliche Differentialgleichungen für geeignete Turbulenzgrößen (turbulente kinetsche Energie, Dissipationsrate,...) aufgestellt. Im Falle von Reynolds-Spannungsmodellen werden eigene Transportgleichungen für die Reynoldsschen Spannungen formuliert, was im dreidimensionalen Fall auf 7 zusätzliche Differentialgleichung führt (6 für die Reynoldsschen Spannungen und eine z.B. für die Dissipationsrate).

Um die bei einem Strömungsberechnungsverfahren im Zusammenhang mit der statistischen Turbulenzmodellierung auftretenden Besonderheiten exemplarisch aufzuzeigen, betrachten wir als Beispiel das k-ε-Turbulenzmodell, welches gegenwärtig auch in der Praxis breite Anwendung findet. Das k-ε-Modell gehört in die Klasse der Zweigleichungsmodelle, welche häufig einen vernünftigen Kompromiß zwischen der physikalischen Modellierungsgenauigkeit und dem numerischen Aufwand zur Lösung der entsprechenden Gleichungssysteme darstellen.

10.6.3 Das k-ε Turbulenzmodell

Grundlage des k-ε-Modells, welches Ende der 60er Jahre von Spalding und Launder entwickelt wurde, ist die Annahme der Gültigkeit folgender Beziehung für die Reynoldsschen Spannungen:

$$\rho \overline{v_i' v_j'} = -\mu_\mathrm{t} \left(\frac{\partial \overline{v}_i}{\partial x_j} + \frac{\partial \overline{v}_j}{\partial x_i} \right) + \frac{2}{3} \rho \, \delta_{ij} k \,, \tag{10.61}$$

welche auch als *Boussinesq-Approximation* bezeichnet wird. μ_t bezeichnet die sogenannte *turbulente Viskosität* (oder auch *Wirbelviskosität*), die im Gegensatz zur dynamischen Viskosität μ keine Stoffgröße, sondern eine von der Strömung abhängige Variable ist. Die Annahme der Existenz einer solchen Größe wird als *Wirbelviskositätshypothese* bezeichnet. k ist die *turbulente kinetische Energie*, welche definiert ist durch

$$k = \frac{1}{2} \overline{v_i' v_i'} \,.$$

Die Beziehung (10.61), welche die Schwankungen in Beziehung zu den Mittelwerten setzt, besitzt starke Ähnlichkeit mit dem Materialgesetz, welches für den Spannungstensor für ein Newtonsches Fluid angenommen wird (s. Gl. (2.63)).

Durch die Beziehung (10.61) ist das Problem der Schließung des Gleichungssystems (10.59)-(10.60) noch nicht gelöst, da μ_t und k ebenfalls Unbekannte sind. Eine weitere Annahme des k-ε-Modells setzt nun μ_t in Beziehung zu k und einer weiteren physikalisch interpretierbaren Größe, der *Dissipationsrate der turbulenten kinetischen Energie* ε:

$$\mu_\mathrm{t} = C_\mu \rho \frac{k^2}{\varepsilon} \,. \tag{10.62}$$

Hierbei ist C_μ eine empirische Konstante, die aus experimentellen Untersuchungen bestimmt werden muß. Die Dissipationsrate ε ist definiert durch:

$$\varepsilon = \frac{\mu}{\rho} \overline{\frac{\partial v_i'}{\partial x_j} \frac{\partial v_i'}{\partial x_j}} \,.$$

Die Beziehung (10.62) basiert auf der Annahme, daß sich die Raten der Produktion und Vernichtung der Turbulenz annähernd im Gleichgewicht befinden. In diesem Falle hat man die Beziehung

$$\varepsilon \approx \frac{k^{3/2}}{l} \tag{10.63}$$

mit dem *turbulenten Längenmaß l*, welches ein Maß für die Größe der Wirbel in der turbulenten Strömung darstellt. Zusammen mit der Beziehung

$$\mu_t = C_\mu \rho \, l \sqrt{2k},$$

welche sich aus einer Ähnlichkeitsbetrachtung ergibt, folgt Gl. (10.62).

Es bleibt nun also die Aufgabe, geeignete Beziehungen aufzustellen, aus denen k und ε berechnet werden können. Durch weitere Modellannahmen, auf die wir an dieser Stelle nicht näher eingehen wollen, lassen sich für beide Größen Transportgleichungen ableiten, welche die gleiche Form wie eine allgemeine skalare Transportgleichung besitzen (nur die Diffusionskoeffizienten und Quellterme sind spezifisch):

$$\frac{\partial(\rho k)}{\partial t} + \frac{\partial}{\partial x_j}\left[\rho \bar{v}_j k - \left(\mu + \frac{\mu_t}{\sigma_k}\right)\frac{\partial k}{\partial x_j}\right] = G - \rho\varepsilon, \tag{10.64}$$

$$\frac{\partial(\rho\varepsilon)}{\partial t} + \frac{\partial}{\partial x_j}\left[\rho \bar{v}_j \varepsilon - \left(\mu + \frac{\mu_t}{\sigma_\varepsilon}\right)\frac{\partial \varepsilon}{\partial x_j}\right] = C_{\varepsilon 1}G\frac{\varepsilon}{k} - C_{\varepsilon 2}\rho\frac{\varepsilon^2}{k}. \tag{10.65}$$

Hierbei sind σ_k, σ_ε, $C_{\varepsilon 1}$ und $C_{\varepsilon 2}$ weiteren empirische Konstanten, welche aus experimentellen Untersuchungen ermittelt werden müssen. Die Standardwerte der im Modell auftretenden Konstanten sind:

$$C_\mu = 0,09\,, \quad \sigma_k = 1,0\,, \quad \sigma_\varepsilon = 1,33\,, \quad C_{\varepsilon 1} = 1,44\,, \quad C_{\varepsilon 2} = 1,92\,.$$

G bezeichnet die *Produktionsrate* der turbulenten kinetischen Energie, welche wie folgt definiert ist:

$$G = \mu_t \left(\frac{\partial \bar{v}_i}{\partial x_j} + \frac{\partial \bar{v}_j}{\partial x_i}\right)\frac{\partial \bar{v}_i}{\partial x_j}.$$

Setzt man die Beziehung (10.61) in die Impulsgleichung (10.60) ein und definiert $\tilde{p} = \bar{p} + 2k/3$, so ergibt sich zusammenfassend schließlich das folgende System von partiellen Differentialgleichungen, welches nach den Unbekannten $\tilde{p}$, $\bar{v}_i$, k und ε gelöst werden muß:

$$\frac{\partial \bar{v}_i}{\partial x_i} = 0\,, \tag{10.66}$$

$$\frac{\partial(\rho\bar{v}_i)}{\partial t} + \frac{\partial}{\partial x_i}\left[\rho\bar{v}_i\bar{v}_j - (\mu+\mu_t)\left(\frac{\partial \bar{v}_i}{\partial x_j} + \frac{\partial \bar{v}_j}{\partial x_i}\right)\right] = -\frac{\partial \tilde{p}}{\partial x_i} + \rho f_i\,, \tag{10.67}$$

$$\frac{\partial(\rho k)}{\partial t} + \frac{\partial}{\partial x_j}\left[\rho\bar{u}_j k - \left(\mu + \frac{\mu_t}{\sigma_k}\right)\frac{\partial k}{\partial x_j}\right] = G - \rho\varepsilon\,, \tag{10.68}$$

$$\frac{\partial(\rho\varepsilon)}{\partial t} + \frac{\partial}{\partial x_j}\left[\rho\bar{u}_j\varepsilon - \left(\mu + \frac{\mu_t}{\sigma_\varepsilon}\right)\frac{\partial \varepsilon}{\partial x_j}\right] = C_{\varepsilon 1}G\frac{\varepsilon}{k} - C_{\varepsilon 2}\rho\frac{\varepsilon^2}{k} \tag{10.69}$$

mit μ_t gemäß Gl. (10.62). Durch die Verwendung von $\tilde{p}$ anstatt $\bar{p}$ tritt in der Impulsgleichung (10.67) die Ableitung von k nicht explizit auf ($\bar{p}$ kann anschließend aus $\tilde{p}$ und k bestimmt werden).

Die in der Ableitung des k-ε-Modells gemachten Annahmen gelten in hochturbulenten Strömungen mit isotroper Turbulenz (z.B. Kanalströmungen, Rohrströmungen,...). Probleme treten inbesondere in folgenden Situationen auf:

- Strömungen mit Ablösung,
- auftriebsgetriebene Strömungen,
- Strömungen über gekrümmte Oberflächen,
- Strömungen in rotierenden Systemen,
- Strömungen mit plötzlicher Änderung der mittleren Dehnungsrate.

Obwohl die Annahmen des k-ε-Modells in diesen Fällen nicht gelten, wird es in der Praxis dennoch auch häufig für solche Strömungen eingesetzt.

10.6.4 Randbedingungen für turbulente Strömungen

Eine wichtiger Gesichtspunkt bei der Verwendung statistischer Turbulenzmodelle zur Berechnung turbulenter Strömungen ist die Vorgabe von „vernünftigen" Randbedingungen. Wir wollen diese Problematik wieder anhand des k-ε-Modells diskutieren, weisen aber darauf hin, daß analoge Betrachtungen auch für andere Modelle angestellt werden müssen.

An einem Einstromrand müssen $\bar{v}_i$, k und ε vorgegeben werden (oft anhand von Meßdaten). Ein Problem stellt sich insbesondere bei der Vorgabe der Dissipationsrate ε, da diese Größe in der Regel nicht direkt meßbar ist. Stattdessen kann für das im vorangegangenen Abschnitt eingeführte turbulente Längenmaß l, welches eine physikalisch interpretierbare Größe darstellt, ein Schätzwert vorgegeben werden. Hieraus kann dann ε gemäß $\varepsilon = k^{3/2}/l$ bestimmt werden. l wächst normalerweise in Wandnähe in folgender Weise linear mit dem Wandabstand δ:

$$l = \frac{\kappa}{C_\mu^{3/4}}\,\delta\,, \qquad (10.70)$$

wobei $\kappa = 0,41$ die *Kármánsche Konstante* bezeichnet. In wandfernen Gebieten ist l konstant. Falls keine bessere Information vorliegt, kann l am Einstromrand anhand dieser Werte geschätzt werden. Oft liegen am Einstromrand auch für k keine genauen Daten vor. Aus Experimenten oder Erfahrungswerten ist manchmal nur der *Turbulenzgrad* T_v bekannt. Mittels dieser Größe kann k wie folgt geschätzt werden:

$$k = \frac{1}{2}\,T_v^2\,\bar{v}_i^2\,.$$

Ist auch T_v nicht bekannt, kann einfach ein „kleiner" Wert für k am Einstrom gewählt werden, z.B. $k = 10^{-4}\,\bar{v}_i^2$.

Ungenauigkeiten in den Einstromwerten von k und ε machen sich in den meisten Fällen nicht allzu negativ bemerkbar, da in den Gleichungen für k und ε häufig die Quellterme dominieren, so daß die Produktionsrate stromabwärts vergleichsweise groß ist und damit der Einfluß der Einstromwerte klein wird. Dennoch empfiehlt es sich in der Regel, eine Untersuchung des Einflusses der geschätzten Einstromwerte auf die Ergebnisse stromabwärts durchzuführen.

An einem Ausstromrand kann sowohl für k als auch für ε eine eine verschwindende Normalableitung angenommen werden. Aus den gleichen Gründen wie oben, ist der Einfluß dieser Annahme auf die Ergebnisse stromaufwärts meist gering. Auch an Symmetrierändern kann diese Bedingung für k und ε verwendet werden.

Ein besonderes Problem bei der Verwendung von Turbulenzmodellen stellt die Behandlung von Wandrandbedingungen dar (dies trifft grundsätzlich für *alle* Modelle zu). Der Grund hierfür liegt darin, daß im Bereich einer Wand eine sehr „dünne" laminare Schicht existiert, in der die Annahmen des Turbulenzmodells nicht mehr gelten. Eine Möglichkeit diesem Problem zu begegnen ist, diese Schicht durch ein hinreichend feines Gitter aufzulösen. In diesem Fall können die Randbedingungen

$$\bar{v}_i = 0\,, \quad k = 0 \quad \text{und} \quad \frac{\partial \varepsilon}{\partial x_i} n_i = 0$$

gewählt werden. Zusätzlich ist jedoch auch eine Modifikation des Modells (d.h. der Transportgleichungen für k und ε sowie der Beziehung für μ_t) erforderlich, da die Modellannahmen in der laminaren Schicht nicht gelten. Dies wird durch sogenannte *Low-Re-Modelle* erreicht, welche in einer Vielzahl von Varianten vorgeschlagen wurden. Einen guten Überblick zu dieser Thematik, auf die wir hier nicht näher eingehen wollen, findet man in [25].

Da die laminare Schicht mit wachsender Reynolds-Zahl immer schmaler wird, ist die Vorgehensweise bei der Low-Re-Modellierung für größere Reynolds-Zahlen nicht mehr praktikabel, da dies eine viel zu große Anzahl von Gitterpunkten zur Folge hätte, um die extrem großen Gradienten der Strömungsgrößen in Wandnähe aufzulösen. Hier kann man sich durch die Verwendung sogenannter *Wandfunktionen* weiterhelfen, wodurch die laminare Schicht in gewisser Weise „überbrückt" wird.

Der physikalische Hintergrund dieser Vorgehensweise ist, daß in einer voll entwickelten turbulenten Strömungen ein *logarithmisches Wandgesetz* gilt, wonach die Geschwindigkeit außerhalb der laminaren Unterschicht in einem gewissen Bereich logarithmisch anwächst (s. auch Abb. 10.24):

$$u^+ = \frac{1}{\kappa} \ln y^+ + B\,. \tag{10.71}$$

Hierbei ist $B = 5.2$ eine weitere Modellkonstante und y^+ bzw. u^+ sind normierte (dimensionslose) Größen für den Wandabstand δ bzw. die tangentiale Komponente der Geschwindigkeit $\bar{v}_t$, welche definiert sind durch

$$y^+ = \frac{\rho u_\tau \delta}{\mu} \quad \text{und} \quad u^+ = \frac{\bar{v}_t}{u_\tau}$$

mit der *Wandschubspannungsgeschwindigkeit*

$$u_\tau = \sqrt{\frac{\tau_w}{\rho}},$$

wobei

$$\tau_\mathrm{w} = \mu \frac{\partial \bar{v}_t}{\partial x_i} n_i$$

die *Wandschubspannung* bezeichnet.

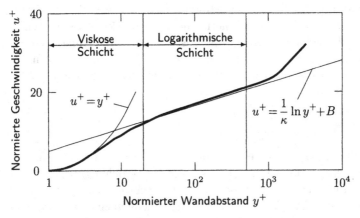

Abb. 10.24. Geschwindigkeitsverteilung einer turbulenten Strömung in Wandnähe (logarithmisches Wandgesetz)

Unter der Annahme eines lokalen Gleichgewichts von Produktion und Dissipation turbulenter kinetischer Energie und eines konstanten Verlaufs der turbulenten Spannungen läßt sich für die Wandschubspannungsgeschwindigkeit die Beziehung

$$u_\tau = C_\mu^{1/4} \sqrt{k}$$

ableiten, welche etwa im Bereich

$$30 \le y^+ \le 300$$

gilt. Unter Verwendung des Wandgesetzes (10.71) ergibt sich:

$$\tau_w = \rho u_\tau^2 = \rho u_\tau C_\mu^{1/4} \sqrt{k} = \frac{\bar{v}_t}{u^+} \rho C_\mu^{1/4} \sqrt{k} = \frac{\bar{v}_t \kappa \rho C_\mu^{1/4} \sqrt{k}}{\ln y^+ + \kappa B}. \tag{10.72}$$

Diese Beziehung kann als Randbedingung für die Impulsgleichungen verwendet werden. Auf der Basis des letzten Terms in Gl. (10.72) kann die Wandschubspannung hierbei z.B. wie folgt approximiert werden:

$$\tau_{\mathrm{w}} = -\frac{\overline{v}_{\mathrm{P}}}{\delta_{\mathrm{P}}} \underbrace{\frac{\kappa C_{\mu}^{1/4}\sqrt{k_{\mathrm{P}}}\rho\delta_{\mathrm{P}}}{\ln y_{\mathrm{P}}^{+} + \kappa B}}_{\mu_{\mathrm{w}}}, \tag{10.73}$$

wobei der Index P den Mittelpunkt des Randkontrollvolumens bezeichnet. Durch die Einführung von δ im Zähler und Nenner auf der rechten Seite der Gl. (10.73) kann die Diskretisierung in Randnähe weitgehend analog zum laminaren Fall erfolgen. Anstelle von μ muß lediglich die in Gl. (10.73) gekennzeichnete Größe μ_{w} verwendet werden.

Zusätzlich muß in der Transportgleichung (10.68) für k der Ausdruck für die Produktionsrate G in Wandnähe geändert werden, da die übliche lineare Interpolation bei der Berechnung der Gradienten der mittleren Geschwindigkeitskomponenten dort nicht gilt. Da in G die Ableitung von $\overline{v}_t$ in Normalenrichtung dominiert, kann folgende Approximation verwendet werden:

$$G_{\mathrm{P}} = \tau_{\mathrm{w}} \left(\frac{\partial \overline{v}_t}{\partial x_i}\right)_{\mathrm{P}} n_i = \tau_{\mathrm{w}} \frac{C_{\mu}^{1/4}\sqrt{k_{\mathrm{P}}}}{\kappa \delta_{\mathrm{P}}} .$$

Für die Dissipationsrate ε wird keine Randbedingung in der üblichen Form benutzt. Die Transportgleichung (10.69) für ε wird im wandnächsten KV „suspendiert" und ε wird im Punkt P aus dem entsprechenden k-Wert unter Verwendung der Gleichungen (10.63) und (10.70) berechnet:

$$\varepsilon_{\mathrm{P}} = \frac{C_{\mu}^{3/4} k_{\mathrm{P}}^{3/2}}{\kappa \delta_{\mathrm{P}}} .$$

Um diesen Wert im Punkt P zu erhalten, können der Quellterm b^{ε} und der Koeffizient $a_{\mathrm{P}}^{\varepsilon}$ in der diskreten ε-Gleichung beispielsweise wie folgt modifiziert werden:

$$a_{\mathrm{P}}^{\varepsilon} = L \quad \text{und} \quad b^{\varepsilon} = L\varepsilon_{\mathrm{P}},$$

wobei L eine große Zahl (z.B. 10^{30}) ist. Dadurch reduziert sich die Gleichung für das wandnahe KV auf:

$$\varepsilon_{\mathrm{P}} = \frac{1}{a_{\mathrm{P}}^{\varepsilon}}(b^{\varepsilon} + \overbrace{\sum_c a_c^{\varepsilon}\varepsilon_c}^{\approx 0}) \approx \frac{L\varepsilon_{\mathrm{P}}}{L} = \varepsilon_{\mathrm{P}} .$$

Auch für skalare Größen, wie etwa die Temperatur oder Konzentrationen, gibt es entsprechende Wandgesetze, so daß ähnliche Modifikationen wie für die Geschwindigkeiten auch für Randbedingungen dieser Größen durchgeführt werden können.

Bei Verwendung von Wandfunktionen ist insbesondere zu beachten, daß die y^+-Werte für die Mittelpunkte P der wandnächsten KVs im Bereich $30 \leq y^+ \leq 300$ liegen. Da y^+ in der Regel vorab nicht genau bekannt ist (Abhängigkeit von der zu berechnenden Lösung), empfiehlt es sich, zunächst eine „grobe" Lösung durch eine Rechnung mit einem „Testgitter" zu bestimmen, aus diesen Ergebnissen die y^+-Werte für die Wandkontrollvolumen zu ermitteln und anschließend, falls notwendig, mit einem entsprechend angepaßten Gitter die eigentliche Berechnung durchzuführen. Insbesondere auch im Zusammenhang mit einer Abschätzung des Diskretisierungsfehlers durch eine systematischen Gitterverfeinerung (s. Abschn. 8.2) sollte die Variation der y^+-Werte beachtet werden.

10.6.5 Diskretisierung und Lösungsverfahren

Die Diskretisierung der Gln. (10.66)-(10.69), die jeweils wieder die Form einer allgemeinen Transportgleichung haben, kann wie im laminaren Fall erfolgen. Die einzigen Terme, die im Unterschied zum laminaren Fall einer besonderen Erwähnung bedürfen, sind die Quellterme in der k- und ε-Gleichung. Hier ist es hinsichtlich eines verbesserten Konvergenzverhaltens des iterativen Lösungsverfahrens sehr hilfreich, eine Aufspaltung der Quellterme in folgender Form vorzunehmen:

$$-\int\limits_{V} (\rho\varepsilon - G)\, \mathrm{d}V \;=\; \underbrace{-\rho\delta V \frac{\varepsilon_{\mathrm{P}}}{k_{\mathrm{P}}^*}\, k_{\mathrm{P}}}_{a_k} + \underbrace{G_{\mathrm{P}}\delta V}_{b_k}\,,$$

$$-\int\limits_{V} \left(C_{\varepsilon 2}\rho\frac{\varepsilon^2}{k} - C_{\varepsilon 1}G\frac{\varepsilon}{k}\right) \mathrm{d}V \;=\; \underbrace{-C_{\varepsilon 2}\rho\delta V \frac{\varepsilon_{\mathrm{P}}^*}{k_{\mathrm{P}}}\, \varepsilon_{\mathrm{P}}}_{a_\varepsilon} + \underbrace{C_{\varepsilon 1}G_{\mathrm{P}}\delta V \frac{\varepsilon_{\mathrm{P}}^*}{k_{\mathrm{P}}}}_{b_\varepsilon}\,.$$

Die mit * gekennzeichneten Werte werden im Rahmen des Iterationsverfahrens explizit behandelt (d.h. mit Werten aus der vorhergehenden Iteration belegt). Im Term mit a_k wird hierbei k „künstlich" eingeführt (Multiplikation und Division mit k_{P}), was die Gleichung nicht ändert, aber aufgrund des zusätzlichen positiven Beitrags zur Hautdiagonale der zugehörigen Systemmatrix deren Diagonaldominanz verbessert.

Auch das Lösungsverfahren für die diskrete Form des gekoppelten Gleichungssystem (10.66)-(10.69) erhält man völlig analog zum laminaren Fall. Der Ablauf des in Abschn. 10.3.1 beschriebenen Druckkorrekturverfahrens für den turbulenten Fall ist in Abb. 10.25 schematisch dargestellt. Auch im turbulenten Fall ist eine Unterrelaxation notwendig, wobei in der Regel auch die Gleichungen für k und ε unterrelaxiert werden müssen. Eine typische Kombination von Unterrelaxationsparametern ist:

$$\alpha_{\overline{v}_i} = \alpha_k = \alpha_\varepsilon = 0.7\,, \quad \alpha_{\bar{p}} = 0.3\,.$$

Zusätzlich können auch die Änderungen von μ_t mit einem Faktor α_{μ_t} unterrelaxiert werden, indem der neu zu berechnende Wert mit einem Anteil des alten Wertes kombiniert wird:

$$\mu_t^{\text{neu}} = \alpha_{\mu_t} C_\mu \rho \frac{k^2}{\varepsilon} + (1 - \alpha_{\mu_t})\mu_t^{\text{alt}}.$$

Aufgrund der Analogien in der Gleichungsstruktur und des Ablaufs des Lösungsverfahrens im turbulenten und laminaren Fall, können beide Fälle sehr leicht im Rahmen eines einzigen Rechenprogramms implementiert werden. Im laminaren Fall wird einfach μ_t gleich Null gesetzt, und die Gleichungen für k und ε werden nicht gelöst.

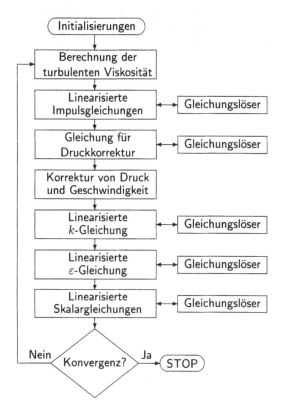

Abb. 10.25. Druckkorrekturverfahren für Strömungsberechnung mit dem k-ε-Modell

Übungsaufgaben zu Kap. 10

Übung 10.1. Gegeben sei das Beispiel aus Abschn. 10.5 mit der angegebenen Finite-Volumen-Diskretisierung. (i) Führe jeweils eine Iteration mit dem SIMPLEC- und dem PISO-Verfahren (mit zwei Druckkorrekturen) durch. (ii) Formuliere die diskreten Gleichungen als gekoppeltes Gleichungssystem (ohne Druckkorrekturverfahren). Linearisiere das System nach dem Newton-Verfahren und mittels sukzessiver Iteration und führe jeweils eine Iteration durch. (iii) Vergleiche die jeweiligen Ergebnisse.

Übung 10.2. Die Strömung eines Fluids konstanter Dichte ρ in einer Düse der Länge L mit Querschnittsfläche $A = A(x)$ läßt sich unter bestimmten Voraussetzungen durch die eindimensionalen Gleichungen (Massen- und Impulsbilanz)

$$\frac{\mathrm{d}(Au)}{\mathrm{d}x} = 0 \quad \text{und} \quad \rho\frac{\mathrm{d}(Au^2)}{\mathrm{d}x} + A\frac{\mathrm{d}p}{\mathrm{d}x} = 0$$

für $0 \le x \le L$ beschreiben. Formuliere das SIMPLE-Verfahren mit versetztem Gitter sowie mit nicht-versetztem Gitter mit und ohne selektiver Interpolation jeweils unter Verwendung eines Finite-Volumen-Verfahrens 2. Ordnung mit drei äquidistanten Kontrollvolumen. Am Einstrom $x = 0$ sei die Geschwindigkeit u_0 vorgegeben.

11 Beschleunigung von Berechnungen

Aufgrund der teilweise sehr großen Komplexität praxisrelevanter Aufgaben stellt die numerische Simulation der entsprechenden kontinuumsmechanischen Problemstellungen sowohl an die Effizienz der Lösungsverfahren als auch an die Leistungsfähigkeit der Rechner oft sehr hohe Ansprüche. Um ausreichend genaue numerische Lösungen zu erreichen, sind insbesondere für Strömungssimulationen in vielen praktisch relevanten Fällen sehr feine Gitter notwendig, was einen hohen Rechenaufwand und großen Speicherbedarf zur Folge hat. In den letzten Jahren wurden daher intensive Anstrengungen unternommen, Techniken zur Steigerung der Effizienz der Berechnungen zu entwickeln. Zur Beschleunigung numerischer Berechnungsverfahren bieten sich prinzipiell zwei Möglichkeiten:

- die Verwendung leistungsfähigerer Algorithmen,
- die Verwendung leistungsfähigerer Rechner.

Hinsichtlich beider Gesichtspunkte konnten in den letzten Jahren beachtliche Fortschritte erzielt werden. Im Bereich der Algorithmen stellen Mehrgitterverfahren eine wichtige Beschleunigungstechnik dar, im Bereich der Rechner ist hier insbesondere der Einsatz von Parallelrechnern zu nennen. Auf beide Aspekte wollen wir in diesem Kapitel eingehen.

11.1 Mehrgitterverfahren

Konventionelle iterative Lösungsmethoden (wie z.B. das Jacobi- oder Gauß-Seidel-Verfahren) für lineare Gleichungssyteme, die aus einer Diskretisierung von Differentialgleichungen resultieren, konvergieren um so langsamer, je feiner das numerische Gitter ist. Im allgemeinen steigt bei diesen Verfahren die Anzahl der notwendigen Iterationen zum Erreichen einer bestimmten Genauigkeit mit der Anzahl der Gitterpunkte (proportional bei Jacobi- oder Gauß-Seidel-Verfahren). Da bei einer steigenden Anzahl von Gitterpunkten auch die Anzahl der Rechenoperationen pro Iteration proportional ansteigt, bedeutet dies, daß die Gesamtrechenzeit überproportional (quadratisch bei Jacobi- oder Gauß-Seidel-Verfahren) mit der Gitterpunktanzahl wächst (s. auch die Ausführungen in Abschn. 7.1). Durch die Verwendung von Mehrgitterverfahren ist es möglich, die notwendige Anzahl der Iterationen weitgehend unabhängig von der Gitterweite zu halten. Dies hat zur Folge, daß die Rechenzeit nur proportional mit Anzahl der Gitterpunkte ansteigt.

11.1.1 Prinzip der Mehrgittermethode

Die Mehrgitteridee basiert auf der Tatsache, daß ein iterativer Lösungsalgorithmus gerade solche Fehlerkomponenten einer Näherungslösung sehr effizient eliminiert, deren Wellenlängen der Gittermaschenweite entsprechen. Die langwelligen Fehler können hingegen mit einer solchen Methode nur sehr langsam abgebaut werden. Der Grund hierfür ist, daß mittels der Diskretisierungsvorschrift für jeden Gitterpunkt jeweils nur lokale Nachbarschaftsbeziehungen aufgestellt werden, was zur Folge hat, daß der globale Informationsaustausch (z.B. die Fortpflanzung von Randwerten in das Innere des Lösungsgebiets) bei Iterationsmethoden nur sehr langsam erfolgt. Zur Erläuterung dieses Sachverhalts betrachten wir als einfachstes Beispiel das eindimensionale Diffusionsproblem

$$\frac{\partial^2 \phi}{\partial x^2} = 0 \quad \text{für } 0 < x < 1 \quad \text{und} \quad \phi(0) = \phi(1) = 0\,,$$

welches die analytische Lösung $\phi = 0$ besitzt. Unter Verwendung einer Zentraldifferenzen-Diskretisierung auf einem äquidistanten Gitter mit $N - 1$ inneren Gitterpunkten erhält man für dieses Problem die diskreten Gleichungen

$$\phi_{i+1} - 2\phi_i + \phi_{i-1} = 0 \quad \text{für } i = 1, \ldots, N-1\,.$$

Die Iterationsvorschrift für das Jacobi-Verfahren zur Lösung dieses tridiagonalen Gleichungssystems lautet ($k = 0, 1, \ldots$):

$$\phi_i^{k+1} = \frac{\phi_{i+1}^k + \phi_{i-1}^k}{2} \quad \text{für } i = 1, \ldots, N-1 \quad \text{und} \quad \phi_0^{k+1} = \phi_N^{k+1} = 0\,.$$

Angenommen, es sind die beiden in Abb. 11.1 (oben) gezeigten Anfangsbelegungen ϕ^0 für das abgebildete Gitter gegeben, dann liegen nach jeweils einer Jacobi-Iteration die in Abb. 11.1 (unten) gezeigten Näherungslösungen vor.

Man erkennt das unterschiedliche Fehlerreduktionsverhalten für die verschiedenen Startwerte:

- Im Fall (a) ist der iterative Algorithmus sehr effizient. Bereits nach einer Iteration hat man die richtige Lösung.
- Im Fall (b) ist die Verbesserung gering. Es werden viele Iterationen benötigt, um die exakte Lösung zu erhalten.

Im Normalfall sind in einem Startwert verschiedene Fehlerkomponenten überlagert vorhanden. Die hochfrequenten Anteile werden sehr schnell, die niederfrequenten Anteile sehr langsam reduziert.

Quantitative Aussagen über das Konvergenzverhalten klassischer iterativer Verfahren kann man mittels einer Fourier-Analyse erhalten (zumindest

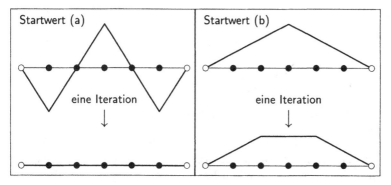

Abb. 11.1. Fehlerreduktion bei Anwendung des Jacobi-Verfahrens zur Lösung des eindimensionalen Diffusionsproblems für verschiedene Startwerte

für Modellprobleme). Für ein eindimensionales Problem kann der Fehler e_{ih} im Punkt x_i wie folgt als Fourier-Reihe dargestellt werden:

$$e_{ih} = \sum_{k=1}^{N-1} a_k \sin(ik\pi/N).$$

Hierbei ist k die sogenannte *Wellenzahl,* h die Gitterweite, $N = 1/h$ die Anzahl der Kontrollvolumen und a_k sind die Fourier-Koeffizienten. Die Anteile mit $k \leq N/2$ bezeichnet man als *niederfrequente Fehler*, die Anteile mit $k > N/2$ als *hochfrequente Fehler*. Der Betrag des zu k gehörigen Eigenwerts λ_k der Iterationsmatrix des verwendeten Verfahrens bestimmt die Reduktion der jeweiligen Fehlerkomponente:

– gute Reduktion, falls $|\lambda_k|$ „nahe bei" 0,
– schlechte Reduktion, falls $|\lambda_k|$ „nahe bei" 1.

Betrachten wir als Beispiel das *gedämpfte Jacobi-Verfahren* mit der Iterationsmatrix

$$\mathbf{C} = \mathbf{I} - \frac{1}{2}\mathbf{A}_\mathrm{D}^{-1}\mathbf{A}\,. \tag{11.1}$$

Wenden wir dieses Verfahrens zur Lösung des obigen Wärmeleitungsproblem mit $N - 1$ inneren Gitterpunkten an, ergibt sich eine Iterationsmatrix $\mathbf{C}$, deren Eigenwerte sich analytisch berechnen lassen:

$$\lambda_k = 1 - \frac{1}{2}\left[1 - \cos(k\pi/N)\right] \quad \text{für} \quad k = 1,\dots,N-1\,.$$

In Abb. 11.2 ist die Größe der Eigenwerte in Abhängigkeit von der Wellenzahl graphisch dargestellt. Man erkennt, daß die Eigenwerte für kleine Wellenzahlen nahe bei 1 und für große Wellenzahlen nahe bei 0 liegen, was das oben aufgezeigte unterschiedliche Fehlerreduktionsverhalten erklärt.

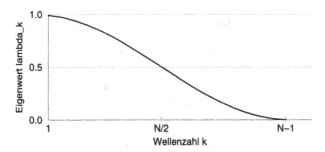

Abb. 11.2. Eigenwertverteilung der Iterationsmatrix des gedämpften Jacobi-Verfahrens für das eindimensionale Wärmeleitungsproblem

Die Idee eines Mehrgitterverfahrens besteht nun darin, die niederfrequenten Komponenten durch einen Iterationsprozeß auf einer Hierarchie von sukzessive vergröberten Gittern zu reduzieren. Ein Mehrgitteralgorithmus verlagert die Berechnung nach einigen Iterationen (oft *Glättungsiterationen* genannt, da die Fehlerfunktion danach „glatt" ist, d.h. frei von hochfrequenten Anteilen) von einem *feinen* auf ein *grobes* Gitter, in welchem z.B. nur jeder zweite Gitterpunkt auftritt. Glatte Funktionen können hierbei ohne wesentlichen Informationsverlust auf gröberen Gittern dargestellt werden. Durch die Übertragung des Lösungsprozesses auf gröbere Gitter sehen die Fehler relativ zur Gitterweite dort hochfrequenter aus und man erreicht damit eine effiziente Reduktion der auf dem feinen Gitter niederfrequenten Fehlerkomponenten. Anschaulich läßt sich dies durch den schnelleren globalen Informationsaustausch auf gröberen Gittern deuten (s. Abb. 11.3). Die Effizienz der Mehrgittermethode liegt nun darin begründet, daß man einerseits eine deutlich effizientere Fehlerreduktion erreicht und andererseits der zusätzliche Aufwand für die Berechnungen auf gröberen Gittern aufgrund der geringeren Anzahl von Gitterpunkten relativ gering ist.

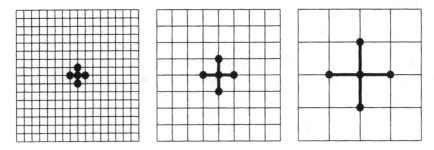

Abb. 11.3. Zusammenhang zwischen Informationsaustausch und Gittergröße aufgrund von Nachbarschaftsbeziehungen von Diskretisierungsvorschriften

11.1.2 Zweigitterverfahren

Wir wollen die Grundlagen eines Mehrgitterverfahrens zunächst anhand eines Zweigitterverfahrens erläutern und werden anschließend darauf eingehen, wie ein Zweigitterverfahren zu einem Mehrgitterverfahren erweitert werden kann. Um den Fehler der Feingitterlösung auf einem gröberen Gitter reduzieren zu können, muß eine auf dem groben Gitter zu lösende Fehlergleichung (*Defekt- oder Korrekturgleichung*) definiert werden. Hierbei muß man zwischen linearen und nichtlinearen Problemen unterscheiden.

Wir betrachten zunächst den linearen Fall. Es sei

$$\mathbf{A}_h \boldsymbol{\phi}_h = \mathbf{b}_h \tag{11.2}$$

das durch eine Diskretisierung auf einem Gitter der Maschenweite h entstandene lineare Gleichungssystem. Ausgehend von einer Startschätzung $\boldsymbol{\phi}_h^0$ erhält man nach einigen Iterationen mit einem Iterationsverfahren $\mathcal{S}_h$ eine *glatte* Näherung $\tilde{\boldsymbol{\phi}}_h$, d.h. eine Näherung in der nur noch niederfrequente Fehlerkomponenten vorhanden sind:

$$\tilde{\boldsymbol{\phi}}_h \leftarrow \mathcal{S}_h(\boldsymbol{\phi}_h^0, \mathbf{A}_h, \mathbf{b}_h) \, .$$

$\tilde{\boldsymbol{\phi}}_h$ erfüllt die Ausgangsgleichung (11.2) nur bis auf ein Residuum $\mathbf{r}_h$:

$$\mathbf{A}_h \tilde{\boldsymbol{\phi}}_h = \mathbf{b}_h - \mathbf{r}_h .$$

Subtraktion dieser Gleichung von Gl. (11.2) liefert die Feingitterfehlergleichung:

$$\mathbf{A}_h \mathbf{e}_h = \mathbf{r}_h$$

mit dem Fehler $\mathbf{e}_h = \boldsymbol{\phi}_h - \tilde{\boldsymbol{\phi}}_h$ als unbekannte Größe. Zur Weiterbehandlung des Fehlers auf einem groben Gitter (z.B. mit Gitterweite $2h$) müssen die Matrix $\mathbf{A}_h$ und das Residuum $\mathbf{r}_h$ auf das grobe Gitter übertragen werden:

$$\mathbf{A}_{2h} = \mathcal{I}_h^{2h} \mathbf{A}_h \quad \text{und} \quad \mathbf{r}_{2h} = \mathcal{I}_h^{2h} \mathbf{r}_h \, .$$

Dieser Vorgang wird als *Restriktion* bezeichnet. $\mathcal{I}_h^{2h}$ ist eine Restriktionsvorschrift, deren Definition wir in Abschn. 11.1.3 behandeln werden. Man erhält damit eine Gleichung für den Fehler $\mathbf{e}_{2h}$ auf dem groben Gitter:

$$\mathbf{A}_{2h} \mathbf{e}_{2h} = \mathbf{r}_{2h} \, . \tag{11.3}$$

Die Lösung dieser Gleichung kann mit dem gleichen Iterationsverfahren erfolgen, welches bereits für das feine Gitter verwendet wurde:

$$\tilde{\mathbf{e}}_{2h} \leftarrow \mathcal{S}_{2h}(0, \mathbf{A}_{2h}, \mathbf{r}_{2h}) \, ,$$

wobei hier als Startwert $\mathbf{e}_{2h}^0 = 0$ genommen werden kann (es handelt sich ja um einen Fehler, der im Konvergenzfall verschwinden soll). Der Grobgitterfehler $\tilde{\mathbf{e}}_{2h}$ wird dann mit einer Interpolationsvorschrift $\mathcal{I}_{2h}^h$ (s. Abschn. 11.1.3) auf das feine Gitter transferiert:

$$\tilde{\mathbf{e}}_h = \mathcal{I}_{2h}^h \tilde{\mathbf{e}}_{2h} \,.$$

Dieser Vorgang wird als *Prolongation* oder *Interpolation* bezeichnet. Mit $\tilde{\mathbf{e}}_h$ wird dann die auf dem feinen Gitter vorliegende Lösung $\tilde{\phi}_h$ korrigiert:

$$\phi_h^* = \tilde{\phi}_h + \tilde{\mathbf{e}}_h.$$

Danach werden noch einige Iterationen auf dem feinen Gitter durchgeführt (mit Startwert ϕ_h^*), um hochfrequente Fehlerkomponenten, die aufgrund der Interpolation entstehen können, zu dämpfen:

$$\tilde{\phi}_h^* \leftarrow \mathcal{S}_h(\phi_h^*, \mathbf{A}_h, \mathbf{b}_h) \,.$$

Das beschriebene Verfahren wird solange wiederholt, bis das Residuum auf dem feinen Gitter, d.h.

$$\tilde{\mathbf{r}}_h^* = \mathbf{b}_h - \mathbf{A}_h \tilde{\phi}_h^* \,,$$

ein vorgegebenes Konvergenzkriterium erfüllt. Das beschriebene Verfahren ist in der Literatur auch als *„Correction-Scheme" (CS)* bekannt.

Wenden wir uns nun dem nichtlinearen Fall zu und betrachten hierzu die nichtlineare Ausgangsgleichung:

$$\mathbf{A}_h(\phi_h) = \mathbf{b}_h \,. \tag{11.4}$$

Zur Anwendung von Mehrgitterverfahren auf nichtlineare Probleme existieren grundsätzlich zwei Ansätze:

- Linearisierung des Problems (z.B. Newton-Verfahren oder sukzessive Iteration, s. Abschn. 7.2) und Anwendung eines linearen Mehrgitterverfahrens in jeder Iteration.
- Direkte Anwendung eines nichtlinearen Mehrgitterverfahrens.

In vielen Fällen hat sich ein nichtlineares Mehrgitterverfahren, das sogenannte *„Full-Approximation-Scheme" (FAS)*, als vorteilhaft erwiesen, welches wir daher im folgenden näher beschreiben werden.

Nach einigen Iterationen mit einem Lösungsverfahren für das nichtlineare System (11.4) (z.B. mit dem SIMPLE-Verfahren bei Strömungsproblemen) erhält man eine Näherungslösung $\tilde{\phi}_h$, für die gilt:

$$\mathbf{A}_h(\tilde{\phi}_h) = \mathbf{b}_h - \mathbf{r}_h \,.$$

Der Ausgangspunkt für das lineare Zweigitterverfahren war die Fehlergleichung $\mathbf{A}_h \mathbf{e}_h = \mathbf{r}_h$. Für nichtlineare Probleme macht dies keinen Sinn, da das Superpositionsprinzip nicht gilt, d.h. im allgemeinen ist

$$\mathbf{A}_h(\phi_h + \psi_h) \neq \mathbf{A}_h(\phi_h) + \mathbf{A}_h(\psi_h) \,.$$

Für ein nichtlineares Mehrgitterverfahren muß daher eine nichtlineare Fehlergleichung definiert werden, die man durch eine Linearisierung von $\mathbf{A}_h$ erhält:

$$\mathbf{A}_h(\tilde{\boldsymbol{\phi}}_h + \mathbf{e}_h) - \mathbf{A}_h(\tilde{\boldsymbol{\phi}}_h) = \mathbf{r}_h \quad \text{mit} \quad \mathbf{e}_h = \boldsymbol{\phi}_h - \tilde{\boldsymbol{\phi}}_h. \tag{11.5}$$

Die nichtlineare Fehlergleichung (11.5) ist nun die Ausgangsbasis für die Grobgittergleichung, die wie folgt definiert ist:

$$\mathbf{A}_{2h}(\mathcal{I}_h^{2h}\tilde{\boldsymbol{\phi}}_h + \mathbf{e}_{2h}) - \mathbf{A}_{2h}(\mathcal{I}_h^{2h}\tilde{\boldsymbol{\phi}}_h) = \mathcal{I}_h^{2h}\mathbf{r}_h.$$

Zur Aufstellung der Grobgittergleichung müssen also $\mathbf{A}_h$, $\tilde{\boldsymbol{\phi}}_h$ und $\mathbf{r}_h$ auf das grobe Gitter restringiert werden ($\mathcal{I}_h^{2h}$ ist der Restriktionsoperator). Als Grobgittervariable wird $\boldsymbol{\phi}_{2h} := \mathcal{I}_h^{2h}\tilde{\boldsymbol{\phi}}_h + \mathbf{e}_{2h}$ benutzt, so daß man folgendes Grobgitterproblem erhält:

$$\mathbf{A}_{2h}(\boldsymbol{\phi}_{2h}) = \mathbf{b}_{2h} \quad \text{mit} \quad \mathbf{b}_{2h} = \mathbf{A}_{2h}(\mathcal{I}_h^{2h}\tilde{\boldsymbol{\phi}}_h) + \mathcal{I}_h^{2h}\mathbf{r}_h. \tag{11.6}$$

Als Startwert für die Iterationen zur Lösung dieser Grobgittergleichung kann $\mathcal{I}_h^{2h}\tilde{\boldsymbol{\phi}}_h$ verwendet werden. Nach der Lösung der Grobgittergleichung (die Lösung sei $\tilde{\boldsymbol{\phi}}_{2h}$) wird, wie im linearen Fall, der *Fehler* (nur dieser ist glatt) auf das feine Gitter transferiert und damit die Feingitterlösung korrigiert:

$$\boldsymbol{\phi}_h^* = \tilde{\boldsymbol{\phi}}_h + \tilde{\mathbf{e}}_h \quad \text{mit} \quad \tilde{\mathbf{e}}_h = \mathcal{I}_{2h}^h(\tilde{\boldsymbol{\phi}}_{2h} - \mathcal{I}_h^{2h}\tilde{\boldsymbol{\phi}}_h).$$

Es sei bemerkt, daß die Größen $\boldsymbol{\phi}_{2h}$ und $\mathbf{b}_{2h}$ *nicht* der Lösung und der rechte Seite entsprechen, die man aus einer Diskretisierung des kontinuierlichen Problems auf dem groben Gitter erhalten würde. $\boldsymbol{\phi}_{2h}$ ist eine Approximation der *Feingitterlösung*, daher die Bezeichnung „Full-Approximation-Scheme". Im Falle der Konvergenz sind alle Grobgitterlösungen (dort wo sie definiert sind) identisch mit der Feingitterlösung.

11.1.3 Gittertransfers

Die bisherigen Betrachtungen waren weitgehend unabhängig von der zur Diskretisierung der Gleichungen verwendeten Diskretisierungsmethode. Mehrgitterverfahren lassen sich für Finite-Differenzen-, Finite-Volumen- und Finite-Elemente-Verfahren in nahezu analoger Weise definieren, wobei jedoch insbesondere bei der Interpolation und Restriktion auf die jeweiligen Besonderheiten der Diskretisierung Rücksicht genommen werden muß. Wir wollen auf diese Gittertransferoperationen beispielhaft im Zusammenhang mit einer Finite-Volumen-Diskretisierung kurz eingehen.

Für Finite-Volumen-Verfahren empfiehlt es sich, eine KV-orientierte Gittervergröberung vorzunehmen, so daß ein Grobgitter-KV aus 2^d Feingitter-KV gebildet wird, wobei d die Raumdimension bezeichnet (s. Abb. 11.4 für den zweidimensionalen Fall). Für die Gittertransfers müssen die Interpolations- und Restriktionsoperatoren $\mathcal{I}_h^{2h}$ und $\mathcal{I}_{2h}^h$ definiert werden. Auch die Grobgittergleichung muß auf den der Finite-Volumen-Methode zugrundeliegenden Erhaltungsprinzipien basieren. Die Matrixkoeffizienten setzen sich aus konvektiven und diffusiven Anteilen zusammen. Die Massenflüsse für die konvektiven Anteile können einfach durch Addition der entsprechenden

Feingitterflüsse bestimmt werden. Die diffusiven Anteile werden üblicherweise auf dem groben Gitter neu berechnet. Die Residuen auf dem groben Gitter ergeben sich als Summe der entsprechenden vier Feingitterresiduen. Dies ist möglich, da die Grobgittergleichung als Summe der vier Feingittergleichungen betrachtet werden kann (Erhaltungsprinzip). Die Variablenwerte können mittels bilinearer Interpolation auf das grobe Gitter transferiert werden (s. Abb. 11.4).

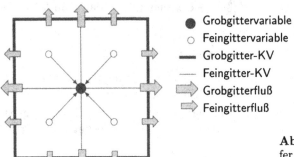

Abb. 11.4. Variablentransfer vom feinen auf das grobe Gitter (Restriktion)

Die Interpolation vom groben auf das feine Gitter muß mit der Ordnung des Diskretisierungsverfahrens konsistent sein. Für eine Diskretisierung 2. Ordnung kann z.B. eine bilineare Interpolation verwendet werden (s. Abb. 11.5).

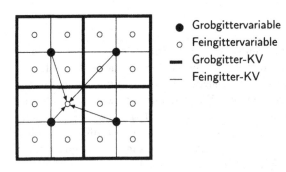

Abb. 11.5. Variablentransfer vom groben auf das feine Gitter (Interpolation)

11.1.4 Mehrgitterzyklen

Die Lösung des Grobgitterproblems im oben beschriebenen Zweigitterverfahren kann bei feinen Gittern immer noch sehr aufwendig sein. Das Grobgitterproblem, d.h. Gl. (11.3) im liearen Fall bzw. Gl. (11.6) im nichtlinearen Fall, kann nun wiederum mit einem Zweigitterverfahren gelöst werden. Auf diese

Weise kann aus einem Zweigitterverfahren rekursiv ein Mehrgitterverfahren definiert werden.

Die Wahl des gröbsten Gitters ist problemabhängig und wird in der Regel durch die Problemgeometrie bestimmt, die auch durch das gröbste Gitter noch hinreichend genau beschrieben sein muß (typisch sind etwa 4-5 Gitterebenen für zweidimensionale Probleme, und 3-4 Gitterebenen für dreidimensionale Probleme). Zum Durchlaufen der verschiedenen Gitterebenen existieren verschiedene Strategien. Die gebräuchlichsten sind die sogenannten *V-Zyklen* und *W-Zyklen*, die in Abb. 11.6 illustriert sind. Bei Verwendung von W-Zyklen ist der Aufwand pro Zyklus höher als bei V-Zyklen, jedoch werden in der Regel insgesamt weniger Zyklen benötigt, um ein bestimmtes Konvergenzkriterium zu erreichen. Abhängig vom zu lösenden Problem können sich gewisse Vor- und Nachteile für die eine oder andere Variante ergeben, die jedoch in der Regel nicht gravierend sind.

Abb. 11.6. Schematischer Ablauf eines V-Zyklus und W-Zyklus

Im Gegensatz zu klassischen iterativen Verfahren ist die Konvergenzrate bei Mehrgitterverfahren weitgehend *unabhängig* von der Gitterweite. Für Modellprobleme kann man beweisen, daß die Lösung mit dem Mehrgitterverfahren einen asymptotischen Aufwand proportional zu $N \log N$ erfordert, wobei N die Anzahl der Gitterpunkte bezeichnet. Dieses Konvergenzverhalten konnte numerisch auch für viele andere (allgemeinere) Probleme nachgewiesen werden.

Zur Abschätzung des Aufwandes von Mehrgitterzyklen bezeichnen wir mit W den Aufwand für eine Iteration auf dem feinsten Gitter und mit k die Anzahl der Feingitteriterationen innerhalb eines Zyklus. Für den Aufwand des V-Zyklus erhält man:

$$\text{2-D}: \quad W_{\text{MG}} \; = \; (k+1)W\left[1 + \frac{1}{4} + \frac{1}{16} + \cdots\right] \leq \frac{4}{3}(k+1)W$$

$$\text{3-D}: \quad W_{\text{MG}} \; = \; (k+1)W\left[1 + \frac{1}{8} + \frac{1}{64} + \cdots\right] \leq \frac{8}{7}(k+1)W$$

Für $k = 4$ (dies ist ein typischer Wert) benötigt ein V-Zyklus im zweidimensionalen Fall nur etwa so viel Zeit wie 7 Iterationen auf dem feinsten

Gitter (ca. 6 im dreidimensionalen Fall), die Fehlerreduktion ist aber um Größenordnungen besser als bei einem Eingitterverfahren (s. Beispiele in Abschn. 11.1.5).

Zur weiteren Beschleunigung der Berechnungen kann in Kombination mit einem Mehrgitterverfahren das Verfahren der *geschachtelten Iteration* verwendet werden, welches zur Verbesserung der Startlösung auf dem feinsten Gitter dient. Die Idee ist, Lösungen für gröbere Gitter als Startschätzungen für feinere Gitter zu benutzen. Die Berechnung wird auf dem gröbsten Gitter gestartet. Die dort erhaltene konvergierte Lösung wird dann auf das nächst feinere Gitter extrapoliert und dort als Anfangslösung für die Iterationen benutzt (statt einer Schätzbelegung, z.B. mit Nullwerten). Nach einigen Iterationen wird auf dem zweiten Gitter ein 2-Gitter-Zyklus gestartet. Wenn die konvergierte Lösung auf dem zweiten Gitter vorliegt, wird sie auf das dritte Gitter extrapoliert, um dort als Startlösung zu dienen. Auf dem dritten Gitter wird dann ein 3-Gitter-Zyklus gestartet, usw., bis das feinste Gitter erreicht ist. Diese Kombination der geschachtelten Iteration mit einem Mehrgitterzyklus wird als *„Full-Multigrid"-Verfahren (FMG-Verfahren)* bezeichnet. Die Vorgehensweise ist in Abb. 11.7 für den Fall einer Verwendung in Kombination mit V-Zyklen illustriert. Die für die Lösungen auf gröberen Gittern verbrauchte Rechenzeit wird auf dem feinsten Gitter gespart, da der Iterationsprozeß dort bereits mit einer vergleichsweise guten Startlösung begonnen werden kann. Mit relativ wenig Aufwand läßt sich damit durch das FMG-Verfahren eine weitere Beschleunigung des Lösungsprozesses erreichen. Man erhält ein asymptotisch optimales Verfahren, bei dem der Rechenaufwand nur *linear* mit der Anzahl der Gitterpunkte anwächst.

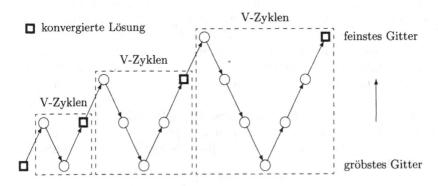

Abb. 11.7. Schematischer Ablauf eines „Full-Multigrid"-Verfahrens

Ein weiterer, für die Praxis sehr wichtiger Aspekt des FMG-Verfahrens ist, daß am Ende der Berechnung konvergierte Lösungen für alle verwendeten Gitterebenen vorliegen, welche dann direkt für die erforderlichen Abschätzungen von Diskretisierungsfehlern verwendet werden können (s. Abschn. 8.4).

Für stationäre Probleme empfiehlt es sich das FMG-Verfahren zu verwenden. Bei instationären problemen sollte jedoch immer vom feinsten Gitter ausgegangen werden. Dort muß eine Startlösung bei $t = t_0$ vorliegen und für die weiteren Zeitschritte dient die Lösung vom vorhergehenden Zeitschritt als Startlösung. Für jeden Zeitschritt werden Mehrgitterzyklen ausgeführt bis ein Konvergenzkriterium erreicht ist.

11.1.5 Berechnungsbeispiele

Ein Beispiel für die Beschleunigung durch Mehrgitterverfahren bei der Lösung linearer Probleme wurde bereits in Abschn. 7.1.7 (s. Tabelle 7.2) angegeben. Als Beispiel zur Mehrgittereffizienz für nichtlineare Probleme betrachten wir die Berechnung einer Auftriebsströmung in einem quadratischen Behälter mit einem komplexen Hindernis (s. Abb. 11.8). Die Behälterwände besitzen eine konstante Temperatur T_C und das Hindernis eine Temperatur T_H, wobei $T_C < T_H$. Für die Berechnungen wird ein Finite-Volumen-Verfahren 2. Ordnung mit einem SIMPLE-Verfahren auf nicht-versetztem Gitter (mit selektiver Interpolation) verwendet. Das SIMPLE-Verfahren fungiert hierbei als Glätter für ein nichtlineares Mehrgitterverfahren mit V-Zyklen und bilinearer Interpolation für die Gittertransfers.

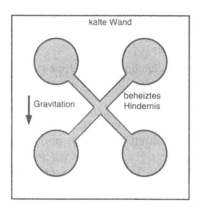

Abb. 11.8. Problemkonfiguration für Auftriebsströmung in quadratischem Behälter mit komplexem Hindernis

Für die Berechnung wurden bis zu 6 Gitterebenen (von 64 KV bis 65536 KV) verwendet, wobei das Gitter mit 64 KV jeweils als gröbstes Gitter für das Mehrgitterverfahren fungierte. Das gröbste und das feinste Gitter sowie die zugehörigen berechneten Geschwindigkeitsfelder sind in Abb. 11.9 dargestellt. Man erkennt insbesondere, daß das grobe Gitter die Geometrie nicht exakt modelliert, und auch das dort berechnete Geschwindigkeitsfeld noch relativ wenig mit dem „richtigen" Ergebnis übereinstimmt. Die nachfolgend beschriebenen Ergebnisse werden zeigen, daß dies keine nachteiligen Auswirkungen auf die Effizienz des Mehrgitterverfahrens hat.

Abb. 11.9. Gröbstes und feinstes Gitter und zugehörige berechnete Geschwindigkeitsfelder für Behälter mit komplexem Hindernis

In Tabelle 11.1 ist ein Vergleich der Anzahlen von erforderlichen Feingitteriterationen für das Ein- und Mehrgitterverfahren jeweils mit und ohne geschachtelter Iteration angegeben. Die zugehörigen Rechenzeiten (in Sekunden auf einer SUN Sparc 10/20 Workstation) sind in Tabelle 11.2 zusammengefaßt.

Man erkennt die enorme Beschleunigung, welche auf den feineren Gittern mit Hilfe des Mehrgitterverfahrens aufgrund der nahezu konstanten Iterationszahl erreicht wird. Die Notwendigkeit der Verwendung der feineren Gitter im Hinblick auf die numerische Genauigkeit ist beispielsweise aus Tabelle 8.1 ersichtlich (der numerische Fehler in der Nußelt-Zahl beträgt beispielsweise auf dem 40×40-Gitter noch etwa 7%). Auch der zusätzliche Beschleunigungseffekt aufgrund der geschachtelten Iteration wird deutlich. Dieser kommt zwar auch für das Eingitterverfahren zum Tragen, das Anwachsen der Anzahl der Iterationen mit der Gitterpunktzahl läßt sich aber dadurch nicht verhindern. In Abb. 11.10 ist der Beschleunigungseffekt des Mehrgitterverfahrens mit geschachtelter Iteration im Vergleich zum Eingitterverfahren (ohne geschach-

Tabelle 11.1. Anzahl der Feingitteriterationen für Ein-
und Mehrgitterverfahren (EG und MG) mit und ohne geschachtelter Iteration (GI) für Behälter mit komplexem
Hindernis

Verfahren	Kontrollvolumen					
	64	256	1 024	4 096	16 384	65 536
EG	52	42	128	459	1 755	4 625
EG+GI	52	36	79	269	987	3 550
MG	52	31	41	51	51	51
MG+GI	52	31	31	31	31	31

Tabelle 11.2. Rechenzeiten für Ein- und Mehrgitterverfahren mit und ohne geschachtelter Iteration für Behälter
mit komplexem Hindernis

Verfahren	Kontrollvolumen					
	64	256	1 024	4 096	16 384	65 536
EG	3	7	70	902	13 003	198 039
EG+GI	3	10	54	590	8 075	110 628
MG	3	7	34	144	546	2 096
MG+GI	3	11	36	124	451	1 720

telter Iteration) in Abhängigkeit von der Gittergröße nochmals graphisch in
doppeltlogarithmischer Darstellung angegeben. Man erkennt hieran die quadratische Abhängigkeit des Aufwandes für das Eingitterverfahren (Gerade
mit Steigung 2) im Gegensatz zur linearen Abhängigkeit im Falle des Mehrgitterverfahrens (Gerade mit Steigung 1).

Allgemein sind die Beschleunigungsfaktoren, die man mit Mehrgitterverfahren erzielen kann, stark problemabhängig. In Tab. 11.3 sind typische Beschleunigungsfaktoren für stationäre und instationäre laminare Strömungsberechnungen im zwei- und dreidimensionalen Fall angegeben (jeweils für ein
Gitter mit ca. 100 000 KV). Für Berechnungen von turbulenten Strömungen mit statistischen Turbulenzmodellen lassen sich durch den Einsatz von
Mehrgitterverfahren ebenfalls signifikante Beschleunigungen erzielen, jedoch
liegen die Faktoren bislang noch (teilweise deutlich) niedriger. Hierbei ist zu
beobachten, daß der Beschleunigungseffekt mit der Komplexität des Modells
abnimmt. Hier besteht noch dringender Forschungsbedarf.

Tabelle 11.3. Typische Beschleunigungsfaktoren mit Mehrgitterverfahren für laminare
Strömungsberechnungen (mit ca. 100 000 KV)

Strömung	2-d (5 Gitter)	3-d (3 Gitter)
stationär	80-120	40-60
instationär	20-40	5-20

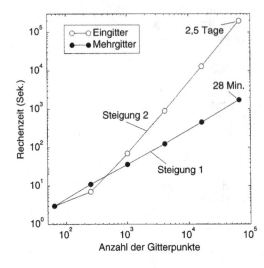

Abb. 11.10. Rechenzeiten in Abhängigkeit der Anzahl der Gitterpunkte für Ein- und Mehrgitterverfahren (Behälter mit komplexem Hindernis)

11.2 Parallelisierung von Berechnungen

Trotz der hohen Effizienz der numerischen Verfahren, die durch Verbesserungen der Lösungsalgorithmen in den letzten Jahren erreicht wurde (z.B. mit den im vorangegangen Abschnitt beschriebenen Mehrgittermethoden), erfordern praxisrelevante Simulationen kontinuumsmechanischer Probleme immer noch einen sehr hohen Aufwand an Rechen- und Speicherkapazität. Aufgrund der Komplexität der zu lösenden Probleme kann eine bestimmte Anzahl von Rechenoperationen pro Variable und Zeitschritt nicht unterschritten werden. Eine weitere Beschleunigung der Berechnungen kann durch den Einsatz leistungsfähigerer Rechner erreicht werden.

Durch die enormen Fortschritte, die in den letzten Jahren im Bereich der Prozessorgeschwindigkeit erzielt wurden, die die Ausführungszeit pro Rechenoperation drastisch verringert haben, konnte bereits eine enorme Rechenzeitverkürzung erreicht werden, wobei insbesondere der Einsatz von Vektorisierungs- und „Cache"-Techniken hervorzuheben ist. Die Simulation komplexer Probleme (insbesondere Strömungsprobleme) erfordert jedoch Rechenleistungen, die immer noch um Größenordnungen über denen der derzeit leistungsfähigsten Vektorprozessoren liegen. Da der Beschleunigung der Prozessoren prinzipielle physikalische Grenzen gesetzt sind, so daß herkömmliche serielle Rechner sehr bald an ihre Leistungsgrenzen stoßen werden, wird in den letzten Jahren verstärkt die Möglichkeiten des Parallelrechnens ausgenutzt, d.h. eine Berechnungsaufgabe wird von mehreren Prozessoren gleichzeitig bearbeitet, wodurch eine weitere erhebliche Reduzierung der Rechenzeiten erreicht werden kann.

Wir werden in diesem Abschnitt die für den Einsatz des Parallelrechnens für kontinuumsmechanische Berechnungen wichtigten Aspekte erläutern, und die bei der konkreten Anwendung auftretenden typischen Effekte anhand von Beispielrechnungen aufzeigen.

11.2.1 Parallelrechnersysteme

Während zu Beginn der Parallelrechnerentwicklung, welche bereits in den 60er Jahren ihren Anfang nahm, noch sehr unterschiedliche Konzepte zur Realisierung entsprechender Rechner verfolgt wurden (und auch entsprechende Systeme auf dem Markt waren), haben sich mittlerweile die sogenannten MIMD („Multiple Instruction Multiple Data") Systeme weitestgehend durchgesetzt. Die Bezeichnung MIMD geht auf ein von Flynn (1966) eingeführtes Klassifizierungsschema zurück, in welches sich klassische sequentielle Rechner (PCs, Workstations) als SISD (Single Instruction Single Data) Systeme einordnen lassen. (Wir gehen auf dieses Klassifizierungsschema nicht näher ein, da es aufgrund der Entwicklungen mittlerweile an Bedeutung verloren hat.) Bei einem MIMD System können alle Prozessoren unabhängig voneinander operieren (unterschiedliche Befehle mit unterschiedlichen Daten). Alle relevanten aktuellen Parallelrechnersysteme, wie z.B. Multiprozessorsysteme, Workstation- oder PC-Cluster, aber auch Hochleistungsvektorrechner, die mittlerweile alle über mehrere Vektorprozessoren verfügen, können dieser Klasse zugeordnet werden.

Ein wichtiges Klassifizierungsmerkmal von Parallelrechnersystemen für die hier interessierenden kontinuumsmechanischen Berechnungen ist die Art des Speicherzugriffs. Hierzu sind im wesentlichen zwei Konzepte realisiert: Systeme mit *gemeinsamem Speicher („Shared-Memory")*, bei welchen jeder Prozessor über ein Netzwerk direkt auf den gesamten Speicher zugreifen kann, sowie Systeme mit *verteiltem Speicher („Distributed-Memory")*, bei welchen jeder Prozessor nur direkten Zugriff auf seinen eigenen lokalen Speicher hat (s. Abb. 11.11). Typische „Shared-Memory"-Rechner sind Hochleistungsvektorrechner, während Workstationcluster typische Vertreter für „Distributed-Memory"-Systeme sind.

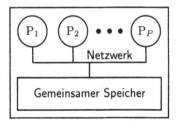 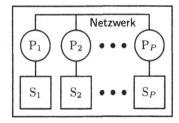

Abb. 11.11. Zuordnung von Prozessoren und Speicher bei Parallelrechnern mit gemeinsamem Speicher (links) und verteiltem Speicher S_1, S_2,..., S_P (rechts)

Zur Programmierung von Parallelrechnern existieren verschiedene Programmiermodelle, deren Funktionalität insbesondere auch entscheidend von den Möglichkeiten des Speicherzugriffs bestimmt ist:

- *Parallelisierende Compiler:* Das (sequentielle) Programm wird auf der Basis einer Analyse der Datenabhängigkeiten des Programmes automatisch (eventuell unterstützt durch Compiler-Direktiven) parallelisiert. Dies funktioniert (halbwegs zufriedenstellend) nur auf Schleifenniveau für „Shared-Memory"-Computer und für vergleichsweise kleine Prozessorzahlen. Auch auf absehbare Zeit wird es wohl keine *effizienten* vollautomatisch parallelisierenden Compiler geben.

- *Virtuell gemeinsamer Speicher:* Das Betriebssystem oder die Hardware simuliert auf Systemen mit (physikalisch) verteiltem Speicher einen globalen gemeinsamen Speicher. Damit ist eine automatische, halbautomatische oder benutzergesteuerte Parallelisierung möglich, wobei die Effizienz des resultierenden Programms in gleicher Reihenfolge zunimmt. Implementiert ist das Konzept über eine Erweiterung von Programmiersprachen (meist Fortran oder C) durch eine „Array"-Syntax und Compiler-Direktiven, und die Parallelisierung kann durch eine von Direktiven gesteuerte Generation von Threads erfolgen, die auf die verschiedenen Prozessoren verteilt werden.

- *„Message-Passing":* Der Datenaustausch zwischen den einzelnen Prozessoren erfolgt ausschließlich durch Senden und Empfangen von Nachrichten, wobei entsprechende Kommunikationsroutinen über standardisierte Bibliotheksaufrufe zur Verfügung gestellt werden. Die Programme müssen zwar hierbei „von Hand", eventuell mit unterstützende Werkzeugen (z.B. FORGE oder MIMDIZER), parallelisiert werden, jedoch läßt sich auf diese Weise auch die beste Effizienz erzielen. Als Quasi-Standards für das „Message-Passing" haben sich mittlerweile einige Systeme, wie etwa *Parallel Virtual Machine (PVM)* oder *Message Passing Interface (MPI)*, etabliert, die auf allen relevanten Rechnersystemen zur Verfügung stehen.

Es sei bemerkt, daß auf Basis des „Message-Passing" parallelisierte Programme auch auf „Shared-Memory"-Systemen effizient eingesetzt werden können (die entsprechenden Kommunikationsbibliotheken stehen auch dort zur Verfügung), während dies umgekehrt in der Regel nicht der Fall ist. Das „Message-Passing"-Konzept kann somit als die allgemeinste und zukunftsträchtigste Vorgehensweise zur Parallelisierung kontinuumsmechanischer Berechnungen angesehen werden. Alle nachfolgenden Betrachtungen beziehen sich hierauf und auch die angegebenen Berechnungsbeispiele sind auf dieser Basis realisiert.

11.2.2 Parallelisierungsstrategien

Wenden wir uns nun der Frage zu, wie kontinuumsmechanische Berechnungen konkret parallelisiert werden können. Hierzu werden heute fast ausschließlich

Datendekompositionstechniken angewandt, bei welchen der Datenraum in gewisse Teilbereiche zerlegt wird, die an die verschiedenen Prozessoren verteilt und dort sequentiell und lokal bearbeitet werden. Bei Bedarf erfolgt ein Datentransfer zu anderen Bereichen. Die wichtigsten Konzepte zu einer konkreten Realisierung einer solchen Datendekomposition sind: *Gitterpartitionierung, Gebietszerlegung, Zeitparallelisierung* und *Kombinationsmethoden*. Am weitaus häufigsten werden gegenwärtig in der Praxis Gitterpartitionierungstechniken angewandt, auf die wir daher nachfolgend etwas näher eingehen werden. Für die anderen Vorgehensweisen sei auf die entsprechende Fachliteratur verwiesen (z.B. [15]).

Gitterpartitionierungstechniken beruhen auf einer Zerlegung des (räumlichen) Problemgebiets in nicht-überlappende Teilgebiete, für welche bestimmte Teile der Berechnungen von verschiedenen Prozessoren gleichzeitig durchgeführt werden können. Die Kopplung der Teilgebiete erfolgt über einen Datenaustausch zwischen aneinandergrenzenden Teilgebietsrändern. Zur Erläuterung der Vorgehensweise, beschränken wir uns hier auf den Fall (zweidimensionaler) blockstrukturierter Gitter, die einen natürlichen Ansatz für eine Gitterpartitionierung bieten (das Prinzip läßt sich in analoger Weise, mit entsprechendem Mehraufwand, auch für unstrukturierte Gitter realisieren).

Ausgangspunkt für die blockstrukturierte Gitterpartitionierung ist die geometrische Blockstruktur des numerischen Gitters. Für die Erzeugung der Partitionierung müssen zwei Fälle unterschieden werden. Ist die Anzahl der Prozessoren P größer als die Anzahl der geometrischen Blöcke, werden diese weiter zerlegt, so daß eine neue (parallele) Blockstruktur ensteht, für welche die Anzahl der Blöcke gleich der Anzahl der Prozessoren ist. Diese Blöcke können dann den einzelnen Prozessoren zugeordnet werden (s. Abb. 11.12). Ist die Anzahl der Prozessoren kleiner als die Anzahl der geometrischen Blöcke, werden letztere geeignet in Gruppen zusammengefaßt, so daß die Anzahl der Gruppen gleich der Anzahl der Prozessoren ist. Diese Gruppen können dann den einzelnen Prozessoren zugeordnet werden (s. Abb. 11.13).

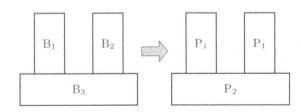

Abb. 11.12. Zuordnung von Blöcken und Prozessoren (mehr Prozessoren als Blöcke)

Für die Generierung der parallelen Blockstruktur bzw. die Gruppierung der Blöcke sind verschiedene Strategien mit unterschiedlichen zugrundeliegenden Kriterien denkbar. Die einfachste und am häufigsten verwendete Vorgehensweise ist, die Anzahl der Gitterpunkte, die jedem Prozessor zugeordnet

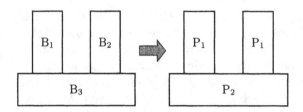

Abb. 11.13. Zuordnung von Blöcken und Prozessoren (mehr Blöcke als Prozessoren)

werden, als einziges Kriterium zugrundezulegen. Sind die Gitterpunktanzahlen pro Prozessor annähernd gleich, wird eine gute Lastverteilung am Parallelrechner erreicht, andere Kriterien, wie z.B die Anzahl der Nachbargebiete oder die Länge aneinandergrenzender Teilgebietsränder, bleiben dabei jedoch unberücksichtigt.

Um den Kommunikationsaufwand zwischen den Prozessoren möglichst gering zu halten, werden üblicherweise entlang aneinandergrenzender Teilgebietsränder zusätzliche Hilfskontrollvolumen eingeführt, die den angrenzenden Kontrollvolumen des Nachbargebiets entsprechen (s. Abb. 11.14). Werden im Verlauf eines iterativen Lösungsverfahrens die Variablenwerte in den Hilfskontrollvolumen zu geeigneten Zeitpunkten aktualisiert, kann die Berechnung der Koeffizienten und Quellterme der Gleichungssysteme in den einzelnen Teilgebieten völlig unabhängig von einander erfolgen. Aufgrund der Lokalität der Diskretisierungsvorschriften sind nur Werte benachbarter Kontrollvolumen in diese Berechnungen involviert, die den einzelnen Prozessoren dann in den Hilfskontrollvolumen zur Verfügung stehen. Für Verfahren höherer Ordnung, bei welchen auch weiter entfernte Nachbarpunkte in die Diskretisierung einbezogen sind, können entsprechend mehr „Schichten" von Hilfskontrollvolumen eingeführt werden. Die Berechnungen zur Aufstellung der Gleichungssysteme unterscheiden sich damit nicht von denjenigen im seriellen Fall.

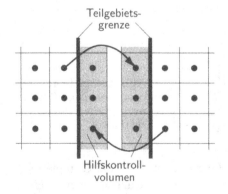

Abb. 11.14. Datenaustausch über Teilgebietsränder mittels Hilfskontrollvolumen

Der einzige Punkt, in dem sich ein paralleler von einem entsprechenden seriellen Algorithmus vom numerischen Standpunkt normalerweise unterscheiden, ist der Löser für die linearen Gleichungssysteme. ILU- oder SOR-Gleichungslöser sind beispielsweise stark rekursiv aufgebaut (eine Tatsache, die wesentlich zu ihrer hohen Effizienz beiträgt), so daß eine direkte Parallelisierung mit sehr hohem Kommunikationsaufwand verbunden wäre und sich in den meisten Fällen als nicht effizient erweist. Für solche Löser erweist sich eine andere Vorgehensweise als vorteilhaft, welche durch eine die Gitterpartitionierung berücksichtigende teilweise Auflösung der Rekursivität zu einer algorithmischen Modifikation des Gleichungslösers führt. Da dies für die Effizienz der parallelen Implementierung eine wichtige Rolle spielt, wollen wir diese Vorgehensweise im folgenden kurz erläutern.

Falls die Berechnungspunkte Teilgebiet für Teilgebiet numeriert werden, erhält das zu lösenden Gleichungssystems eine der Gitterpartitionierung entsprechende Blockstruktur:

$$
\underbrace{\begin{bmatrix} \mathbf{A}_{1,1} & \mathbf{A}_{1,2} & \cdot & \cdot & \cdot & \mathbf{A}_{1,P} \\ \mathbf{A}_{2,1} & \mathbf{A}_{2,2} & & & & \cdot \\ \cdot & \cdot & \cdot & & & \cdot \\ \cdot & & \cdot & \cdot & & \cdot \\ \cdot & & & \cdot & \cdot & \cdot \\ \mathbf{A}_{P,1} & \cdot & \cdot & \cdot & & \mathbf{A}_{P,P} \end{bmatrix}}_{\mathbf{A}} \underbrace{\begin{bmatrix} \phi_1 \\ \phi_2 \\ \cdot \\ \cdot \\ \cdot \\ \phi_P \end{bmatrix}}_{\phi} = \underbrace{\begin{bmatrix} \mathbf{b}_1 \\ \mathbf{b}_2 \\ \cdot \\ \cdot \\ \cdot \\ \mathbf{b}_P \end{bmatrix}}_{\mathbf{b}} , \qquad (11.7)
$$

wobei P die Anzahl der Prozessoren (Teilgebiete) bezeichnet. Im Vektor ϕ_i ($i = 1, \ldots, P$) sind die Unbekannten des Teilgebiets i zusammengefaßt und in $\mathbf{b}_i$ die entsprechenden rechten Seiten. Die Matrizen $\mathbf{A}_{i,i}$ sind die Hauptmatrizen der Teilgebiete und besitzen die gleiche Struktur wie die entsprechenden Matrizen im seriellen Fall. Die Matrizen außerhalb der Diagonalen beschreiben die Verknüpfung der jeweiligen Teilbereiche. So stellt die Matrix $\mathbf{A}_{i,j}$ die Kopplung des Teilgebiets i mit dem Teilgebiet j (über die ensprechenden Koeffizienten a_{nb}) dar. Stehen die Teilgebiete i und j nicht direkt über einen gemeinsamen Rand miteinander in Verbindung stehen, so ist $\mathbf{A}_{i,j}$ eine Nullmatrix.

Nehmen wir an, im seriellen Fall sei der Gleichungslöser durch einen Iterationsprozeß der Form (s. Abschn. 7.1)

$$
\phi^{k+1} = \phi^k - \mathbf{B}^{-1} \left(\mathbf{A}\phi^k - \mathbf{b} \right)
$$

definiert (z.B. $\mathbf{B} = \mathbf{LU}$ im Falle eines ILU-Verfahrens). Für die parallele Version des Verfahrens werden nun anstelle von $\mathbf{B}$ die entsprechenden Matrizen $\mathbf{B}_i$ für die einzelnen Teilgebiete verwendet. Für einen ILU-Gleichungslöser ist beispielsweise $\mathbf{B}_i$ das Produkt aus der unteren und oberen Dreiecksmatrix, die aus der unvollständigen LU-Zerlegung von $\mathbf{A}_{i,i}$ entsteht. Die entsprechende Iterationsvorschrift ist definiert durch

$$\phi_i^{k+1} = \phi_i^k - \mathbf{B}_i^{-1}(\sum_{j=1}^{p} \mathbf{A}_{i,j}\phi_j^k - \mathbf{b}_i). \tag{11.8}$$

Die Berechnungen können für alle $i = 1, \ldots, P$ simultan von den einzelnen Prozessoren durchgeführt werden, falls ϕ^k in den Hilfskontrollvolumen zur Berechnung von $\mathbf{A}_{i,j}\phi_j^k$ für $i \neq j$ zur Verfügung steht. Um dies zu erreichen, müssen die Werte an den Teilgebietsrändern nach jeder Iteration ausgetauscht werden, d.h. die Werte in den Hilfskontrollvolumen müssen aktualisiert werden.

Bei der beschriebenen Variante des Lösungsverfahrens wird also jedes Teilgebiet während einer Iteration so behandelt, als ob es ein eigenständiges Lösungsgebiet wäre und die Kopplung erfolgt am Ende einer jeden Iteration durch einen Datentransfer entlang aller Teilgebietsgrenzen. Diese Strategie resultiert in einer hohen numerischen Effizienz, da die Teilgebiete sehr eng gekoppelt sind, erfordert aber einen vergleichsweise hohen Kommunikationsaufwand. Eine Alternative wäre, den Austausch der Randdaten nicht nach jeder Iteration, sondern erst nach einer bestimmten Anzahl von Iterationen durchzuführen. Dies reduziert den Kommunikationsaufwand, resultiert aber in einer Verschlechterung der Konvergenzrate des Gleichungslösers und damit in einem Absinken der numerischen Effizienz des Verfahrens. Welche Variante letztlich die schnellere ist, hängt stark vom Verhältnis der Kommunikations- und Rechenleistung des Parallelrechners ab.

Neben der lokalen Prozessorkommunikation für den Teilgebietsrandaustausch, erfordert eine parallele Berechnung immer auch globale Kommunikation über alle Teilgebiete. Zur Ermittlung von globalen Residuen zur Prüfung von Konvergenzkriterien ist es beispielsweise notwendig, nachdem die lokalen Residuen in den einzelnen Teilgebieten von den jeweiligen Prozessoren berechnet wurden, diese über die Prozessortopologie zu summieren, so daß das globale Residuum allen Prozessoren zur Verfügung steht, und bei Unterschreiten des Konvergenzkriteriums alle Prozessoren die Berechnung beenden können. Als weitere Kommunikationsvorgänge müssen ferner zu Beginn der Berechnung jedem Prozessor die für die Bearbeitung seines Teilgebiets notwendigen Daten (Teilgebietgröße, Gitterkoordinaten, Randbedingungen,...) zur Verfügung gestellt werden. Diese können beispielsweise von einem Prozessor gelesen werden, der sie dann an die anderen Prozessoren sendet. Am Ende der Rechnung müssen die Ergebnisdaten zur weiteren Verarbeitung wieder geeignet zusammengefaßt und gespeichert werden, was wiederum globale Kommunikation erfordert.

In Abb. 11.15 ist beispielhaft ein Flußdiagramm für eine Strömungsberechnung mit einem parallelisierten Druckkorrekturverfahren dargestellt, welches den parallelen Ablauf von äußeren und inneren Iterationen mit den notwendigen lokalen und globalen Kommunikationsvorgängen verdeutlicht. Realisiert wird eine derartigen Berechnung in der Regel nach dem sogenannten SPMD-Konzept („Single Program Multiple Data"), d.h. auf allen Prozessoren wird das gleiche Programm geladen und mit unterschiedlichen Daten ausgeführt.

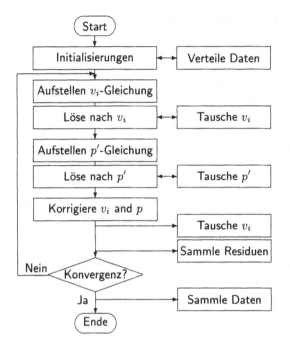

Abb. 11.15. Flußdiagramm eines parallelen Druckkorrekturverfahrens zur Berechnung einer Strömung

11.2.3 Effizienzbetrachtungen mit Berechnungsbeispielen

Zur Beurteilung des Leistungsvermögens von parallelen Berechnungen werden üblicherweise der *„Speed-Up"* S_P und die *Effizienz* E_P definiert:

$$S_P = \frac{T_1}{T_P} \quad \text{und} \quad E_P = \frac{T_1}{PT_P}, \tag{11.9}$$

wobei T_P die Rechenzeit für die Lösung des Gesamtproblems mit P Prozessoren bezeichnet. Der Idealfall, d.h. $S_P = P$ bzw. $E_P = 100\%$, wird aufgrund des zusätzlich zu leistenden Aufwands in der parallelen Implementierung normalerweise nicht erreicht (Ausnahmen hiervon können z.B. durch den Einfluß von „Cache"-Effekten auftreten). Ein Hauptziel bei der Parallelisierung muß natürlich sein, den zusätzlichen Aufwand möglichst gering zu halten. Für mit einer Gitterpartitionierungstechnik parallelisierte Berechnungen lassen sich die Verlustfaktoren in die folgenden drei Anteile aufspalten:

– Nötige Kommunikation zum Datenaustausch (lokal und global).
– Anwachsen der Anzahl der zur Konvergenz benötigten Operationen durch Einführung zusätzlicher innerer Ränder, die explizit behandelt werden (Modifikation des Lösers).

– Ungleiche Verteilung der Rechenlast, wenn z.B. die Anzahl der Gitterpunkte pro Prozessor nicht gleich ist, oder durch unterschiedliche Anzahlen von Randgitterpunkten in den einzelnen Teilgebieten.

Die Effizienz E_P läßt sich hinsichtlich einer Differenzierung dieser Anteile wie folgt aufspalten:

– Parallele Effizienz:

$$E_P^{\text{par}} = \frac{\text{RZ(paralleler Algorithmus mit } \textit{einem} \text{ Prozessor})}{P \cdot \text{RZ(paralleler Algorithmus mit } P \text{ Prozessoren)}}.$$

– Numerische Effizienz:

$$E_P^{\text{num}} = \frac{\text{OP(bester serieller Algorithmus auf } \textit{einem} \text{ Prozessor})}{P \cdot \text{OP(paralleler Algorithmus auf } P \text{ Prozessoren)}}.$$

– Lastverteilungseffizienz:

$$E_P^{\text{last}} = \frac{\text{RZ(eine Iteration auf dem gesamten Problemgebiet)}}{P \cdot \text{RZ(eine Iteration auf dem größten Teilgebiet)}}.$$

Hierbei bezeichnet OP$(\cdot)$ die Anzahl der nötigen Rechenoperationen und RZ$(\cdot)$ die benötigte Rechenzeit. Die Gesamteffizienz E_P läßt sich als Produkt der drei obigen Faktoren darstellen:

$$E_P = E_P^{\text{num}} E_P^{\text{par}} E_P^{\text{last}}.$$

Die numerische und parallele Effizienz werden durch die Anzahl der Teilgebiete und deren Topologie (Kopplung) beeinflußt, und sind damit stark problemabhängig. Für die parallele Effizienz sind darüberhinaus auch Hardware- und Betriebssystemleistungsdaten des Parallelrechners wichtige Einflußfaktoren. Die Lastverteilungseffizienz hängt hingegen nur von den Gitterdaten und der Zerlegung in die Teilgebiete ab und man kann bei geeigneter Wahl von Gittergröße und Prozessorzahl vergleichsweise leicht einen Wert von annähernd 100% erreichen.

Um den Einfluß der Gittergröße und der Prozessoranzahl auf eine parallele Berechnung zu verdeutlichen, sind in Abb. 11.16 die Effizienzen für die Berechnung eines typischen Strömungproblems (Auftriebsströmung mit komplexem Hindernis aus Abschn. 11.1.5) für verschiedene Gittergrößen und Prozessorzahlen dargestellt. Hieraus lassen sich einige Effekte erkennen, die ganz allgemein bei derartigen Berechnungen auftreten. Bei konstanter Gittergröße sinkt die Effizienz mit wachsender Prozessorzahl, da sich der Kommunikationsanteil an der Berechnung erhöht. Bei konstanter Prozessorzahl wächst die Effizienz mit wachsender Gittergröße, da der Kommunikationsanteil geringer wird.

Die Auswirkungen des Effizienzverhaltens auf die entsprechenden Rechenzeiten (nur diese sind für den Anwender interessant, die Effizenzbetrachtungen sind nur ein Hilfsmittel), sind in Abb. 11.17 dargestellt, wobei jeweils

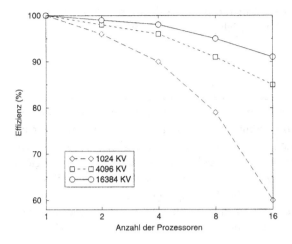

Abb. 11.16. Effizienz in Abhängigkeit der Prozessorzahl für unterschiedliche Gittergrößen für eine typische Strömungsberechnung

auch der Idealfall (d.h. Effizienz $E_P = 100\%$) mit angegeben ist. Für ein vorgegebenes Gitter erhält man bei einer Erhöhung der Prozessorzahl eine immer größere Abweichung vom Idealfall, welche umso größer ist, je gröber das Gitter ist. Dieses Verhalten führt letztlich dazu, daß ab einer gewissen Prozessoranzahl (für ein festes Gitter) die Gesamtrechenzeit wieder zunimmt. Für eine vorgegebene Problemgröße gibt es also eine maximale Anzahl von Prozessoren, die noch zu einer Beschleunigung der Berechnung führt. Diese Maximalzahl wächst mit der Gitterfeinheit.

Der Vorteil des Einsatzes von Parallelrechnern liegt also (ab einer gewissen Prozessorzahl) nicht mehr darin, das gleiche Problem in kürzerer Rechenzeit zu lösen, sondern vielmehr darin, in einer vergleichsweise „nicht viel größeren" Zeit ein größeres Problem (z.B. zur Erzielung einer höheren Genauigkeit) zu lösen. Ist die Konvergenzrate des Löser unabhängig von der Anzahl der Gitterpunkte, wie dies etwa bei Mehrgitterverfahren der Fall ist, bedeutet dies, daß Probleme mit einer konstanten Anzahl von Gitterpunkten pro Prozessor in nahezu der gleichen Zeit gelöst werden können. Für das betrachtete Beispiel, welches mit einem Mehrgitterverfahren berechnet wurde, läßt sich dieser Effekt gut erkennen, wenn man beispielsweise die Rechenzeiten für die drei verschiedenen Gitter (jeweils vierfache Anzahl von Kontrollvolumen) mit einer viermal größeren Prozessoranzahl vergleicht (schwarze Symbole in Abb. 11.17), welche nahezu gleich sind.

Durch einfache Vorüberlegungen, kann die jeweilige Maximalzahl für eine konkrete Berechnung durch eine Abschätzung der parallelen Effizienz und der Lastverteilungseffizienz vorab (zumindest grob) abgeschätzt werden (ein eventueller Einfluß der numerischen Effizienz kann aufgrund der Komplexität der Probleme meist nicht berücksichtigt werden). Die Lastverteilungseffizienz kann einfach durch eine Betrachtung der Gitterpunktanzahlen der einzelnen

Prozessoren abgeschätzt werden. Für die parallele Effizienz muß der Zeitbedarf T_K für eine Kommunikation berücksichtigt werden:

$$T_K = T_L + \frac{N_B}{R_T},$$

wobei T_L die *Latenzzeit (Aufsetzzeit)* für einen Kommunikationsvorgang, R_T die *Datentransfergeschwindigkeit* und N_B die Anzahl der zu übertragenden Bytes bezeichnet (für einen bestimmten Rechner sind alle diese Parameter in der Regel bekannt). Für einen bestimmten Lösungsalgorithmus können die Kommunikationsvorgänge pro Iteration gezählt und es kann eine Modellgleichung für die parallele Effizienz abgeleitet werden. Während die Zeiten für die globale Kommunikation (neben der Abhängigkeit von T_K) stark von der Gesamtzahl P der Prozessoren abhängen (je mehr desto aufwendiger), ist dies für die lokale Kommunikation nicht der Fall. Diese kann parallel und damit weitgehend unabhängig von P erfolgen.

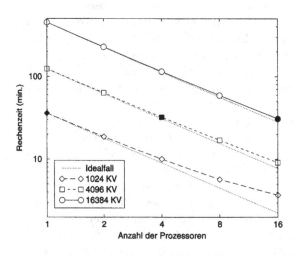

Abb. 11.17. Rechenzeit in Abhängigkeit der Prozessorzahl für unterschiedliche Gittergrößen für eine typische Strömungsberechnung

Während das beschriebene Verhalten qualitativ nicht vom verwendeten Rechner abhängt, sind die Effekte quantitativ natürlich stark von bestimmten Hard- und Softwareparametern des verwendeten Parallelrechners bestimmt. Insbesondere das Verhältnis von Kommunikations- und Arithmetikleistung spielt hier eine wichtige Rolle. Je größer dieses Verhältnis ist, desto geringer ist die Effizienz. Hinsichtlich der parallelen Effizienz macht sich insbesondere eine hohe Aufsetzzeit sehr negativ bemerkbar. Parallelrechner mit schnellen Prozessoren lassen sich nur mit einem entsprechend leistungsfähigen Kommunikationssystem effizient für parallele kontinuumsmechanische Berechnungen einsetzen (zumindest für größere Prozessorzahlen).

Wie bereits erwähnt, ist für den Anwender letztlich in erster Linie die Rechenzeit für eine Berechnung die entscheidende Größe (und nicht die Effizienz). In diesem Zusammenhang spielt auch die Leistungsfähigkeit des einer parallelen Berechnung zugrundeliegenden numerischen Verfahrens eine sehr wichtige Rolle. Um dies zu verdeutlichen, sind in Abb. 11.18 die Rechenzeiten für ein Eingitter- und ein Mehrgitterverfahren in Abhängigkeit von der Prozessorzahl dargestellt (wieder für das Beispiel der Auftriebsströmung mit komplexem Hindernis). Die Abweichung vom Idealfall mit wachsender Prozessorzahl ist für das Mehrgitterverfahren deutlich größer, d.h. die Effizenzen sind für das Mehrgitterverfahren geringer, da auf den gröberen Gittern das Verhältnis von notwendigen Kommunikationen zu den durchzuführenden Rechenoperationen größer wird. Man erkennt aber, daß die Rechenzeiten mit dem parallelen Mehrgitterverfahren insgesamt noch deutlich unter denen des parallelen Eingitterverfahrens liegen.

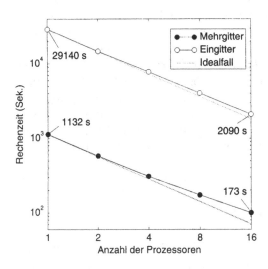

Abb. 11.18. Rechenzeiten für ein Eingitter- und Mehrgitterverfahren in Abhängigkeit von der Prozessorzahl (16 384 KV)

Auch dies ist ein Aspekt, der eine allgemeinere Gültigkeit besitzt. Einfache, numerisch weniger effiziente Verfahren lassen sich zwar meist vergleichsweise leicht und effizient parallelisieren, sind jedoch in der Regel solchen parallelen Verfahren, die auch eine hohe numerische Effizienz aufweisen, hinsichtlich der Rechenzeit unterlegen. Gleiches trifft im übrigen auf die Vektorisierung von Berechnungsverfahren zu, auf die wir hier jedoch nicht näher eingehen wollen.

Aus den vorangegangenen Ausführungen ergeben sich gewisse Anforderungen an Parallelrechnersysteme, um sie effizient für kontinuumsmechanische Berechnungen einsetzen zu können. Da sich die Probleme praktisch nie in völlig voneinander unabhängige Teilprobleme zerlegen lassen, erfordert die parallele Berechnung immer ein gewisses Maß an Kommunikation zwischen den einzelnen Prozessoren. Um die hier auftretenden Effizienzverluste möglichst gering zu halten, muß das Verhältnis von Kommunikations- und Rechenleistung „ausgewogen" sein. Insbesondere sollte das Verhältnis von Latenzzeit und der Zeit für eine Gleitkommaoperation nicht zu groß sein (kleiner als 200). Da grundsätzlich der Anteil der Kommunikationszeit an der Gesamtrechenzeit mit der Anzahl der Prozessoren ansteigt, sollte eine gegebene Rechenleistung mit möglichst wenigen Prozessoren erreicht werden. Damit diese leistungsfähigen Prozessoren optimal ausgelastet werden können, muß ihnen eine ausreichend große Speicherkapazität zur Verfügung stehen. Ferner sollte die Rechnerarchitektur konzeptionell für künftige, gesteigerte Anforderungen hinsichtlich Speicher-, Rechen- und Kommunikationskapazität erweiterbar sein, ohne daß größere Änderungen auf Softwareseite erforderlich werden (dies war leider zu Beginn der Parallelrechnerentwicklung nicht der Fall, was sich aber inzwischen geändert hat).

Bezüglich dieser Anforderungen, erweist sich ein MIMD-System mit lokalem Speicher als die günstigste Architektur. MIMD-Systeme mit globalem Speicher sind aufgrund von Speicherzugriffskonflikten hinsichtlich der Skalierbarkeit eingeschränkt. MIMD-Systeme mit lokalem Speicher sind – zumindest theoretisch – beliebig erweiterbar, sie besitzen aufgrund der unabhängig arbeitetenden Prozessoren die größtmögliche Flexibilität hinsichtlich Kommunikation und Arithmethik und es ist möglich sie bei hoher Knotenprozessorleistung (mit kommerziellen Standardprozessoren) mit ausgewogenem Verhältnis von Kommunikations- und Rechenleistung sowie günstigem Preis-Leistungsverhältnis zu realisieren, wobei im Bereich der Kommunikationsleistung jedoch noch Verbesserungen wünschenswert sind (und sicher auch erfolgen werden).

Übungsaufgaben zu Kap. 11

Übung 11.1. Diskretisiere die Stabgleichung (2.37) mit den Randbedingungen (2.38) mit einem Finite-Volumen-Verfahren 2. Ordnung für ein äquidistantes Gitter mit 4 KV. Die Problemdaten seien $L = 4\,\mathrm{m}$, $A = 1\,\mathrm{m}^2$, $u_0 = 0$ und $k_L = 2\,\mathrm{N}$. Formuliere ein Zweigitterverfahren (zwei Grobgitter-KV) mit je einer gedämpften Jacobi-Iteration (11.1) zur Glättung und führe einen Zyklus mit dem Startwert 0 durch.

Übung 11.2. Unter Annahme einer Partitionierung des Stabproblems aus Übung 11.1 mittels der Gitterpartitionierungsstrategie aus Abschn. 11.2.2 in zwei Teilgebiete (Grenze in Stabmitte) führe man mit dem gemäß Gl. (11.8) parallelisierten Gauß-Seidel-Verfahren zwei Iterationen durch. Vergleiche mit dem Gauß-Seidel-Verfahren ohne Partitionierung.

Symbolverzeichnis

Nachfolgend ist die Bedeutung der wichtigsten im Text verwendeten Symbole mit der zugehörigen physikalischen Einheit angegeben. Einige Buchstaben sind mehrfach belegt (nur in unterschiedlichem Kontext), um nicht von in der Literatur üblichen Standardbezeichnungen abweichen zu müssen.

Symbol	Einheit	Bedeutung
Matrizen, Dyaden, Tensoren höherer Stufe		
$\mathbf{A}$		allgemeine Systemmatrix
$\mathbf{B}$		Verfahrensmatrix für Iterationsverfahren
$\mathbf{C}$		Iterationsmatrix für Iterationsverfahren
$\mathbf{C}$, C_{ij}	N/m^2	Materialmatrix
$\mathbf{E}$, E_{ijkl}	N/m^2	Elastizitätstensor
$\mathbf{G}$, G_{ij}		Green-Lagrangescher Verzerrungstensor
$\mathbf{L}$		allgemeine untere Dreiecksmatrix
$\mathbf{I}$		Einheitsmatrix
$\mathbf{J}$, J_{ij}		Jacobi-Matrix
$\mathbf{M}^e$, M_{ij}^e		Elementmassenmatrix
$\mathbf{P}$		Vorkonditionierungsmatrix
$\mathbf{P}$, P_{ij}	N/m^2	2. Piola-Kirchhoffscher Spannungstensor
$\mathbf{S}$, S_{ij}		Steifigkeitsmatrix
$\mathbf{S}^e$, S_{ij}^e		Elementsteifigkeitsmatrix
$\mathbf{T}$, T_{ij}	N/m^2	Cauchyscher Spannungstensor
$\mathbf{U}$		allgemeine obere Dreiecksmatrix
δ_{ij}		Kronecker-Symbol
$\boldsymbol{\epsilon}$, ϵ_{ij}		Green-Cauchyscher Verzerrungstensor
ϵ_{ijk}		Permutationssymbol
Vektoren		
$\mathbf{a}$, a_i	m	materielle Koordinaten
$\mathbf{b}$, b_i		Lastvektor
$\mathbf{b}^e$, b_i^e		Elementlastvektor
$\mathbf{d}$, d_i	Nms	Drehimpulsvektor

Symbol	Einheit	Bedeutung
$\mathbf{e}_i,\ e_{ij}$		kartesische Basiseinheitsvektoren
$\mathbf{f},\ f_i$	N/kg	Volumenkräfte pro Masseneinheit
$\mathbf{h},\ h_i$	N/ms	Wärmestromvektor
$\mathbf{j},\ j_i$	kg/m^{2}s	Massenstromvektor
$\mathbf{n},\ n_i$		Normaleneinheitsvektor
$\mathbf{p},\ p_i$	Ns	Impulsvektor
$\mathbf{t},\ t_i$		Tangenteneinheitsvektor
$\mathbf{t},\ t_i$	N/m^2	Spannungsvektor
$\mathbf{u},\ u_i$	m	Verschiebungsvektor
$\mathbf{v},\ v_i$	m/s	Geschwindigkeitsvektor
$\mathbf{x},\ x_i$	m	räumliche Koordinaten
$\boldsymbol{\varphi},\ \varphi_i$		Testfunktionsvektor

Skalare (lateinische Großbuchstaben)

A	m^2	Querschnittsfläche
B_i^n		Bernstein-Polynome n-ten Grades
B	Nm^2	Biegesteifigkeit
C		Courant-Zahl
D		Diffusionszahl
D	kg/ms	Diffusionskoeffizient
D_0	m^2	Einheitsdreieck
D_i	m^2	allgemeines Dreieck
G		Filterfunktion
E	N/m^2	Elastizitätsmodul
E_P		Effizienz für P Prozessoren
E_P^{par}		parallele Effizienz für P Prozessoren
E_P^{num}		numerische Effizienz für P Prozessoren
E_P^{last}		Lastverteilungseffizienz für P Prozessoren
F_c		Fluß durch die Seite S_c
F_c^{C}		konvektiver Fluß durch die Seite S_c
F_c^{D}		diffusiver Fluß durch die Seite S_c
G	N/m^{2}s	Produktionsrate der turb. kinetischen Energie
H	m	Höhe
I	m^4	axiales Flächenträgheitsmoment
J		Jacobi-Determinante
K	Nm	Plattensteifigkeit
L	m	Länge
M	Nm	Biegemoment
N_{B}	s	Zeit für Datentransfer
N_j^{e}		lokale Formfunktion
N_j		globale Formfunktion
P	Nm	potentielle Energie
P_{a}	Nm/s	Leistung äußerer Kräfte

Symbol	Einheit	Bedeutung
Q_0	m^2	Einheitsquadrat
Q_i	m^2	allgemeines Parallelogramm
Q	Nm/s	Wärmezufuhrleistung
Q	N	Querkraft
$\tilde{Q}$	N	Ersatzquerkraft
R	kg/m^3s	Massenquelle
R_T	$1/s$	Datentransfergeschwindigkeit
R	Nm/kgK	stoffspezifische Gaskonstante
S	m^2 bzw. m	Oberfläche bzw. Randkurve
S_c		Kontrollvolumenseite
S_P		„Speed-Up" für P Prozessoren
T	K	Temperatur
$\tilde{T}$	K	Referenztemperatur
T_L	s	Aufsetzzeit für Datentransfer
T_K	s	Zeit für Datentransfer
T_v		Turbulenzgrad
T_H		Terme höherer Ordnung
V	m^3 bzw. m^2	(Kontroll-)Volumen bzw. (Kontroll-)Fläche
V_0	m^3	Referenzvolumen
V_i	m^2	allgemeines Viereck
W	Nm	Gesamtenergie eines Körpers
W	N/m^2	Verzerrungsenergiedichtefunktion

Skalare (lateinische Kleinbuchstaben)

a	m/s	Schallgeschwindigkeit
c		Konzentration
c_p	Nm/kgK	spezif. Wärmekapazität (bei konst. Druck)
c_v	Nm/kgK	spezif. Wärmekapazität (bei konst. Volumen)
d	m	Plattendicke
e	Nm/kg	spezifische innere Energie
e_P^n		Gesamtnumerikfehler im Punkt P zur Zeit t_n
f		allgemeiner Quellterm
f	N/m^3	Kraftdichte
g		skalarer Quellterm
g	m/s^2	Erdbeschleunigung
h	m	Maß für Gitterweite
f_l	N/m	Längsbelastung
f_q	N/m	Querbelastung
k	Nm/kg	turbulente kinetische Energie
k_L	N	Randkraft (Stab)
l	m	turbulentes Längenmaß
m	kg	Masse
$\dot{m}_c$	kg/s	Massenfluß durch Seite S_c

Symbol	Einheit	Bedeutung
p	$\mathrm{N/m^2}$	Druck
q	$\mathrm{Nm/skg}$	Wärmequelle
p', p''	$\mathrm{N/m^2}$	Druckkorrektur
s	$\mathrm{Nm/kgK}$	spezifische innere Entropie
t	s	Zeit
u	m/s	Geschwindigkeitskomponente in x-Richtung
u_τ	m/s	Wandschubspannungsgeschwindigkeit
u^+		normierte Tangentialgeschwindigkeit
v	m/s	Geschwindigkeitskomponente in y-Richtung
v_n	m/s	Normalkomponente der Geschwindigkeit
v_t	m/s	Tangentialkomponente der Geschwindigkeit
$\overline{v}$	m/s	charakteristische Geschwindigkeit
w	m	Auslenkung
w_i		Gewichte für Gauß-Integration
x	m	Ortskoordinate
y	m	Ortskoordinate
y^+		normierter Wandabstand

Skalare (griechische Buchstaben)

α		allgemeiner Diffusionskoeffizient
α_ϕ		Unterrelaxationsfaktor für ϕ
α	$\mathrm{Nm/kg}$	Wärmeausdehnungskoeffizient
α_num		numerische (künstliche) Diffusion
$\tilde{\alpha}$	$\mathrm{N/Kms}$	Wärmeübergangskoeffizient
β		„Flux-Blending“-Parameter
γ		Interpolationsfaktor
δ	m	Wandabstand
ϵ	$\mathrm{Nm/s}$	Dissipation der turb. kinetischen Energie
η, $\tilde{\eta}$	m	Ortskoordinate
θ	K	Temperaturabweichung
θ		Steuerparameter für θ-Methode
κ	$\mathrm{N/Ks}$	Wärmeleitfähigkeit
κ		Kondition einer Matrix
κ		Kármánsche Konstante
λ	$\mathrm{N/m^2}$	Lamésche Konstante
λ_P		Seitenverhältnis eines Kontrollvolumens
λ_max		Spektralradius
μ	$\mathrm{N/m^2}$	Lamésche Konstante
μ_t	$\mathrm{kg/ms}$	turbulente Viskosität
μ	$\mathrm{kg/ms}$	dynamische Viskosität
ν		Poissonsche Zahl
ξ, $\tilde{\xi}$	m	Ortskoordinate
ξ_c		Expansionsverhältnis

Symbol	Einheit	Bedeutung
Π	Nm	Formänderungsenergie
ρ	kg/m^3	Dichte
ρ_0	kg/m^3	Referenzdichte
τ	N/m^2	Steifigkeit
τ_w	N/m^2	Wandschubspannung
τ_P^n		Abbruchfehler im Punkt P zur Zeit t_n
ϕ		skalare Transportgröße
$\overline{\phi}$		gefilterte oder gemittelte Größe ϕ
ϕ'		kleinskaliger Anteil oder Schwankung von ϕ
φ		virtuelle Verschiebung
ψ	N/m^{2}s	spezifische Dissipationsfunktion
ψ		allgemeine Erhaltungsgröße
ψ	m^2/s	Geschwindigkeitspotential
ω		Relaxationsparameter für SOR-Verfahren

Sonstige

Ma		Mach-Zahl
Re		Reynolds-Zahl
Nu		Nußelt-Zahl
Pe		Peclet-Zahl
Pe$_h$		Gitter-Peclet-Zahl
δS_c	m	Länge der Kontrollvolumenseite S_c
δV	m^3 bzw. m^2	Volumen bzw. Fläche von V
Δt	s	Zeitschrittweite
Δx	m	Ortsschrittweite
Δy	m	Ortsschrittweite
$\mathcal{F}$		Diskretisierungsvorschrift
$\mathcal{H}$		Funktionenraum für Testfunktionen
$\mathcal{I}_{2h}^h$		Interpolationsoperator
$\mathcal{I}_h^{2h}$		Restriktionsoperator
$\mathcal{L}$		Ortsdiskretisierungsoperator
$\mathcal{S}$		Iterationsverfahren

Ergänzende und weiterführende Literatur

1. J. Altenbach und H. Altenbach
   Einführung in die Kontinuumsmechanik
   Teubner, Stuttgart, 1994 (zu Kap. 2)
2. O. Axelsson und V.A. Barker
   Finite Element Solution of Boundary Value Problems
   Academic Press, Orlando, 1984 (zu Kap. 7)
3. K.-J. Bathe
   Finite-Elemente-Methoden
   Springer, Berlin, 1986 (zu Kap. 5 und 9)
4. D. Braess
   Finite Elemente
   Springer, Berlin, 1992 (zu Kap. 5 und 9)
5. W. Briggs
   Multi-Grid Tutorial
   SIAM, Philadelphia, 1987 (zu Kap. 11)
6. H. Eschenauer und W. Schnell
   Elastizitätstheorie I
   Bibliographisches Institut, Mannheim, 1981 (zu Kap. 2)
7. G.E. Farin
   Curves and Surfaces for Computer Aided Geometric Design: A Practical Guide
   Academic Press, London, 1990 (zu Kap. 3)
8. J. Ferziger und M. Perić
   Computational Methods for Fluid Dynamics
   Springer, Berlin, 1996 (zu Kap. 6, 8, 9 und 10)
9. C.A.J. Fletcher
   Computational Techniques for Fluid Dynamics (Vol. 1, 2)
   Springer, Berlin, 1988 (zu Kap. 4, 6 und 10)
10. M. Griebel, T. Dornseifer und T. Neunhoeffer
    Numerische Simulation in der Strömungsmechanik
    Vieweg, Braunschweig, 1995 (zu Kap. 10 und 11)
11. W. Hackbusch
    Multi-Grid Methods and Applications
    Springer, Berlin, 1985 (zu Kap. 11)
12. W. Hackbusch
    Iterative Lösung großer schwachbesetzter Gleichungssysteme
    Teubner, Stuttgart, 1993 (zu Kap. 7)
13. C. Hirsch
    Numerical Computation of Internal and External Flows (Vol. 1, 2)
    Wiley, Chichester, 1988 (zu Kap. 4, 6, 7, 8 und 10)

14. K.A. Hoffmann und S.T. Chang
    Computational Fluid Dynamics for Engineers I, II
    Engineering Education System, Wichita, 1993 (zu Kap. 6 und 8)
15. W. Huber
    Paralleles Rechnen
    Oldenbourg, München, 1997 (zu Kap. 11)
16. P. Knupp und S. Steinberg
    Fundamentals of Grid Generation
    CRC Press, Boca Raton, 1994 (zu Kap. 3)
17. B. Monson, D. Young und T. Okiishi
    Fundamentals of Fluid Mechanics
    Wiley, Chichester, 1994 (zu Kap. 2)
18. R. Peyret (Hrsg.)
    Handbook of Computational Fluid Mechanics
    Academic Press, London, 1996 (zu Kap. 10)
19. H.R. Schwarz
    Methode der finiten Elemente
    Teubner, Stuttgart, 1980 (zu Kap. 5 und 9)
20. J. Spurk
    Strömungslehre
    Springer, Berlin, 1989 (zu Kap. 2)
21. J. Stoer
    Einführung in die Numerische Mathematik I
    Springer, Berlin, 1979 (zu Kap. 7)
22. J. Stoer und R. Bulirsch
    Einführung in die Numerische Mathematik II
    Springer, Berlin, 1978 (zu Kap. 6 und 7)
23. S. Timoschenko und J.N. Goodier
    Theory of Elasticity
    McGraw Hill, New York, 1970 (zu Kap. 2)
24. M. van Dyke
    An Album of Fluid Motion
    Parabolic Press, Stanford, 1988 (zu Kap. 2 und 10)
25. D. Wilcox
    Turbulence Modeling for CFD
    DCW Industries, La Cañada, 1993 (zu Kap. 10)
26. O.C. Zienkiewicz und R.L. Taylor
    The Finite-Element-Method (Vol. 1, 2)
    McGraw Hill, New York, 4th edition, 1994 (zu Kap. 5 und 9)

Index

Computer to plate: Mercedes Druck, Berlin
Verarbeitung: Buchbinderei Lüderitz & Bauer, Berlin